Lecture Notes in Mathematics 1583

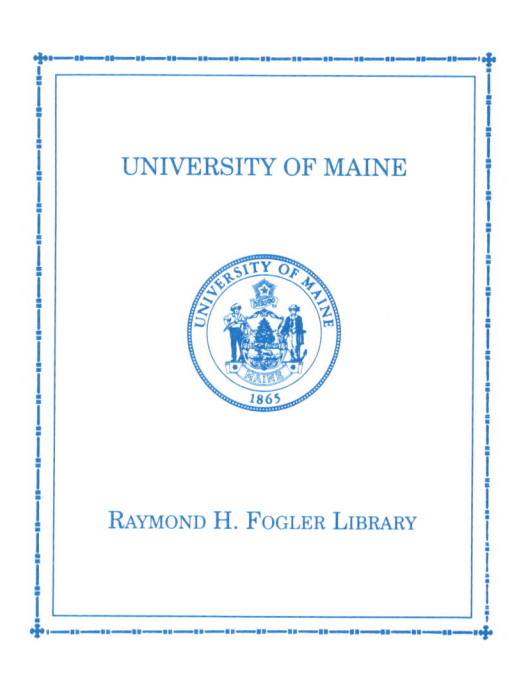

J. Azéma P. A. Meyer M. Yor (Eds.)

Séminaire de Probabilités XXVIII

Springer-Verlag
Berlin Heidelberg New York
London Paris Tokyo
Hong Kong Barcelona
Budapest

Editors

Jacques Azéma
Marc Yor
Laboratoire de Probabilités
Université Pierre et Marie Curie
Tour 56, 3 ème étage
4, Place Jussieu
F-75252 Paris Cedex 05, France

Paul André Meyer
Institut de Recherche Mathématique Avancée
Université Louis Pasteur
7, rue René Descartes
F-67084 Strasbourg, France

Mathematics Subject Classification (1991): 60GXX, 60HXX, 60JXX

ISBN 3-540-58331-9 Springer-Verlag Berlin Heidelberg New York
ISBN 0-387-58331-9 Springer-Verlag New York Berlin Heidelberg

CIP-Data applied for

Printed in Germany

Typesetting: Camera ready by author
SPIN: 10130085 46/3140-543210 - Printed on acid-free paper

SEMINAIRE DE PROBABILITES XXVIII

TABLE DES MATIERES

SEMI-MARTINGALES BANACHIQUES :

LE THÉORÈME DES TROIS OPÉRATEURS

Laurent SCHWARTZ

Centre de Mathématiques
Ecole Polytechnique
91128 Palaiseau Cedex (France)

Je suis heureux de dédier cet article à Paul-André MEYER et Jacques NEVEU qui ont joué un rôle essentiel dans la formation des probabilistes français, et en particulier dans la mienne.

INTRODUCTION.

L'origine de cet article est la thèse de S. Ustunel, où il démontre une forme un peu différente du théorème VII de cet article. Il utilise le théorème des 3 opérateurs, ici V, dans le cas très particulier où les Banach considérés sont hilbertiens, et les opérateurs de Hilbert-Schmidt. Je me suis donc demandé à ce moment si on ne pouvait pas étendre ce théorème des 3 opérateurs à des Banach quelconques, avec des opérateurs radonifiants. Et j'ai écrit un article, faisant cette généralisation. Mais la technique, et même les énoncés, étaient très lourds, et je ne l'ai pas publié (1981). Récemment, A. Badrikian et S. Ustunel, utilisant mon manuscrit, ont introduit des méthodes nouvelles très différentes, apportant une simplification notable. Mais leur texte avait le défaut de faire sur les applications sommantes des hypothèses trop fortes, guère réalisées en dehors du cas Hilbert-Schmidt et du cas nucléaire.
J'y ai donc réfléchi de nouveau, et j'ai écrit le présent article avec des hypothèses faibles, et encore des méthodes très différentes.
Je le signe seul, mais je ne saurais trop dire combien leur article intermédiaire m'a inspiré dans le déroulement de la suite des énoncés et les techniques utilisées ; qu'ils en soient remerciés.

Le lecteur aura avantage à regarder d'abord les théorèmes VI et VII (d'Ustunel) pour comprendre le pourquoi des développements successifs.

1. PRÉLIMINAIRES.

(1.1) Si E et F sont des espaces de Banach, on dit qu'un opérateur u de E dans F est p-sommant(1), $0 < p \leq +\infty$, s'il transforme toute suite scalairement ℓ^p de E en une suite ℓ^p de F (une suite $(e_n)_{n\in\mathbf{N}}$ est dite scalairement ℓ^p si, pour tout $\xi \in E'$, la suite $(\langle \xi, e_n\rangle)_{n\in\mathbf{N}}$ est ℓ^p). Il existe donc une constante $\pi_p(u)$, la plus petite possible, telle que, pour toute suite (e_n) de E, on ait :

$$(1.2)\quad \begin{cases} \|(u(e_n))\|_{\ell^p(F)} \leq \pi_p(u)\|(e_n)\|_{\mathcal{S}\ell^p(E)} & \text{(où } \mathcal{S}\ell^p \text{ veut dire scalairement } \ell^p\text{)} \\ \overset{\text{(déf.)}}{=} \pi_p \sup\limits_{\substack{\xi\in E' \\ |\xi|_E\leq 1}} \|(\langle \xi, e_n\rangle)\|_{\ell^p} . \end{cases}$$

Le nombre $\pi_p(u)$ s'appelle la norme p-sommante de u, bien que, pour $p < 1$, elle ne soit qu'une p-quasi-norme. Il est équivalent de dire que, si λ est une probabilité sur E, formée d'un nombre fini de masses ponctuelles, on a

$$(1.3)\quad \begin{cases} \|u(\lambda)\|_p \overset{\text{(déf.)}}{=} \left(\int_F |y|_F^p (u(\lambda))(dy)\right)^{1/p} \\ \leq \pi_p(u)\|\lambda\|_p^* \overset{\text{(déf.)}}{=} \sup\limits_{\substack{\xi\in E' \\ |\xi|_{E'}\leq 1}} \|\xi(\lambda)\|_p \\ = \sup\limits_{\substack{\xi\in E' \\ |\xi|_{E'}\leq 1}} \left(\int_{\mathbf{R}} |t|^p \xi(\lambda))(dt)\right)^{1/p} , \end{cases}$$

avec les modifications évidentes pour $p = +\infty$.

On appelle p-type de λ le nombre $\|\lambda\|_p^*$, et p-ordre de $u(\lambda)$ le nombre $\|u(\lambda)\|_p$.

On définit ensuite les probabilités cylindriques λ sur E, et leur type $\|\lambda\|_p^*$; nous ne le définirons pas parce que nous n'en aurons pas besoin. On dit alors que u est p-radonifiante de E dans F, si elle transforme toute probabilité cylindrique λ de type p en une probabilité de Radon $u(\lambda)$ d'ordre p sur F. Il existe alors une constante $\Pi_p(u)$, la plus petite possible, telle que, pour toute λ cylindrique de type p, on ait :

$$(1.4)\qquad \|u(\lambda)\|_p \leq \Pi_p(u)\|\lambda\|_p^* .$$

Une application p-radonifiante est a fortiori p-sommante, mais la réciproque n'est pas vraie ; et toujours $\Pi_p(u) \geq \pi_p(u)$ (en prenant $\pi_p(u) = +\infty$ si u n'est pas p-sommante, $\Pi_p(u) = +\infty$ si elle n'est pas p-radonifiante). Si u est p-sommante (resp. p-radonifiante), elle est q-sommante (resp. q-radonifiante), pour $q \geq p$, et $\pi_q(u) \leq \pi_p(u)$, $\Pi_q(u) \leq \Pi_p(u)$.

(1.5) On peut aussi parler de O-sommante et O-radonifiante, mais les définitions sont plus compliquées.

Soit μ une probabilité de Radon sur F ; par définition, elle est d'ordre O. Pour préciser cet ordre, on introduit les jauges ou poids J_β, $0 \leq \beta \leq 1$, d'autant plus grandes que β est plus petit :

$$(1.6)\qquad J_\beta(\mu) \overset{\text{(déf.)}}{=} \inf(=\min)\{M > 0 \; ; \; \mu\{|\cdot|_F > M\} \leq \beta\} .^{(2)}$$

On a toujours $J_\beta(\delta) = 0$, autrement $J_\beta(\mu) > 0$ pour α assez petit ; $J_\beta(\mu) < +\infty$ pour $\beta > 0$; des probabilités μ_j convergent étroitement vers δ ssi $J_\beta(\mu_j)$ tend vers 0 quel que soit $\beta > 0$. On a les équivalences :

$$(1.7) \qquad J_\beta(\mu) \le c \Leftrightarrow \mu\{|\cdot|_F > c\} \le \beta\,.$$

$\Leftrightarrow$ la norme est $\le c$ sauf sur un ensemble de μ-mesure $\le \beta$.

Si maintenant λ est une probabilité cylindrique sur E, $\xi(\lambda)$ est une probabilité de Radon sur $\mathbf{R}$, et on définit

$$(1.8) \qquad \|\lambda\|_\alpha^* = \sup_{\substack{\xi \in E' \\ |\xi|_{E'} \le 1}} J_\alpha\left(\xi(\lambda)\right)\,.$$

On dit que λ est de type O si $\|\lambda\|_\alpha^* < +\infty$ pour tout $\alpha > 0$; et alors $\|\lambda\|_\alpha^*$ est son O-type pour la jauge J_α. On voit facilement que λ est de type O ssi $\xi(\lambda)$ tend vers δ étroitement sur $\mathbf{R}$ quand $\xi \in E'$ tend vers O.

Sans nous occuper des applications O-sommantes dont nous n'aurons pas besoin, on dit que μ est O-radonifiante si, pour toute probabilité cylindrique λ de type O sur E, $u(\lambda)$ est une probabilité de Radon sur F, nécessairement d'ordre O donc portée par un sous-Banach séparable de F ; cela équivaut à dire que, pour tout $\beta > 0$, il existe $\alpha > 0$ et $C \ge 0$ telles que, pour toute probabilité cylindrique λ de type O sur E :

$$(1.9) \qquad \|u(\lambda)\|_\beta \le C\|\lambda\|_\alpha^*\,.$$

Soit $(\Omega, \mathbf{P})$ un espace probabilisé. On appelle $L^0(\Omega, \mathbf{P}; F)$ l'espace des $\mathbf{P}$-classes d'applications strictement $\mathbf{P}$-mesurables de Ω dans F. Pour toute $f \in L^0(\Omega, \mathbf{P}; F)$, on pose

$$(1.10) \qquad J_\beta(f, \mathbf{P}) = J_\beta(f(\mathbf{P})) = \inf\{M \ ; \ \mathbf{P}\{|f|_F > M\} \le \beta\}\,.$$

On a les équivalences :

$$(1.11) \qquad \begin{cases} J_\beta(f, \mathbf{P}) \le c \Leftrightarrow \mathbf{P}\{|f|_F > c\} \le \beta \\ \quad \Longleftrightarrow |f|_F \le c \text{ sauf sur un ensemble de } \mathbf{P} \text{ mesure} \le \beta\,. \end{cases}$$

Rappelons que f strictement mesurable veut dire : f mesurable et prenant ses valeurs dans un sous-Banach séparable de F.
Un système fondamental de voisinages de O de l'espace vectoriel $L^0(\Omega, \mathbf{P}; F)$ est, par définition, l'ensemble des $\{f; J_\beta(f, \mathbf{P}) \le \varepsilon\}$, $0 < \beta < 1$, $\varepsilon > 0$; c'est alors un espace vectoriel topologique métrisable et complet, non localement convexe en général.

(1.12) Une application linéaire v de F' dans E' est dite p-décomposante si, pour toute application linéaire L de E' dans $L^p(\Omega, \mathbf{P})$, il existe une "décomposition" ou un "relèvement" $X^\cdot = X^\cdot(L) \in L^p(\Omega, \mathbf{P}; F)$, nécessairement unique, tel que, pour toute $\eta \in F'$:

$$(1.13) \qquad \langle X^\cdot, \eta\rangle_{F,F'} = L \circ v(\eta)\,.$$

Il est équivalent de dire qu'il existe une plus petite constante $K_p(v)$ telle que, pour toute L :

$$(1.14) \qquad \|X^\cdot\|_{L^p(\Omega,\mathbf{P};F)} \leq K_p(v)\|L\|_{\mathcal{L}(E';L^p(\Omega,\mathbf{P}))}\,.$$

Ceci est valable pour $0 < p \leq +\infty$. Le théorème fondamental est alors le suivant :

(1.15) *$u : E \to F$ est p-radonifiante ssi $v = {}^tu : F' \to E'$ est p-décomposante, et* $\Pi_p(u) = K_p({}^tu)$.

Dans la définition de v décomposante, on peut naturellement faire $p = 0$; mais (1.14) est à remplacer par :

$$(1.16) \qquad \begin{cases} \text{Pour toute } L, \text{ pour tout } \beta > 0, \text{ il existe } \alpha > 0 \text{ et } C \geq 0 \text{ telles que} \\ J_\beta(X, \mathbf{P}) \leq C J^*_\alpha(L, \mathbf{P}) \overset{(\text{déf.})}{=} C \sup\limits_{\substack{\xi \in E' \\ |\xi|_{E'} \leq 1}} J_\alpha(L(\xi), \mathbf{P})\,. \end{cases}$$

Le théorème (1.15) est encore valable pour $p = 0$, mais $\Pi_p(u) = K_p({}^tu)$ est à remplacer par : les β, α, C qui interviennent dans (1.16) relativement à $({}^tu)$ sont les mêmes que ceux qui interviennent dans (1.9) relativement à u.

Voila pourquoi nous n'avons pas donné toutes les définitions dans la radonification : nous nous servirons *exclusivement* des propriétés de décomposition de $({}^tu)$ et non de radonification de u, et nous écrirons $\Pi_p(u)$ au lieu de $K_p({}^tu)$.

Il peut être "agréable", au lieu de considérer X comme un relèvement de L, de considérer que $\widetilde{L}$ est un processus "fictif" à valeurs dans E, défini par L, et que u le transforme en un processus vrai à valeurs dans F ; au lieu d'écrire que X relève $L \circ {}^tu$, on dira que $X = u(\widetilde{L})$, qu'on écrira aussi $u(L)$, L processus fictif, $u(L) = X$ processus vrai.

2. FONCTIONS CONTINUES À VALEURS BANACHIQUES.

(2.1) Dans la suite, K sera un espace compact K séparable (non nécessairement métrisable). On munira $C(K)$, espace des fonctions continues sur K, de la norme usuelle, $|f|_{C(K)} = \sup_{t \in K} |f(t)| = \sup_{t' \in K'} |f(t')|$, si K' est un ensemble dénombrable dense dans K. L'espace $C(K)$ sera muni d'une tribu qui, en général, ne sera pas sa tribu borélienne, mais sera engendrée par les $\delta_{(t)}$, $t \in K$, ou les $\delta_{(t')}$, $t' \in K'$: une application L de $(\Omega, \mathbf{P})$ à valeurs dans $C(K)$ sera $\mathbf{P}$-mesurable si, pour tout $t \in K$ (ou $t' \in K'$), L_t (ou $L_{t'}$) est $\mathbf{P}$-mesurable ; c'est une tribu dénombrablement engendrée.

Si K est métrisable, c'est la tribu borélienne de $C(K)$ polonais, car c'est la tribu borélienne de la topologie moins fine induite par $\mathbf{R}^{K'}$. On fera de même pour l'espace $C(K; F)$ des fonctions continues à valeurs dans un Banach F, qui, dans la suite, sera séparable. Mais on aura aussi besoin de considérer l'espace $C(K; \sigma(F'', F'))$, des fonctions à valeurs dans le bidual F'', mais seulement $*$-scalairement ou $*$-faiblement continues, et on utilisera $X^{\cdot} \in L^p_*(\Omega, \mathbf{P}; C(K; \sigma(F'', F')))$. La tribu de $C(K; \sigma(F'', F'))$ sera celle qui est engendrée par les $t \in K$ et les $\eta \in F'$, et $X^{\cdot}$ devra être $\mathbf{P}$-mesurable dans $C(K; \sigma(F'', F'))$ muni de cette tribu ; c'est la signification de l'étoile $*$ dans L_* ; pour $f \in C(K; \sigma(F'', F'))$, $|f|$ sera encore $\sup_{t \in K} |f(t)|_{F''} = \sup_{t' \in K'} |f(t')|_{F''}$. Mais on exigera que, pour tout $t \in K$, $X^{\cdot}_t$ soit $\mathbf{P}$-mesurable à valeurs dans F, donc $|X^{\cdot}_t|_F$ $\mathbf{P}$-mesurable ≥ 0, donc $|X^{\cdot}|_{C(K;\sigma(F'',F'))} \geq 0$ $\mathbf{P}$-mesurable,

$$
(2.2) \quad \begin{cases} |X^{\cdot}|_{C(K;\sigma(F'',F'))} = \sup_{t \in K} |X^{\cdot}_t|_{F''} = \sup_{t' \in K'} |X^{\cdot}_{t'}|_F \quad \text{si } K' \text{ est} \\ \qquad\qquad\qquad\qquad\qquad\qquad\qquad \text{dénombrable dense dans } K \\ \|X^{\cdot}\|_{L^p_*(\Omega,\mathbf{P};C(K;\sigma(F'',F')))} \\ = \left(\int_\Omega |X^{\cdot}(\omega)|^p_{C(K;\sigma(F'',F'))} \mathbf{P}(d\omega) \right)^{1/p}. \end{cases}
$$

Si F est séparable et réflexif, F' l'est aussi, la tribu engendrée sur F par les $\eta \in F'$ est en fait dénombrablement engendrée, c'est la tribu borélienne de $\sigma(F, F')$, donc c'est aussi celle de F polonais (et $\sigma(F', F)$ est lusinien puisque F est séparable comme réunion de boules de F' compactes métrisables pour $\sigma(F', F)$).

Si en outre K est métrisable, $C(K; \sigma(F, F'))$ est lusinien [Soit B la boule unité de F, compact métrisable pour $\sigma(F, F')$; les $\eta \in D'$ l'envoient homéomorphiquement sur un compact de $\mathbf{R}^{D'}$; $C(K; B)$ est alors un fermé de $C(K; \mathbf{R}^{D'}) = (C(K))^{D'}$, donc polonais ; enfin $C(K; \sigma(F, F')) = \bigcup_{n \in \mathbf{N}} C(K; nB)$] ; donc, si K est métrisable et F réflexif séparable, la tribu que nous avons définie sur $C(K; \sigma(F, F'))$, par les $\delta_{(t)}$ et les η, est sa tribu borélienne.

La situation générale fait intervenir un espace bi-topologique : $F'', \sigma(F'', F')$; dans $C(K; \sigma(F'', F'))$, la continuité est à valeurs dans $\sigma(F'', F')$, mais la norme est relative à $|\cdot|_{F''}$.(3)

Rappelons enfin que K est métrisable ssi $C(K)$ est séparable, mais que le dual $M(K)$, espace des mesures de Radon sur K, muni de la topologie $\sigma(M(K), C(K))$

est toujours séparable, parce que les $\delta_{(t)}$, t dans un ensemble dénombrable dense de K, forment un ensemble total.

(2.3) **Théorème I.**— *Soient K un compact séparable (non nécessairement métrisable), E, F, des Banach, u une application p-radonifiante de E dans F, L un "processus fictif" à valeurs dans $C(K;E)$, $L \in \mathcal{L}(E'; L^p(\Omega, \mathbf{P}; C(K)))$.*
Alors $L \circ {}^t u = u(L) \in \mathcal{L}(F'; C(K))$ se relève en une classe de processus $X^{\cdot} = X^{\cdot}(L) \in L^p_*(\Omega, \mathbf{P}; C(K; \sigma(F_0'', F_0')))$ où F_0 est un sous-Banach séparable convenable de F, donc F_0'' l'adhérence $*$-faible de F_0 dans F''.

Pour $p > 0$, on a :

$$(2.4) \qquad \|X^{\cdot}\|_{L^p(\Omega,\mathbf{P};C(K;\sigma(F_0'',F_0')))} \leq \Pi_p(u)\|L\|_{\mathcal{L}(E';L^p(\Omega,\mathbf{P};C(K)))} .$$

Donc $|X^{\cdot}|_{F_0''}$ est majoré par une variable aléatoire M, avec

$$(2.5) \qquad \|M\|_{L^p(\Omega,\mathbf{P})} \leq \Pi_p(u)\|L\|_{\mathcal{L}(E';L^p(\Omega,\mathbf{P};C(K)))} .$$

Pour $p = 0$, quel que soit $\beta > 0$, il existe $\alpha > 0$ et $C \geq 0$ tels que

$$(2.6) \qquad J_\beta(X^{\cdot}, \mathbf{P}) \leq C J_\alpha^*(L, \mathbf{P}) = \sup_{\substack{\xi \in E' \\ |\xi| \leq 1}} J_\alpha(L(\xi, \mathbf{P})),$$

où β, α, C sont les mêmes que dans (1.9) ou (1.16).

(2.7) **Démonstration.** Prenons d'abord $p > 0$.

Soit T une variable aléatoire étagée $\mathbf{P}$-mesurable à valeurs dans K. Si $\xi \in E'$, $L(\xi)$ est une variable aléatoire à valeurs dans $C(K)$, on peut prendre sa valeur sur T, comme on le fait couramment en probabilités : $L(\xi)_T(\omega) = L(\xi)(\omega)\ (T(\omega)) \in \mathbf{R}$, $L(\xi)(\omega)$ est une fonction continue sur K, et il s'agit de sa valeur en $T(\omega)$; $L(\xi)_T$ est $\mathbf{P}$-mesurable parce que T est étagée. Alors $\xi \mapsto L(\xi)_T$ est une application linéaire continue L_T de E' dans $L^p(\Omega, \mathbf{P})$; comme $u : E \to F$, est p-radonifiante, on sait que ${}^t u : F' \to E'$, est p-décomposante, autrement dit que $L_T \circ {}^t u$ se relève en une variable aléatoire $X^{\cdot}_T$ à valeurs dans $L^p(\Omega, \mathbf{P}; F)$, au sens suivant :

$$(2.8) \qquad L_T({}^t u(\eta)) = \langle X^{\cdot}_T, \eta \rangle_{F,F'} , \quad \forall \eta \in F' .$$

L_T définit une probabilité cylindrique sur E, et son image par u est précisément $X^{\cdot}_T(\mathbf{P})$ de Radon, portée par conséquent par un sous-Banach séparable de F, donc $X^{\cdot}_T$ prend $\mathbf{P}$-presque sûrement sa valeur dans ce sous-espace séparable. En outre, pour $p > 0$,

$$(2.9) \qquad \|X^{\cdot}_T\|_{L^p(\Omega,\mathbf{P};F)} \leq \Pi_p(u)\|L_T\|_{\mathcal{L}(E';L^p(\Omega,\mathbf{P}))} \leq \Pi_p(u)\|L\|_{\mathcal{L}(E';L^p(\Omega,\mathbf{P};C(K)))} .$$

Soit A un ensemble fini de tels temps T. Soit $T_A(\omega)$ tel que $|X_{T_A}(\omega)|_F = \max_{S \in A} |X_S(\omega)|_F$; s'il y en a plusieurs possibles, on le choisit convenablement (par exemple en ordonnant A et en choisissant le premier), de façon que T_A soit encore une variable aléatoire étagée à valeurs dans K. Les $|X^{\cdot}_{T_A}|$ forment un ordonné filtrant de variables aléatoires ≥ 0, suivant l'ordonné filtrant des parties finies de K. Ils ont donc un SUP latticiel, ou Sup.ess., M, variable aléatoire ≥ 0, qui est aussi le SUP de toutes les $|X^{\cdot}_T|_F$ (ou des $|X^{\cdot}_t|_F$, $t \in K$), et limite croissante d'une suite d'entr'eux. D'après (1.6) et Fatou,

$$\|M\|_{L^p(\Omega,\lambda)} \leq \Pi_p(u)\|L\|_{\mathcal{L}(E';L^p(\Omega,p;C(K)))} . \tag{2.10}$$

En outre, toutes les $X^{\cdot}_T$ sont essentiellement à valeurs dans un même sous-espace séparable F_0 de F. Si F_0^+ est son orthogonal dans F', $L \circ {}^t u$ pourra se factoriser par

$$F' \to F_0' = F'/F_0^+ \to L^p(\Omega, p; C(K))$$

(mais L, bien entendu, n'a aucune factorisation analogue). Désormais, L n'interviendra plus, mais seulement $L \circ {}^t u$, donc on peut abandonner F, et ne parler que de F_0, ou, ce qui revient au même, conserver F, mais le supposer séparable.

Soit K' un sous-ensemble dénombrable dense de K, D' un sous-ensemble dénombrable $*$-faiblement dense de F', qu'on pourra supposer être un $\mathbf{Q}$-sous-espace vectoriel. Pour tous les $t' \in K'$, choisissons arbitrairement un $X_{t'}$ de $X^{\cdot}_{t'}$, pourvu que $|X_{t'}|_F \leq M \in \mathcal{L}^p(\Omega, \mathbf{P})$.

Pour $\mathbf{P}$-presque tout ω, pour tout $\eta' \in D'$, $t' \mapsto \langle X^{\cdot}_{t'}(\omega), \eta'\rangle$ est restriction à K' d'une fonction continue (unique) sur K. Quitte à modifier les $X_{t'}$, sur un ensemble négligeable de Ω, on peut supposer que c'est vrai pour tous les $\omega \in \Omega$.

Quand η' tend vers $\eta \in F'$, $\langle X^{\cdot}_{t'}(\omega), \eta'\rangle$ converge vers $\langle X_{t'}(\omega), \eta\rangle$ *uniformément en* $t' \in K'$, puisque $|X_{t'}(\omega)| \leq M(\omega)$. D'autre part, pour tout $\eta' \in D'$, et tout $t \in K$, $\langle X_{t'}(\omega), \eta'\rangle$ a une limite quand t' tend vers $t \in K$, donc forme un filtre de Cauchy, donc aussi $\langle X_{t'}(\omega), \eta'\rangle$ pour $\eta \in F'$, qui donc a une limite réelle ; cette limite, linéaire en η, est majorée en valeur absolue par $M(\omega)|\eta'|_{F'}$, donc l'ensemble de ces limites définit $X_t(\omega)$, forme linéaire continue sur F', $X_t(\omega) \in F''$; et $t \mapsto X_t(\omega)$ est continue sur K à valeurs dans $\sigma(F'', F')$, $|X_t(\omega)|_{F''} \leq M(\omega)$, et $\sup_t |X_t(\omega)|_{F''} = M(\omega)$ avec l'inégalité (1.7). Pour tout T étagé, X_T est dans la $\mathbf{P}$-classe $X^{\cdot}_T$, qui est presque toujours sûrement à valeurs dans F lui-même, donc les valeurs dans F'' sont "rares", mais n'en existent pas moins. Alors $X : (t, \omega) \mapsto X_t(\omega)$ définit une variable aléatoire ($*$-scalairement $\mathbf{P}$-mesurable), à valeurs dans $C(K; \sigma(F'', F'))$ toujours muni de sa tribu spécifique définie par les $\delta_{(t)}$, $t \in K$, mais aussi les $\eta \in F'$, et on a l'inégalité (2.9). On a donc bien $X^{\cdot} \in L^p_*(\Omega, \mathbf{P}; C(K; \sigma(F'', F')))$, pour $p > 0$, ce qui achève la démonstration.

Pour $p = 0$, rien à changer sur le plan qualitatif. On doit simplement remplacer les inégalités (2.9) et (2.10) par : pour tout $\beta > 0$, il existe $\alpha > 0$ et $C \geq 0$, les mêmes que dans (1.9) et (1.16) relatifs à u, tels que

$$J_\beta(X^{\cdot}_T) \leq C\, J^*_\alpha(L_T) = C \sup_{\substack{\xi \in E' \\ |\xi| \leq 1}} J_\alpha(L(\xi)_T)\,, \tag{2.11}$$

$$\begin{aligned} J_\beta(X^{\cdot}) = J_\beta(M) &\leq C\, J^*_\alpha(L) \\ &= C \sup_{\substack{\xi \in E' \\ |\xi| \leq 1}} J_\alpha(L(\xi))\,, \end{aligned} \tag{2.12}$$

ce qui est (2.6).

(2.13) *Remarque.* Soit T une fonction à valeurs dans K, limite simple d'une suite de variables aléatoires étagées T_n ; elle n'est peut-être pas mesurable, parce que K n'est pas supposé métrisable. Maid $L(\xi)_T$ est mesurable, comme limite ponctuelle sur Ω des fonctions mesurables réelles $L(\xi)_{T_n}$. Donc $\xi \mapsto L(\xi)_T = L_T(\xi)$ est une application linéaire continue de E' dans $L_0(\Omega, \mathbf{P})$; alors $(L_T \circ {}^t u)$ est une application linéaire continue de F' dans $L^0(\Omega, \mathbf{P})$, qui se relève en une variable aléatoire $X_T \in L^0(\Omega, \mathbf{P}; F)$; mais $|X_T|_F \leq M \in L^p(\Omega, \mathbf{P})$, donc $X_T \in L^p(\Omega, \mathbf{P}; F)$, comme pour T étagé.

3. PROCESSUS CADLAG.

Théorème II.— *Soit L une application linéaire continue de E' dans l'espace des classes L^p, $0 \leq p \leq +\infty$ de processus réels adaptés cadlag sur $\overline{\mathbf{R}}_+ \times (\Omega, \mathbf{P})$:*
$L \in \mathcal{L}(E'; L^p(\Omega, \mathbf{P}; \mathrm{Cadlag}(\overline{\mathbf{R}}_+)))$ et $L_t \in \mathcal{L}(E'; L^p(\Omega.\mathcal{F}_t, \mathbf{P}))$ pour tout $t \in \overline{\mathbf{R}}_+$.
Soit u p-radonifiante de E dans F. Alors $L \circ {}^t u$, linéaire continue de F' à valeurs dans l'espace des classes de processus adaptés cadlag, se relève en une classe de processus $X^{\cdot}$ adaptés cadlag à valeurs dans $\sigma(F_0'', F_0')$, où F_0 est un sous-Banach séparable convenable de F :
$X^{\cdot} \in L^p_*(\Omega, \mathbf{P}; \mathrm{Cadlag}\, \sigma(F_0'', F_0'))$ et, pour tout $t \in \overline{\mathbf{R}}_+$, $X_t^{\cdot}$ est $\mathcal{F}$-mesurable à valeurs dans F_0 ; $X_t^{\cdot} \in L^p(\Omega, \mathcal{F}_t, \mathbf{P}; F_0)$. Donc $X^{\cdot}$ est $*$-scalairement optionnel. Si L est prévisible, c.-à-d. si tous les $L(\xi)$, $\xi \in E'$, sont des processus prévisibles sur $\overline{\mathbf{R}}_+ \times \Omega$, alors $X^{\cdot}$ est $*$-scalairement prévisible à valeurs dans F_0'' ; si F est réflexif, optionnel et prévisible subsistent à valeurs dans F_0 (sans $*$, ni scalairement).

Si $L(\xi)$ est un processus continu, pour tout $\xi \in E'$, $X^{\cdot}$ est une classe de processus continus à valeurs dans $\sigma(F_0'', F_0')$ [remplacer Cadlag par C].

On a toujours pour $p > 0$:

$$\|X^{\cdot}\|_{L^p_*(\Omega,\mathbf{P});\mathrm{Cadlag}(\overline{\mathbf{R}}_+;\sigma(F_0'',F_0'))} \leq \Pi_p(u) \|L\|_{\mathcal{L}(E';L^p(\Omega,\mathbf{P};\mathrm{Cadlag}(\overline{\mathbf{R}}_+)))}.$$

Pour $p = 0$, on a :

$$J_\beta(X^{\cdot}) \leq C\, J_\alpha^*(L) = \sup_{\substack{\xi \in E' \\ |\xi| \leq 1}} J_\alpha(L(\xi)),$$

avec les mêmes β, α, C que dans (1.9) ou (1.16).

Démonstration. Considérons l'espace $\overline{\mathbf{R}}_+ \times \{+,-\}$, ensemble des t_+ et des t_-, $t \in \overline{\mathbf{R}}_+$, dont nous retirerons 0_- et $+\infty_+$. Munissons-le de la topologie suivante : un système fondamental de voisinages de t_+, $t < +\infty$, est formé des intervalles $[t_+, \tau_+]$, $\tau > t$, ou s_+, s_- sont dans cet intervalle si $t < s \leq \tau$, et un système fondamental de voisinages de t_-, $t > 0$, est formé des intervalles $[\tau_-, t_-]$, $\tau < t$, ou s_+, s_- sont dans cet intervalle si $\tau \leq s < t$.

On voit aisément que c'est un compact K, séparable (les $\delta_{t_\pm}$, $t \in \mathbf{Q}_+$, sont denses) mais non métrisable (sans quoi son carré topologique le serait ; or, dans ce carré, l'ensemble des points (t_-, t_+), $t \in \overline{\mathbf{R}}_+$, est discret et a la puissance du continu). Le Banach $C(K)$ est en correspondances bijectives avec l'espace des fonctions Cadlag sur $\overline{\mathbf{R}}_+$, avec la norme usuelle $\| \|_\infty$ et la tribu spécifique définie par les $\delta_{(t_\pm)}$.

Il suffit alors d'appliquer le théorème I pour avoir le résultat Cadlag en supposant comme avant $F = F_0$ séparable, avec $C(K; \sigma(F'', F')) = \text{Cadlag}(\overline{\mathbf{R}}_+; \sigma(F'', F'))$, et ensuite, si L_t est à valeurs dans $L^p(\Omega, \mathcal{F}_t, \mathbf{P})$, on trouvera $X^{\cdot}_t \in L^p(\Omega, \mathcal{F}_t, \mathbf{P}; F)$, $X^{\cdot}_{t_-} \in L^p(\Omega, \mathcal{F}_{t_-}, \mathbf{P}; F)$. Si F est réflexif, le processus $X^{\cdot}$ est à valeurs dans F, toujours faiblement cadlag ; mais, F étant séparable, un processus scalairement prévisible à valeurs dans F est prévisible, car F est polonais, donc sa tribu borélienne est identique à celles de $\sigma(F, F')$, est engendrée par les $\eta \in D'$.

Si $T = T_+$ est un temps d'arrêt étagé, la démonstration du théorème I montre que $X^{\cdot}_T \in L^p(\Omega, \mathbf{P}; F)$; et la remarque (2.13) montre que c'est encore vrai si T est un temps d'arrêt quelconque comme limite décroissante d'une suite de temps d'arrêt étagés (limite dans $\overline{\mathbf{R}}_+$ ou dans $(\overline{\mathbf{R}}_+)_+$).

4. TENSORISATION PAR UN BANACH G ET ESPACE $F\varepsilon G$.

(4.1) Rappelons que, si F et G sont deux espaces vectoriels localement convexes, $F\varepsilon G$ [(4)] est l'espace $\mathcal{L}_\varepsilon(F'_c; G)$ ou l'espace $\mathcal{L}_\varepsilon(G'_c; F)$; F'_c veut dire que F' est muni de la topologie de la convergence uniforme sur les compacts convexes de F, et que L_ε, qui donne la topologie mise sur $\mathcal{L}(F'_c; G)$, veut dire la topologie de la convergence uniforme sur les parties équicontinues de F'. Si F ou G a la propriété d'approximation, $F \oplus G$ est dense dans $F\varepsilon G$. Une application linéaire de F' dans G est dans $F\varepsilon G$ ssi elle est continue de $\sigma(F', F)$ dans $\sigma(G, G')$ et si l'image par cette application de toute partie équicontinue de F' est relativement compacte dans G. Désormais, E, F, G, sont des Banach, G séparable, ou plus généralement de dual G' $*$-faiblement séparable (exemple $G = C(K)$ du théorème I).

(4.2) **Théorème III.-** *Soit $L \in \mathcal{L}(E'; L^p(\Omega, \mathbf{P}\ ; G))$, et $u : E \to F$ p-radonifiante. Alors $L \circ {}^t u \in \mathcal{L}(F'; L^p(\Omega, \mathbf{P}\ ; G))$, se relève en $X^{\cdot}$, variable aléatoire à valeurs dans $G\varepsilon\sigma(F'_0, F'_0)$, où F_0 est un sous-Banach séparable convenable de F, et, pour $p > 0$:*

$$\|X^{\cdot}\|_{L^p_*(\Omega, \mathbf{P}); G\varepsilon\sigma(F''_0, F'_0))} \leq \Pi_p(u) \|L\|_{\mathcal{L}(E'; L^p(\Omega, \mathbf{P}; G))}.$$

Le symbole L_* veut dire que, pour $\eta \in F'_0$, $\langle X^{\cdot}, \eta \rangle$ est $\mathbf{P}$-mesurable en tant que fonction sur Ω à valeurs dans G ; et, pour L^p, on prend pour norme sur $G\varepsilon\sigma(F''_0, F'_0)$ la norme de G et celle de F''_0, c.à.d. celle de la convergence uniforme sur le produit de la boule unité de G par celle de F'_0.
Si G ou F est de dimension finie, on peut remplacer $G\varepsilon\sigma(F''_0, F'_0)$ par $G\varepsilon F_0 = G \otimes_\varepsilon F_0$.

Le ε est ici relatif à la structure bitopologique F_0'', $\sigma(F_0'', F_0')$; pour la définition du produit ε, on prend la topologie $\sigma(F_0'', F_0')$, mais pour la norme ε, la norme $|\ |_{F_0''}$.

Démonstration. L'espace G est un sous-espace de l'espace $C(B')$ des fonctions continues sur la boule unité B' de G', muni de la topologie $*$-faible $\sigma(G', G)$. B' est un compact séparable puisque nous avons supposé G' $*$-faiblement séparable. On va appliquer le théorème I, avec $K = B'$. Donc $C(B')$ sera muni de la tribu définie par les $\delta_{(b')}$, $b' \in B'$, qui sera sa tribu borélienne si B' est métrisable, c.à.d. G séparable. On sait qu'on peut ne pas parler de F_0, mais supposer F séparable. Mais toutes les $L(\xi)$, $\xi \in E'$, sont des fonction continues sur B', *linéaires* : pour $\lambda_1, \lambda_2 \in \mathbf{R}$, $g_1', g_2' \in B'$, $L(\xi)(\lambda_1 g_1' + \lambda_2 g_2')$ si $\lambda_1 g_1' + \lambda_2 g_2' \in B'$.

Alors on a aussi $\langle X^{\cdot}, \lambda_1 g_1' + \lambda_2 g_2' \rangle = \lambda_1 \langle X^{\cdot}, g_1' \rangle + \lambda_2 \langle X^{\cdot}, g_2' \rangle$, autrement dit, $X^{\cdot}$ n'est pas seulement dans $L^p(\Omega, \mathbf{P}; C(B'; \sigma(F'', F')))$ mais dans $L^p_*(\Omega, \mathbf{P}; \mathcal{L}(G'; \sigma(F'', F')))$, où G' est muni de la topologie $*$-faible $\sigma(G', G)$, c.à.d. $X^{\cdot} \in L^p_*(\Omega, \mathbf{P}; \mathcal{L}(\sigma(G', G)\ ;\ \sigma(F'', F')))$. La mesurabilité a lieu pour la tribu définie par les $\delta_{(b')}$, $b' \in B'$, et les $\eta \in F'$; pour la norme, on prend celles de G', et de F''. Si F est réflexif et G séparable, la tribu est la tribu borélienne de $\mathcal{L}(\sigma(G', G); \sigma(F, F'))$.

Mais l'espace $\mathcal{L}(\sigma(G', G); \sigma(F'', F'))$ n'est autre que $G\varepsilon\sigma(F'', F')$.
Si F est de dimension finie, $F_0 = F$, $\sigma(F'', F') = F$.
Mais si G est de dimension finie, on peut aussi remplacer $G\varepsilon\sigma(F_0'', F_0')$ par $G\varepsilon F$ ou $G \otimes_\varepsilon F$ ou $G \otimes_\varepsilon F_0$. On fait pour cela une démonstration différente. Soit $g_1, g_2, \ldots, g_n$ une base de G. Alors $L(\xi) = L_1(\xi) g_1 + \cdots + L_n(\xi) g_n$, $L_k(\xi) \in \mathcal{L}(E'; L^p(\Omega, \mathbf{P}))$. Mais alors on sait, par (1.12), que $L_k \circ {}^t u$ se relève en $X_k^{\cdot} \in L^p(\Omega, \mathbf{P}; F)$.
Donc $L \circ {}^t u$ se relève en $X_1^{\cdot} g_1 + X_2^{\cdot} g_2 + \cdots + X_n^{\cdot} g_n \in L^p(\Omega, \mathbf{P}; G \otimes F)$. La norme qu'il faut prendre pour $G \otimes F$ est celle qui est induite par $G\varepsilon\sigma(F'', F')$, celle de la convergence uniforme sur le produit des boules unités de G' et de F', c'est donc celle de $G \otimes_\varepsilon F$.

Pour $p = 0$, on fait les modifications habituelles.

Remarque 1) Les théorèmes I et III sont équivalents, chacun entraîne immédiatement l'autre. Pour III, on applique 1 avec $G = C(K), K = B'$ muni de la topologie $\sigma(G', G)$; pour I, on applique III avec G=C(K) ; on sait que $C(K)\varepsilon\sigma(F_0'', F_0')$ est justement $C(K; \sigma(F_0'', F_0'))$.

Remarque 2) Il y a ici une situation étrange : en faisant une hypothèse sur G, la dimension finie, on peut remplacer $\sigma(F_0'', F_0')$ par $F_0 = F$. Est-ce encore valable dans des situations plus générales pour G ?

5. LES PROCESSUS ADAPTÉS CADLAG À VARIATION FINIE.

(5.1) **Théorème IV.-** *Soit $\mathcal{V}$ l'espace des fonctions réelles à variation finie sur $\overline{\mathbf{R}}_+$, muni de la norme-variation Var. On le munit de la tribu engendrée par les $\delta_{(t)}$, $t \in \overline{\mathbf{R}}_+$. Soit L une application linéaire continue de E' dans l'espace des classes L^p de processus adaptés cadlag à variation finie L^p, et soit $u : E \to F$, p-radonifiante. [Autrement dit, L est un processus "virtuel" à variation finie à valeurs dans F].*

Donc $L \in \mathcal{L}(E'; L^p(\Omega, \mathbf{P}; \mathcal{V}))$. Alors $L \circ {}^t u$ se relève en une classe de processus $X^{\cdot} \in L^p_*(\Omega, \mathbf{P}; \mathrm{Cadlag}(\overline{\mathbf{R}}_+; \sigma(F_0'', F_0')))$ et $\in L^p(\Omega, \mathbf{P}; \mathcal{SV}_*(F_0''))$, où $\mathcal{SV}_*(F_0'')$ est l'espace des fonctions sur $\overline{\mathbf{R}}_+$, $*$-scalairement à variation finie à valeurs dans F_0'', F_0 sous-Banach séparable de F, avec la tribu définie par les $\delta_{(t)}$, $t \in \overline{\mathbf{R}}_+$ et les $\eta \in F_0'$, et la norme $|f|_{\mathcal{SV}_*(F_0'')} = \sup\limits_{\substack{\xi \in F_0' \\ |\eta| \leq 1}} \mathrm{Var}\, \langle f, \eta \rangle$. On a,

pour $p > 0$:

$$\|X^{\cdot}\|_{L^p(\Omega,\mathbf{P};\mathcal{SV}_*(F_0''))} \leq \Pi_p(u) \|L\|_{\mathcal{L}(E';L^p(\Omega,\mathbf{P};\mathcal{V}))} \,. \tag{5.2}$$

Pour $p = 0$, on a la modification habituelle :

$J_\beta(X^{\cdot}) \leq C J^*_\alpha(L)$ relativement à la norme de $\mathcal{V}$ ou $\mathcal{SV}$; autrement dit :

$$\left\{ \begin{array}{l} \mathrm{Inf}\{M; \mathbf{P}\{|X^{\cdot}|_{\mathcal{SV}} > M\} \leq \beta\} \\ \qquad \leq C \sup\limits_{\substack{\xi \in E' \\ |\xi| \leq 1}} \mathrm{Inf}\{N; \mathbf{P}\{\mathrm{Var}\, L(\xi) > N\} \leq \alpha\} \,. \end{array} \right. \tag{5.3}$$

Démonstration. Soit Δ une subdivision de $\overline{\mathbf{R}}_+$ pour des temps $t = 0$, $t_1 < t_2 < \cdots < t_{n-1} = +\infty$.

Appelons, pour f fonction à variation finie sur $\overline{\mathbf{R}}_+$, f_Δ sa restriction à $\langle t_0, t_1, \ldots, t_{n-1} \rangle$, et

$$\widetilde{f}_\Delta = \left(f_{t_0}, f_{t_1} - f_{t_0}, \ldots, f_{t_{n-1}} - f_{t_{n-2}}\right); \; \widetilde{f}_\Delta \in \ell^1_n \,, \text{et} |\widetilde{f}_\Delta|_{\ell^1_n} = \mathrm{Var}\, f_\Delta \,.$$

On appellera $L(\xi)_\Delta$ ou $L_\Delta(\xi)$ la fonction $L(\xi)$ restreinte à Δ.

Alors $\mathrm{Var}\, L_\Delta(\xi) = |\widetilde{L_\Delta(\xi)}|_{\ell^1_n}$, et

$$\|L_\Delta\|_{\mathcal{L}(E';L^p(\Omega,\mathbf{P};\mathcal{V}_\Delta))} = \|\widetilde{L_\Delta}\|_{\mathcal{L}'(E';L^p(\Omega,\mathbf{P};\ell^1_n))} \,.$$

Composons avec ${}^t u$, et appliquons le théorème III, avec $G = \ell^1_n$ de dimension finie : $L \circ {}^t u$ se relève en $X^{\cdot}_\Delta$:

$$\begin{aligned} \|\widetilde{X^{\cdot}_\Delta}\|_{L^p(\Omega,\mathbf{P};\ell^1_n \varepsilon F)} &\leq \Pi_p(u) \|\widetilde{L_\Delta}\|_{\mathcal{L}(E';L^p(\Omega,\mathbf{P};\ell^1_n))} \\ &= \Pi_p(u) \|L_\Delta\|_{\mathcal{L}(E';L^p(\Omega,\mathbf{P};\mathcal{V}_\Delta))} \leq \Pi_p(u) \|L\|_{\mathcal{L}(E';L^p(\Omega,\mathbf{P};\mathcal{V}))} \,. \end{aligned} \tag{5.4}$$

Le processus $X^{\cdot}$ existe déjà, construit à partir de L, Cadlag à valeurs dans $\sigma(F'', F')$.

Alors sa restriction $X^{\cdot}_{\Delta}$ à $(t_0, t_1, \ldots, t_{n-1})$ est dans $L^p(\Omega, \mathbf{P}; \mathcal{SV}_{\Delta}(F))$, car $\ell^1_n \varepsilon F = \mathcal{S}\ell^1_n(F)$, espace des n-suites scalairement ℓ^1 de F (voir §1.), et

(5.5) $$\|X^{\cdot}_{\Delta}\|_{L^p(\Omega,\mathbf{P};\mathcal{SV}_{\Delta}(F))} \leq \Pi_p(u)\|L\|_{\mathcal{L}(E';L^p(\Omega,\mathbf{P};\mathcal{V}))} .$$

En prenant le sup pour toutes les subdivisions Δ, qui est un SUP latticiel suivant Δ, et le sup d'une suite croissante, on obtient :

(5.6) $$\|X^{\cdot}\|_{L^p(\Omega,\mathbf{P};\mathcal{SV}_*(F''))} \leq \Pi_p(u)\|L\|_{\mathcal{L}(E';L^p(\Omega,\mathbf{P};\mathcal{V}))} .$$

On est parti de L, scalairement $\mathbf{P}$-ps.cadlag et scalairement $\mathbf{P}$-ps. à variation finie (ou "virtuellement"), on obtient $X^{\cdot}$, $\mathbf{P}$ ps. $*$-scalairement cadlag à valeurs dans F'' et $\mathbf{P}$ ps. $*$-scalairement cadlag à variation finie. On a changé l'ordre de $*$-scalairement et de $\mathbf{P}$ p.s.

La modification pour $p = 0$ est toujours la même.

6. THÉORÈME V - LE THÉORÈME DES 3 OPÉRATEURS.

(6.1) *Soient E, F, G, H, des Banach et u, v, w, des opérateurs $E \xrightarrow{u} F \xrightarrow{v} G \xrightarrow{w} H$, u et v 0-radonifiants, w 1-sommant.*

Soit L une semi-martingale virtuelle à valeurs dans E, i.e. $L \in \mathcal{L}(E', \mathcal{SM})$. Alors $L \circ {}^t u \circ {}^t v \circ {}^t w \in \mathcal{L}(H'; \mathcal{SM})$ se relève en une semi-martingale locale $X^{\cdot}$ à valeurs dans H, $X^{\cdot} \in \mathcal{SM}_{\mathrm{loc}}(H)$; et en une semi-martingale globale si H a la propriété de Radon-Nikodym, par exemple s'il est réflexif, ou dual séparable de Banach (cas de $H = \ell^1$). Semi-martingale sous-entend cadlag.

(6.2) **Démonstration :** L'application du théorème I nous donne un relèvement de $L \circ {}^t u$ en un processus $X^{\cdot}$ adapté cadlag, $X^{\cdot} \in L^0(\Omega, \mathbf{P}; \mathrm{Cadlag}(\sigma(F''_0, F'_0)))$. Nous garderons F en oubliant F_0, mais nous supposerons F, G, H, séparables. Posons $T_k = \mathrm{Inf}\{t; |X^{\cdot}_t|_{F''} > k\}$; c'est un temps d'arrêt, et $|X^{\cdot T_k}-| \leq k$: si $\overline{+\infty}$ est un temps au delà de $+\infty$ et isolé, avec $X^{\cdot}_{\overline{+\infty}} = X^{\cdot}_{+\infty}$, les T_k tendent stationnairement vers $\overline{+\infty}$ quand k tend vers $+\infty$. [Rappelons que $X_{t'} \in F_0$ pour tout t' rationnel ; elle est continue à droite pour la topologie $*$-faible de F'', donc semi-continue inférieurement pour la topologie de la norme ;
on a donc aussi $T_k = \mathrm{Inf}\{t' \in \overline{\mathbf{Q}}_+; |X_{t'}|_F > k\}$]. Maintenant le processus préarrêté $X^{T_k}-$ est borné par k, $|X^{T_k}-|_{F''} \leq k$.

Nous fixerons un k, et poserons désormais $Y_k = X^{T_k}-$, $|Y_k|_{F''} \leq k$, et $\Lambda_k = L^{T_k}-$; $\Lambda_k \circ {}^t u$ est relevée par Y_k. Pour tout $\eta \in F'$, $\Lambda_k(\eta)$ est une classe de semi-martingales réelles bornées par $k|\eta|_{F'}$, donc à sauts bornés, $\Lambda_k(\eta) \in \mathcal{SM}_\delta$. On munit $\mathcal{SM}_\delta$ de la topologie suivante : des semi-martingales convergent vers 0 dans $\mathcal{SM}_\delta$ si elles convergent vers 0 dans $\mathcal{SM}$ et si le sup des modules de leurs sauts tend vers 0.

On sait qu'alors ces semi-martingales sont spéciales, et $\mathcal{SM}_\delta$ est la somme directe topologique

$$\text{(6.3)} \qquad \mathcal{SM}_\delta = \mathcal{V}_\delta^{\text{pré}} \oplus \mathcal{M}_\delta\,,$$

où $\mathcal{V}_\delta^{\text{pré}}$ est l'espace des classes de processus prévisibles cadlag à sauts bornés, $\mathcal{M}_\delta$ l'espace des martingales locales Cadlag à sauts bornés (leurs topologies sont bien connues).

En effet, c'est bien une somme directe algébrique ; mais $\mathcal{V}_\delta^{\text{pré}} \oplus \mathcal{M}_\delta$ s'envoie bijectivement et continuement sur $\mathcal{SM}_\delta$, donc c'est bien une somme directe topologique (ce sont tous des "Fréchet" non localement convexes). Donc

$$\text{(6.4)} \qquad \Lambda_k(\eta) = V_k(\eta) + M_k(\eta)\,.$$

Mais, tandis que Λ_k est relevée par Y_k, V_k et M_k ne sont pas relevées.

On peut seulement dire que

$$V_k \in \mathcal{L}(F'; \mathcal{V}_\delta^{\text{pré}})\,, \quad M_k \in \mathcal{L}(F'; \mathcal{M}_\delta)\,.$$

On a perdu tout le bénéfice du relèvement $X^{\cdot}$; mais lui seul a permis de construire $X^{T_k} = Y_k$, donc V_k et M_k.

$\lambda_k = \Lambda_k^{T_k-} = \left(\Lambda_k^{T_k-}\right)^{T_k} = V_k^{T_k} + M_k^{T_k}$, donc par l'unicité de la décomposition, V_k et M_k sont arrêtées à T_k. Etudions d'abord la composante $M_k \in \mathcal{L}(F'; \mathcal{M}_\delta)$. Et effectuons l'opération $v : F \to G$. Alors $M_k \in \mathcal{L}(F'; L^0(\Omega, \mathbf{P}; \text{Cadlag}))$, donc, d'après le théorème II, $M_k \circ {}^t u$ se relève en un processus à valeurs dans Cadlag $(\sigma(G'', G'))$; appelons-le $\overline{M}_k \in L^0_*(\Omega, \mathbf{P}; \text{Cadlag}\,\sigma(G'', G'))$.

Mais, comme X antérieurement, $\overline{M}_k$ est prélocalement bornée. Les sauts de $\overline{M}$ existent : $\overline{\Delta M}_{k,t} = \overline{M}_{k,t}\text{-}\overline{M}_{k,t_-} \in G''$. D'après la topologie de $\mathcal{M}_\delta$, pour tout $\zeta \in G'$, tous les sauts de $\langle \overline{M}_k, \zeta\rangle = (M_k \circ {}^t u)(\zeta)$ sont bornés, donc l'ensemble des sauts de $\overline{M}_k$ et $*$-faiblement borné, donc borné dans G''. Alors $\overline{M}_k$ est non seulement prélocalement bornée, elle est localement bornée ; localement bornée et $*$-scalairement martingale locale cadlag, elle est une martingale locale cadlag ; à valeurs finales dans G, elle est entièrement à valeurs dans G.

Donc $w(\overline{M}_k)$ est une martingale locale cadlag à valeurs dans H (arrêtée à T_k).

Occupons-nous maintenant de $V_k \in \mathcal{L}(F'; L^0(\Omega, \mathbf{P}; \mathcal{V}))$, arrêtée à T_k. On lui applique le théorème IV, donc $V_k \circ {}^t v$ est relevée par un processus $\overline{V}_k$, $*$-faiblement cadlag à valeurs dans G'', et $\overline{V}_k \in L^0(\Omega, \mathbf{P}; \mathcal{SV}_*(G''))$.

Reprenons la subdivision Δ utilisée dans la démonstration du théorème IV (il est peu éthique d'utiliser la démonstration d'un théorème, mais tant pis !). Raisonnons pour tout $\omega \in \Omega$: $(\widetilde{\overline{V}_k})_\Delta(\omega)$ est une n-suite scalairement ℓ^1 de G (rappelons que, pour tout t, $\overline{V}_k$ prend ses valeurs dans G), $\widetilde{(\overline{V}_k)_\Delta(\omega)} \in \mathcal{S}\ell^1_n(G)$. Comme w est 1-sommante, $w(\widetilde{(\overline{V}_k)_\Delta(\omega)}) \in \ell^1_n(H)$, et

$$(6.5) \qquad \left| w\left(\widetilde{(\overline{V}_k)_\Delta(\omega)}\right)\right|_{\ell^1_n(H)} \leq \pi_1(w) |\widetilde{(\overline{V}_k)_\Delta(\omega)}|_{\mathcal{S}\ell^1_n(G)} .$$

En supprimant les $\sim$

$$:\mathrm{Var}_\Delta \left(w(\overline{V}_k)(\omega)\right) \leq \pi_1(w) \left(\overline{V}_k(\omega)\right)_{\mathcal{SV}_\Delta(G)} \leq \pi_1(w) \left(\overline{V}_k(\omega)\right)_{\mathcal{SV}(G)} .(6.6)$$

Enprenantlesup, qu: le sup d'une suite croissante :

$$(6.7) \qquad \mathrm{Var}\, w\left((\overline{V}_k)(\omega)\right) \leq \pi_1(w) |\overline{V}_k(\omega)|_{\mathcal{SV}(G)} .$$

Donc $w(\overline{F}_k)$ est une classe de processus à variation finie. Elle est adaptée, $*$-scalairement cadlag, donc cadlag ; à valeur a priori dans H'', mais, pour tout t, ps. à valeurs dans H, elle est partout à valeurs dans H, fermé dans H''. On met, comme déjà indiqué, sur $\mathcal{V}(H)$ la tribu définie par les $\delta_{(t)}$, $t \in \overline{\mathbf{R}}_+$, et les $\theta \in H'$, on aura alors

$$(6.8) \qquad w(\overline{V}_k) \in L^0_*(\Omega, \mathbf{P}; \mathcal{V}(H)) .$$

Nous pouvons donc écrire, à partir de $L \in \mathcal{L}(E'; \mathcal{SM})$, que $(L \circ {}^t\!u \circ {}^t\!v \circ {}^t\!w)^{T_k}$- est relevée par une semi-martingale à valeurs dans H, somme d'un processus à variation finie cadlag et d'une martingale locale Cadlag, $w(\overline{V}_k) + w(\overline{M}_k)$. Comme déjà vu, les décompositions en variation finie et martingale ne s'induisent pas par passage de T_{k+1} à T_k, par contre, les sommes s'induisent : les $(w \circ v)X^{T_k}- = w \circ v(\overline{M}_k) + w(\overline{V}_k)$ sont des semi-martingales cohérentes, arrêtées en T_{k_-}, donc définissent une même classe de processus S, cadlag à valeurs dans H ; S^{T_k}- est une semi-martingale préarrêtée en T_{k_-}. En ajoutant le saut ΔS_{T_k}, on voit que S^{T_k} est une semi-martingale, S une semi-martingale *locale* à valeurs dans H. Il reste à démontrer que, si H a la propriété de Radon-Nikodym, elle est une semi-martingale.

Nous aurons besoin d'un lemme :

(6.9) **Lemme.-** *Toute semi-martingale à valeurs dans un Banach H ayant la propriété de Radon-Nikodym, à sauts bornés, est somme, d'une manière unique, d'un processus prévisible cadlag, localement à variation intégrable et d'une martingale locale.*

C'est une propriété bien connue dans le cas scalaire, mais, semble-t-il, jamais publiée dans le cas d'un Banach ayant la propriété de Radon-Nikodym.

Démonstration. Soit $X = W + N$ une semi-martingale à valeurs dans H, à sauts bornés, W un processus à variation finie nul au temps 0, N une martingale locale. On peut trouver une suite de temps d'arrêt $(\tau_\ell)_{\ell \in \mathbf{N}}$, croissante, tendant stationnairement vers $+\infty$ pour ℓ tendant vers $+\infty$, tels que $|X^{\tau_\ell}-|_F$ soit bornée, que Var $W^{\tau_\ell}-$ soit bornée, et que N^{τ_ℓ} soit une martingale. Comme les sauts de X sont bornés, $|X^{\tau_\ell}-|_F$ est aussi bornée, ΔM_{τ_ℓ} est intégrable, donc W^{τ_ℓ} est à variation intégrable. L'intégrale déterministe par rapport à W^{τ_ℓ} définit une mesure finie à valeurs dans H définie sur la tribu optionnelle de $\overline{\mathbf{R}}_+ \times \Omega$:

$$m(\varphi) = \mathbf{E} \int_{]0,+\infty]} \varphi_t dW_t^{\tau_\ell}, \tag{6.10}$$

ne changeant pas les ensembles $\mathbf{P}$-négligeables de $\overline{\mathbf{R}}_+ \times \Omega$ ni $\{0\} \times \Omega, \varphi$ réelle optionnelle bornée.

Cette mesure sur la tribu optionnelle de $\overline{\mathbf{R}}_+ \times \Omega$ a été complètement étudiée par Catherine Doléans-Dade [(5)]. Elle est majorée par une mesure $|m| \geq 0$, définie par :

$$|m|(\varphi) = \mathbf{E} \int_{]0,+\infty]} \varphi_t |dW_t^{\tau_\ell}|_H. \tag{6.11}$$

On appelle projection prévisible directe de m la mesure ${}^\natural m$, à valeurs dans F, définie par :

$${}^\natural m(\varphi) = m(\varphi^\natural), \tag{6.12}$$

où $\varphi^\natural$ est la projection prévisible de φ ; donc ${}^\natural m(\varphi) = {}^\natural m(\varphi^\natural)$.

On voit que ${}^\natural m$ est aussi majorée par une mesure ≥ 0, ${}^\natural |m|$: pour $\varphi \geq 0$,

$$|{}^\natural m(\varphi)| = |m(\varphi^\natural)| \leq |m|(\varphi^\natural) = {}^\natural |m|(\varphi). \tag{6.13}$$

En appliquant alors la propriété de Radon-Nikodym de H, on voit que ${}^\natural m$ possède une densité :

$${}^\natural m(\varphi) = \mathbf{E} \int_{]0,+\infty]} \theta_t d\,{}^\natural W_t^{\tau_\ell}, \tag{6.14}$$

$$\text{où} \qquad |d\,{}^\natural W_t^{\tau_\ell}|_H \leq {}^\natural |dW_t^{\tau_\ell}|_H. \tag{6.15}$$

Le processus ${}^\natural W^{\tau_\ell}$ s'appelle la projection prévisible duale du processus W^{τ_ℓ}, et il est Cadlag prévisible, à variation intégrable.
La différence $W^{\tau_\ell} - {}^\natural W^{\tau_\ell}$ est une martingale; en effet, si f est une fonction $\mathcal{F}_s$-mesurable bornée sur Ω, la fonction $f 1_{]s,t]}$, $t > s$, est prévisible, donc m et ${}^\natural m$ prennent sur elle la même valeur :

$$\mathbf{E} f\left(W_t^{\tau_\ell} - W_s^{\tau_\ell}\right) = \mathbf{E} f\left({}^\natural W_t^{\tau_\ell} - {}^\natural W_s^{\tau_\ell}\right).$$

Ceci étant vrai pour tout f $\mathcal{F}_s$-mesurable bornée, cela exprime que l'espérance conditionnelle de $W_t^{\tau_\ell} - {}^\natural W_t^{\tau_\ell}$, $\mathcal{F}_t$-mesurable, par rapport à la tribu $\mathcal{F}_s$, $s < t$, est $W_s^{\tau_\ell} - {}^\natural W_s^{\tau_\ell}$, donc que $W^{\tau_\ell} - {}^\natural W^{\tau_\ell}$ est une martingale. On peut donc écrire : $X^{\tau_\ell} = {}^\natural W^{\tau_\ell}$ (processus prévisible cadlag à variation intégrable) + $((W^{\tau_\ell} - {}^\natural W^{\tau_\ell}) + N)$ (martingale).

Cette décomposition est unique, car une martingale prévisible est continue, et, si elle est à variation finie, elle est constante, et sa valeur en 0 est X_0, donc elle est nulle.

Lorsque ℓ croît, ces décompositions s'induisent les unes les autres, à cause de l'unicité, et donnent une décomposition unique de X en somme d'un processus prévisible cadlag à variation localement intégrable et d'une martingale locale, décomposition unique.

La démonstration du lemme est achevée. Déduisons-en la fin de la démontration du théorème V : une semi-martingale locale S, à valeurs dans un Banach H ayant la propriété de Radon-Nikodym, est une semi-martingale.

Soit donc S une semi-martingale locale à valeurs dans H ; pour une suite de temps d'arrêt T_k tendent stationnairement vers $\overline{+\infty}$, S^{T_k} est une semi-martingale. On peut retrancher de S le processus de ses sauts de norme > 1, qui est un processus à variation finie, donc une semi-martingale. Pour simplifier, appelons encore S ce qui reste : c'est une semi-martingale locale à sauts bornés. D'après le lemme $S^{T_k} = W.^{T_k} + N.^{T_k}$, $W.^{T_k}$ prévisible cadlag à variation localement intégrable, $N.^{T_k}$ martingale locale. A cause de l'unicité, ces décompositions s'induisent, et donnent $S = W. + N.$, analogue, qui est une semi-martingale, ce qui achève la démonstration du théorème V des 3 opérateurs.

Remarque. Si H n'a pas la propriété de Radon-Nikodym, on pourra y remédier en supposant que $u = u_1 \circ u_0$, où u_0 est 0-radonifiante et u_1 compacte. En effet, dans ce cas, $L \circ {}^t u_0$ se relève par X_0, $*$-faiblement Cadlag, donc $X = u_1(X_0)$ est fortement Cadlag à valeurs dans F.

Alors, si σ_n est le temps d'arrêt du n-ième saut de X de norme ≥ 1, σ_n tend stationnairement vers $\overline{+\infty}$, donc le processus $\sum\limits_n \Delta X_{\sigma_n} 1_{[\sigma_n, +\infty]}$ est un processus de sauts, et $X - \sum\limits_n \Delta X_{\sigma_n} 1_{[\sigma_n, +\infty]}$ est un processus cadlag à sauts bornés, de norme ≤ 1. Il pourra remplacer le X^{T_k}- de la démonstration, mais il est global et non préarrêté. On continuera de la même manière, mais tout restera global, et on obtiendra d'un seul coup S au lieu de S^{T_k} ; S sera directement une semi-martingale. On pourra aussi remplacer w par $w_1 \circ w_0$, w_0 1-sommante et w_1 faiblement compacte. En effet, un opérateur faiblement compact transite par un espace réflexif, et cela reviendra à supposer H réflexif. Mais, dans ces deux cas, on aura 4 opérateurs au lieu de 3.

7. UNE APPLICATION : UN THÉORÈME D'USTUNEL.

(7.1) Soit E un espace vectoriel topologique localement convexe séparé complet, et soit $\mathcal{U}$ un système fondamental de voisinages de O. Pour tout $U \in \mathcal{U}$, soit E_U le quotient de E par le plus grand sous-espace vectoriel $\subset U$, muni de la norme pour laquelle U est la boule unité ; son complété $\widehat{E_U}$ est un Banach ; si $V \subset E$, on a des applications $E \xrightarrow{\pi_V} \widehat{E_V} \xrightarrow{\pi_{U,V}} \widehat{E_U}$, $\pi_U = \pi_{U,V} \circ \pi_V$; E est la limite projective des $\widehat{E_U}$ pour les applications π_U. Ustunel appelle alors semi-martingale projective la donnée d'une famille $(X_U)_{U \in \mathcal{U}}$ de semi-martingales, X_U à valeurs dans $\widehat{E_U}$, cohérente, c.à.d. telle que $X_U = \pi_{U,V} X_V$ ps. Une semi-martingale X sur E définit évidemment une semi-martingale projective, mais la réciproque n'est pas vraie. Les deux théorèmes suivants sont dus à Ustunel : [(6)]

(7.2) **Théorème VI.-** *Soit E un espace nucléaire. Toute application linéaire continue L de E' dans l'espace $\mathcal{SM}$ des semi-martingales réelles se relève en une semi-martingale projective unique $(X_U)_{U \in \mathcal{U}}$, en ce sens que, pour tout ξ de $E'_{U^0} = (\widehat{E_U})'$, $L(\xi) = \langle X_U, \xi \rangle$; $X_U \in \mathcal{SM}(\widehat{E_U})$ relève $L \circ {}^t\pi_U \in \mathcal{L}(E'_{U^0}; \mathcal{SM})$.*

Démonstration (d'Ustunel). E étant nucléaire, on peut supposer $\widehat{E_U}$ hilbertien séparable. Il existe des voisinages disqués de O, V, W, Z, $Z \subset W \subset V \subset U$, tels que les applications $\widehat{E_Z} \xrightarrow{\pi_{W,Z}} \widehat{E_W} \xrightarrow{\pi_{V,W}} \widehat{E_V} \xrightarrow{\pi_{U,V}} \widehat{E_U}$ soient de Hilbert-Schmidt, donc O-radonifiantes. Alors $L \circ {}^t\pi_Z \in \mathcal{L}(E'_{Z^0}; \mathcal{SM})$, par le théorème V des 3 opérateurs, donne lieu à

$$L \circ {}^t\pi_U = (L \circ \pi_Z) \circ ({}^t\pi_{W,Z} \circ {}^t\pi_{V,W} \circ {}^t\pi_{U.V})$$

qui se relève en une semi-martingale $X_U \in \mathcal{SM}(\widehat{E_U})$. Elles sont cohérentes, donc définissent une semi-martingale projective dans E, qui relève L.

(7.3) **Théorème VII** (Ustunel).- *Soit $L \in \mathcal{L}(E'; \mathcal{SM})$, où E est un espace de Fréchet nucléaire. Alors L se relève en une semi-martingale à valeurs dans E, et même à valeurs dans un sous-espace hilbertien de E.*

Démonstration (d'Ustunel). Soit $(X_U)_{U \in \mathcal{U}}$, $\widehat{E}_U$ hilbertien, la semi-martingale projective associée à L par le théorème précédent. Il est connu qu'étant donné une suite $(X_k)_{k \in \mathbf{N}}$, de semi-martingales hilbertiennes séparables, il existe une probabilité $\mathbf{Q}$ équivalente à $\mathbf{P}$, par rapport à laquelle toutes les X_k deviennent $\mathcal{H}^p$ (ou H^p suivant les notations), $1 \leq p < +\infty$. Nous raisonnerons sur $\mathbf{Q}$ pour trouver X, ayant les propriétés de l'énoncé ; on les aura aussi pour $\mathbf{P}$.

On pourra se borner à considérer une suite de voisinages U emboîtés, pour lesquels $\widehat{E_U}$ soit hilbertien ; alors toutes les semi-martingales X_U seront $\mathcal{H}^p$ pour un choix convenable de $\mathbf{Q}$.

Alors acceptons de perdre le bénéfice de la semi-martingale projective et retenons seulement que X_U définit une application linéaire continue de E'_{U^0} dans $\mathcal{H}^p$. Ces applications sont cohérentes et définissent donc une application linéaire L de E' dans $\mathcal{H}^p$, dont la restriction à chaque E'_{U^0} est continue. Mais on sait que pour E Fréchet réflexif, E' est la limite inductive de E'_{U^0} [(7)], donc L est continue de E' dans $\mathcal{H}^p$.

Mais le dual d'un Fréchet nucléaire est aussi nucléaire. Donc L factorise par $E' \xrightarrow{{}^t\pi} \widehat{E'_{V'}} \xrightarrow{v} \mathcal{H}^p$, où v est un opérateur nucléaire. On peut considérer que V' est le polaire d'une partie B bornée disquée de E, E_B hilbertien, $\widehat{E'_{V'}}$ hilbertien ; le dual de $\widehat{E'_{V'}}$ est E_B, et ${}^t\pi = {}^t\pi_B$, où π_B est l'injection naturelle $E_B \to E$. On peut donc écrire :

$$v = \sum_n \lambda_n \, b_n \otimes X_n \,, \quad \lambda_n \text{ réels}, \ \sum_n |\lambda_n| < +\infty \,,$$

b_n éléments de la boule unité B de E_B, X_n semi-martingales de la boule unité de $\mathcal{H}^p$.

Donc v se relève en une semi-martingale $\mathcal{H}^p$ à valeurs dans l'espace hilbertien E_B, appelons-la X_B.

L se relève par X, semi-martingale à valeurs dans E, où $X = \pi_B(X_B)$.

Remarque. Il n'est pas facile de savoir exactement de qu'on doit appeler une semi-martingale à valeurs dans un espace vectoriel topologique. Dans le cadre d'un Banach, nous avons considéré que c'était $V+M$. Ce n'est pas complètement satisfaisant, parce que, en dehors du cas hilbertien, ce n'est pas un intégrateur.

Autrement, il existe deux définitions extrêmes possibles : ou bien X est définie comme application linéaire continue $L \in \mathcal{L}(E'; \mathcal{SM})$, semi-martingale fictive ; c'est la définition la plus faible, on ne peut rien en faire. Ou bien X est définie comme semi-martingale à valeurs dans un sous-espace hilbertien de E ; c'est la plus forte, et c'est un intégrateur. Et il y a des définitions intermédiaires. Si E est un Fréchet nucléaire, les deux définitions coïncident.

Le théorème V des 3 opérateurs a servi, *dans un cas très particulier*, à démontrer le théorème d'Ustunel : les Banach E, F, G, H, du théorème V sont des espaces hilbertiens. Et le résultat du théorème V n'est que la première et plus simple partie du théorème d'Ustunel, le théorème VI ; VII est plutôt plus élaboré que VI. Il n'est pas encore prouvé que le théorème V, sous sa forme plus générale, banachique non hilbertienne, ait des applications importantes. En tout cas, le théorème d'Ustunel VII a sûrement de belles applications ; Ustunel lui-même en a donné. J'ai étudié les semi-martingales à valeurs dans l'espace $C^\infty(E;F)$ des applications C^∞ d'un espace vectoriel de dimension finie E dans un espace vectoriel de dimension finie F ; c'est un Fréchet nucléaire, et la clef de l'étude est le théorème d'Ustunel. Ces espaces se rencontrent fréquemment : si X est le flot d'une équation différentielle stochastique à coefficients C^∞, $X(t,\omega,x)$ est la valeur à l'instant t de la solution qui part de x à l'instant 0, au point $\omega \in \Omega$. Alors $X(t,\omega,0) \in C^\infty(E;E)$, et X est une semi-martingale à valeurs dans $C^\infty(E;E)$.

NOTES DE BAS DE PAGE

Note(1), page 2.

Pour tout ce qui concerne les applications p-sommantes, p-radonifiantes, p-décomposantes, consulter L.Schwartz [1] et [2], qui donnent aussi les références nécessaires aux travaux de W. Pietsch.

Note(2), page 2.

Pour les jauges $\mathcal{J}_\alpha$, voir L.Schwartz [1], (IV,1), exemple 4 et [2], exemple (1.9), page 156.

Note(3), page 5.

Pour les espaces bitopologiques, voir L.Schwartz [2], page 149.

Note(4), page 9.

Pour l'espace $F\varepsilon G$, voir L.Schwartz [3], chapitre I. Pour $F\widehat{\otimes}_\varepsilon G$, voir A. Grotendieck, [1], page 88, avec la notation $F\widehat{\widehat{\otimes}}G$.

Note(5), page 15.

Pour les résultats de C. Doléans-Dade, voir P.A. Meyer [1], (théorème VI, 57), page 134, et suite.

Note(6), page 17.

Ustunel a traité ces problèmes dans plusieurs publications. Voir par exemple, S. Ustunel [1]. Le résultat d'Ustunel est un peu moins fort que l'énoncé des théorèmes VI et VII.

Note(7), page 17.

Voir A. Grothendieck [1], Corollaire 3, page 320.

INDEX BIBLIOGRAPHIQUE

Claude DELLACHERIE et Paul-André MEYER [1] : Probabilités et Potentiels, Hermann, Paris (1980), tome 3, *Théorie des Martingales.*

Alexandre GROTHENDIECK [1] : *Espaces vectoriels topologiques*, Publications de la Société Mathématique de Sao-Paulo, Brésil (1958).

Laurent SCHWARTZ [1] : *Applications radonifiantes*, Séminaire Schwartz, Centre de Mathématiques, Ecole Polytechnique, 1969-70.

Laurent SCHWARTZ [2] : *Probabilités cylindriques et Applications radonifiantes*, Journal of the Faculty of Science, The University of Tokyo, Sec. IA, Vol. **18**, n° 2 (1971), pp. 139-286.

Laurent SCHWARTZ [3] : *Théorie des distributions à valeurs vectorielles*, Annales de l'Institut Fourier, tome VII (1957), pp. 1-139.

TABLE DES MATIERES

Laurent Schwartz
37, rue Pierre Nicole
75005 PARIS
France

JUMPING FILTRATIONS AND MARTINGALES WITH FINITE VARIATION

J. JACOD and A.V. SKOROHOD

ABSTRACT: On a probability space $(\Omega,\mathcal{F},P)$, a filtration $(\mathcal{F}_t)_{t\geq 0}$ is called a *jumping filtration* if there is a sequence (T_n) of stopping times increasing to $+\infty$, such that on each set $\{T_n \leq t < T_{n+1}\}$ the σ-fields $\mathcal{F}_t$ and $\mathcal{F}_{T_n}$ coincide up to null sets. The main result is that $(\mathcal{F}_t)$ is a jumping filtration iff all martingales have a.s. locally finite variation.

1 - INTRODUCTION

Let $(\Omega,\mathcal{F},P)$ be a probability space. By definition, a (right-continuous) filtration $(\mathcal{F}_t)_{t\geq 0}$ is called a *jumping filtration* if there exists a *localizing sequence* $(T_n)_{n\in\mathbb{N}}$ (i.e. a sequence of stopping times increasing a.s. to $+\infty$) with $T_0=0$ and such that for all $n\in\mathbb{N}$, $t>0$:

the σ-fields $\mathcal{F}_t$ and $\mathcal{F}_{T_n}$ coincide up to null sets on $\{T_n \leq t < T_{n+1}\}$. (1)

The sequence (T_n) is then called a *jumping sequence*. Note that it is by no means unique. Our aim is to prove the

THEOREM 1: *A filtration is a jumping filtration iff all its martingales are a.s. of locally finite variation* (here and throughout the paper, martingales are supposed to be càdlàg).

The necessary condition is easy (see Section 2) and not surprising, in view of the following known fact: consider a marked point process, that is an increasing sequence (T_n) of times, and associated marks X_n taking values in some measurable space $(E,\mathcal{E})$, and suppose that $T_n\uparrow\infty$ a.s. Let $(\mathcal{F}_t)_{t\geq 0}$ the filtration generated by some initial σ-field $\mathcal{G}$ and the marked point process (i.e. the smallest filtration such that $\mathcal{G}\subseteq\mathcal{F}_0$ and each T_n is a stopping time and X_n is $\mathcal{F}_{T_n}$-measurable). Then one knows (see [1]) that $(\mathcal{F}_t)$ is a jumping filtration with jump times (T_n), and if further $(E,\mathcal{E})$ is a Blackwell space all martingales have a.s. locally finite variation.

In fact, *any* jumping filtration is generated by some marked point process, with a "very large" set of marks: take times T_n as in (1), and $(E,\mathcal{E}) = \Pi_{n\in\mathbb{N}}(E_n,\mathcal{E}_n)$ where $E_n=\Omega\cup\{\Delta\}$ (Δ is an extra point) and $\mathcal{E}_n$ is the σ-field of E_n generated by $\mathcal{F}_{T_n}$, and $X_n(\omega)$ is the point of E with coordinates Δ, except the nth coordinate which is ω.

So Theorem 1 implies that if all martingales are a.s. of locally finite variation, the filtration is indeed generated by an initial σ-field $\mathcal{F}_0$ and a marked point process.

When the filtration is quasi-left continuous, the sufficient condition is relatively simple to prove, and some additional results are available: this is done in Section 3. The general case needs a systematic use of stochastic integrals w.r.t. random measures: some auxiliary results about these are gathered in Section 4, and the proof is given in Section 5.

2 - THE NECESSARY CONDITION

Assume here that $(\mathcal{F}_t)$ is a jumping filtration, with jumping sequence (T_n). For the necessary part of Theorem 1 it suffices to prove that a uniformly integrable martingale M which is 0 on $[0,T_n]$ and constant on $[T_{n+1},\infty)$ for some n is a.s. of locally finite variation.

Set $T=T_n$ and $S=T_{n+1}$, and call G a regular version of the law of the pair (S,M_S), conditional on $\mathcal{F}_T$. By hypothesis, for each t there is an $\mathcal{F}_T$-measurable variable N_t such that $M_t = N_t$ a.s. on $\{T\le t<S\}$. We have the following string of a.s. equalities (the third one comes from the martingale property; further $(u,x) \to |x|$ is G-integrable for a.a. ω, because M is uniformly integrable, and $G'(t) = G((t,\infty)\times\mathbb{R})$):

$$N_tG'(t)1_{\{T\le t\}} = E[N_t1_{\{T\le t<S\}}|\mathcal{F}_T] = E[M_t1_{\{T\le t<S\}}|\mathcal{F}_T]$$

$$= E[M_S1_{\{T\le t<S\}}|\mathcal{F}_T] = 1_{\{T\le t\}}\int G(du,dx)\ x\ 1_{\{u>t\}} \qquad (2)$$

The right-hand side of (2), which we denote by A_t, is a.s. càdlàg with locally finite variation, as a function of t; further, the left-hand side of (2) is a.s. equal to $M_tG'(t)$ on the set $\{T\le t<S\}$, so outside a null set we have $M_tG'(t) = A_t$ for all t with $t<S$. Since $M_t=M_S$ for $t\ge S$ and G' is non-increasing, it follows that $t \to M_t$ is a.s. of locally finite variation if $S=\infty$ or if $G'(S)>0$ or if $G'(S)=0$ and $G'(S-)>0$; by definition of G', at least one of these properties holds, hence the result.

3 - THE QUASI-LEFT CONTINUOUS CASE

Recall that the filtration is called *quasi-left continuous* if $\mathcal{F}_{T-}=\mathcal{F}_T$ (up to null sets) for all predictable times T, or equivalently if all martingales are quasi-left continuous. In this case, the proof of the sufficient condition in Theorem 1 is simple, and provides additional information about the existence of a minimal jumping sequence. More precisely, we have:

THEOREM 2: a) *If the filtration* $(\mathcal{F}_t)$ *is quasi-left continuous and all martingales are a.s. of locally finite variation, then* $(\mathcal{F}_t)$ *is a jumping filtration. Furthermore there is a jumping sequence* $(T_n)_{n\in\mathbb{N}}$ *such that*

(i) T_n *is totally inaccessible when* $n\ge1$ *and* $T_n<T_{n+1}$ *if* $T_n<\infty$.

(ii) *Every totally inaccessible time* T *satisfies* $[\![T]\!] \subseteq \cup_{n\ge1}[\![T_n]\!]$ *a.s.*

(iii) *Any other jumping sequence* (T'_n) *satisfies* $\cup[\![T'_n]\!] \supseteq \cup[\![T_n]\!]$ *a.s.*

(iv) *Local martingales jump only at the times* T_n.

b) *If* $(\mathcal{F}_t)$ *is a jumping filtration, with a jumping sequence consisting in totally inaccessible times, then the filtration is quasi-left continuous.*

(iii) means that (T_n) is the unique minimal jumping sequence, while (ii) means that it is the "maximal" sequence of totally inaccessible times.

Proof. We first suppose all the assumptions in (a).

α) Let $\mathcal{I}$ denote the class of all totally inaccessible times. We prove first that for any sequence $(S_n)_{n\ge1}$ in $\mathcal{I}$ and any $q\in\mathbb{N}$, we have

$$\text{the random set } U = [\![0,q]\!]\cap(\cup_{n\ge1}[\![S_n]\!]) \text{ is a.s. finite.} \tag{3}$$

Set $V = \{\omega$: there are infinitely many s with $(\omega,s)\in U\}$. Suppose that (3) fails, that is $\varepsilon := P(V)/2 > 0$. Call $\pi(A)$ the projection of a subset A of $\Omega\times\mathbb{R}_+$ on Ω. Define by induction optional subsets U_n of U and stopping times $T_n\in\mathcal{I}$ as such: set $U_1=U$; then if U_n is known the optional section theorem yields a stopping time T_n such that $[\![T_n]\!]\subseteq U_n$ (hence $T_n\in\mathcal{J}$) and $P(\pi(U_n)\cap\{T_n=\infty\}) \le \varepsilon 2^{-n}$; then set $U_{n+1} = U_n\setminus[\![T_n]\!]$. Clearly $V\subseteq\pi(U_n)$ for all n, hence $P(V\cap\{T_n=\infty\}) \le \varepsilon 2^{-n}$ and thus $A := \cap\{T_n<\infty\}$ satisfies $P(V\setminus A) \le \varepsilon$ and $P(A)\ge\varepsilon>0$.

Now call M^n the purely discontinuous martingale having a jump of size +1 at time T_n if $T_n<\infty$, and which is continuous elsewhere. The bracket of M^n is $[M^n,M^n]_t = 1_{\{T_n\le t\}}$, and the M^n's are pairwise orthogonal because they have no common jumps. Then the series $\sum \frac{1}{n} M^n$ converges in L^2 to a square-integrable martingale whose variation on $[0,q]$ is bigger than $\sum \frac{1}{n} 1_{\{T_n\le q\}}$. In particular this variation is infinite on the set A (since $T_n<\infty \Rightarrow T_n\le q$), so $P(A)=0$ by hypothesis, hence a contradiction and (3) is proved.

β) Next we construct the sequence $(T_n)_{n\in\mathbb{N}}$ by induction. Set $T_0=0$. Suppose that T_n is known, and call $\mathcal{J}_n$ the (non-empty) set of all $T\in\mathcal{J}$ with $T\ge T_n$, and $T>T_n$ if $T_n<\infty$. Then define T_{n+1} to be the essential infimum of all T in $\mathcal{J}_n$. Since $S,S'\in\mathcal{J}_n \Rightarrow S\wedge S'\in\mathcal{J}_n$, there is a decreasing sequence $(S_p)_{p\ge1}$ in $\mathcal{J}_n$, with limit T_{n+1}. In view of (3), we must have $S_p=T_{n+1}$ for p large enough (depending on ω), a.s.: hence $T_{n+1}\in\mathcal{J}_n$ and $T_{n+1}>T_n$ if $T_n<\infty$, and we have (i).

Using (3) once more, we get $\lim_n T = +\infty$ a.s. Since any $T\in\mathcal{J}$ has $T\ge T_{n+1}$ on the set $\{T>T_n\}$ by the definition of T_{n+1}, we have (ii). All local martingale having only totally inaccessible jumps, (iv) follows from (ii).

γ) Next we prove that (T_n) is a jumping sequence. Let $n\in\mathbb{N}$, $t\ge0$ and $A\in\mathcal{F}_t$, and set $T=T_n$, $S=T_{n+1}$. We consider the martingale $N^A_s = P(A\cap\{T\le t<S\}\,|\,\mathcal{F}_s)$, and also the point process $X_s = 1_{\{S\le s\}}$ with its compensator Y. Since $A\cap\{T\le t<S\}\in\mathcal{F}_{S\wedge t}$, we have

$$N^A_s = N^A_{s\wedge S\wedge t}, \qquad N^A_S = 1_B. \tag{4}$$

Then $M_s = N^A_s - N^A_{s\wedge T}$ is null on $[0,T]$ and constant on $[S\wedge t,\infty)$, and so by (iv) has only one jump at time S, which is $\Delta M_S = \Delta N^A_S 1_{\{S\le t\}} = -N^A_{S-}1_{\{t\le S\}}$. Thus, with the predictable process $H_u = -N^A_{u-}1_{\{u\ge t\}}$, we obtain $M = X'-Y'$ with $X'_s = \int_0^s H_u dX_u$ and $Y'_s = \int_0^s H_u dY_u$ being the compensator of X'. Hence

$$N^A_s = N^A_T + \int_0^{s\wedge t} N^A_{u-}\, dY_u \quad \text{a.s. if } T\le s<S. \tag{5}$$

Now, observing that $Y_s=0$ for $s\le T$ and with $\mathcal{E}(Y)$ denoting the Doléans exponential of Y, we deduce $N^A_s = N^A_T\, \mathcal{E}(Y)_{s\wedge t}$ if $T\le s<S$. Similarly $N^\Omega_t = N^\Omega_T\, \mathcal{E}(Y)_{s\wedge t}$ if $T\le s<S$, hence

$$N^A_t N^\Omega_T = N^\Omega_t N^A_T \quad \text{a.s. on } \{T\le t<S\}. \tag{6}$$

Note that $A' = \{N^A_T = N^\Omega_T > 0\}$ is $\mathcal{F}_T$-measurable, and $N^A_t = 1_{A\cap\{T\le t<S\}}$ and $N^\Omega_t = 1_{\{T\le t<S\}}$: we readily deduce $A\cap\{T\le t<S\} = A'\cap\{T\le t<S\}$ a.s., hence (1).

δ) Now we prove (iii). Let (T'_n) be another jumping sequence. If (iii) were not true, there would exist a pair n,p of integers such that $P(T'_n<T_p<T'_{n+1})>0$. According to a (trivial) extension of Proposition (3.40) of [1], there is a $(0,\infty]$-valued $\mathcal{F}_{T'_n}$-measurable variable R such that $S = T'_n+R$ has $S=T_p<\infty$ on the set $\{T'_n<T_p<T'_{n+1}\}$. Now, S is clearly a predictable time, and $P(T_p=S<\infty) > 0$ contradicts the property $T_p\in\mathcal{J}$. ■

ε) It remains to prove (b). So now we assume that $(\mathcal{F}_t)$ is a jumping filtration, with a jumping sequence (T_n) having $T_n\in\mathcal{J}$ for $n\ge 1$. It is enough to show that if M is a bounded martingale and T is a finite predictable time, then $\Delta M_T=0$ a.s. on each set $A = \{T_n<T<T_{n+1}\}$. (1) implies $\mathcal{F}_T\cap A = \mathcal{F}_{T-}\cap A = \mathcal{F}_{T_n}\cap A$ up to null sets. Further, $P(B\backslash A)=0$ if $B = \{T_n<T\le T_{n+1}\}$, so $\mathcal{F}_T\cap B = \mathcal{F}_{T-}\cap B$ up to null sets as well. But $B\in\mathcal{F}_{T-}$, hence $\Delta M_T 1_B$ is measurable w.r.t. the completion of $\mathcal{F}_{T-}$, and $\Delta M_T 1_B = 1_B E(\Delta M_T|\mathcal{F}_{T-})$ a.s. Since $E(\Delta M_T|\mathcal{F}_{T-}) = 0$ a.s. (M is a martingale and T is predictable), we obtain $\Delta M_T=0$ a.s. on B. ■

4 - RANDOM MEASURES AND MARTINGALES WITH FINITE VARIATION

1) Let us begin with two auxiliary results, which are more or less known. We consider two measurable spaces $(G,\mathcal{G})$ and $(H,\mathcal{H})$, and a positive transition measure $\eta(x;dy)$ from $(G,\mathcal{G})$ into $(H,\mathcal{H})$. The first lemma concerns the atoms of maximal mass of $\eta(x,.)$:

LEMMA 3: *Assume that* $(H,\mathcal{H})$ *is a Polish space with its Borel σ-field and that* $\eta(x,H)\le 1$ *for all* $x\in G$. *Then if* $\alpha(x) = \sup(\nu(x,\{y\}): y\in H)$:

a) α *is* $\mathcal{G}$*-measurable.*

b) *There is a measurable function* ζ: $(G,\mathcal{G}) \to (H,\mathcal{H})$ *such that* $\alpha(x) = \eta(x,\{\zeta(x)\})$.

c) *There is a* $\mathcal{G}\otimes\mathcal{H}$*-measurable set* B *such that* $\frac{1}{2} \le \int\eta(x,dy)1_B(x,y) \le \frac{3}{4}$ *if* $\alpha(x)\le\frac{1}{4}$ *and* $\eta(x,E)>\frac{3}{4}$.

Proof. There is a bi-measurable bijection φ from H into a Borel subset H' of [0,1) containing 0, and we set $\eta'(x,A) = \eta(x,\varphi^{-1}(A\cap H'))$ for every Borel subset of [0,1). Then y' is an atom of $\eta'(x,.)$ iff $y'=\varphi(y)$ where y is an atom of $\eta(x,.)$, with the same mass. Set $A(n,m)=[m2^{-n},(m+1)2^{-n})$.

a) The functions $f_n(x) = \sup(\eta'(x,A(n,m)): 0\le m\le 2^n-1)$ are measurable and decreases to $\alpha(x)$, hence the result.

b) Set $M_n(x) = \inf(m: \eta'(x,A(n,m))\ge\alpha(x))$. If $\alpha(x)=0$ then $M_n(x)=0$ and $A(n,M_n(x))$ decreases to $\{0\}$. If $\alpha(x)>0$, for all n large enough we have for all m: either A(n,m) contains exactly one atom of $\eta'(x,.)$ of mass $\alpha(x)$, or it contains no such atom and $\eta'(n,A(n,m))<\alpha(x)$; thus for n large enough we have $A(n+1,M_{n+1}(x))\subseteq A(n,M_n(x))$. Hence for all x the sequence $A(n,M_n(x))$ converges as $n\to\infty$ to a singleton, say $\{\zeta'(x)\}$, with $\zeta'(x)=0$ if $\alpha(x)=0\in H'$ and $\zeta'(x)\in H'$ otherwise (because $\eta'(x,\{\zeta'(x)\})=\alpha(x)$). Then $\zeta = \zeta'\circ\varphi^{-1}$ satisfies the requirements.

c) Set $U(x) = 1\wedge\inf(t\ge 0:\eta'(x,[0,t])\ge 1/2)$. If $\alpha(x)\le 1/4$ and $\eta'(x,[0,1]) = \eta(x,H) > 3/4$ we have $1/2 \le \eta'(x,[0,U(x)]) \le 3/4$. Then $B = \{(x,y): \varphi(y)\in[0,U(x)]\}$ answers the question. ■

The second lemma is a variation on the fact that if $L^2(\mu)\subseteq L^1(\mu)$ for a measure μ, then μ is of finite total mass, and it results from discussions with J. Azéma and Ph. Biane.

LEMMA 4: *Assume that there is a $\mathcal{G}\otimes\mathcal{H}$-measurable partition* $(F_n)_{n\ge 1}$ *of* G×H *such that* $\int\eta(x,dy)1_{F_n}(x,y) \le 1$ *for all* n. *There is a $\mathcal{G}\otimes\mathcal{F}$-measurable function* U *with* $0<U\le 1$ *and* $\int\eta(x,dy)U^2(x,y) \le 1$ *for all* $x\in G$, *and*

$$\int\eta(x,dy)U(x,y) = \infty \quad\Leftrightarrow\quad \eta(x,F) = \infty. \tag{7}$$

Proof. We define by induction the sequence $\gamma_n(x)$, with $\gamma_0(x)=0$ and

$$\gamma_{n+1}(x) = \inf(m: \textstyle\sum_{i:\gamma_n(x)<i\le m}\int\eta(x,dy)1_{F_i}(x,y) \ge 1).$$

Set $N(x) = \inf(n: \gamma_n(x)=\infty)$ and $K_n = \cup_{i\ge 1}[F_i\cap\{(x,y):\gamma_{n-1}(x)<i\le\gamma_n(x)\}]$ if $n\ge 1$. Finally set $\delta = \sum_{n\ge 1} n^{-2}$ and $U = (1\vee 2\delta)^{-1/2}\sum_{n\ge 1}\frac{1}{n}1_{K_n}$.

The K_n's constitute a measurable partition of G×F, hence U is measurable and $0<U\leq 1$. By construction $\int\eta(x,dy)1_{K_n}(x,y) \leq 2$, so $\int\eta(x,dy)U^2(x,y) \leq 1$. Further the integral $\int\eta(x,dy)1_{K_n}(x,y)$ is bigger than 1 if $n<N(x)$ and null if $n>N(x)$, while $\eta(x,F)=\infty \Leftrightarrow N(x)=\infty$, so (7) follows. ■

2) Now we turn to random measures. We fix a filtered probability space $(\Omega,\mathcal{F},(\mathcal{F}_t),P)$, and $\mathcal{P}$ denotes the predictable σ-field on $\Omega\times\mathbb{R}_+$. Let E be a Polish space with its Borel σ-field $\mathcal{E}$, and $\tilde{\Omega}=\Omega\times\mathbb{R}_+\times E$, and $\tilde{\mathcal{P}}=\mathcal{P}\otimes\mathcal{E}$. An *integer-valued random measure* is a random measure μ on $\mathbb{R}_+\times E$ of the form

$$\mu(\omega;dt,dx) = \sum_{s>0,\gamma_s(\omega)\in E} \varepsilon_{(s,\gamma_s(\omega))}(dt,dx), \tag{8}$$

where γ is an optional process taking values in $E\cup\{\Delta\}$, and for which there is a $\tilde{\mathcal{P}}$-measurable partition (G_n) of $\tilde{\Omega}$ with $E[\sum_{s>0} 1_{G_n}(.,s,\gamma_s)] < \infty$. It is known that there is such a partition with $E[\sum_{s>0} 1_{G_n}(.,s,\gamma_s)] \leq 1$ for all n.

We denote by ν the (predictable) *compensator* of μ, and we use all notation of [1], Chapter III: in particular if W is a $\tilde{\mathcal{P}}$-measurable function on $\tilde{\Omega}$ we set (with $+\infty$ whenever an integral is not well defined):

$$\hat{W}_t(\omega) = \int_E W(\omega,t,x)\nu(\omega,\{t\},dx), \qquad a_t = \hat{1}_t = \nu(.,\{t\}\times E), \tag{9}$$

$$W*\mu_t = \int_{[0,t]\times E} W(.,s,x)\mu(.;ds,dx), \quad \text{and similarly fo } W*\nu, \tag{10}$$

$$\left.\begin{aligned} C^\infty(W)_t &= (W-\hat{W})^2*\nu_t + \sum_{s\leq t}(1-a_s)(\hat{W}_s)^2, \\ C^0(W)_t &= |W-\hat{W}|*\nu_t + \sum_{s\leq t}(1-a_s)|\hat{W}_s|. \end{aligned}\right\} \tag{11}$$

Recall that one may define the stochastic integral process $W*(\mu-\nu)$ of W w.r.t. $\mu-\nu$ (for a $\tilde{\mathcal{P}}$-measurable W) iff one may write $W=W'+W''$, with W', W'' $\tilde{\mathcal{P}}$-measurable and $C^\infty(W')_t+C^0(W'')_t<\infty$ a.s. for all $t<\infty$. Further, if $\mathcal{L}^2$ (resp. $\mathcal{L}^1$) is the set of all $\tilde{\mathcal{P}}$-measurable functions W such that $C^\infty(W)_\infty$ (resp $C^0(W)_\infty$) is integrable, we have ([1], Proposition (3.71)):

$$\left.\begin{aligned} W\in\mathcal{L}^2 &\Leftrightarrow W*(\mu-\nu) \text{ is a square-integrable martingale} \\ W\in\mathcal{L}^1 &\Leftrightarrow W*(\mu-\nu) \text{ has integrable variation over } \mathbb{R}_+. \end{aligned}\right\} \tag{12}$$

Finally, we also set

$$\alpha_t(\omega) = \sup_{x\in E} \nu(\omega;\{t,x\}), \qquad J = \{a>0\}, \qquad K_\varepsilon = \{\alpha>\varepsilon\}. \tag{13}$$

By Lemma 3, α is a predictable process, and J, K_ε are predictable sets.

Note also that $0 \le \alpha \le a \le 1$.

Our main aim in this section is to prove the following two theorems, in which $\mathcal{L}_b^i$ denotes the set of all bounded functions in $\mathcal{L}^i$ (i=1,2), and

$$F_t^\varepsilon = 1_{(K_\varepsilon)^c} * \nu_t + \sum_{s \in K_\varepsilon, s \le t} (1-\alpha_s). \tag{14}$$

THEOREM 5: *Let* $\varepsilon \in (0,1)$. *There is equivalence between:*

a) $\mathcal{L}_b^2 \subseteq \mathcal{L}_b^1$.

b) $\mathcal{L}_b^1$ *equals the set of all bounded* $\tilde{\mathcal{P}}$*-measurable functions on* $\tilde{\Omega}$.

c) $\mathcal{L}_b^2$ *equals the set of all bounded* $\tilde{\mathcal{P}}$*-measurable functions on* $\tilde{\Omega}$.

d) $E(F_\infty^\varepsilon) < \infty$.

Proof. We begin with some remarks. If $\varepsilon < \eta$ then $K_\eta \subseteq K_\varepsilon$; if further $s \in K_\varepsilon \setminus K_\eta$, then $1-\alpha_s \le a_s/\varepsilon$ and $a_s \le (1-\alpha_s)/(1-\eta)$. Hence

$$F^\varepsilon \le (1 + \frac{1}{\varepsilon})F^\eta, \qquad F^\eta \le (1 + \frac{1}{1-\eta})F^\varepsilon, \tag{15}$$

and (d) does not depend on $\varepsilon \in (0,1)$. In the rest of the proof we take $\varepsilon = 1/4$ and write $K = K_{1/4}$, $F = F^{1/4}$. Next, apply Lemma 3 to $(G,\mathcal{G}) = (\Omega \times \mathbb{R}_+, \mathcal{P})$ and $(H,\mathcal{H}) = (E,\mathcal{E})$, with the measure $\eta((\omega,t),dx) = \nu(\omega,\{t\}\times dx)$: we obtain a predictable E-valued process ζ such that $\alpha_t = \nu(\{t,\zeta_t\})$ and a $\tilde{\mathcal{P}}$-measurable set B such that $1/2 \le \hat{1}_B \le 3/4$ when $\alpha \le 1/4$ and $a > 3/4$. Then the sets $A = \{(\omega,t,\zeta_t(\omega)): (\omega,t) \in K\}$ and $C = [(K^c \cap \{0<a\le 3/4\})\times E] \cup [B \cap ((K^c \cap \{a>3/4\})\times E)]$ are $\tilde{\mathcal{P}}$-measurable and satisfy for some predictable process β:

$$\left.\begin{array}{l} A \subseteq K \times E, \quad \hat{1}_A = \alpha 1_K, \\ C \subseteq (J \setminus K)\times E, \quad \hat{1}_C = \beta 1_{J\setminus K} \text{ with } \beta = a \text{ if } a \le 3/4, \quad 1/2 \le \beta \le 3/4 \text{ if } a > 3/4. \end{array}\right\}$$

This, (14) and the definition of $K = K_{1/4}$ yield

$$F_\infty \le 1_{J^c} * \nu_\infty + 4 \sum_{s \in K} \alpha_s(1-\alpha_s) + 8 \sum_{s \in J \setminus K} \beta_s(1-\beta_s), \tag{16}$$

(b) ⇒ (a) is obvious.

(a) ⇒ (d). Consider the measure η on $(\tilde{\Omega},\tilde{\mathcal{P}})$ defined by $\eta(W) = E[W1_{J^c} * \nu_\infty]$. Lemma 4 implies the existence of a $\tilde{\mathcal{P}}$-measurable function U with $0 < U \le 1$ and $\eta(U^2) < \infty$ and such that $\eta(U) < \infty$ implies $\eta(\tilde{\Omega}) < \infty$. But (11) yields $E[C^\infty(U1_{J^c})_\infty] = \eta(U^2)$, so $U1_{J^c} \in \mathcal{L}_b^2$ by definition of $\mathcal{L}_b^2$, hence (a) implies

$U1_{J^c} \in \mathcal{L}^1_b$ and by (11) again $\eta(U) = E[C^0(U1_{J^c})_\infty] < \infty$. Therefore

$$E(1_{J^c} * \nu_\infty) < \infty. \tag{17}$$

Next we consider the measure η on $(\Omega\times\mathbb{R}_+, \mathcal{P})$ defined by $\eta(H) = E[\sum_{s\in K} \alpha_s(1-\alpha_s)H_s]$. If H is a predictable process, (11) yields

$$C^\infty(H1_A)_t = \sum_{s\in K, s\le t} \alpha_s(1-\alpha_s)H_s^2, \qquad C^0(H1_A)_t = \sum_{s\in K, s\le t} 2\alpha_s(1-\alpha_s)|H_s|, \tag{18}$$

hence by the same argument as above, (a) and Lemma 4 imply $\eta(\Omega\times\mathbb{R}_+)<\infty$, that is

$$E[\sum_{s\in K} \alpha_s(1-\alpha_s)] < \infty. \tag{19}$$

Finally, with the measure defined by $\eta(H) = E[\sum_{s\in J\setminus K} \beta_s(1-\beta_s)H_s]$ (and $(\beta,C,J\setminus K)$ instead of (α,A,K) in (18)) one obtains similarly

$$E[\sum_{s\in J\setminus K} \beta_s(1-\beta_s)] < \infty. \tag{20}$$

Putting together (17), (19) and (20), we deduce (d) from (16).

(d) $\Rightarrow$ (b): Let W be a $\tilde{\mathcal{P}}$-measurable function bounded by a constant δ. First $|\hat{W}|\le\delta a$, and since $\sum_s a_s(1-a_s) \le F_s$ (because $1-a\le 1-\alpha$) we have

$$E[\sum_s (1-a_s)|\hat{W}_s|] < \infty. \tag{21}$$

From the definition of A, W can be written as $W = U+H1_A$ with $U = W1_{A^c}$ and H a predictable process. We have $|W-\hat{W}|\le 2\delta$ and $|\hat{U}|\le\delta\hat{1}_{A^c}$, and $W-\hat{W} = H(1-\alpha)-\hat{U}$ on A, and $\hat{1}_{A^c}=1-\alpha$ on K, so that with $V = |W-\hat{W}|$:

$$\hat{V} \le 2\delta\hat{1}_{A^c} + \delta(1-\alpha) + |\hat{U}| \le 4\delta(1-\alpha) \quad \text{on } K \tag{22}$$

Hence with V as above $V*\nu_\infty = (V1_{K^c})*\nu_\infty + \sum_{s\in K} \hat{V}_t \le 4\delta F_\infty$, and adding this to (21) yields $E[C^0(W)_\infty] < \infty$, hence $W\in\mathcal{L}^1_b$.

(d) $\Rightarrow$ (c): This is proved as the previous implication, with $V = (W-\hat{W})^2$ satisfying $\hat{V} \le 8\delta^2(1-\alpha)$ on K instead of (22).

(c) $\Rightarrow$ (d): By hypothesis $E[C^\infty(1)_\infty] < \infty$, hence (17). We also have $E[C^\infty(1_A)_\infty] < \infty$ which gives (19), and $E[C^\infty(1_B)_\infty] < \infty$ which gives (20). ■

THEOREM 6: *Let* $\varepsilon\in(0,1)$. *There is equivalence between:*

a) *All stochastic integrals* $W*(\mu-\nu)$ *are a.s. of locally finite variation.*

b) *We have* $F^{\varepsilon}_t < \infty$ *a.s. for all* $t<\infty$.

Proof. (b) ⇒ (a). By localization we can assume $E(F^{\varepsilon}_\infty)<\infty$. According to (3.69), (3.70) and (3.71) of [1], any stochastic integral $W*(\mu-\nu)$ is the sum of a local martingale with locally finite variation and another stochastic integral $W'*(\mu-\nu)$ with W' bounded. Then (d) ⇒ (c) of Theorem 5 shows the result.

(a) ⇒ (b). If $C^\infty(W)_t<\infty$ (or $E[C^\infty(W)_t]<\infty$) for all t, (a) and (12) yield $C^0(W)_t<\infty$ a.s. for all t; there is even a localizing sequence (T_n) with $E[C^0(W)_{T_n}]<\infty$, so we have *locally* (a) of Theorem 5. However the localizing sequence *a priori* depends on W, so we cannot apply (a) ⇒ (d) of Theorem 5.

Below we assume (a), and we fix $t>0$. In order to prove $F^{\varepsilon}_t<\infty$ a.s. it is enough by (15) and (16) to prove, with $K=K_{1/4}$:

$$1_{J^c}*\nu_t < \infty, \quad \sum_{s\in K, s\le t} \alpha_s(1-\alpha_s) < \infty, \quad \sum_{s\in J\setminus K, s\le t} \beta_s(1-\beta_s) < \infty. \tag{23}$$

We can apply Lemma 4 with $(G,\mathcal{G}) = (\Omega,\mathcal{F})$, $(H,\mathcal{H}) = (\mathbb{R}_+\times E,\mathcal{R}_+\otimes\mathcal{E})$ and $\eta(\omega,.) = (1_{J^c\cap[0,t]}\bullet\nu)(\omega,.)$: there is an $\mathcal{F}\otimes\mathcal{R}_+\otimes\mathcal{E}$-measurable function U with $0<U\le 1$ and $\int\eta(\omega;ds,dx)U^2(\omega,s,x) \le 1$ and (7). If $\rho(d\omega,ds,dx) = P(d\omega)\eta(\omega;ds,dx)$ there is a $\tilde{\mathcal{P}}$-measurable partition (D_n) of $\tilde\Omega$ with $\rho(D_n)<\infty$, so $W = \rho(U|\tilde{\mathcal{P}})$ is well defined. We then have $0\le W\le 1$, $W^2 \le \rho(U^2|\tilde{\mathcal{P}})$, and $\rho(U^2) = E[\int\eta(.;ds,dx)U^2(.,s,x)] \le 1$, hence $E[C^\infty(W1_{J^c\cap[0,t]})_\infty] = \rho(W^2) \le 1$ and (a), (12) and a localization argument imply $C^0(W1_{J^c\cap[0,t]})_\infty < \infty$ a.s. Hence there is a localizing sequence (T_n) such that

$$\rho(U1_{[0,T_n]}) = \rho(W1_{[0,T_n]}) = E[(W1_{J^c})*\nu_{T_n\wedge t}] < \infty,$$

hence $\int\eta(ds,dx)U(s,x) < \infty$ a.s. on $\cup_n\{T_n\ge t\} = \Omega$. Then (7) yields $\eta(\mathbb{R}_+\times E)<\infty$ a.s., which gives the first part of (23).

We apply the same argument with $\eta(\omega,ds) = \sum_{r\in K, r\le t}\alpha_r(1-\alpha_r)\varepsilon_r(ds)$, and $(G,\mathcal{G}) = (\Omega,\mathcal{F})$ and $(D,\mathcal{D}) = (\mathbb{R}_+,\mathcal{R}_+)$. Let U be as in Lemma 4. Then set $\rho(d\omega,ds) = P(d\omega)\eta(\omega,ds)$ and $H = \rho(U|\mathcal{P})$, which has $0\le H\le 1$ and $\rho(H^2)\le 1$. Then $W = H1_A$ satisfies (18), so $E[C^\infty(W)_\infty] = \rho(H^2) \le 1$, hence we deduce exactly as above that $C^0(W)_\infty<\infty$ a.s., and that $\int\eta(ds)U(s) < \infty$ a.s., hence $\eta(\mathbb{R}_+)<\infty$ a.s. and this gives the second part of (23).

The third part of (23) is proved similarly, upon substituting $(\beta,J\setminus K,B)$ with (α,K,A). ∎

3) So far the measure μ was fixed, but here we allow it to change. Denote by $\mathcal{A}$ the class of all integer-valued random measures, on all Polish spaces E, and by $\mathcal{A}_0$ the subclass of all measures in $\mathcal{A}$ such that the process α associated by (13) has $\alpha_t \le 1/2$ identically. If $\mu \in \mathcal{A}$ has the compensator ν, let $\mathcal{M}(\mu)$ be the space of all local martingales of the form $W*(\mu-\nu)$.

PROPOSITION 7: *If* $\mu \in \mathcal{A}$ *there exists* $\mu' \in \mathcal{A}_0$ *with* $\mathcal{M}(\mu') = \mathcal{M}(\mu)$.

Proof. a) We start with $\mu \in \mathcal{A}$, on the Polish space E, and with compensator ν. As in the proof of Theorem 5, there is a predictable E-valued process ζ with $\alpha_t = \nu(\{t,\zeta_t\})$. Recall the process γ in (8), and in (13) set $K=K_{1/2}$.

The measure μ' will be on $\mathbb{R}_+ \times E'$, with $E' = E\times\{0\}+E_\Delta\times\{1\}$. We set $E'_\Delta = E'+\{\Delta'\}$, and

$$\gamma'_t = \begin{cases} (\gamma_t, 0) & \text{if } t\notin K \text{ and } \gamma_t \in E \\ (\gamma_t, 1) & \text{if } t\in K \text{ and } \gamma_t \in E_\Delta \setminus \{\zeta_t\} \\ \Delta' & \text{otherwise.} \end{cases} \tag{24}$$

This is an optional E'_Δ-valued process, with which one associates the random measure μ' by (8). Clearly $\mu' \in \mathcal{A}$, and we add a dash to all quantities related to μ': e.g. ν', α', etc...

b) We presently prove that $\mu' \in \mathcal{A}_0$. First, with any $\tilde{\mathcal{P}}'$-measurable function W' on $\tilde{\Omega}' = \Omega\times\mathbb{R}_+\times E'$, we associate the $\tilde{\mathcal{P}}$-measurable function $f(W')(\omega,t,x) = W'(\omega,t,(x,0))$. We have

$$W'1_{K^c}*\mu' = f(W')1_{K^c}*\mu, \qquad W'1_{K^c}*\nu' = f(W')1_{K^c}*\nu \tag{25}$$

(the first equality is obvious, and the second one follows by taking the compensators). Thus $\alpha'_t = \alpha_t \le 1/2$ and $a'_t = a_t$ if $t\in K^c$. Next, since for every finite predictable time T the measure $\nu(\{T\}\times .)$ is characterized by the property $\nu(\{T\}\times A) = P(\gamma_T \in A \mid \mathcal{F}_{T-})$, and similarly for ν', up to changing ν' on a null set we can assume that we have identically:

$$\left.\begin{aligned} &\nu'(\{t\}\times(E\times\{0\})) = 0, \qquad \nu'(\{t\}\times(C\times\{1\}))=\nu(\{t\}\times(C\setminus\{\zeta_t\})), \\ &\nu'(\{t\}\times\{\Delta,1\}) = 1-\alpha_t. \end{aligned}\right\} \text{ if } t\in K. \tag{26}$$

Then $\alpha'_t \le a'_t = 1-\alpha_t < 1/2$ if $t\in K$. Hence $\alpha'_t \le 1/2$ for all t, and $\mu'\in\mathcal{A}_0$.

c) It remains to prove $\mathcal{M}(\mu')=\mathcal{M}(\mu)$. Since stochastic integrals w.r.t. random measures are characterized by their jumps, it suffices to prove that if W is $\tilde{\mathcal{P}}$-measurable (resp. W' is $\tilde{\mathcal{P}}'$-measurable), we can find a $\tilde{\mathcal{P}}'$-measurable W' (resp. a $\tilde{\mathcal{P}}$-measurable W) such that for all t:

$$W(t,\gamma_t)1_E(\gamma_t)-\int_E \nu(\{t\}\times dx)W(t,x) = W'(t,\gamma'_t)1_{E'}(\gamma'_t)-\int_{E'} \nu'(\{t\}\times dy)W'(t,y). \tag{27}$$

$\tilde{\mathcal{P}}$-measurable functions are functions of the form

$$W(t,x) = H_t 1_{\{\zeta_t\}}(x) + U(t,x), \quad \text{with} \quad U(t,\zeta_t) = 0, \tag{28}$$

where H is predictable and U is $\tilde{\mathcal{P}}$-measurable, and the left-hand side of (27) is then

$$H_t 1_{\{\zeta_t\}}(\gamma_t) + U(t,\gamma_t)1_{E\setminus\{\zeta_t\}}(\gamma_t) - \alpha_t H_t - \hat{U}_t. \tag{29}$$

$\tilde{\mathcal{P}}'$-measurable functions are functions of the form (with $(x,i)\in E'$):

$$W'(t,(x,i)) = G^i_t 1_{\{\zeta_t\}}(x) + G_t 1_{\{\Delta,1\}}(x,i) + U^i(t,x), \quad \text{with} \quad U^i(t,\zeta_t) = 0, \tag{30}$$

where G, G^0, G^1 are predictable and U^0, U^1 are $\tilde{\mathcal{P}}$-measurable on $\tilde{\Omega}$. Due to (24), (25) and (26), the right-hand side of (27) is then

$$\left.\begin{array}{ll} G^0_t 1_{\{\zeta_t\}}(\gamma_t) + U^0(t,\gamma_t)1_{E\setminus\{\zeta_t\}}(\gamma_t) - \alpha_t G^0_t - \hat{U}^0_t & \text{if } t\notin K \\ G_t 1_{\{\Delta\}}(\gamma_t) + U^1(t,\gamma_t)1_{E\setminus\{\zeta_t\}}(\gamma_t) - (1-a_t)G_t - \hat{U}^1_t & \text{if } t\in K \end{array}\right\} \tag{31}$$

If we start with (28) and if we define W' by (30) with $G^1=0$, $G^0=H1_{K^{c}}$, $U^0=U1_{K^c}$, $G=-H1_K$, $U^1(t,x) = [U(t,x)-H_t 1_{\{x\neq\zeta_t\}}]1_K(t)$, a simple computation shows that (29) and (31) are equal. We also have equality between (29) and (31) if we start with (30) and define W by (28), with $H = H^0 1_{K^c} - G1_K$ and $U(t,x) = U^0(t,x)1_{K^c}(t) + [U^1(t,x)-G_t 1_{\{x\neq\zeta_t\}}]1_K(t)$. Therefore (27) holds. ∎

COROLLARY 8: *Let $\mu\in\mathcal{A}$. There is equivalence between:*

a) *All elements of $\mathcal{M}(\mu)$ are a.s. of locally finite variation.*

b) *For every $\mu'\in\mathcal{A}_0$ such that $\mathcal{M}(\mu')=\mathcal{M}(\mu)$ we have $1*\nu_t<\infty$ a.s. for all $t<\infty$* (or equivalently $1*\mu'_t<\infty$ a.s. for all $t<\infty$).

Proof. (a) ⇒ (b): Let $\mu'\in\mathcal{A}_0$ with $\mathcal{M}(\mu')=\mathcal{M}(\mu)$. Then (a) ⇒ (b) of Theorem 6 applied to μ' implies $F'^{1/2}_t<\infty$ a.s., where $F'^{1/2}$ is associated with μ' by (14). Since $\mu'\in\mathcal{A}_0$ we have $K'_{1/2}=\emptyset$, so $1*\nu'_t<\infty$ a.s. It is also well known that $1*\nu'_t<\infty$ a.s. for all $t<\infty$ is equivalent to $1*\mu'_t<\infty$ a.s. for all $t<\infty$.

(b) ⇒ (a): This readily follows from (b) ⇒ (a) of Theorem 6 and from the existence of $\mu'\in\mathcal{A}_0$ with $\mathcal{M}(\mu')=\mathcal{M}(\mu)$. ∎

5 - THE SUFFICIENT CONDITION OF THEOREM 1

For the proof of the sufficient condition in Theorem 1, we need two preliminary lemmas. If $\mu\in\mathcal{A}$ is given by (8), we set $D(\mu) = \{(\omega,t):\gamma_t(\omega)\in E\}$.

LEMMA 9: *For any sequence* (μ_n) *in* $\mathcal{A}_0$ *there exists* $\mu\in\mathcal{A}_0$ *such that* $D(\mu) = \cup_n D(\mu_n)$ *and* $\cup_n \mathcal{M}(\mu_n) \subseteq \mathcal{M}(\mu)$.

Proof. For each n, μ_n is a random measure on the Polish space E^n, with the associated process γ^n (see (8)). Set $E = \Pi E^n_\Delta$, $E_\Delta = E+\{\Delta\}$, and define an E_Δ-valued optional process γ by

$$\gamma_t = \begin{cases} (\gamma^1_t,\dots,\gamma^n_t,\dots) & \text{if } t\in\cup D(\mu_n) \\ \Delta & \text{otherwise.} \end{cases}$$

The associated measure μ belongs to $\mathcal{A}_0$ (indeed if $x=(x_1,x_2,..)$ is an atom of $\nu(\{t\}\times.)$, there is at least one n such that $x_n\neq\Delta$ and x_n is an atom of $\nu_n(\{t\}\times.)$, and $\nu(\{t,x\}) \le \nu_n(\{t,x_n\})$, so $\alpha_t \le \sup_n \alpha^n_t \le 1/2$). By construction $D(\mu) = \cup_n D(\mu_n)$. Finally if $M = W_n*(\mu_n-\nu_n)\in\mathcal{M}(\mu_n)$ one easily checks that $M = W*(\mu-\nu)\in\mathcal{M}(\mu)$ if $W(\omega,t,(x_1,\dots)) = W_n(\omega,t,x_n)1_{E^n}(x_n)$. ∎

LEMMA 10: *Assume that all martingales are a.s. of locally finite variation.*

a) *If* $\mu\in\mathcal{A}_0$ *the set* $D(\mu)$ *has almost all its* $\mathbb{R}_+$*-sections locally finite.*

b) *There exists* $\mu\in\mathcal{A}_0$ *such that any other* $\mu'\in\mathcal{A}_0$ *has* $D(\mu')\subseteq D(\mu)$ *a.s.*

Proof. a) The $\mathbb{R}_+$-section of $D(\mu)$ through ω is locally finite iff $1*\mu_t(\omega)<\infty$ for all $t<\infty$, so the claim follows from Corollary 8.

b) We construct by induction an increasing sequence of stopping times $(T_n)_{n\ge0}$ and a sequence $(\mu_n)_{n\ge1}$ of elements of $\mathcal{A}_0$ with the following:

$$\left.\begin{array}{l} T_n<\infty \Rightarrow T_n<T_{n+1} \text{ a.s.}, \qquad [\![T_n]\!]\subseteq D(\mu_n) \text{ a.s.} \\ \text{for all } \mu\in\mathcal{A}_0, \text{ we have }]\!]T_{n-1},T_n[\![\cap D(\mu)=\emptyset \text{ a.s.} \end{array}\right\} \tag{32}$$

We start with $T_0=0$. Suppose that we know (T_n,μ_n) with (32) for $n\le p$. Set $S(\mu) = \inf(t>T_p:\ t\in D(\mu))$ if $\mu\in\mathcal{A}_0$, and $T_{p+1} = \text{ess}\inf(S(\mu):\ \mu\in\mathcal{A}_0)$. (a) implies $S(\mu)>T_p$ a.s. on the set $A = \{T_p<\infty\}$. By Lemma 9 if $\mu,\mu'\in\mathcal{A}_0$ there is $\mu''\in\mathcal{A}_0$ with $D(\mu'') = D(\mu)\cup D(\mu')$, hence $S(\mu'') = S(\mu)\wedge S(\mu')$. Therefore there exists a sequence (ρ_n) in $\mathcal{A}_0$ such that $S(\rho_n)$ decreases a.s. to T_{p+1}. Applying again Lemma 9, we obtain $\mu_{p+1}\in\mathcal{A}_0$ with $D(\mu_{p+1}) = \cup_n D(\rho_n)$, so $T_{p+1} = S(\mu_{p+1})$ a.s. and thus $T_{p+1}>T_p$ a.s. on A. We have $[\![T_{p+1}]\!]\subseteq D(\mu_{p+1})$ a.s., and for any $\mu\in\mathcal{A}_0$ we have $T_{p+1}\le S(\mu)$ a.s., so the last property in (32) is satisfied for $n=p+1$.

So far, we have constructed the sequences (T_n), (μ_n) with (32). Taking the measure μ associated with the sequence (μ_n) in Lemma 9 gives (b). ■

Proof of the sufficient condition of Theorem 1. We assume that all martingales are a.s. of locally finite variation. Let $\mu\in\mathcal{A}_0$ be the measure constructed in Lemma 10, and $T_n = \inf(t:\ 1*\mu_t=n)$. Since $1*\mu_t<\infty$ a.s. for all $t<\infty$, we have outside a null set: $T_0=0$, $T_n\uparrow\infty$, $T_n<T_{n+1}$ if $T_n<\infty$. We will prove that $(\mathcal{F}_t)$ is a jumping filtration with jumping sequence (T_n). To this effect, it suffices to prove that for $t\ge0$, $A\in\mathcal{F}_t$, $n\in\mathbb{N}$ fixed, there exists $A'\in\mathcal{F}_{T_n}$ with

$$A\cap\{T_n\le t<T_{n+1}\} = A'\cap\{T_n\le t<T_{n+1}\} \quad \text{a.s.} \tag{33}$$

The proof is similar to part (γ) of the proof of Theorem 2. We set $T=T_n$, $S=T_{n+1}$, and consider the martingale $N^A_s = P(A\cap\{T\le t<S\}\,|\,\mathcal{F}_s)$. Let $\rho\in\mathcal{A}$ be the random measure associated with the jumps of the pair (N^A,N^Ω): it is given by (8) with $E=\mathbb{R}^2\backslash\{0\}$ and $\gamma_t = (\Delta N^A_t,\Delta N^\Omega_t)$, and we know that both N^A and N^Ω belong to $\mathcal{M}(\rho)$. By Proposition 7 there is $\rho'\in\mathcal{A}_0$ with $N^A,N^\Omega\in\mathcal{M}(\rho')$. By Lemma 9 there is $\mu'\in\mathcal{A}_0$ with $N^A,N^\Omega\in\mathcal{M}(\mu')$ and $D(\mu') = D(\mu)\cup D(\rho')$, while Lemma 10 yields $D(\mu')\subseteq D(\mu)$ a.s., so in fact $D(\mu')=D(\mu)$ a.s. Therefore we also have $T_n = \inf(t:\ 1*\mu'_t=n)$ a.s., so up to substituting μ with μ' we can and will assume that $N^A,N^\Omega\in\mathcal{M}(\mu)$.

Set $M_s = N^A_s - N^A_{s\wedge T}$, so $M\in\mathcal{M}(\mu)$. As for Theorem 2, we have (4) and $\Delta M_S = -N^A_{S-}1_{\{t\le S\}}$. Thus $D(\mu)\cap\{\Delta M\neq0\} \subseteq [\![S]\!]$ and $\Delta M_s = -N^A_{s-}1_{\{T<s\le t\wedge S\}}$ for all $t\in D(\mu)$, outside a null set. In other words, if γ is associated with μ by (8) and if $U(\omega,s,x) = -N^A_{t-}(\omega)1_{\{T(\omega)<s\le t\wedge S(\omega)\}}$, outside a null set we have

$\Delta M_t(\omega) = U(\omega,t,\gamma_t(\omega))1_E(\gamma_t(\omega))$ for all $(\omega,t)\in D(\mu)$. Since U is $\tilde{\mathcal{P}}$-measurable, we deduce from Theorems (3.45) and (4.47) of [1] that, since $M\in\mathcal{M}(\mu)$:

$$M = W*(\mu-\nu), \quad \text{with} \quad W = U + \frac{\hat{U}}{1-a} 1_{\{a<1\}}.$$

A simple computation shows that $W(s,x) = -\frac{1}{1-a_s} 1_{\{a_s<1\}} N^A_{s-} 1_{(T,t\wedge S]}(s)$. If $F = 1*\nu$ we then deduce that

$$M_s = \int_T^{s\wedge t} N^A_{r-} \frac{1}{1-a_r} 1_{\{a_r<1\}} dF_r \qquad \text{if} \quad T\le s<S.$$

The process $Y_s = \int_{s\wedge T}^{s\wedge t} \frac{1}{1-a_r} 1_{\{a_r<1\}} dF_r$ is increasing and finite-valued, and $N^A_s = N^A_T + M_s$ if $s\ge T$, hence (5) holds. Similarly (5) holds for N^Ω, so we deduce (6), and $A' = \{N^A_T = N^\Omega_T > 0\}$ satisfies (33).

REMARK: When the σ-field $\mathcal{F}_\infty$ is separable, the proof is much simpler. Indeed, in this case there is a sequence $(M^n)_{n\in\mathbb{N}}$ of martingales which "generates" (in the stochastic integrals sense) the space of all local martingales. Therefore if μ is the integer-valued random measure on $E = \mathbb{R}^{\mathbb{N}}$ associated with the jumps of the infinite-dimensional process $(M^n)_{n\in\mathbb{N}'}$ $\mathcal{M}(\mu)$ is the space of of local martingales, so we do not need Lemmas 9 and 10. ∎

REFERENCE

[1] J. JACOD: Calcul stochastique et problèmes de martingales. Lect. Notes In Math., 714. Springer Verlag: Berlin, 1979.

J. Jacod: Laboratoire de Probabilités (CNRS, URA 224), Université Paris 6, Tour 56, 4 Place Jussieu, F-75252 PARIS Cedex

A.V. Skorohod: Institute of Mathematics, Ukrainian Acad. Sciences, KIEV

A SIMPLE PROOF OF THE SUPPORT THEOREM FOR DIFFUSION PROCESSES

ANNIE MILLET AND MARTA SANZ–SOLÉ *

A. Millet
Université Paris X
and
Laboratoire de Probabilités
URA 224, Université Paris VI
4, place Jussieu
75252 PARIS Cedex 05
FRANCE

M. Sanz–Solé
Facultat de Matemàtiques
Universitat de Barcelona
Gran Via 585
08007 BARCELONA
SPAIN

1. Introduction and Notations

Let W denote a d–dimensional standard Wiener process, $\sigma : \mathbb{R}^m \longrightarrow \mathbb{R}^m \otimes \mathbb{R}^d$ and $b : \mathbb{R}^m \longrightarrow \mathbb{R}^m$ satisfy the following condition

(H) σ is of class $\mathcal{C}^2$, bounded together with its partial derivative of order one and two, and b is globally Lipschitz and bounded.

For any $x \in \mathbb{R}^m$, let $(X_t,\, t \in [0,1])$ be the diffusion solution of the stochastic differential equation

$$X_t = x + \int_0^t \sigma(X_s)\, dW_s + \int_0^t b(X_s)\, ds \tag{1.1}$$

Let $\alpha > 0$, and denote by $\mathcal{C}^\alpha([0,1]; \mathbb{R}^m)$ the set of α–Hölder continuous functions, i.e., of continuous functions $f : [0,1] \longrightarrow \mathbb{R}^m$ such that

$$\| f \|_\alpha = \sup_t \, | f(t) | + \sup_{s \neq t} \frac{| f(t) - f(s) |}{| t - s |^\alpha} < \infty . \tag{1.2}$$

The norm $\| \cdot \|_\alpha$ is called the α–Hölder norm. It is well known that the trajectories of X are α–Hölder continuous for $\alpha \in \left[0, \frac{1}{2}\right[$.

* Partially supported by a grant of the DGICYT n° PB 90–0452. This work was partially done while the author was visiting the "Laboratoire de Probabilités" at Paris VI.

Let $\mathcal{H}$ denote the Cameron–Martin space, and given $h \in \mathcal{H}$ let $S(h)$ be the solution of the differential equation

$$S(h)_t = x + \int_0^t \sigma\big[S(h)_s\big]\, \dot{h}_s\, ds + \int_0^t \Big[b(S(h)_s) - \frac{1}{2}(\nabla\sigma)\sigma(S(h)_s)\Big]\, ds \qquad (1.3)$$

The aim of this paper is to give a simple proof of the characterization of the support of $P \circ X^{-1}$ as the closure $\mathcal{S}$ of the set $\{S(h)\,,\ h \in \mathcal{H}\}$ in $\mathcal{C}^\alpha([0,1];\ \mathbb{R}^m)$. This characterization has been shown by Ben Arous, Gradinaru and Ledoux ([2], [3]) using the approximative continuity property - first introduced by Stroock and Varadhan [9] in the case of the norm of uniform convergence - and by Aida, Kusuoka and Stroock [1] by means of a sequence of non absolutely continuous transformations of Ω.

In the setting of stochastic differential equations driven by general semimartingales and for the uniform topology, Mackevičius [7], Gyöngy and Pröhle [5] have introduced families of probabilities $P^\delta << P$ connected with mollifiers, to conclude that the support $P \circ X^{-1}$ contains $\mathcal{S}$. Their approach relies on general convergence results of semimartingales under P^δ.

The idea of the method presented here consists in reducing both inclusions of the support to approximations of the diffusion using adapted linear interpolations ω^n of ω. Thus we check that $\| S(\omega^n) - X \|_\alpha$ and $\| X(\omega - \omega^n + h) - S(h) \|_\alpha$ converge to zero in L^2. Since the law of the transformation T_n of Ω defined by $T_n(\omega) = \omega - \omega^n + h$ is absolutely continuous with respect to P (by Girsanov's theorem), the second convergence yields that the support of $P \circ X^{-1}$ contains $\mathcal{S}$, while the first one provides the converse inclusion in the usual way.

The method is used in [8] for stochastic hyperbolic partial differential equations. In order to stress the method and avoid technical arguments, we suppose that the coefficients σ and b are bounded.

We will use the following notational convention: sums on repeated indices are omitted, and constants appearing in the proof are denoted by C, eventhough they may change from one line to the next one.

2. Preliminaries

In this section we state criteria of convergence in Hölder norms and a general theorem characterizing the support of the law of a Wiener functional. The following theorem is a consequence of the Garsia–Rodemich–Rumsey lemma (see e.g. [11], p. 60).

Proposition 2.1. (i) Let $(Y_n(t),\ t \in [0,1])$ be a sequence of $\mathbb{R}^m$–valued processes such that

(A1) For every $p \in [1,\infty)$ there exists C such that

$$\sup_n E\Big(|\,Y_n(t) - Y_n(s)\,|^{2p}\Big) \le C\,|\,t-s\,|^p$$

for every $s, t \in [0,1]$.

Then, for any $\lambda > 0$ and $\beta < \frac{p-1}{2p}$, there exists $C > 0$ such that

$$\sup_n P\left(\sup_{s \neq t} \frac{|Y_n(t) - Y_n(s)|}{|t-s|^\beta} > \lambda \right) \leq C\,\lambda^{-2p} \tag{2.1}$$

(ii) Let $(Y_n(t),\ t \in [0,1])$ be a sequence of $\mathbb{R}^m$–valued processes such that (A1) and the following assumption (A2) is satisfied:

(A2) For any $\varepsilon > 0$,

$$\lim_{n \to \infty} P\left(\sup_{0 \leq i \leq 2^n} |Y_n(i\,2^{-n})| > \varepsilon \right) = 0\,.$$

Then, for any $\alpha \in \left[0, \frac{1}{2}\right[$ one has that

$$\lim_n P\left(\| Y_n \|_\alpha > \varepsilon \right) = 0$$

Sketch of proof

Part (i) is a simple consequence of the Garsia–Rodemich–Rumsey lemma

(ii) Approximating $Y_n(t)$ by $Y_n(\underline{t}_n)$, where $\underline{t}_n$ denotes the greatest dyadic point less than t, and using (2.1) we obtain that

$$P\left(\sup_t |Y_n(t)| > \varepsilon \right) \leq P\left(\sup_i |Y_n(i2^{-n})| > \frac{\varepsilon}{2} \right) + C\,\varepsilon^{-2p} \cdot 2^{-2p(n\beta - 1)}\,.$$

Let $\alpha \in \left[0, \frac{1}{2}\right[$, $p > 1$, $\delta > 0$ be such that $\beta = \alpha + \delta < \frac{p-1}{2p}$. Then, considering the cases $|s-t| \leq 2^{-m_0}$ and $|s-t| > 2^{-m_0}$, we obtain that for every n,

$$P\left(\sup_{t \neq s} \frac{|Y_n(t) - Y_n(s)|}{|t-s|^\alpha} > \varepsilon \right) \leq P\left(\sup_{|t-s| > 2^{-m_0}} \frac{|Y_n(t) - Y_n(s)|}{|t-s|^\alpha} > \varepsilon \right)$$
$$+ P\left(\sup_{t \neq s} \frac{|Y_n(t) - Y_n(s)|}{|t-s|^\beta} > \varepsilon\, 2^{m_0 \delta} \right)$$
$$\leq 2P\left(\sup_t |Y_n(t)| > \varepsilon\, 2^{-m_0 - 1} \right) + C\,\varepsilon^{-2p}\, 2^{-2m_0 \delta p}$$

Thus choosing m_0 large enough we conclude that

$$\lim_n P\left(\sup_{s \neq t} \frac{|Y_n(t) - Y_n(s)|}{|t-s|^\alpha} > \varepsilon \right) = 0\,. \qquad \diamond$$

We now state sufficient conditions for inclusions on the support of the law of a measurable map $F : \Omega \longrightarrow E$, where $(E, \| \ \|)$ is a separable Banach space; the proof is straightforward.

Proposition 2.2. Let $F : \Omega \longrightarrow E$ be measurable

(i) Let $\zeta_1 : \mathcal{H} \longrightarrow E$ be a measurable map, and let $H_n : \Omega \longrightarrow \mathcal{H}$ be a sequence of random variables such that for any $\varepsilon > 0$,

$$\lim_n P\Big(\| F(\omega) - \zeta_1(H_n(\omega)) \| > \varepsilon\Big) = 0. \tag{2.2}$$

Then

$$\text{support}\,(P \circ F^{-1}) \subset \overline{\zeta_1(\mathcal{H})} \tag{2.3}$$

(ii) Let $\zeta_2 : \mathcal{H} \longrightarrow E$ be a map, and for fixed h let $T_n^h : \Omega \longrightarrow \Omega$ be a sequence of measurable transformations such that $P \circ (T_n^h)^{-1} << P$, and for any $\varepsilon > 0$,

$$\limsup_n P\Big(\| F(T_n^h(\omega)) - \zeta_2(h) \| < \varepsilon\Big) > 0\,. \tag{2.4}$$

Then $\text{support}(P \circ F^{-1}) \supset \overline{\zeta_2(\mathcal{H})}$. (2.5)

Given a positive integer n, let D_n denote the set of n–dyadic points, $D_n = \{ i\, 2^{-n};\ 0 \le i \le 2^n\}$. For $t \in [0,1]$, $\frac{k}{2^n} \le t < \frac{k+1}{2^n}$, set

$$\underset{\sim}{t}_n = \frac{k}{2^n}\,, \quad \underline{t}_n = \frac{k-1}{2^n} \vee 0\,, \tag{2.6}$$

and let W^n be the adapted linear interpolation of ω defined by

$$W_t^n = W_{\underline{t}_n} + 2^n(t - \underset{\sim}{t}_n)\,\big[W_{\underset{\sim}{t}_n} - W_{\underline{t}_n}\big]\,. \tag{2.7}$$

We consider the map $\zeta_1 = \zeta_2 = S(\cdot)$, $H_n(\omega) = \omega^n$, and $T_n^h(\omega) = \omega - \omega^n + h$. Then Girsanov's theorem implies that $P \circ (T_n^h)^{-1}$ is absolutely continuous with respect to P.

Fix $\alpha < \frac{1}{2}$ and let $\beta \in]\alpha, \frac{1}{2}[$; since $X_. - x$, $X_. \circ T_n^h - x$, $S_.(\omega^n) - x$ and $S_.(h) - x$ a.s. belong to $\mathcal{C}^\beta([0,1];\mathbb{R}^m)$ and have initial value 0, using [4] it is easy to see that they also belong to the separable Banach subspace H_0^α of $\mathcal{C}^\alpha([0,1];\mathbb{R}^m)$ defined by

$$H_0^\alpha = \{ f \in \mathcal{C}^\alpha([0,1];\mathbb{R}^m)\,;\ f(0) = 0\,,\ |f(t) - f(s)| = o(|t-s|^\alpha)\ \text{as}\, |t-s| \to 0\}\,.$$

Thus, by Proposition 2.2 the equality supp $P \circ X^{-1} = \mathcal{S}$ will follow from the following convergence results for every $\varepsilon > 0$:

$$\lim_n P\Big(\| X(\omega) - S(\omega^n) \|_\alpha > \varepsilon\Big) = 0 \tag{2.8}$$

$$\lim_n P\Big(\| X(\omega - \omega^n + h) - S(h) \|_\alpha > \varepsilon\Big) = 0\,. \tag{2.9}$$

Approximations of stochastic integrals by Riemann sums imply that $X^n(\omega) := X(\omega - \omega^n + h)$ is solution of the stochastic differential equation

$$X_t^n = x + \int_0^t \sigma(X_s^n)\, dW_s - \int_0^t \sigma(X_s^n)\, \dot{\omega}_s^n\, ds + \int_0^t \sigma(X_s^n)\, \dot{h}_s\, ds + \int_0^t b(X_s^n)\, ds\,, \tag{2.10}$$

while $S(\omega^n)$ satisfies

$$S(\omega^n)_t = x + \int_0^t \sigma\big(S(\omega^n)_s\big)\, \dot{\omega}_s^n \, ds + \int_0^t \Big[b - \frac{1}{2} (\nabla \sigma) \sigma \Big] \, \big(S(\omega^n)\big)_s \, ds \,. \quad (2.11)$$

Thus both processes $(X^n_\cdot)$ and $\big(S(\omega^n)_\cdot\big)$ are particular cases of a diffusion $(Y^n_\cdot)$ solution of the stochastic differential equation

$$Y_t^n = x + \int_0^t F(Y_s^n)\, dW_s + \int_0^t G(Y_s^n)\, \dot{\omega}_s^n \, ds + \int_0^t H(Y_s^n)\, \dot{h}_s \, ds + \int_0^t B(Y_s^n)\, ds \,, \quad (2.12)$$

where the coefficients F, G, H and B satisfy the condition:

(C) F, G, H $\mathbb{R}^m \longrightarrow \mathbb{R}^m \otimes \mathbb{R}^d$ are globally Lipschitz functions, G is of class C^2 with bounded partial derivatives, $B : \mathbb{R}^m \longrightarrow \mathbb{R}^m$ is globally Lipschitz.

Given the coefficients F, G, H and B, let (Z_s) be solution of the stochastic differential equation

$$Z_t = x + \int_0^t \big[F(Z_s) + G(Z_s)\big]\, dW_s + \int_0^t H(Z_s)\, \dot{h}_s \, ds + \int_0^t B(Z_s)\, ds$$
$$+ \int_0^t \nabla G(Z_s) \Big[F(Z_s) + \frac{1}{2}\, G(Z_s) \Big] \, ds \,. \quad (2.13)$$

Fix $\alpha \in \big[0, \frac{1}{2}\big[$; then conditions (2.8) and (2.9) are particular cases of the following convergences for every $\varepsilon > 0$:

$$\lim_n P\Big(\| Y^n - Z \|_\alpha > \varepsilon \Big) = 0 \,. \quad (2.14)$$

Indeed, setting $F = 0$, $G = \sigma$, $H = 0$ and $B = b - \frac{1}{2} (\nabla \sigma) \sigma$ we obtain (2.8), while $F = \sigma$, $G = -\sigma$, $H = \sigma$ and $B = b$ yields (2.9).

It is well-known that for $s, t \in [0,1]$, $p \in [1, \infty)$,

$$E\Big(| Z_t - Z_s |^{2p} \Big) \le C \, | t - s |^p \,.$$

Thus, by Proposition 2.1, it suffices to check that for any s, $t \in [0,1]$, $p \in [1, \infty)$,

$$\sup_n E\Big(| Y_t^n - Y_s^n |^{2p} \Big) \le C \, | t - s |^p \quad (2.15)$$

and

$$\lim_n E\Big(\sup_{0 \le i \le 2^n} | Y^n_{i 2^{-n}} - Z_{i 2^{-n}} |^2 \Big) = 0 \,. \quad (2.16)$$

3. Characterization of the support

In this section we at first check that the moment estimates (2.15) are true; the boundedness of F, G, H and B simplifies the argument. Once (2.15) is checked the proof of (2.16) does not use this boundedness any more.

Proposition 3.1. Let F, G, H and B be bounded coefficients satisfying condition (C), and let (Y_s^n) be solution of (2.12). Then given $p \in [1,\infty)$, there exists a constant C such that for every $s,t \in [0,1]$,

$$\sup_n E\Big(|Y_t^n - Y_s^n|^{2p}\Big) \le C|t-s|^p .$$

Proof: Fix $p \in [1+\infty)$, $s,t \in \mathbb{R}$. Then for every $n \ge 1$

$$E\left(|Y_t^n - Y_s^n|^{2p}\right) \le C\,(T_1 + T_2 + T_3 + T_4)\,,$$

with

$$T_1 = E\Big(\Big|\int_s^t F(Y_u^n)\,dW_u\Big|^{2p}\Big),$$

$$T_2 = E\Big(\Big|\int_s^t G(Y_u^n)\,\dot{\omega}_u^n\,du\Big|^{2p}\Big),$$

$$T_3 = E\Big(\Big|\int_s^t H(Y_u^n)\,\dot{h}_u\,du\Big|^{2p}\Big),$$

$$T_4 = E\Big(\Big|\int_s^t B(Y_u^n)\,du\Big|^{2p}\Big).$$

Burkholder's inequality together with Schwarz's and Hölder's inequalities imply that

$$T_1 + T_3 + T_4 \le C\,|t-s|^p .$$

Finally, $T_2 \le T_{2,1}(n) + T_{2,2}(n)$, where

$$T_{2,1}(n) = E\Big(\Big|\int_s^t G(Y_{\underline{u}_n}^n)\,\dot{\omega}_u^n\,du\Big|^{2p}\Big),$$

$$T_{2,2}(n) = E\Big(\Big|\int_s^t |G(Y_u^n) - G(Y_{\underline{u}_n}^n)|\,|\dot{\omega}_u^n|\,du\Big|^{2p}\Big).$$

Clearly,

$$\sup_n T_{2,1}(n) \le C\,|t-s|^p .$$

Let $a>1$, $b>1$, be conjugate exponents; Hölder's inequality yields

$$\begin{aligned} T_{2,2}(n) &\le |t-s|^{2p-1} \int_s^t \Big\{E\Big(|G(Y_u^n) - G(Y_{\underline{u}_n}^n)|^{2pa}\Big\}^{\frac{1}{a}} \Big\{E\big(|\dot{\omega}_u^n|^{2pb}\big)\Big\}^{\frac{1}{b}}\,du \\ &\le C\,|t-s|^{2p-1}\, 2^{np} \int_s^t \Big\{E\big(|Y_u^n - Y_{\underline{u}_n}^n|^{2pa}\big)\Big\}^{\frac{1}{a}}\,du\,. \end{aligned}$$

Thus the proof of (2.15) is reduced to checking that this estimate holds in the particular case $s = \underline{u}_n$ and $t = u$. The arguments above imply that

$$\sup_s E\left(\left| \int_{\underline{s}_n}^{s} \left\{ F(Y_u^n)\, dW_u + H(Y_u^n)\, \dot{h}_u\, du + B(Y_u^n)\, du \right\} \right|^{2p} \right) \leq C 2^{-np} .$$

Therefore, we should check that for every $p \in [1, \infty)$,

$$\sup_s E\Big(\Big| \int_{\underline{s}_n}^{s} G(Y_u^n)\, \dot{\omega}_u^n\, du \Big|^{2p} \Big) \leq C\, 2^{-np} . \tag{3.1}$$

Clearly,

$$\begin{aligned} E\Big(\Big| \int_{\underline{s}_n}^{s} G(Y_u^n)\, \dot{\omega}_u^n\, du \Big|^{2p} \Big) &\leq C\, E\bigg(\Big(2^n \int_{\underline{s}_n}^{\underset{\sim}{s}_n} |G(Y_u^n)\,|\, du \Big)^{2p} |\, W_{\underline{s}_n} - W_{\underline{s}_n - 2^{-n} \vee 0}\, |^{2p} \bigg) \\ &\quad + C\, E\bigg(\Big(2^n \int_{\underset{\sim}{s}_n}^{s} |\, G(Y_u^n)\,|\, du \Big)^{2p} |\, W_{\underset{\sim}{s}_n} - W_{\underline{s}_n}\, |^{2p} \bigg) \\ &\leq C \Big[E\Big(|\, W_{\underline{s}_n} - W_{(\underline{s}_n - 2^{-n}) \vee 0} |^{2p} \Big) + E\Big(|\, W_{\underset{\sim}{s}_n} - W_{\underline{s}_n}\, |^{2p} \Big) \Big] \\ &\leq C\, 2^{-np} . \end{aligned}$$

Hence (3.1) holds, and this implies $\sup_n T_{2,2}(n) \leq C\, |\, t - s\, |^p$. The proof of (2.15) is complete.

◇

Before proving (2.16), we check the following technical results.

Lemma 3.2. Suppose that $(Y_.^n)$ is a sequence of processes such that (2.15) holds. Let f be a globally Lipschitz function; then

$$\lim_n E\left(\sup_{1 \leq k \leq 2^n} \left| \int_0^{k 2^{-n}} f(Y_{\underline{s}_n}^n)\, \{ \dot{\omega}_s^n\, ds - dW_s \} \right|^2 \right) = 0 . \tag{3.2}$$

Proof: For fixed n,

$$\begin{aligned} & E\left(\sup_{1 \leq k \leq 2^n} \left| \int_0^{k 2^{-n}} f(Y_{\underline{s}_n}^n)\, \{ \dot{\omega}_s^n\, ds - dW_s \} \right|^2 \right) \\ &= E\left(\sup_{1 \leq k \leq 2^n} \left| \sum_{i=1}^{k-1} f\big(Y_{(i-1)2^{-n}}^n\big)\, \big[W_{i 2^{-n}} - W_{(i-1)2^{-n}} \big] \right. \right. \\ &\quad \left. \left. - \sum_{i=1}^{k-1} f\big(Y_{(i-1)2^{-n}}^n\big)\, \big[W_{(i+1)2^{-n}} - W_{i 2^{-n}} \big] \right|^2 \right) \end{aligned}$$

$$= E\left(\sup_{1\le k\le 2^n} \Big| \sum_{i=1}^{k-1} \left[W_{(i+1)2^{-n}} - W_{i2^{-n}}\right] \left[f\left(Y^n_{i2^{-n}}\right) - f\left(Y^n_{(i-1)2^{-n}}\right)\right]\right.$$

$$\left. + f(x)\, W_{2^{-n}} - f\left(Y^n_{(k-1)2^{-n}}\right) \left[W_{k2^{-n}} - W_{(k-1)2^{-n}}\right]\Big|^2\right)$$

$$\le C\,\left(T^n_1 + T^n_2 + T^n_3\right),$$

where

$$T^n_1 = E\left(\sup_{1\le k\le 2^n} \Big| \int_0^{k2^{-n}} \left[f(Y^n_{\underset{\sim}{s}_n}) - f(Y^n_{\underline{s}_n})\right] dW_s \Big|^2\right),$$

$$T^n_2 = f(x)\, E\left(W^2_{2^{-n}}\right),$$

$$T^n_3 = E\left(\sup_{1\le k\le 2^n} f^2\left(Y^n_{(k-1)2^{-n}}\right) \left[W_{k2^{-n}} - W_{(k-1)2^{-n}}\right]^2\right).$$

Proposition 3.1 implies that $T^n_1 \le C\,2^{-n}$; clearly $T^n_2 \le C\,2^{-n}$. For any $t \in [0,1]$, set

$$M^n_t = \int_0^t f(Y_{\underline{s}_n})\, dW_s\,.$$

Proposition 3.1 implies that $\sup_n \sup_t E\left(|\,Y^n_t|)^{2p}\right) < \infty$ for any $p \in [1,\infty)$. Hence by Burkholder's inequality, for any $p \in [1,\infty)$, there exists C such that for every $0 \le s < t \le 1$,

$$\sup_n E\left(|\,M^n_t - M^n_s\,|^{2p}\right) \le C\,|\,t-s\,|^p\,.$$

Hence by Proposition 2.1, letting $p=3$, $\beta = \frac{1}{4} < \frac{1}{3}$, we have for every n ,

$$P\left(\sup_{0<i\le 2^n} |\,M^n_{i2^{-n}} - M^n_{(i-1)2^{-n}}\,| > \lambda\right) \le P\left(\sup_{s\ne t} \frac{|\,M^n_t - M^n_s\,|}{|\,t-s\,|^\beta} \ge \lambda\, 2^{n\beta}\right)$$

$$\le C\,\lambda^{-6}\, 2^{-\frac{3n}{2}}\,.$$

Hence

$$E\left(\sup_{0<i\le 2^n} |\,M^n_{i2^{-n}} - M^n_{(i-1)2^{-n}}\,|^2\right) \le n^{-2}$$

$$+ 2\int_{1/n}^{\infty} \lambda\, P\left(\sup_i |\,M^n_{i\,2^{-n}} - M^n_{(i-1)2^{-n}}\,|\lambda\right) d\lambda$$

$$\le n^{-2} + C\,n^4\, 2^{-\frac{3n}{2}}\,.$$

Therefore $\lim_n T^n_3 = 0$, which completes the proof of (3.2). ◇

Lemma 3.3. Let $(J_t^n;\, t \in [0,1])$ be a sequence of measurable processes such that there exists $p \in]1,\infty)$, $C > 0$ and a sequence $\alpha(n)$ such that

$$\lim_n \alpha(n) = 0\ , \quad \text{and} \quad \sup_t E(|J_t^n|^{2p}) \le \alpha(n)\, 2^{-np}\ . \tag{3.3}$$

Then

$$\lim_n E\left(\sup_{1\le k\le 2^n} \left| \int_0^{k2^{-n}} |\, J_s^n\, \dot\omega_s^n \,|\, ds \right|^2 \right) = 0\ . \tag{3.4}$$

Proof: Let $p > 1$ and $q > 1$ be conjugate exponents. By Hölder's inequality

$$E\left(\sup_{1\le k\le 2^n} \left| \int_0^{k2^{-n}} |\, J_s^n\, \dot\omega_s^n \,|\, ds \right|^2 \right) \le \left\{ E \int_0^1 |\, J_s^n\,|^{2p}\, ds \right\}^{\frac{1}{p}} \left\{ E \int_0^1 |\, \dot\omega_s^n\,|^{2q}\, ds \right\}^{\frac{1}{q}}$$

$$\le\ C\big(\alpha(n)\, 2^{-np}\big)^{\frac{1}{p}}\ 2^n = C\, \alpha(n)^{\frac{1}{p}}\ ;$$

this clearly yields (3.4). ◇

The following proposition proves the validity of (2.16).

Proposition 3.4. Assume that F, G, H and B satisfy (C) and that the solution $(Y^n_.)$ of (2.12) satisfies (2.15). Let $(Z_.)$ be the solution of (2.13). Then

$$\lim_n E\Big(\sup_{0\le i\le 2^n} |\, Y^n_{i2^{-n}} - Z_{i2^{-n}} |^2 \Big) = 0\ .$$

Proof: Let $n \ge 1$, $t = k\, 2^{-n}$; then

$$Y_t^n - Z_t = \int_0^t \big[(F+G)(Y^n_{\underline{s}_n}) - (F+G)(Z_{\underline{s}_n})\big]\, dW_s$$

$$+ \int_0^t \big[H(Y^n_{\underline{s}_n}) - H(Z_{\underline{s}_n})\big]\, \dot h_s\, ds + \int_0^t \left\{ \Big[B + (\nabla G)\, F + \frac{1}{2}\, (\nabla G)\, G\Big]\, (Y^n_{\underline{s}_n}) \right.$$

$$\left. - \Big[B + (\nabla G)\, F + \frac{1}{2} (\nabla G)\, G\Big]\ (Z_{\underline{s}_n}) \right\} ds + \sum_{\alpha=1}^5 A_\alpha(t)\ ,$$

where

$$A_1^n(t) = \int_0^t \big[F(Y_s^n) - F(Y^n_{\underline{s}_n}) - (F+G)(Z_s) + (F+G)(Z_{\underline{s}_n})\big]\, dW_s\ ,$$

$$A_2^n(t) = \int_0^t \big[H(Y_s^n) - H(Y^n_{\underline{s}_n}) - H(Z_s) + H(Z_{\underline{s}_n})\big]\, \dot h_s\, ds\ ,$$

$$A_3^n(t) = \int_0^t \Big[B(Y_s^n) - B(Y^n_{\underline{s}_n}) - \big[B + (\nabla G)\, F + \frac{1}{2} (\nabla G)\, G\big]\ (Z_s)$$

$$+ \big[B + (\nabla G)\, F + \frac{1}{2} (\nabla G)\, G\big]\, (Z_{\underline{s}_n})\Big]\ ds\ ,$$

$$A_4^n(t) = \int_0^t G(Y^n_{\underline{s}_n})\ \{\dot\omega_s^n\ ds - dW_s\}\ ,$$

$$A_5^n(t) = \int_0^t \big[G(Y_s^n) - G(Y^n_{\underline{s}_n})\big]\ \dot\omega_s^n\ ds - \int_0^t \Big[(\nabla G)\, F + \frac{1}{2} (\nabla G)\, G\Big]\ (Y^n_{\underline{s}_n})\ ds\ .$$

Gronwall's lemma applied to the function $\varphi(t) = E\Big(\sup_{i2^{-n}\le t} |Y^n_{i2^{-n}} - Z_{i2^{-n}}|^2\Big)$ implies that

$$E\Big(\sup_{0\le i\le 2^n} |Y^n_{i2^{-n}} - Z_{i2^{-n}}|^2\Big) \le C \sum_{\alpha=1}^{5} E\Big(\sup_{0\le i\le 2^n} |A^n_\alpha(i2^{-n})|^2\Big) .$$

Burkholder's inequality and Proposition 3.1 imply that $E\Big(\sup_t |A^n_1(t)|^2\Big) \le C\,2^{-n}$, since (2.13) is a particular case of (2.12).

Schwarz's inequality yields $E\Big(\sup_t |A^n_2(t)|^2\Big) \le C\|h\|^2_{\mathcal{H}}\ 2^{-n}$. Since B, $(\nabla G)\,F$ and $(\nabla G)\,G$ are Lipschitz, Proposition 3.1 implies $E\Big(\sup_t |A^n_3(t)|^2\Big) < \infty$. Lemma 3.2 yields $\lim_n E\Big(\sup_{0\le k\le 2^n} |A^n_4(k2^{-n})|^2\Big) = 0$. Therefore the proof of (2.16) reduces to check that

$$\lim_n E\Big(\sup_{0\le k\le 2^n} \Big| \int_0^{k2^{-n}} [G(Y^n_s) - G(Y^n_{\underline{s}_n})]\ \dot\omega^n_s\, ds - \int_0^{k2^{-n}} \Big[(\nabla G)\,F + \frac{1}{2}(\nabla G)\,G\Big]\ (Y^n_{\underline{s}_n})\ ds \Big|^2\Big) = 0\ . \tag{3.5}$$

Taylor's formula implies that

$$\Big| G(Y^n_s) - G(Y^n_{\underline{s}_n}) - (\nabla G)(Y^n_{\underline{s}_n})\,[Y^n_s - Y^n_{\underline{s}_n}]\Big| \le C\ |Y^n_s - Y^n_{\underline{s}_n}|^2 .$$

Set

$$\phi_n(s) = \int_{\underline{s}_n}^{s} \Big\{[F(Y^n_u) - F(Y^n_{\underline{s}_n})]\ dW_u + [G(Y^n_u) - G(Y^n_{\underline{s}_n})]\ \dot\omega^n_u\ du + H(Y^n_u)\,\dot h_u\,du + B(Y^n_u)\ du\Big\}\ ;$$

then

$$E\Big(\sup_{1\le k\le 2^n} |A^n_5(k2^{-n}|^2\Big) \le C \sum_{\alpha=1}^{6} T^n_\alpha ,$$

where

$$T^n_1 = E\Big(\sup_{1\le k\le 2^n} \Big|\int_0^{k2^{-n}} |Y^n_s - Y^n_{\underline{s}_n}|^2\ |\dot\omega^n_s|\ ds\Big|^2\Big),$$

$$T^n_2 = E\Big(\sup_{1\le k\le 2^n} \Big|\int_0^{k2^{-n}} |\nabla G(Y^n_s)\,\phi_n(s)|\ |\dot\omega^n_s|\ ds\Big|^2\Big),$$

$$T^n_3 = E\Big(\sup_{1\le k\le 2^n} \Big|\int_0^{k2^{-n}} (\nabla G)\,F(Y^n_{\underline{s}_n})\Big(\int_{\underline{s}_n}^{\overline{s}_n} dW_u\Big)\,\dot\omega^n_s\ ds$$

$$-\int_0^{k2^{-n}} (\nabla G)\, F(Y^n_{\underline{s}_n})\, ds\Big|^2\Big),$$

$$T_4^n = E\Big(\sup_{1\le k\le 2^n}\Big|\int_0^{k2^{-n}} (\nabla G)\, F(Y^n_{\underline{s}_n})\Big(\int_{\underset{\sim}{s}_n}^{s} dW_u\Big)\,\dot\omega^n_s\, ds\Big|^2\Big),$$

$$T_5^n = E\Big(\sup_{1\le k\le 2^n}\Big|\int_0^{k2^{-n}} (\nabla G)\, G(Y^n_{\underline{s}_n})\Big(\int_{\underline{s}_n}^{\underset{\sim}{s}_n} \dot\omega^n_u\, du\Big)\,\dot\omega^n_s\, ds\Big|^2\Big),$$

$$T_6^n = E\Big(\sup_{1\le k\le 2^n}\Big|\int_0^{k2^{-n}} (\nabla G)\, G(Y^n_{\underline{s}_n})\Big(\int_{\underset{\sim}{s}_n}^{s} \dot\omega^n_u\, du\Big)\,\dot\omega^n_s\, ds$$

$$-\frac{1}{2}\int_0^{k2^{-n}} (\nabla G)\ G(Y^n_{\underline{s}_n})\ ds\Big|^2\Big).$$

Proposition 3.1 and Lemma 3.3 imply $\lim_n T_1^n = 0$. Set $J_s^n = \nabla G(Y_s^n)\,\phi_n(s)$; then Proposition 3.1 and Hölder's inequality implies that if $a>1$, $b>1$ are conjugate exponents for any $p\in[1,\infty)$ and $s\in[0,1]$,

$$\begin{aligned}E(|J_s^n|^{2p}) &\le \Big\{E\big(|\nabla G(Y_s^n)|^{2pa}\big)\Big\}^{\frac1a}\Big\{E\big(|\phi_n(s)|^{2pb}\big)\Big\}^{\frac1b}\\ &\le C\Big\{E\big(|\phi_n(s)|^{2pb}\big)\Big\}^{\frac1b}.\end{aligned}$$

Therefore, in order to apply Lemma 3.3, it suffices to check that $\sup_s E\big(|\phi_n(s)|^{2p}\big) \le \alpha(n)2^{-np}$, with $\lim_n \alpha(n)=0$. Burkholder's and Hölder's inequalities and Proposition 3.1 yield

$$\begin{aligned}E|\phi_n(s)|^{2p} \le C\, E\Bigg[&\Big|\int_{\underline{s}_n}^{s} |Y_u^n - Y^n_{\underline{s}_n}|^2\, du\Big|^p +\\ &+2^n\Big(\int_{\underline{s}_n}^{\underset{\sim}{s}_n} |Y_u^n - Y^n_{\underline{s}_n}|^{2p}\, du\Big)\,|W_{\underline{s}_n} - W_{(\underline{s}_n-2^{-n})\vee 0}|^{2p}\\ &+2^n\Big(\int_{\underset{\sim}{s}_n}^{s} |Y_u^n - Y^n_{\underline{s}_n}|^{2p}\, du\Big)\,|W_{\underset{\sim}{s}_n} - W_{\underline{s}_n}|^{2p}\\ &+\Big(\sup\big\{\big(\int_I |\dot h_u|^2 du\big)\big\}^p;\lambda(I)\le 2^{1-n}\big\}\,2^{-(n-1)(p-1)}\\ &+2^{-n(2p-1)}\Big)\int_{\underline{s}_n}^{s}(1+|Y_u^n|^{2p})du\Bigg]\\ \le{}& C\ 2^{-np}\alpha(n),\end{aligned}$$

where $\alpha(n) = 2^{-np} + \sup\{\big(\int_I |\dot h_u|^2 du\big)^p;\lambda(I)\le 2^{1-n}\}$, which tends to zero as n tend to ∞. Thus Lemma 3.3 implies that $\lim_n T_2^n = 0$.

Since $Y^n_{(i-1)2^{-n}}$ and $\big[W_{(i+1)2^{-n}} - W_{i2^{-n}}\big]$ are independent,

$$T_3^n = E\Big(\sup_{1\le k\le 2^n}\Big|\sum_{i=0}^{(k-2)\vee 0} (\nabla G)\, F(Y^n_{(i-1)2^{-n}\vee 0})\,\big[\big(W_{(i+1)2^{-n}} - W_{i2^{-n}}\big)^2 - 2^{-n}\big]\Big|^2\Big)$$

$$\leq \sum_{i=0}^{2^n-2} E\Big((\nabla G)\, F(Y^n_{(i-1)2^{-n}\vee 0})^2 \Big)\, E\Big[|(W_{(i+1)2^{-n}} - W_{i2^{-n}})^2 - 2^{-n}|^2 \Big]$$
$$\leq C\, 2^n\, 2^{-2n}\ ,$$

so that $\lim_n T_3^n = 0$. A similar computation yields

$$T_6^n = E\Bigg(\sup_{2\leq k\leq 2^n} \Big| \sum_{i=0}^{k-2} (\nabla G)\, G(Y^n_{i2^{-n}})$$
$$\Big\{ \Big(2^{2n} \int_{(i+1)2^{-n}}^{(i+2)2^{-n}} \int_{(i+1)2^{-n}}^{s} du\, ds \Big) \big[W_{(i+1)2^{-n}} - W_{i2^{-n}} \big]^2 - \frac{1}{2}\, 2^{-n} \Big\} \Big|^2 \Bigg)$$
$$\leq C\, 2^n\, 2^{-2n} \underset{n\to\infty}{\longrightarrow} 0\,.$$

Finally, by Doob's inequality and Proposition 3.1,

$$T_4^n \leq E\Bigg(\Big| \int_0^1 2^n\, (\tilde{s}_n + 2^{-n} - s)\, (\nabla G)\, F(Y^n_{\underline{s}_n})\, [W_{\tilde{s}_n} - W_{\underline{s}_n}]\, dW_s \Big|^2 \Bigg)$$
$$\leq C \int_0^1 E\Big(|(\nabla G)\, F(Y^n_{\underline{s}_n})|^2 \Big)\, E\Big(|W_{\tilde{s}_n} - W_{\underline{s}_n}|^2 \Big)\, ds$$
$$\leq C\, 2^{-n}\,;$$

and for conjugate exponents $a > 1$ and $b > 1$,

$$T_5^n \leq E\Bigg(\Big| \int_0^1 (\nabla G)\, G(Y^n_{\underline{s}_n}) \Big(\int_{\underline{s}_n}^{\tilde{s}_n} \dot{\omega}^n_u\, du \Big)\, dW_s \Big|^2 \Bigg)$$
$$\leq C \int_0^1 E\Big((\nabla G)\, G(Y^n_{\underline{s}_n})^{2a} \Big)^{\frac{1}{a}}\, E\Big(|W_{\underline{s}_n} - W_{(\underline{s}_n - 2^{-n})\vee 0}|^{2b} \Big)^{\frac{1}{b}}\, ds$$
$$\leq C\, 2^{-n}\,.$$

This completes the proof of $\lim_n E\Big(\sup_{1\leq k\leq 2^n} |A_5^n(k2^{-n})|^2 \Big) = 0$, and hence that of the proposition. ◇

Proposition 3.1 and 3.4 prove that (2.14) holds. Therefore Proposition 2.2 gives the following characterization of the support of the law of the diffusion X.

Theorem 3.5. Let σ and b be functions such that condition (H) is satisfied, and let X be the diffusion solution of (1.1). Then, for any $\alpha \in [0, \frac{1}{2}[$ the support of the probability $P\circ X^{-1}$ in $\mathcal{C}^\alpha([0,1], \mathbb{R}^m)$ is the closure $\mathcal{S}$ of the set $\{S(h),\, h\in\mathcal{H}\}$, where $S(h)$ is given by (1.3).

REFERENCES

[1] S. Aida, S. Kusuoka and D. Stroock, On the Support of Wiener Functionals, Asymptotic problems in probability Theory: Wiener functionals and asymptotics, Longman Sci. & Tech., Pitman Research Notes in Math. Series 294, N.Y., 3–34, (1993).

[2] G. Ben Arous and M. Gradinaru, Normes Hölderiennes et support des diffusions, C.R. Acad. Sc. Paris, t. 316, Série 1 n. 3, 283–286, (1993).

[3] G. Ben Arous, M. Gradinaru and M. Ledoux, Hölder norms and the support theorem for diffusions, preprint.

[4] Z. Ciesielski, On the isomorphisms of the spaces H_α and m, Bull. Acad. Pol. Sc., 8, . 217–222 (1960),

[5] I. Gyöngy and T. Pröhle, On the approximation of stochastic differential equations and on Stroock–Varadhan's support theorem, Computers Math. Applic, 19, 65–70 (1990).

[6] N. Ikeda and S. Watanabe, *Stochastic Differential Equations and Diffusion Processes*, Amsterdam, Oxford, New York: North Holland; Tokyo: Kodansha 1981.

[7] V. Mackevičius, On the Support of the Solution of Stochastic Differential Equations, Lietuvos Matematikow Rinkings XXXVI (1), 91–98 (1986).

[8] A. Millet and M. Sanz–Solé, The Support of an Hyperbolic Stochastic Partial Differential Equation, Probability Theory and Related Fields, to appear, Prépublication du Laboratoire de Probabilités de l'Université Paris VI n.° 150, 1993.

[9] D. W. Stroock and S. R. S. Varadhan, On the Support of Diffusion Processes with Applications to the Strong Maximum Principle, Proc. Sixth Berkeley Symp. Math. Statist. Prob. III, 333–359, Univ. California Press, Berkeley, 1972.

[10] D. W. Stroock and S. R. S. Varadhan, On Degenerate Elliptic-Parabolic Operators of Second Order and their Associated Diffusions, Comm. on Pure and Appl. Math. Vol XXV, 651–713 (1972).

[11] D. W. Stroock and S. R. S. Varadhan, *Multidimensional processes*, Springer–Verlag, Berlin Heildelberg, New York, 1979.

Petites perturbations de systèmes dynamiques et Algèbres de Lie Nilpotentes. Une extension des estimations de Doss & Stroock.

par

T.J. RABEHERIMANANA * et S.N. SMIRNOV **

Abstract: In this paper, we study a problem of large deviations related to asymptotic behavior, when $\varepsilon \searrow 0$, of the diffusion- process X^ε, with generator

$$\mathcal{L}^\varepsilon = \frac{1}{2}\varepsilon^2 \sum_{k=1}^{n} A_k^2 + \frac{1}{2}\sum_{j=1}^{l} \tilde{A}_j^2 + A_0;\quad A_1,\dots,A_n,\ \tilde{A}_1,\dots,\tilde{A}_l \text{ and } A_0$$

are regular vector fields on $\mathbb{R}^d$. We prove under the condition of nilpotence of Lie's Algebra $\mathcal{L}(A_1,\dots,A_n)$, generated by vector fields $A_1,\dots,A_n$ a large deviations principle, which yields the speed of convergence of X^ε towards X^0 on an appropriate space, this principle being valid even when the limit diffusion is non degenerate, extending a Doss-Stroock's result. We apply these results to the analysis of the speed of convergence towards o of the difference process $\bar{X}^\varepsilon = X^\varepsilon - X^0$, when $\varepsilon \searrow 0$, using the contraction principle.

Résumé: Dans cet article, nous étudions un problème de grandes déviations associé au comportement asymptotique, quand $\varepsilon \searrow 0$, d'un processus de diffusion perturbé X^ε, gouverné par l'opérateur:

$$\mathcal{L}^\varepsilon = \frac{1}{2}\varepsilon^2 \sum_{k=1}^{n} A_k^2 + \frac{1}{2}\sum_{j=1}^{l} \tilde{A}_j^2 + A_0;\quad A_1,\dots,A_n,\ \tilde{A}_1,\dots,\tilde{A}_l \text{ et } A_0 \text{ sont}$$

des champs de vecteurs réguliers sur $\mathbb{R}^d$. Sous la condition de nilpotence de l'algèbre de Lie engendrée par les champs de vecteurs $A_1,\dots,A_n$, nous démontrons un principe de grandes déviations qui rend compte de la vitesse de convergence de X^ε vers X^0 sur un espace approprié, valable même quand la diffusion limite est non dégénérée, généralisant un résultat de Doss-Stroock. Nous appliquons ces résultats à l'analyse de la vitesse de convergence vers o du processus difference $\bar{X}^\varepsilon = X^\varepsilon - X^0$, quand $\varepsilon \searrow 0$, à l'aide du principe classique des contractions.

Section 0. Déclaration d'intention.

Dans $\mathbb{R}^d$ considérons d'une part la diffusion $X = (X_t)_{t\in[0,T]}$, solution de l'E.D.S.

$$(1)\quad dX_t = \sum_{j=1}^{l} \tilde{A}_j(X_t) \circ d\tilde{B}_t^j + A_0(X_t)\, dt \ ;\ X_0 = x,$$

Ici les A_0 et $\tilde{A}_j$ sont $(l+1)$- champs de vecteurs sur $\mathbb{R}^d$. $\tilde{B}=(\tilde{B}_t^j)_{j=1,\dots,l}$ est un mouvement brownien, issu de 0 à valeurs dans $\mathbb{R}^l$. La notation "$\circ$" désigne la différentielle au sens de Stratonovich.

D'autre part, pour tout $\varepsilon > 0$, considérons une petite perturbation (2) de l'équation (1):

$$(2)\quad dX_t^\varepsilon = \sum_{j=1}^{l} \tilde{A}_j^\varepsilon(X_t^\varepsilon) \circ d\tilde{B}_t^j + A_0^\varepsilon(X_t^\varepsilon)\, dt + \varepsilon \sum_{k=1}^{n} A_k^\varepsilon(X_t^\varepsilon)\, dB_t^k \ ; \ X_0^\varepsilon = x^\varepsilon$$

où les A_0^ε, A_k^ε et $\tilde{A}_j^\varepsilon$ sont (n+l+1)-champs de vecteurs sur $\mathbb{R}^d$, $B=(B_t^k)_{k=1,\dots,n}$ est un mouvement brownien issu de 0 à valeurs dans $\mathbb{R}^n$, indépendant de $\tilde{B} = (\tilde{B}_t^j)_{j=1,\dots,l}$.

Dans la suite, si u est un entier naturel, ${}^u\Omega_{T,x}$ désigne l'espace des fonctions continues de [0,T] dans $\mathbb{R}^u$, issues de x à l'instant 0. Cet espace est équipé de la topologie de la convergence uniforme et de sa tribu borélienne. ${}^uH_{T,0}$ désigne le sous-espace de ${}^u\Omega_{T,0}$ constitué des fonctions absolument continues avec une dérivée de carré intégrable. On le munit d'une structure hilbertienne en posant $(f,g)=\int_0^T \dot{f}_s.\dot{g}_s ds$ (espace de Caméron-Martin).

Le but principal de cet article est d'étudier, sous une condition assez générale, la vitesse de convergence du processus X^ε, solution de (2) vers le processus X^0, solution de (1) et de formuler un « bon » principe de grandes déviations, qui étende les estimations bien connues de Wentzell & Freidlin [11] lorsque les champs de vecteurs $\tilde{A}_j^\varepsilon$ pour $j \in \{ 1,\dots,l \}$ sont tous nuls . Doss & Stroock [1] montrent que pour formuler dans ce cadre un bon principe de grandes déviations, y compris dans le cas où le processus non perturbé est non dégénéré, il est nécessaire de se placer sur un espace approprié contenant en un sens l'espace canonique ${}^d\Omega_{T,x}$. Plus précisément, ils introduisent l'espace $\mathcal{M}_1(\mathcal{M}_1({}^d\Omega_T))$ et, en considérant le comportement, quand ε tend vers 0, de la loi conditionnelle $R^{\varepsilon,\cdot}(d\omega)$ du processus X^ε sachant εB , ils formulent un« bon » principe de grandes déviations pour la loi Q_ε de la v.a. $\mathcal{X}_\varepsilon(\omega) = R^{\varepsilon,\varepsilon B(\omega)}$ sous la condition que l'algèbre de Lie engendrée par les champs de vecteurs $A_1,\dots,A_n$ est commutative. Ils posent alors la question de savoir si leur résultat de grandes déviations pour la loi Q_ε est toujours valable sans la condition de « commutativité de l'algèbre ».

Nous donnons dans cet article une réponse partielle à ce problème, en supposant que l'algèbre de Lie engendrée par les champs de vecteurs $A^\varepsilon_{k,k=1,\dots,n}$ est nilpotente d'ordre p.

Dans le cas nilpotent, X^ε, solution de (2) est, suivant Yamato [2] une fonctionnelle régulière du couple ($D^\varepsilon,Y^\varepsilon$) où Y^ε désigne une famille finie d'intégrales itérées du mouvement brownien εB et D^ε est solution d'une équation différentielle stochastique relativement à $\tilde{B}$ dont les coefficients dépendent continûment des trajectoires de Y^ε. Nous étudions le comportement, quand ε tend vers 0, de la loi conditionnelle $L^{\varepsilon,\cdot}(d\omega)$ du processus X^ε sachant ces intégrales itérées Y^ε, en introduisant l'espace

$M_1(M_1({}^d\Omega_{T,x}))$. En considérant une version régulière de la loi conditionnelle de X^ε sachant εB, on voit facilement que $R^{\varepsilon,\varepsilon B} = L^{\varepsilon,Y^\varepsilon} = L^{\varepsilon,\Theta(\varepsilon B)}$ p.s. où Θ est une fonctionnelle mesurable telle que $Y^\varepsilon = \Theta(\varepsilon B)$. Le principe classique de contraction joint au principe de grandes déviations pour Y^ε nous permettent alors d'affirmer que les résultats de grandes déviations formulés par Doss & Stroock [1] pour la loi Q_ε ($\varepsilon \searrow 0$)de la variable aléatoire $\mathcal{X}_\varepsilon(\omega) = R^{\varepsilon,\varepsilon B(\omega)}$ sont encore valables dans le cas nilpotent. La question se pose de savoir si le résultat de grandes déviations pour la loi Q_ε est toujours valable sans la condition de « nilpotence de l'algèbre »

Dans la section 1, nous donnons une nouvelle démonstration de la minoration pour les ouverts de l'espace canonique ${}^d\Omega_{T,x}$. Signalons que cette minoration est déjà obtenue dans [5] et [1] sous une condition générale.

Dans la section 2, nous établissons le résultat principal de notre article concernant le principe de grandes déviations associé à Q_ε ($\varepsilon \searrow 0$) et nous en déduisons comme, en Doss & Stroock [1] une majoration pour les fermés dans l'espace canonique ${}^d\Omega_{T,x}$.

La section 3 est consacrée à l'étude des bornes de déviations du processus-différence $\overline{X}^\varepsilon = X^\varepsilon - X^0$. L'idée est ici d'appliquer en quelque sorte le principe de contraction, cf [3] en considérant le couple $C^\varepsilon = (X^\varepsilon, X^0)$.

Signalons que dans la littérature, on peut citer aussi [4], [5] et [6] pour l'étude, sous des conditions particulières, des bornes de déviations du processus X^ε défini par (2) , sur l'espace canonique ${}^d\Omega_{T,x}$.

<u>Section 1 Minoration</u>

<u>Condition S1</u>

Nous supposons vérifiées les conditions suivantes:

1) $\forall\ \varepsilon \geq 0$, l'application A_0^ε de $\mathbb{R}^d$ dans $\mathbb{R}^d$ est lipchitzienne et bornée.

2) $\forall\ \varepsilon \geq 0$, l'application A^ε de $\mathbb{R}^d$ dans $\mathbb{R}^d \otimes \mathbb{R}^n$, ensemble des matrices à d lignes et n colonnes (resp. $\tilde{A}^\varepsilon$ de $\mathbb{R}^d$ dans $\mathbb{R}^d \otimes \mathbb{R}^l$, ensemble des matrices à d lignes et l colonnes) est de classe C_b^2 (resp. $\tilde{A}^\varepsilon$), c'est-à- dire que les dérivées de A^ε d'ordre ≤ 2 sont continues et bornées (resp. $\tilde{A}^\varepsilon$). Nous faisons la convention suivante: la dérivée d'ordre 0 est égale à la fonction elle-même.

3) $\forall\ j \in \{0,1,2\}$ les dérivées $D^jA_0^\varepsilon$, D^jA^ε et $D^j\tilde{A}^\varepsilon$ convergent uniformément sur $\mathbb{R}^d$, respectivement vers D^jA_0 ,D^jA et $D^j\tilde{A}$ quand ε tend vers 0.

Soient $\varepsilon > 0$, $x \in \mathbb{R}^d$ et β_x^ε l'application de ${}^nH_{T,0} \times {}^lH_{T,0}$ dans

${}^{d}\Omega_{T,x}$ défini de la façon suivante:

(3) $\varphi_t = \beta_x^{\varepsilon}(g,\tilde{g})_t$

si, et seulement si,

$\varphi_t = x+\int_0^t \tilde{A}^{\varepsilon}(\varphi_s)d\tilde{g}_s + \int_0^t A_0^{\varepsilon}(\varphi_s)ds + \int_0^t A^{\varepsilon}(\varphi_s)dg_s, \ t \in [0,T]$

On désignera de même, par β_x la solution de (3), quand on remplace les coefficients A_0^{ε}, A^{ε} et $\tilde{A}^{\varepsilon}$ par leurs limites respectives A_0, A et $\tilde{A}$ lorsque ε tend vers 0.

Dans la suite, $\tilde{\lambda}$ désigne la fonctionnelle d'action correspondant au mouvement brownien $\varepsilon B = (\varepsilon B_t)_{t\in[0,T]}$. Par le théorème de Schilder,

(4) $$\tilde{\lambda}(g) = \begin{cases} \frac{1}{2}\|g\|^2_{{}^{n}H_{T,0}} & \text{si } g \in {}^{n}H_{T,0} \\ +\infty & \text{sinon.} \end{cases}$$

$\tilde{\Lambda}({}^{n}A) = \inf\{\tilde{\lambda}(g),\ g \in {}^{n}A\}$ si ${}^{n}A$ est un borélien de ${}^{n}\Omega_{T,0}$.

Ensuite, nous considérons la fonctionnelle λ_x de ${}^{d}\Omega_{T,x}$ dans $\overline{\mathbb{R}}^{+}$ définie de la façon suivante pour tout $\psi \in {}^{d}\Omega_{T,x}$

(5) $\lambda_x(\psi) = \inf\{\tilde{\lambda}(g)$ où $g \in {}^{n}H_{T,0}$ est tel qu'il existe $\tilde{g} \in {}^{1}H_{T,0}$ vérifiant $\psi = \beta_x(g,\tilde{g})\}$.

Nous faisons la convention: $\inf\{\emptyset\} = +\infty$. $\Lambda_x({}^{d}A) = \inf\{\lambda_x(\psi)$, lorsque ψ parcourt ${}^{d}A\}$ si ${}^{d}A$ est un borélien de ${}^{d}\Omega_{T,x}$.

Considérons le processus $X^g = (X_t^g)_{t\in[0,T]}$ pour chaque $g \in {}^{n}H_{T,0}$, solution de:

(6) $X_t^g = x+\int_0^t \tilde{A}(X_s^g)\circ d\tilde{B}_s + \int_0^t A_0(X_s^g)ds + \int_0^t A(X_s^g)dg_s$.

Posons:

(7) $S_x(g) = \{\beta_x(g,\tilde{g})$ lorsque $\tilde{g} \in {}^{1}H_{T,0}\}$

Par le théorème du support topologique de Stroock-Varadhan [7],

(8) Supp $X^g = \overline{S_x(g)}$. Ici, $\overline{A}$ désigne la fermeture de A.

En général, λ_x n'est pas une fonctionnelle d'action satisfaisante, cf Doss H. & Stroock D.W. [1].

On considèrera le processus $X^{\varepsilon} = (X_t^{\varepsilon})_{t\in[0,T]}$, solution de (2), comme une variable aléatoire à valeurs dans l'espace de Banach ${}^{d}\Omega_{T,x}$.

<u>Lemme 1</u> [8] $\int |ab|\,dP \geq (\int |a|^p\,dP)^{(1/p)} \times (\int |b|^q\,dP)^{(1/q)}$, où p et q sont tels que $p^{-1} + q^{-1} = 1$ et $p < 1$.

Démonstration

Le lemme se déduit de l'inégalité de Hölder,
$* \int |uv| \, dP \le \left(\int |u|^{l} \, dP \right)^{(1/l)} \times \left(\int |v|^{l'} dP \right)^{(1/l')}$ où $l^{-1} + l'^{-1} = 1$ et $l > 1$.

En effet, en prenant $u = (ab)^k$, $l = k^{-1} > 1$, $v = b^{-k}$ on a:
$ab = u^l$, $a^k = uv$ et $b^{k'} = v^{l'}$ où $k' = -kl$ avec $l^{-1} + (l')^{-1} = 1$.
D'après *, $\int |a|^k \, dP \le \left(\int |ab| \, dP \right)^{(1/l)} \times \left(\int |b|^{k'} dP \right)^{(1/l')}$

D'où $\int |a|^k \, dP \times \left(\int |b|^{k'} \, dP \right)^{-(1/l')} \le \left(\int |ab| \, dP \right)^{(1/l)}$

$\left(\int |a|^k \, dP\right)^l \times \left(\int |b|^{k'} \, dP \right)^{-(l/l')} \le \left(\int |ab| \, dP \right)$.

$\left(\int |a|^{(1/l)} \, dP\right)^l \times \left(\int |b|^{-(l'/l)} \, dP \right)^{-(l/l')} \le \left(\int |ab| \, dP \right)$.

Il suffit de poser $p = l^{-1}$, $q = -l' \times l^{-1}$.
On a bien: $p^{-1} + q^{-1} = l - l(l')^{-1} = (ll' - l)(l')^{-1} = 1$.

Théorème 2

Sous la condition S 1, soient ${}^{d}O$ un ouvert de ${}^{d}\Omega_{T,x}$ et $\Lambda_x({}^{d}O)$ définie dans (5). Alors nous avons:
(9) $\Lambda_x({}^{d}O) = \inf\{ \tilde{\lambda}(g)$ où $g \in {}^{n}H_{T,0}$ est tel que $P(X^g \in {}^{d}O) > 0$, le processus X^g étant défini par (6).

De plus, nous avons la minoration suivante:

(10) $\liminf_{\varepsilon \to 0} \varepsilon^2 \operatorname{Log} P(X^\varepsilon \in {}^{d}O) \ge -\Lambda_x({}^{d}O)$.

Démonstration

Soit ${}^{d}O$ un ouvert de ${}^{d}\Omega_{T,x}$.

L'assertion (9) est une conséquence du fait que, d'après la définition (5) de $\Lambda_x({}^{d}O)$, on peut écrire $\Lambda_x({}^{d}O) = \inf\{ \tilde{\lambda}(g)$ où $g \in {}^{n}H_{T,0}$ est tel que $S_x(g) \cap {}^{d}O \neq \emptyset \}$; la propriété (8) montre, de plus, que $\forall\, g \in {}^{n}H_{T,0}$:
$S_x(g) \cap {}^{d}O \neq \emptyset \iff P(X^g \in {}^{d}O) > 0$, voir [1].

Posons $\bar{B} = B - g/\varepsilon$.
Par Girsanov,

$$\frac{d\bar{P}}{dP} = \exp\left(\frac{1}{\varepsilon}\int_0^T \dot{g}_s \, dB_s - \frac{1}{2\varepsilon^2}\int_0^T |\dot{g}_s|^2 \, ds \right).$$

D'où

$$P(X^\varepsilon \in {}^{d}O) = E\left\{ 1_{\{x^\varepsilon + \varepsilon\int_0^{\cdot} A^\varepsilon(X_s^\varepsilon) \circ dB_s + \int_0^{\cdot} \tilde{A}^\varepsilon(X_s^\varepsilon) \circ d\tilde{B}_s + \int_0^{\cdot} A_0^\varepsilon(X_s^\varepsilon) ds \in {}^{d}O\}} \right\}$$

$$= \bar{E}\left[\text{——}\|\text{——} \; \frac{dP}{d\bar{P}} \right]$$

$$= \exp - \left(\frac{\int_0^T |\dot g_s|^2\, ds}{2\,\varepsilon^2} \right) \; \bar E \Big\{ 1_{\{x^\varepsilon + \varepsilon \int_0^\cdot A^\varepsilon(X_s^\varepsilon) \circ d\bar B_s + \int_0^\cdot A^\varepsilon(X_s^\varepsilon)\, dg_s + \int_0^\cdot \tilde A^\varepsilon(X_s^\varepsilon) \circ d\tilde B_s + \int_0^\cdot A_0^\varepsilon(X_s^\varepsilon)\, ds \in {}^d O\}}$$

$$\times \exp - \frac{\int_0^T \dot g_s\, d\bar B_s}{\varepsilon} \Big\}$$

où 1_A est la fonction indicatrice de A. Grâce au lemme 1,

$$\geq \exp - \left(\frac{\int_0^T |\dot g_s|^2\, ds}{2\,\varepsilon^2} \right) \Big\{ \bar E \Big\{ 1_{\{x^\varepsilon + \varepsilon \int_0^\cdot A^\varepsilon(X_s^\varepsilon) \circ d\bar B_s + \int_0^\cdot A^\varepsilon(X_s^\varepsilon)\, dg_s + \int_0^\cdot \tilde A^\varepsilon(X_s^\varepsilon) \circ d\tilde B_s + \int_0^\cdot A_0^\varepsilon(X_s^\varepsilon)\, ds \in {}^d O\}} \Big\}\Big\}^{1/p}$$

$$\times \underbrace{\Big\{ \bar E \Big\{ \exp - q \frac{\int_0^T \dot g_s\, d\bar B_s}{\varepsilon} \Big\}\Big\}^{1/q}}_{\displaystyle = \exp \left(q \frac{\int_0^T |\dot g_s|^2\, ds}{2\,\varepsilon^2} \right)}$$

Donc

$$\liminf_{\varepsilon \to 0} \varepsilon^2 \operatorname{Log} P(X^\varepsilon \in {}^d O)$$
$$\geq - \frac{1}{2} \int_0^T |\dot g_s|^2\, ds + \liminf_{\varepsilon \to 0} \varepsilon^2 \operatorname{Log} P(X^g \in {}^d O) + \frac{1}{2} q \int_0^T |\dot g_s|^2 ds$$

(car $Z_t^\varepsilon = x^\varepsilon + \varepsilon \int_0^\cdot A^\varepsilon(Z_s^\varepsilon) \circ d\bar B_s + \int_0^\cdot A^\varepsilon(Z_s^\varepsilon) dg_s + \int_0^\cdot \tilde A^\varepsilon(Z_s^\varepsilon) \circ d\tilde B_s + \int_0^\cdot A_0^\varepsilon(Z_s^\varepsilon) ds \longrightarrow X^g$ en probabilité (et même p.s.) quand $\varepsilon \to 0$).

$$= - \frac{1}{2} \int_0^T |\dot g_s|^2\, ds + \frac{1}{2} q \int_0^T |\dot g_s|^2\, ds$$
$$= - \frac{1}{1-p} \times \frac{1}{2} \int_0^T |\dot g_s|^2\, ds$$

dont le sup pour $0<p<1$ est $- \frac{1}{2} \int_0^T |\dot g_s|^2\, ds$.

Section 2. Principe de Grandes Déviations associé à Q_ε. Majoration.

L'espace vectoriel engendré par tous les champs de vecteurs de la forme $[\dots[[A_{i_1},A_{i_2}],A_{i_3}]\dots,A_{i_k}]$, $i_1, i_2, \dots \in \{1,\dots,n\}$ est appelé l'algèbre de Lie engendrée par les champs de vecteurs $A_1,\dots,A_n$ et on note $\mathcal{L} = \mathcal{L}(A_1,\dots,A_n)$.

Considérons la chaîne de sous-algèbre de $\mathcal{L}$:

$$\mathcal{L}^1 = [\mathcal{L},\mathcal{L}], \dots, \mathcal{L}^{m+1} = [\mathcal{L},\mathcal{L}^m].$$

Si $\mathcal{L}^p = \{0\}$ pour un certain entier p, alors l'algèbre de Lie $\mathcal{L}$ est nilpotente d'ordre p, cf. Kunita [9].

Condition S 2.

En plus de la condition S 1, nous supposons que: $\forall\ \varepsilon \geq 0$, l'algèbre de Lie $\mathcal{L}^\varepsilon = \mathcal{L}^\varepsilon(A_1^\varepsilon,\dots,A_n^\varepsilon)$ engendrée par les champs de vecteurs $A_1^\varepsilon,\dots$ et A_n^ε est nilpotente d'ordre p. De plus, ces champs sont de classe C_b^∞.

S 2-1 Théorème de représentation *(lemme 3, théorème 4)*

Avant de donner le théorème de représentation de la solution de (2) sous la condition S 2, nous allons rappeler les notations et certains résultats de Yamato [2].

(11) Posons $E = \{1,2,\dots,n\}$

$E(p) = \{ I = (i_1,\dots,i_a);\ i_1,\dots,i_a \in E,\ 1 \leq a \leq p \}$, $p = 1,2,\dots,n$

$$E(\infty) = \bigcup_{p=1}^{\infty} E(p)$$

(12) $[X,Y] = XY - YX$

Définissons par récurrence des champs de vecteurs A_I^ε pour $I \in E(\infty)$

(13) $A^\varepsilon_{(i_1,\dots,i_n)} = [A^\varepsilon_{(i_1,\dots,i_{n-1})}, A^\varepsilon_{i_n}]$

Nous supposons que $\forall\ \varepsilon \geq 0$, les composantes de A_I^ε, $I \in E(\infty)$ sont lipschitziennes sur $\mathbb{R}^d$. Nous définissons aussi la famille des intégrales itérées B_t^I, $t \geq 0$ par récurrence

(14) $B_t^{(i_1,\dots,i_n)} = \int_0^t B_s^{(i_1,\dots,i_{n-1})} \circ dB_s^{i_n}$. Avec la convention $B_t^0 = t$, $t \geq 0$.

On écrira aussi:

(15) $A^{\varepsilon}_{i_1,..,i_n}$ et $B_t^{i_1,...,i_n}$ au lieu de $A^{\varepsilon}_{(i_1,..,i_n)}$ et $B_t^{(i_1,..,i_n)}$

Nous fixons un entier positif p. L'ensemble $\{y = (y^I),\ I \in E(p)\}$ sera identifié à $\mathbb{R}^m$ avec m = Cardinal de E(p).

On définit aussi les champs de vecteurs Q_i, $i \in E$ sur $\mathbb{R}^m$ par:

(16) $$Q_i = \frac{\partial}{\partial y^i} + \sum_{\substack{a+1\le p\\ j_1,..,j_a\in E}} y^{j_1,...,j_a} \frac{\partial}{\partial y^{j_1,...,j_a,i}}$$

Soient $\mathbb{R}(E)$ l'espace linéaire de base E et $\mathbb{T}(E)$ l'algèbre tensorielle basée sur $\mathbb{R}(E)$, c'est-à-dire:
(17) $\mathbb{T}(E) = \mathbb{R} \oplus \mathbb{R}(E) \oplus (\mathbb{R}(E) \otimes \mathbb{R}(E)) \oplus ...$

Définissons le crochet dans $\mathbb{T}(E)$ par:
(18) $[a,b] = a \otimes b - b \otimes a$, $a,b \in \mathbb{T}(E)$.

Soit $\mathbb{L}(E)$ la sous-algèbre de Lie de $\mathbb{T}(E)$ engendrée par E. $\mathbb{L}(E)$ et T(E) sont des algèbres de Lie libres engendrées par E.

Nous définissons $[i_1,..,i_a] \in \mathbb{L}(E)$ pour $(i_1,..,i_a) \in E(\infty)$, par récurr ence
(19) $[i_1,..,i_a] = [[i_1,..,i_{a-1}],i_a]$. Chaque $[i_1,..,i_a]$ est exprimé par

(20) $$[i_1,..,i_a] = \sum_{(j_1,..,j_b)\in E(\infty)} C^{j_1,..,j_b}_{i_1,..,i_a}\, j_1 \otimes .. \otimes j_b$$

et ces coefficients sont uniquement déterminés par la relation (20). Nous appelons par C(E,p) les matrices C_I^J, $I,J \in E(p)$.

Puique $C_i^j = \delta_i^j$, $i,j \in E$, nous pouvons toujours choisir un sous-ensemble F de E(p) vérifiant la propriété P.
Propriété P.
F est un sous-ensemble maximal de E(p) tel que les vecteurs-colonnes de $C(E,p) = (C_I^J)$ pour $J \in F$ sont linéairement indépendants.

Soit r le rang de la matrice C(E,p) et fixons une bijection:

ν: F + E(p) \ F + {1,..,d} —> {1,..; m+d} avec
$\nu(F) = \{1,..,r\}$, $\nu(E(p)\setminus F) = \{r+1,..,m\}$,
$\nu\{1,..,d\} = \{m+1,..,m+d\}$ où F + E(p)\F + {1,..,d} est la somme directe de ces ensembles.

Soit F un sous-ensemble de E(p) vérifiant la propriété P. On choisit un sous-ensemble G de E(p) avec r éléments de telle façon que la matrice $C(G,F) = (C_I^J)_{I\in G, J\in F}$ soit inversible.

Pour chaque $I \in E(p)$, soit $Q_I^J(y)$, $J \in E(p)$ les composantes de Q_I. Posons $Q(G,F) = (Q_I^J)_{I\in G, J\in F}$. On note $R = (R_I^J)_{I\in F, J\in G}$ la matrice inverse de $Q(G,F)$.

Soit μ la bijection réciproque de ν définie après la propriété P. Nous définissons $T_\rho^{\varepsilon,i}(z)$, $z \in \mathbb{R}^{m+d}$ pour chaque $i \in \{ r+1,..,m+d \}$, $\rho \in \{ 1,..,r \}$ par:

$$(21)\quad T_\rho^{\varepsilon,i}(z) = \begin{cases} \sum_{I\in G} R^I_{\mu(\rho)}\ (z^1,..,z^m)\ Q_I^{\mu(i)}\ (z^1,..,z^m) \text{ si } r+1\le i\le m \\ \sum_{I\in G} R^I_{\mu(\rho)}\ (z^1,..,z^m)\ A_I^{\varepsilon,\mu(i)}(z^{m+1},..,z^{m+d}),\ m+1\le i\le m+d \end{cases}$$

Sous la condition S2, le système d'équations aux différentielles totales

$$(22)\quad dv^{\varepsilon,i} = \sum_{\rho=1}^{r} T_\rho^{\varepsilon,i}(u^1,..,u^r,v^{\varepsilon,r+1},..,v^{\varepsilon,m+d})du^\rho, r+1\le i\le m+d$$

avec la conditon initiale

$$(23)\quad v^\varepsilon(q^1,..,q^r) = (q^{r+1},..,q^{m+d})$$

a une solution unique définie sur $\mathbb{R}^r$ pour chaque $q = (q^1,..,q^{m+d}) \in \mathbb{R}^{m+d}$.

La solution de (22) et de (23) nous donne une fonction $f^\varepsilon(q,u)= (f^{\varepsilon,i}(q,u)), r+1\le i\le m+d$, $q \in \mathbb{R}^{m+d}$, $u \in \mathbb{R}^r$, définie par:

$$(24)\quad f^{\varepsilon,i}(q,u) = u^i,\ 1\le i\le r\ ;\quad f^{\varepsilon,i}(q,u)=v^{\varepsilon,i}, r+1\le i\le m+d$$

Posons:

$Y_t = (B_t^I)_{I\in F} = B_t^F$

Y_t est solution de l'équation différentielle stochastique:

$$(25)\qquad dY_t^I=\sum_{j\in E} Q_j^I(Y_t)\circ dB_t^j\ \ I \in F\ ;\ Y_0 = 0$$

Considérons la fonction f^ε définie par (24). Dans la suite nous écrirons respectivement $\partial_1 f^\varepsilon,...,\partial_{m+d} f^\varepsilon,\partial_{m+d+1} f^\varepsilon,...,\partial_{m+d+r} f^\varepsilon$ les différentes dérivées partielles de f^ε par rapport aux variables $z^1,..,z^{m+d},u^1,..$et u^r.

Posons:

(26) $h^\varepsilon=(f^{\varepsilon,m+1},..,f^{\varepsilon,m+d})$. Nous rappelons une propriété de h^ε (pour les autres cf Yamato [2])

(26') $\sum_{j=1}^{i}\partial_{m+i} h^{\varepsilon,j}(f^\varepsilon(0,x,u);0)\ \partial_{m+j} h^{\varepsilon,k}(0,x,u) = \delta_i^k$ pour chaque $x \in \mathbb{R}^d$, $u \in$

$\mathbb{R}^r$ et $1\le i,\ k\le d$.

Pour chaque $g \in {}^nH_{T,0}$, soit Θ l'application de ${}^nH_{T,0}$ dans ${}^r\Omega_{T,0}$ définie par:

$\Theta(g) = U$, si U est solution de:

(27) $$dU^I_t=\sum_{j\in E} Q^I_j(U_t)dg^j_t,\ I \in F\ ;\ U_0 = 0.$$

La résolution de (27) nous permet d'écrire dans ce cas:

(28) $U = \Theta(g) = g^F$.

Posons

(29) ${}^rH'_{T,0}=\{\ U\in {}^rH_{T,0}$ tel qu'il existe $g\in {}^nH_{T,0}$ avec $U = (g^I)_{I\in F}\}$.

Par le théorème du support de Stroock-Varadhan,

(30) Supp $Y = \overline{{}^rH'_{T,0}}$, où Y est défini par (25).

Nous posons

(31) ${}^r\Omega'_{T,0}$ = Supp Y.

Pour chaque $U \in {}^rH'_{T,0}$, définissons une application $(\beta^\varepsilon_x)'$ de ${}^rH'_{T,0} \times {}^1H_{T,0}$ dans ${}^d\Omega_{T,x}$ par:

(32) $(\varphi_t) = (\beta^\varepsilon_x)'(U,\tilde{g})_t$

si, et seulement si,

$\varphi_t = \beta^\varepsilon_x(g,\tilde{g})_t$ où β^ε_x est définie par (3) lorsque $U = \Theta(g) = g^F$.

<u>Lemme 3</u>

Sous la condition S 2, pour tout $\varepsilon\ge 0$ et pour tout $x \in \mathbb{R}^d$, la fonctionnelle $(\beta^\varepsilon_x)'$, déterminée par (32), admet un prolongement unique, défini sur ${}^r\Omega'_{T,0} \times {}^1H_{T,0}$ à valeurs dans ${}^d\Omega_{T,x}$, tel que, pour tout $\tilde{g} \in {}^1H_{T,0}$, l'application:

$U \in {}^r\Omega'_{T,0} \longrightarrow (\beta^\varepsilon_x)'(U,\tilde{g}) \in {}^d\Omega_{T,x}$ soit continue pour la norme uniforme.

Le prolongement $(\beta^\varepsilon_x)'$ est défini par la formule explicite:

(33) $(\beta^\varepsilon_x)'(U,\tilde{g})_t=h^\varepsilon(\underbrace{0,..,0}_{m},D^{\varepsilon,U}_t;U_t)_{t\in[0,T]}$ $(U,\tilde{g})\in {}^r\Omega'_{T,0}\times {}^1H_{T,0}$, où $D^{\varepsilon,U}= (D^{\varepsilon,U}_t)_{t\in[0,T]}$ est solution de l'équation différentielle ordinaire:

$$dD^{\varepsilon,U}_t= \sum_{1\le i\le d} [\ A^{\varepsilon,i}_0\ (h^\varepsilon(\underbrace{0,..,0}_{m},D^{\varepsilon,U}_t;U_t)) \times$$

$$\partial_{m+i} h^\varepsilon(f^\varepsilon(\underbrace{0,..,0}_{m},D^{\varepsilon,U}_t;U_t);\underbrace{0,..,0}_{r})\,dt$$

$$+\sum_{1\le j\le l} \Big[\ \tilde{A}^{\varepsilon,i}_{j}\ (h^{\varepsilon}(\underbrace{0,..,0}_{m},D^{\varepsilon,U}_{t};U_{t}))\ \times$$

$$\partial_{m+i} h^{\varepsilon}(f^{\varepsilon}(\underbrace{0,..,0}_{m},D^{\varepsilon,U}_{t};U_{t});\underbrace{0,..,0}_{r})\ d\tilde{g}^{j}_{t}\ \Big]\ \Big]\ ;D^{\varepsilon,U}_{0} = x,$$

h^{ε}et f^{ε} sont définies respectivement par (26) et (24).

Démonstration

Soit donc $(U,\tilde{g}) \in {}^{r}H'_{T,0} \times {}^{l}H_{T,0}$. U vérifie donc (27) ou (28).

En posant $D^{\varepsilon,U}_{t} = \psi^{\varepsilon}(\ \varphi,\ U_{.})_{t}$ et $\varphi_{t} = h^{\varepsilon}(\ 0,D^{\varepsilon,U}_{t};U_{t})$, nous avons d'une part en dérivant par rapport à $z_{m+1},..,z_{m+d}$

$$\sum_{i=1}^{d} \partial_{m+i} h^{\varepsilon,j}(0,..,0,D^{\varepsilon,U}_{t};U_{t}))\ dD^{\varepsilon,U,i}_{t}$$

$$= \sum_{i=1}^{d} \partial_{m+i} h^{\varepsilon,j}(0,..,0,D^{\varepsilon,U}_{t};U_{t})\ \Big[\ \sum_{k=1}^{d}\ (\ A^{\varepsilon,k}_{0}\ (h^{\varepsilon}(0,..,0,D^{\varepsilon,U}_{t};U_{t}))\ \times$$

$$\partial_{m+k}\ h^{\varepsilon,i}(f^{\varepsilon}(0,..,0,D^{\varepsilon,U}_{t};U_{t});0,..,0)\ dt\ +$$

$$\sum_{k'=1}^{l}\ \tilde{A}^{\varepsilon,k}_{k'}\ \ (h^{\varepsilon}(0,..,0,D^{\varepsilon,U}_{t};U_{t}))\ \ \times$$

$$\partial_{m+k} h^{\varepsilon}(f^{\varepsilon}(0,..,0,D^{\varepsilon,U}_{t};U_{t});0,..,0)\ d\tilde{g}^{k'}_{t}\ )\ \Big]$$

par (26')

$$= \sum_{k=1}^{d} \Big[\ \delta^{j}_{k}\ A^{\varepsilon,k}_{0}\ \ (h^{\varepsilon}(0,..,0,D^{\varepsilon,U}_{t};U_{t}))\ dt\ +\ \sum_{k'=1}^{l}\ \ \delta^{j}_{k}\ \tilde{A}^{\varepsilon,k}_{k'}\ \ (h^{\varepsilon}(0,..,0,D^{\varepsilon,U}_{t};U_{t}))$$

$$d\tilde{g}^{k'}_{t}\ \ \Big]$$

$$= A^{\varepsilon,j}_{0}\ \ (h^{\varepsilon}(0,..,0,D^{\varepsilon,U}_{t};U_{t}))\ dt\ +\sum_{k'=1}^{l}\ \tilde{A}^{\varepsilon,j}_{k'}\ \ (h^{\varepsilon}(0,..,0,D^{\varepsilon,U}_{t};U_{t}))\ d\tilde{g}^{k'}_{t},$$

et d'autre part en dérivant par rapport à $u_{1},..,u_{\rho}$

$$\sum_{1\le\rho\le r}\ \partial_{m+d+\rho} h^{\varepsilon,j}(0,..,0,D^{\varepsilon,U}_{t};U_{t})\ dg^{\mu(\rho)}_{t}\ \ (\mu \text{ est définie avant (21)})$$

$$= \sum_{1\le\rho\le r,\, i\in E} \{ T_\rho^{\varepsilon,m+j}(f^\varepsilon(0,D_t^{\varepsilon,U};U_t))\, Q_i^{\mu(\rho)}(U_t) \}\, dg_t^i$$

$$= \sum_{1\le\rho\le r\,,\, i\in E,\, I\in G} \{ R^I_{\mu(\rho)}(U_t)\, A_I^{\varepsilon,j}\, (h^\varepsilon(0,\ldots,0,D_t^{\varepsilon,U};U_t))\, Q_i^{\mu(\rho)}(U_t) \}\, dg_t^i$$

$$= \sum_{1\le i\le n}^{l} A_i^{\varepsilon,j}\, (h^\varepsilon(0,\ldots,0,D_t^{\varepsilon,U};U_t))\, dg_t^i .$$

La propriété de continuité se lit ensuite dans la représentation explicite donnant $h^\varepsilon(0,..,0,D_t^{\varepsilon,U};U_t)$ qui est bien définie pour tout $(U,g) \in {}^r\Omega'_{T,0} \times {}^1H_{T,0}$.

Pour tout $\varepsilon>0$ et $g\in {}^nH_{T,0}$, soit $X^{\varepsilon,g} = (X_t^{\varepsilon,g})_{t\in[0,T]}$ la solution de

$$(34)\quad X_t^{\varepsilon,g} = x^\varepsilon + \sum_{1\le k\le n} \int_0^t A_k^\varepsilon(X_s^{\varepsilon,g})\, dg_s^k + \sum_{1\le j\le l} \int_0^t \tilde{A}_j^\varepsilon(X_s^{\varepsilon,g}) \circ d\tilde{B}_s^j + \int_0^t A_0^\varepsilon(X_s^{\varepsilon,g})\, ds.$$

<u>Théorème</u> 4.

Sous la condition S 2, pour tout $\varepsilon>0$, soient $X^\varepsilon = (X_t^\varepsilon)$ la solution de (2) et $X^{\varepsilon,g} = (X_t^{\varepsilon,g})$ la solution de (34).

On a les représentations suivantes:

$$(35)\quad X_t^\varepsilon = h^\varepsilon\ (0,\bar{D}_t^{\varepsilon,((\varepsilon B).)^F}; ((\varepsilon B)_t)^F)$$

$$(36)\quad X_t^{\varepsilon,g} = h^\varepsilon\ (0,\bar{D}_t^{\varepsilon,g.^F}; (g)_t^F)$$

où le processus $\bar{D}_t^{\varepsilon,*.^F}$ est solution de:

$$(37)\, d\bar{D}_t^{\varepsilon,*.^F} = \sum_{1\le i\le d} [\ A_0^{\varepsilon,i}\ (h^\varepsilon\ (0,\bar{D}_t^{\varepsilon,*.^F}; (*)_t^F)) \times$$

$$\partial_{m+i} h^\varepsilon(f^\varepsilon\ (0,\bar{D}_t^{\varepsilon,*.^F}; (*)_t^F);0)\ dt$$

$$+ \sum_{1\le j\le l} [\ \tilde{A}_j^{\varepsilon,i}\ (h^\varepsilon\ (0,\bar{D}_t^{\varepsilon,*.^F}; (*)_t^F)) \times$$

$\partial_{m+1} h^{\varepsilon}(f^{\varepsilon}\ (0,\overline{D}_t^{\varepsilon,*.^F}\ ;(*)_t^F);0)\circ d\tilde{B}_t^j\ ]\ ]\ ;\ \overline{D}_t^{\varepsilon,*.^F} = x^{\varepsilon}$.

h^{ε} et f^{ε} sont définies comme dans le lemme 3 avec $*$ = εB ou g.

Démonstration.

On utilise la formule d'Ito pour l'intégrale de Stratonovich pour vérifier que $h^{\varepsilon}\ (0,\overline{D}_t^{\varepsilon,((\varepsilon B).)^F};((\varepsilon B)_t)^F)$ définie par (35) et h^{ε} $(0,\overline{D}_t^{\varepsilon,g.^F};(g)_t^F)$ définie par (36) sont les solutions respectives de (2) et (34).

(38) Remarque

Puisque les solutions de (2) et de (34) sont repectivement paramétrées par $Y^{\varepsilon} = (\varepsilon B)^F$ et $U = g^F$, nous les notons respectivement par $X^{\varepsilon,Y^{\varepsilon}}$ et $X^{\varepsilon,U}$.

S 2-2 Grandes déviations de $Y^{\varepsilon} = (\varepsilon B)^F$.

D'après (25), Y_t^{ε} est solution de l'E.D.S.

(39) $dY_t^{\varepsilon,I} = \varepsilon\sum_{j\in E} Q_j^I(Y_t^{\varepsilon})\circ dB_t^j, I \in F\ ;\ Y_0^{\varepsilon} = 0$

Proposition 5

Soit Y^{ε} la solution de (39). Alors Y^{ε} admet un principe de grandes déviations avec la fonctionnelle d'action ρ définie par:

$$(40)\ \rho(U)= \begin{cases} \frac{1}{2}\ (\sum_{i=1}^{n}\ (\int_0^T |\dot{U}_s^i|^2)\ ds),\ U \in {}^r H'_{T,0} \\ +\infty \text{ sinon} \end{cases}$$

Et nous avons l'estimation suivante si ${}^rA$ est un borélien de ${}^r\Omega_{T,0}$:

$$(41)\ -\tilde{\Lambda}'(\overset{o}{{}^rA}) \le \liminf_{\varepsilon\to 0} \varepsilon^2 \operatorname{Log} P(Y^{\varepsilon} \in {}^rA) \le \limsup_{\varepsilon\to 0} \varepsilon^2 \operatorname{Log} P(Y^{\varepsilon} \in {}^rA) \le -\tilde{\Lambda}'(\overline{{}^rA})$$

où l'on a posé:

(42) $\tilde{\Lambda}'({}^rA) = \inf\ \{\ \rho(U)$ lorsque $U \in {}^rA\ \}$.

Démonstration

La matrice à r lignes et n colonnes (Q_j^I) pour $1\le j\le n$ et $I \in F$ est formée de 0,1 et des fonctions coordonnées y^I pour $I \in F$. Par conséquent, les éléments de cette matrice sont de classe C^1. On est donc dans les conditions d'application du théorème d'Azencott [10]. D'après (29), la fonctionnelle d'action a la forme indiquée par (40).

S 2-3 Grandes déviations de la loi conditionnelle de X^{ε} sachant $Y^{\varepsilon} = (\varepsilon B)^F$ puis de X^{ε} sachant εB, par identification.

Remarque R.

Notons encore Θ une extension mesurable de Θ (donnée par (27)) définie sur ${}^n\Omega_{T,0}$ avec la propriété que tous les éléments de ${}^nH_{T,0}$ sont les points de continuité de Θ au sens de Stroock- Varadhan [7], c'est-à-dire: $\Theta(\omega,t) = Y_t(\omega)$ p.s. si Y est solution de (25) avec la propriété suivante:
$\forall\ \alpha > 0,\ P(\ \| Y - \Theta(g) \| < \alpha \ /\ \| B - g \| < \delta\ ) \longrightarrow 1$ lorsque $\delta \searrow 0$.
Grâce à ce fait, notons de même β^ε_x l'extension mesurable de β^ε_x (donnée par (3)) définie p.s. sur ${}^n\Omega_{T,0} \times {}^1H_{T,0}$ par:
$\varphi_t = \beta^\varepsilon_x(\omega,\tilde{g})_t$
si, et seulement si,
$\varphi_t = (\beta^\varepsilon_x)'(Y_.(\omega),\tilde{g})_t$, où $(\beta^\varepsilon_x)'$ est donnée par le lemme (3).

On désigne par $M_1({}^d\Omega_T)$ l'espace des mesures de probabilité sur ${}^d\Omega_T$, muni de sa tribu borélienne $B({}^d\Omega_T)$. Cet espace équipé de la topologie de la convergence étroite est métrisable, on peut trouver une distance δ telle que $(M_1({}^d\Omega_T),\delta)$ soit Polonais.

Théorème 6.

Sous la condition S 2, pour tout $\varepsilon>0$, notons $R^{\varepsilon,g}$ la loi du processus $X^{\varepsilon,g}$, solution de l'E.D.S. définie par (34) pour chaque $g \in {}^nH_{T,0}$. Pour chaque $U \in {}^rH'_{T,0}$, notons $L^{\varepsilon,U}$ la loi du processus défini par (36) et (38), solution de (34). $L^{\varepsilon,U} = L^{\varepsilon,\Theta(g)}$ si $U = \Theta(g)$.

Alors l'application qui à :
$g \in {}^nH_{T,0} \longrightarrow R^{\varepsilon,g}$ dans $M_1({}^d\Omega_T)$ admet un prolongement mesurable défini p.s. sur l'espace ${}^n\Omega_{T,0}$, noté encore $R^{\varepsilon,g}$ à valeurs dans $M_1({}^d\Omega_T)$, avec $R^{\varepsilon,.} = L^{\varepsilon,\Theta(.)}$, où $L^{\varepsilon,*}$ est le prolongement continu sur ${}^r\Omega'_{T,0}$ pour la norme uniforme de l'application qui à:
$U \in {}^rH'_{T,0} \longrightarrow L^{\varepsilon,U}$ défini par (36) et (38), solution de (34) à valeurs dans $M_1({}^d\Omega_T)$. Le prolongement continu $L^{\varepsilon,*}$ est une version régulière de la loi conditionnelle de $X^\varepsilon = (X^\varepsilon_t)_{t\in[0,T]}$, sachant $Y^\varepsilon = \Theta(\varepsilon B) = ((\varepsilon B)_t)^F_{t[0,T]}$.

Le prolongement mesurable $R^{\varepsilon,.}$ est une version régulière de la loi conditionnelle de $X^\varepsilon = (X^\varepsilon_t)_{t\in[0,T]}$, sachant $\varepsilon B = (\varepsilon B_t)_{t\in[0,T]}$ vérifiant la propriété de continuité:
$\forall\ \alpha > 0,\ P\ (\ \delta\ (R^{\varepsilon,\varepsilon B}, R^{\varepsilon,g}) \geq \alpha \ /\ \| \varepsilon B - g \| < \tau\ ) \longrightarrow 0$ quand $\tau \longrightarrow 0$.

Démonstration

Commençons par démontrer les assertions concernant $L^{\varepsilon,*}$.

On utilise le théorème 4. Le processus $\bar{D}^{\varepsilon,U}$ solution de (37) est bien défini pour chaque $U \in {}^r\Omega'_{T,0}$. Notons $L^{\varepsilon,U}$ la loi du processus $(h^{\varepsilon}(0,\bar{D}^{\varepsilon,U}_t;U_t))_{t\in[0,T]}$ pour chaque $U \in {}^rH'_{T,0}$.

Grâce à la propriété de h^{ε} cf. Yamato [2], on vérifie aisément en utilisant l'inégalité de Doob et le lemme de Gronwall, que si une suite U_n d'éléments de ${}^rH'_{T,0}$ converge uniformément sur [0,T] vers un élément $U \in {}^r\Omega'_{T,0}$, alors L^{ε,U_n} converge uniformément vers $L^{\varepsilon,U}$ dans l'espace $M_1({}^d\Omega_T)$ quand $n \longrightarrow +\infty$.

La deuxième affirmation est alors une conséquence du théorème 4 et de l'indépendance de la diffusion Y^{ε} et du mouvement brownien $\tilde{B}$.

Remarquons que si $g \in {}^nH_{T,0}$, alors on a:
$R^{\varepsilon,g} = L^{\varepsilon,\Theta(g)} = L^{\varepsilon,U}$.

L'existence du prolongement mesurable de l'application qui à $g \in {}^nH_{T,0}$ $\longrightarrow R^{\varepsilon,g}$ dans $M_1({}^d\Omega_T)$ défini p.s. sur l'espace ${}^n\Omega_{T,0}$ résulte de la remarque **R** et du théorème 4. Et l'on a:

$$R^{\varepsilon,\varepsilon B} = L^{\varepsilon,\Theta(\varepsilon B)} = L^{\varepsilon,Y^{\varepsilon}}.$$

La propriété de continuité résulte du fait que:

$$(\delta (R^{\varepsilon,\varepsilon B},R^{\varepsilon,g}) \geq \alpha \ , \ \| \varepsilon B - g \| < \tau) \subset$$
$$(\delta (L^{\varepsilon,Y^{\varepsilon}},L^{\varepsilon,\Theta(g)}) \geq \alpha \ , \ \| Y^{\varepsilon} - \Theta(g) \| < \alpha')$$

$\cup$ ($\| Y^{\varepsilon} - \Theta(g) \| \geq \alpha'$, $\| \varepsilon B - g \| < \tau$). La remarque **R** et les résultats sur $L^{\varepsilon,*}$ nous permettent de conclure.

<u>Théorème</u> 7.

Sous la condition S 2, pour tout $\varepsilon>0$, soit $R^{\varepsilon,\cdot}$ la loi conditionnelle régulière du processus $X^{\varepsilon} = (X^{\varepsilon}_t)_{t\in[0,T]}$, sachant $\varepsilon B = (\varepsilon B_t)_{t\in[0,T]}$ définie dans le théorème 6.

Notons Q_{ε} la loi de la variable aléatoire $\mathfrak{X}_{\varepsilon}(\omega) = R^{\varepsilon,\varepsilon B(\omega)}$.

Q_{ε} est un élément de $M_1(M_1({}^d\Omega_T))$ des mesures de probabilités sur $M_1({}^d\Omega_T)$, muni de la topologie de la convergence étroite.

Alors la famille $(Q_{\varepsilon})_{\varepsilon>0}$ satisfait à un principe de grandes déviations avec la fonctionnelle d'action:
(43) $i_x(m) = \inf \{ \tilde{\lambda}(g), \ g \in {}^nH_{T,0}$ tel que $R^g_x = m \}$, où R^g_x est la loi du processus défini par (6) et $\tilde{\lambda}$ définie par (4).

<u>Démonstration</u>.

On utilise le principe de contraction, cf. [3].

D'après le théorème 6, on a:
$R^{\varepsilon,\varepsilon B} = L^{\varepsilon,\Theta(\varepsilon B)} = L^{\varepsilon,Y^{\varepsilon}}$. Donc Q_{ε} est identique à la loi $\mathcal{L}_{\varepsilon}$ de la v. a. $L^{\varepsilon,Y^{\varepsilon}(\omega)}$.

Soit donc $U \in {}^{r}\Omega'_{T,0}$ et $L^{\varepsilon,U}$ la loi du processus $(h^{\varepsilon}(0,D_t^{\varepsilon,U};U_t))_{t\in[0,T]}$ défini par (36), (37) et(38). On peut vérifier ,par des arguments classiques en s'appuyant sur le théorème 4, que la famille d'applications continues $(U \in {}^{r}\Omega'_{T,0} \longrightarrow L_x^{\varepsilon,U} \in M_1({}^{d}\Omega_T))_{\varepsilon>0}$ converge, quand $\varepsilon \longrightarrow 0$, uniformément sur tout ensemble borné de l'espace de Banach ${}^{r}\Omega'_{T,0}$ vers la fonction $(U \in {}^{r}\Omega'_{T,0} \longrightarrow L_x^{U} \in M_1({}^{d}\Omega_T))$, où L_x^{U} est la loi du processus $(h^{0}(0,D_t^{U};U_t))_{t\in[0,T]}$. On sait, de plus, que si $U \in {}^{r}H'_{T,0}$, L_x^{U} est la loi du processus défini par (6). On est donc dans le cas de l'application du principe des contractions.

En vertu de la proposition 5, il en résulte alors que:

$$i_x(m) = \inf \{ \rho(U),\ U \in {}^{r}H'_{T,0} \text{ tel que } L_x^{U} = m \}$$
$$= \inf \{ \tilde{\lambda}(g),\ g \in {}^{n}H_{T,0} \text{ tel que } L_x^{\Theta(g)} = m \}$$
$$= \inf \{ \tilde{\lambda}(g),\ g \in {}^{n}H_{T,0} \text{ tel que } R_x^{g} = m \}$$

<u>Remarque</u>

Soit $G_x = \{ L^{\varepsilon,g};\ 0 \le \varepsilon \le \varepsilon_0,\ g \in {}^{n}\Omega_{T,0} \} \subseteq M_1({}^{d}\Omega_T)$ ($\varepsilon_0 > 0$ fixé).

$$(44)-\quad I_x(\overset{\circ}{\overline{{}^{d}A \cap G_x}}) \le \varliminf_{\varepsilon\to 0} \varepsilon^2 \operatorname{Log} Q_{\varepsilon}({}^{d}A) \le \varlimsup_{\varepsilon\to 0} \varepsilon^2 \operatorname{Log} Q_{\varepsilon}({}^{d}A) \le$$

$-I_x(\overline{{}^{d}A \cap G_x})$ où I_x est la fonctionnelle de Cramer associée à i_x défini par (43), les signes $\circ$ et — désignent respectivement l'intérieur et la fermeture dans l'espace G_x; muni de la topologie induite par celle de $M_1({}^{d}\Omega_T)$.

Quand les champs de vecteurs $\tilde{A}_j^{\varepsilon}$, $1\le j\le 1$ sont tous nuls, dans ce cas X^{ε}, solution de (2) est une fonctionnelle régulière de Y^{ε}, la proposition 5 jointe au principe des contractions donne le résultat de Freidlin & Wentzell [11].

Nous renvoyons le lecteur à [1] et [12] pour le calcul explicite de $i_x(m)$ donné par (43), sous la condition que la matrice $a = A\,A^*$ est positive.

S 2-4 <u>Majoration</u>

Soit ${}^{d}F$ un fermé de ${}^{d}\Omega_{T,x}$, et pour tout $\delta > 0$ $({}^{d}F)^{\delta}$ le voisinage ouvert d'ordre δ de ${}^{d}F$ dans ${}^{d}\Omega_{T,x}$.

Pour simplifier dans cette section, nous supposons que les champs de vecteurs A_k^ε , $k \in \{1,..,n\}$, $\tilde{A}_j^\varepsilon$, $j \in \{1,..,n\}$et A_0^ε sont indépendants de ε.

Posons

(45) $\pi_x(({}^dF)^\delta) = \{ g \in {}^nH_{T,0}$ tel qu'il existe $\tilde{g} \in {}^1H_{T,0}$ vérifiant $\beta_x(g,\tilde{g}) \in ({}^dF)^\delta \}$, β_x est définie par (3) en faisant $\varepsilon = 0$.

$= \{ g \in {}^nH_{T,0}$ tel que $S_x(g) \cap ({}^dF)^\delta \neq \emptyset \}$ où $S_x(g)$ est défini par (7).

(45') $= \{ g \in {}^nH_{T,0}$ tel que $P\{X^g \in ({}^dF)^\delta\} > 0 \}$, à cause de (8).

(46) $\pi'_x(({}^dF)^\delta) = \{ U \in {}^rH'_{T,0}$ tel qu'il existe $\tilde{g} \in {}^1H_{T,0}$ vérifiant $(\beta_x)'(U,\tilde{g}) \in ({}^dF)^\delta \}$, $(\beta_x)'$ est définie par (32) en faisant $\varepsilon = 0$.

$= \{ U \in {}^rH'_{T,0}$ tel que $S'_x(U) \cap ({}^dF)^\delta \neq \emptyset \}$ avec $S'_x(U) = \{ (\beta_x)'(U,\tilde{g})$ lorsque $\tilde{g} \in {}^1H_{T,0} \}$

Pour chaque $U = (g^I)_{I\in F} \in {}^rH'_{T,0}$ selon la notation (28); compte tenu de (8), on a:

(47) $\text{Supp}\, X^U = \overline{\{ \beta_x(g,\tilde{g}),\ \tilde{g} \in {}^1H_{T,0} \}} = \overline{\{ (\beta_x)'(U,\tilde{g}),\ \tilde{g} \in {}^1H_{T,0} \}}$.

Il en résulte alors de (47) que l'on a:

(48) $\pi'_x(({}^dF)^\delta) = \{ U \in {}^rH'_{T,0}$ tel que $P(X^U \in ({}^dF)^\delta) > 0 \}$, où X^U est définie par (34), (35) et (38) en faisant $\varepsilon = 0$.

<u>Théorème</u> 8

Sous la condition S2, soient $X^\varepsilon = (X_t^\varepsilon)_{t\in[0,T]}$ la solution de (2) et ${}^dF$ un fermé de ${}^d\Omega_{T,x}$.

On a:

(49) $$\limsup_{\varepsilon\to 0} \varepsilon^2 \text{Log}\, P(X^\varepsilon \in {}^dF) \le -\tilde{\Lambda}'\left(\overline{U \in {}^r\Omega'_{T,0} : L_x^U({}^dF) > 0} \right)$$

$$\le -\tilde{\Lambda}'\left\{ \bigcap_{\delta>0} \overline{\pi'_x(({}^dF)^\delta)} \right\}$$

$$\le -\tilde{\Lambda}\left\{ \bigcap_{\delta>0} \overline{\pi_x(({}^dF)^\delta)} \right\}$$

où $\tilde{\Lambda}'$ est définie par (42) et (40) et $\tilde{\Lambda}$ par (4).

<u>Démonstration</u>

L_x^U étant, pour tout $U \in {}^rH'_{T,0}$ la loi du processus X^U défini par (36), (38) et (34) en faisant $\varepsilon = 0$, on considère le prolongement continu de l'application $U \longrightarrow L_x^U$ défini sur ${}^r\Omega'_{T,0}$ (théorème 6).

Soit ${}^d F$ un fermé de ${}^d\Omega_{T,x}$.

Puisque $Y^\varepsilon = (\varepsilon B)^F$, nous avons:

$$P\ (X^\varepsilon \in {}^d F) = P\ (X^{\varepsilon,Y^\varepsilon} \in {}^d F) \text{ d'après (38):}$$

$$= E\ \{L_x^{Y^\varepsilon}\ ({}^d F)\ \}$$

Donc par la proposition 5,

$$\overline{\lim_{\varepsilon \to 0}}\ \sup \varepsilon^2 \mathrm{Log}\ P\ (X^\varepsilon \in {}^d F) \le -\inf\ \{\ \rho(V),\ V \in \overline{\{\ U \in {}^r\Omega'_{T,0} \text{ tel que } L_x^U({}^d F) > 0\ \}}\ \}$$

Or

$$\{\ U \in {}^r\Omega'_{T,0} \text{ tel que } L_x^U({}^d F) > 0\ \} \subseteq \overline{\{\ U \in {}^r\Omega'_{T,0} : L_x^U(({}^d F)^\delta) > 0\ \}}$$

$$\subseteq \{\ U \in {}^r H'_{T,0} : L_x^U(({}^d F)^\delta) > 0\ \}$$

car l'application : $U \in {}^r\Omega'_{T,0} \longrightarrow L_x^U\ (({}^d F)^\delta)$ est semi-continue inférieurement. Il suffit ensuite de remarquer, en revenant à l'égalité (48) que:
$\{\ U \in {}^r H'_{T,0} : L_x^U(({}^d F)^\delta > 0\ \} = \pi'_x\ (({}^d F)^\delta)$

Les 2 premières inégalités dans (49) sont donc démontrées, compte tenu des propriétés de la fonctionnelle d'action $\rho(.)$ de la diffusion Y^ε.

Il reste à démontrer la dernière inégalité. De l'égalité (45') et (48), on a par identification:

$$\pi'_x\ (({}^d F)^\delta) = \Theta\ (\ \pi_x(({}^d F)^\delta)\ ).$$

De plus, on a:

$$\bigcap_{\delta > 0} \overline{\pi'_x\ (({}^d F)^\delta)} \subset \Theta\ (\ \bigcap_{\delta > 0} \overline{\pi_x(({}^d F)^\delta)}\ ),$$ à cause du fait que $Q_i^j = \delta_i^j$.

Grâce à ce fait et en revenant à la définition de $\tilde{\Lambda}'$,on a l'assertion.

Retour au problème posé.

(50) Si l'algèbre de Lie est nilpotente d'ordre p, on obtient encore l'équivalent du théorème 4 de Doss & Stroock [1], sous une forme un peu affaiblie mais leur résultat de grandes déviations est toujours valable.

Section 3 Etude des bornes de déviations de $\overline{X}^\varepsilon = X^\varepsilon - X^0$.

On va appliquer les résultats de la section 1 et de la section 2 pour étudier la vitesse de convergence de $\overline{X}^\varepsilon$ vers 0, quand ε tend vers 0.

Nous considérons le couple $C^{\varepsilon}=(X^{\varepsilon},X^{0})$, C^{ε}est solution de l'E.D.S.

(51) $dC^{\varepsilon}_t = \varepsilon \sum_{k=1}^{n} E^{\varepsilon}_k (C^{\varepsilon}_t) \circ dB^k_t + \sum_{j=1}^{l} \tilde{E}^{\varepsilon}_j (C^{\varepsilon}_t) \circ d\tilde{B}^j_t + E^{\varepsilon}_0 (C^{\varepsilon}_t)\, dt;$

$C^{\varepsilon}_0 = (x^{\varepsilon},x^{0})$.

où $E^{\varepsilon}_k(x,y) = \begin{bmatrix} A^{\varepsilon}_k(x) \\ 0 \end{bmatrix}$ pour chaque $k \in \{1,..n\}$ et $(x,y) \in \mathbb{R}^d \times \mathbb{R}^d$

$\tilde{E}^{\varepsilon}_j(x,y) = \begin{bmatrix} \tilde{A}^{\varepsilon}_j(x) \\ \tilde{A}_j(y) \end{bmatrix}$ pour chaque $j \in \{1,..l\}$ et $(x,y) \in \mathbb{R}^d \times \mathbb{R}^d$

$E^{\varepsilon}_k(x,y) = \begin{bmatrix} A^{\varepsilon}_0(x) \\ A_0(y) \end{bmatrix}$ pour chaque $(x,y) \in \mathbb{R}^d \times \mathbb{R}^d$

Dans le sens des projections, pour chaque $(x,y) \in \mathbb{R}^d{\times}\mathbb{R}^d$,on a:
$(x - y) = (p^1 - p^2)\,(x,y)$

Il en résulte que:

(52)$\overline{X}^{\varepsilon}=(p^1-p^2)(C^{\varepsilon})$.

<u>Minoration.</u>

Sous la condition S 1, nous définissons les équivalents de (3), (5), (6), (7) et (8) pour le couple défini par (51).

Soient $\varepsilon > 0$, $x\in\mathbb{R}^{2d}$ et ${}^{c}\beta^{\varepsilon}_{\overline{x}}$ l'application de ${}^{n}H_{T,0} \times {}^{l}H_{T,0}$ dans ${}^{2d}\Omega_{T,\overline{x}}$ définie de la façon suivante:

(53) $(\varphi_t) = {}^{c}\beta^{\varepsilon}_{\overline{x}}\,(g,\tilde{g})_t$

si, et seulement si:

$$\varphi_t = \overline{x} + \int_0^t E^{\varepsilon}(\varphi_s)\, dg_s + \int_0^t \tilde{E}^{\varepsilon}(\varphi_s)\, d\tilde{g}_s + \int_0^t E^{\varepsilon}_0(\varphi_s)\, ds\ ,\ t \in [0,T]\ ,\ \forall\, g \in {}^{n}H_{T,0}$$

et $\tilde{g} \in {}^{l}H_{T,0}$.

On désignera de même, ${}^{c}\beta_{\overline{x}}$ la solution de (53), quand on remplace les coefficients E^{ε}, $\tilde{E}^{\varepsilon}$ et E^{ε}_0 par leurs limites respectives E, $\tilde{E}$ et E_0 lorsque $\varepsilon \longrightarrow 0$.

Nous considérons la fonctionnelle ${}^{c}\lambda_{\overline{x}}$ de ${}^{2d}\Omega_{T,\overline{x}}$ dans $\overline{\mathbb{R}}^{+}$ définie de la façon suivant pour tout $\psi \in {}^{2d}\Omega_{T,\overline{x}}$:

(54) ${}^c\lambda_{\bar{x}} = \inf\ \{\tilde{\lambda}(g)$ où $g \in {}^n\Omega_{T,0}$ est tel qu'il existe $\tilde{g} \in {}^1H_{T,0}$ vérifiant: $\psi = {}^c\beta_{\bar{x}}(g,\tilde{g})\}$.

Avec la convention $\inf(\emptyset) = +\infty$

${}^c\Lambda_{\bar{x}}({}^{2d}A) = \inf\ \{\ {}^c\lambda_{\bar{x}}(\psi)$, lorsque ψ parcourt ${}^{2d}A\}$ si ${}^{2d}A$ est un borélien de ${}^{2d}\Omega_{T,\bar{x}}$.

Considérons, pour chaque $g \in {}^nH_{T,0}$ le processus $C^g = (C^g_t)$, solution de:

$$(55)\quad C^g_t = \bar{x} + \int_0^t E(C^g_s)dg_s + \int_0^t \tilde{E}(C^g_s)\circ d\tilde{B}_s + \int_0^t E_0(C^g_s)ds \text{ avec } \bar{x} = (x,x) \in \mathbb{R}^{2d}$$

Posons:

(56) ${}^cS_{\bar{x}}(g) = \{\ {}^c\beta_{\bar{x}}(g,\tilde{g})$ lorsque $\tilde{g}$ parcourt ${}^1H_{T,0}\}$.

Par le théorème du support topologique de Stroock-Varadhan,

(57) Supp $C^g = \overline{{}^cS_{\bar{x}}(g)}$. Ici, $\bar{A}$ désigne la fermeture de A.

Nous définissons aussi une fonctionnelle d'action λ'_0 de ${}^d\Omega_{T,0}$ dans $[0,+\infty]$ pour le processus défini par (52) par:

(58) $\lambda'_0(\psi') = \inf\ \{{}^c\lambda_{\bar{x}}(\psi)$ lorsqu' il existe $\psi \in {}^{2d}\Omega_{T,\bar{x}}$ tel que:

$$(p^1 - p^2)\ (\psi) = \psi'\ \}$$

Nous posons aussi:

(59) $\Lambda'_0({}^dA) = \inf\ \{\lambda'_0(\psi')$ lorsque $\psi' \in {}^dA\ \}$ si ${}^dA$ est un borélien de ${}^d\Omega_{T,0}$.

<u>Théorème</u> 9.

Sous la condition S1,

1) Soit ${}^{2d}O$ un ouvert de ${}^{2d}\Omega_{T,\bar{x}}$ et ${}^c\Lambda_{\bar{x}}$ définie par la formule (54), alors on a:

${}^c\Lambda_{\bar{x}}({}^{2d}O) = \inf\ \{\ \tilde{\lambda}(g)$, où $g \in {}^nH_{T,0}$ est tel que $P(C^g \in {}^{2d}O) > 0\ \}$, C^g étant défini par (55).

De plus, on a:

(61) $\liminf_{\varepsilon \to 0} \varepsilon^2 \operatorname{Log} P(C^{\varepsilon} \in {}^{2d}O) \geq -\ {}^c\Lambda_{\bar{x}}({}^{2d}O)$.

2) Soit ${}^dO$ un ouvert de ${}^d\Omega_{T,0}$. On a:

(61) $\liminf_{\varepsilon \to 0} \varepsilon^2 \operatorname{Log} P(\bar{X}^{\varepsilon} \in {}^dO) \geq -\ \Lambda'_0({}^dO)$, où Λ'_0 est donnée par (59).

<u>Démonstration:</u>

Le point 1) résulte du théorème 1 pour l'équation définie par (51).

Le point 2) résulte du principe des contractions. Il est clair que $p^1 - p^2$ est continue comme étant une différence de projection.

Soit $\psi' \in {}^dO$ arbitraire et $\psi \in {}^{2d}\Omega_{T,\bar{x}}$ telle que $(p^1 - p^2)(\psi) = \psi'$. Il existe un voisinage ouvert V de ψ tel que: $(p^1 - p^2)(V) \subseteq {}^dO$. Donc: $P(\bar{X}^\varepsilon \in {}^dO) \geq P(C^\varepsilon \in V)$.

D'où $\liminf_{\varepsilon \to 0} \varepsilon^2 \operatorname{Log} P(\bar{X}^\varepsilon \in {}^dO) \geq \liminf_{\varepsilon \to 0} \varepsilon^2 \operatorname{Log} P(C^\varepsilon \in V) \geq -{}^c\Lambda_{\bar{x}}(\psi)$.

Ceci étant pour tout ψ telle que $(p^1 - p^2)(\psi) \in {}^dO$. Donc on a (61).

Majoration.

Sous la condition S2, il est clair que l'algèbre de Lie engendrée par les champs de vecteurs $E_1^\varepsilon(x,y), \ldots, E_n^\varepsilon(x,y)$ est aussi nilpotente d'ordre p. Par conséquent, nous avons les équivalents précis du lemme 3 et des théorème 4, 6, 7 et 9 pour le couple C^ε défini par (55) avec les changements évidents.

Ici le prolongement $({}^c\beta_{\bar{x}}^\varepsilon)'$ est défini par la formule:

(62) $({}^c\beta_{\bar{x}}^\varepsilon)'(U,\tilde{g})_t = {}^ch^\varepsilon(0,\ldots,0,{}^cD_t^{\varepsilon,U};U_t)$, $(U,\tilde{g}) \in {}^r\Omega'_{T,0} \times {}^lH_{T,0}$, où:

${}^cD_t^{\varepsilon,U} = ({}^cD_t^{\varepsilon,U})_{t\in[0,T]}$ est solution de l'équation différentielle ordinaire:

$$(63)\quad d\,{}^cD_t^{\varepsilon,U} = \sum_{i=1}^{2d} \Big\{ E_0^{\varepsilon,i}({}^ch^\varepsilon(\underbrace{0,\ldots,0}_{m},{}^cD_t^{\varepsilon,U};U_t)) \times \partial_{m+i}\, {}^ch^\varepsilon({}^cf^\varepsilon(\underbrace{0,\ldots,0}_{m},{}^cD_t^{\varepsilon,U}$$

$$;U_t);\underbrace{0,\ldots,0}_{r})\,dt + \sum_{j=1}^{l} [\, \tilde{E}_j^{\varepsilon,i}({}^ch^\varepsilon(\underbrace{0,\ldots,0}_{m},{}^cD_t^{\varepsilon,U};U_t))$$

$$\times\, \partial_{m+i}\, {}^ch^\varepsilon({}^cf^\varepsilon(\underbrace{0,\ldots,0}_{m},{}^cD_t^{\varepsilon,U};U_t);\underbrace{0,\ldots,0}_{r})\, d\tilde{g}_t^j \,] \Big\}$$

${}^cD_0^{\varepsilon,U} = x \in \mathbb{R}^{2d}$ et ${}^ch^\varepsilon$ est définie comme dans (21) à (26) où l'on a remplacé les champs de vecteurs $A_k^\varepsilon(x)$ sur $\mathbb{R}^d$ par les champs de vecteurs $E_k^\varepsilon(x,y)$ définis sur $\mathbb{R}^{2d}$.

Théorème 10.

Sous la condition S 2, pour tout $\varepsilon>0$, notons ${}^cR^{\varepsilon,g}$ la loi du processus $C^{\varepsilon,g}$, défini pour chaque $g \in {}^nH_{T,0}$. Pour chaque $U \in {}^rH'_{T,0}$, notons ${}^cL^{\varepsilon,U}$ la loi du processus défini comme en (36) et (38), solution de (34) pour le couple C^ε, solution de (51). ${}^cL^{\varepsilon,U} = {}^cL^{\varepsilon,\Theta(g)}$ si $U = \Theta(g)$.

Alors l'application qui à :
$g \in {}^{n}H_{T,0} \longrightarrow {}^{c}R^{\varepsilon,g}$ dans $M_1({}^{2d}\Omega_T)$ admet un prolongement mesurable défini p.s. sur l'espace ${}^{n}\Omega_{T,0}$, noté encore ${}^{c}R^{\varepsilon,g}$ à valeurs dans $M_1({}^{2d}\Omega_T)$, avec ${}^{c}R^{\varepsilon,\cdot} = {}^{c}L^{\varepsilon,\Theta(\cdot)}$, où ${}^{c}L^{\varepsilon,*}$ est le prolongement continu sur ${}^{r}\Omega'_{T,0}$ pour la norme uniforme de l'application qui à:
$U \in {}^{r}H'_{T,0} \longrightarrow {}^{c}L^{\varepsilon,U}$ défini comme dans la formule (36) et (38), solution de (34) à valeurs dans $M_1({}^{2d}\Omega_T)$. Le prolongement continu ${}^{c}L^{\varepsilon,*}$ est une version régulière de la loi conditionnelle de $C^{\varepsilon} = (C^{\varepsilon}_t)_{t\in[0,T]}$, sachant $Y^{\varepsilon} = \Theta(\varepsilon B) = ((\varepsilon B)_t)^F_{t[0,T]}$.

Le prolongement mesurable ${}^{c}R^{\varepsilon,\cdot}$ est une version régulière de la loi conditionnelle de $C^{\varepsilon} = (C^{\varepsilon}_t)_{t\in[0,T]}$, sachant $\varepsilon B = (\varepsilon B_t)_{t\in[0,T]}$ vérifiant la propriété de continuité:

$$\forall \alpha > 0,\ P\ (\ \delta\ ({}^{c}R^{\varepsilon,\varepsilon B}, {}^{c}R^{\varepsilon,g}) \geq \alpha\ /\ \| \varepsilon B - g \| < \tau\ ) \longrightarrow 0 \text{ quand } \tau \longrightarrow 0.$$

<u>Théorème</u> 11

Sous la condition S 2, pour tout $\varepsilon>0$, soit ${}^{c}R^{\varepsilon,\cdot}$ la loi conditionnelle régulière du processus $C^{\varepsilon} = (C^{\varepsilon}_t)_{t\in[0,T]}$, solution de (51) sachant $\varepsilon B = (\varepsilon B_t)_{t\in[0,T]}$ définie dans le théorème 10

Notons ${}^{c}Q_{\varepsilon}$ la loi de la variable aléatoire $\mathfrak{X}_{\varepsilon}(\omega) = {}^{c}R^{\varepsilon,\varepsilon B(\omega)}$.
${}^{c}Q_{\varepsilon}$ est un élément de $M_1(M_1({}^{2d}\Omega_T))$ des mesures de probabilités sur $M_1({}^{2d}\Omega_T)$, muni de la topologie de la convergence étroite.

Alors la famille $({}^{c}Q_{\varepsilon})_{\varepsilon>0}$ satisfait à un principe de grandes déviatio ns avec la fonctionnelle d'action:
(64) ${}^{c}i_{\bar{x}}(m) = \inf\ \{\ \tilde{\lambda}(g),\ g \in {}^{n}H_{T,0}$ tel que ${}^{c}R^{g}_{\bar{x}} = m\ \}$, où ${}^{c}R^{g}_{\bar{x}}$ est la loi du processus défini par (55), $\tilde{\lambda}$ définie par (4), $m \in M_1({}^{2d}\Omega_T)$ et $\bar{x} \in \mathbb{R}^{2d}$.

${}^{c}R^{0,g}_{\bar{x}} = {}^{c}R^{g}_{\bar{x}}$ désigne la loi du processus défini par (34), (36) et (38) en remplaçant A^{ε}, $\tilde{A}^{\varepsilon}$ et A^{ε}_0 successivement par E^{ε}, $\tilde{E}^{\varepsilon}$ et E^{ε}_0 et en faisant $\varepsilon = 0$.

<u>Théorème</u> 12.

1) Sous la condition S 2, soient $C^{\varepsilon} = (C^{\varepsilon}_t)_{t\in[0,T]}$ la solution de (51) et ${}^{2d}F$ un fermé de ${}^{2d}\Omega_{T,\bar{x}}$.

On a:

$$\limsup_{\varepsilon \to 0} \varepsilon^2 \operatorname{Log} P(C^{\varepsilon} \in {}^{2d}F) \leq -\ \tilde{\Lambda}'\ \overline{\{\ U \in {}^{r}\Omega'_{T,0} :\ {}^{c}L^{U}_{\bar{x}}\ ({}^{2d}F) > 0\ \}}$$

$$\leq - \tilde{\Lambda}' \left\{ \overline{\bigcap_{\delta>0} {}^c\pi'_{\bar{x}}\left(({}^{2d}F)^\delta\right)} \right\}$$

$$\leq - \tilde{\Lambda} \left\{ \overline{\bigcap_{\delta>0} {}^c\pi_{\bar{x}}\left(({}^{2d}F)^\delta\right)} \right\}$$

où $\tilde{\Lambda}'$ est définie par (42) et (40) et $\tilde{\Lambda}$ par (4).
${}^c\pi'_{\bar{x}}({}^{2d}A) = \{ U \in {}^rH'_{T,0}$, lorsqu'il existe $g \in {}^1H_{T,0}$ vérifiant$({}^c\beta_{\bar{x}})'(U,\tilde{g}) \in {}^{2d}A \}$, si ${}^{2d}A$est un borélien de ${}^{2d}\Omega_{T,\bar{x}}$

et $({}^{2d}A)^\delta$ est le δ-voisinage de ${}^{2d}A$.
${}^c\pi_{\bar{x}}({}^{2d}A) = \{ g \in {}^nH_{T,0}$, lorsqu'il existe $\tilde{g} \in {}^1H_{T,0}$ vérifiant${}^c\beta_{\bar{x}}(g,\tilde{g}) \in {}^{2d}A\}$

2) Même hypothèse. Soit ${}^dF$ un fermé de ${}^d\Omega_{T,0}$. On a:

$$\limsup_{\varepsilon \to 0} \varepsilon^2 \operatorname{Log} P(\bar{X}^\varepsilon \in {}^dF) \leq - \tilde{\Lambda}' \left\{ \overline{\bigcap_{\delta\geq 0} {}^c\pi'_{\bar{x}}\left((p^1 - p^2)^{-1}\ ({}^dF)^\delta\right)} \right\},$$

$$\leq - \tilde{\Lambda} \left\{ \overline{\bigcap_{\delta>0} {}^c\pi_{\bar{x}}\left((p^1 - p^2)^{-1}\ ({}^dF)^\delta\right)} \right\}$$

$\bar{X}^\varepsilon$ est défini par (52).

Démonstration.

Le point 1) résulte du théorème 8.

Pour le point 2), on pose ${}^{2d}F = \{ (.,*) \in {}^{2d}\Omega_{T,\bar{x}} : (p^1 - p^2)(.,*) \in {}^dF\}$. ${}^{2d}F$ est un fermé de ${}^{2d}\Omega_{T,\bar{x}}$.

D'où $P(\bar{X}^\varepsilon \in {}^dF) = P(C^\varepsilon \in {}^{2d}F)$. Et on applique 1).

Remerciement.

Ce travail nous a été proposé par H. Doss & D.W. Stroock, à qui nous tenons à exprimer toute notre reconnaissance.

Bibliographie.

[1] DOSS, H. & STROOCK, D.W.(1991). Nouveaux résultats concernant les petites perturbations de systèmes dynamiques. J. Funct. Anal. Vol.**101** n°2, Nov.1.

[2] YAMATO, Y.,(1979) Stochastic Differential Equations and Nilpotent Lie Algebras, Z. Wharsch. verw. Gebiete **47**, 213-229.

[3] VARADHAN, S.R.S. (1984), "Large Deviations and Applications", Siam Philadelphia.

[4] FREIDLIN, M.I. (1985),"Functional Integration and Partial Differenti al Equations". Princeton University Press, Princeton(N.J.)

[5] BEZUIDENHOUT, C. (1987), Singular perturbations of degenerate diffus ion. The Annals of Probability, vol.**15**, n°3, 1014-1043.

[6] FREIDLIN, M.I. & GARTNER, J. (1978) A new contribution to the questi on of large deviations for random process. Vestnik Moskow Univ., Ser. I Mat. Meh **5**, 52-59.

[7] STROOCK D.W. & VARADHAN, S.R.S. (1972) On the support of diffusion process with applications to the strong maximum principle. Proc. Sixth Berkeley Symp. Math. Stat. Prob., **3**, 333-360, Univ. California Press.

[8] HARDY, G.H. & LITTLEWOOD, J.E. & POLYA, G., (1950) "Inequalities", Cambridge at the University Press.

[9] KUNITA, H. (1980), On the representation of solutions of stochastic differential equations, in " Séminaire de Probabilités XIV 1978/79 " (Réd. J. Azéma et M. Yor), Lect. Notes in Math.**784**, p. 282-304, Springer-Verlag,Berlin.

[10] AZENCOTT, R. (1980)," Grandes déviations et applications", Ecole d'Eté de Proba. de Saint Flour, VIII 1978. Lect. Notes in Math.**774**, p. 1-76. Springer-Verlag.

[11] FREIDLIN, M.I. & WENTZELL, A.D., (1970), Small random perturbations of dynamical systems. Russian Math Surveys, **25**, 1-55.

[12] RABEHERIMANANA, T.J. (1992) Petites Perturbations de Systèmes Dynam iques et Algèbres de Lie Nilpotentes. Thèse de l' Université Paris 7.

*T.J. RABEHERIMANANA
UFR de mathématiques
Université Paris VII
75 251 PARIS CEDEX 05 75 634

**S.N. SMIRNOV
Dpt of Computational Math
and Cybernetics,
Chair of Math. Stat.
Russie, Moscou.

Orthogonalité et uniforme intégrabilité de martingales

Etude d'une classe d'exemples

Pierre Vallois

Université de Nancy I - Departement de Mathématiques - B.P. 239
54506 VANDOEUVRE LES NANCY

1. Introduction.

Le point de départ de ce travail est l'étude des martingales $(M_t;\ 0\le t<1)$ et $(N_t;\ 0\le t<1)$ pour lesquelles le produit $(M_tN_t;\ 0\le t<1)$ est une martingale uniformément intégrable. Nous supposerons également que $M_1 = \lim_{t\to 1-} M_t$ et $N_1 = \lim_{t\to 1-} N_t$ existent.

1°) Lépingle ([L]) s'est intéressé à la version discrète, en considérant des martingales $(M_n\ ;\ n \ge 1)$ et $(N_n\ ;\ n \ge 1)$ positives. De plus cet auteur a considéré le modèle le plus simple :

(1.1) $$M_n = \sum_{k=1}^{n} a_k 1_{A_k} + \frac{r_n}{q_n} 1_{B_n},$$

où $(A_k\ ;\ k \ge 1)$ est une partition de Ω telle que $p_k = P(A_k) > 0$,

$$B_n = \bigcup_{k=n+1}^{\infty} A_k,\ \mathcal{F}_n = \sigma(A_1,\dots,A_n,B_n),\ q_n = P(B_n),\ r_n = 1-\sum_{k=1}^{n} p_k a_k,\ (a_k;\ k\ge1)$$

est une suite de réels positifs vérifiant $\sum_{k=1}^{\infty} p_k a_k \le 1$.

2°) L'analogue à temps continu du modèle de Lépingle est le suivant: $\Omega = [0,1]$, P est la mesure de Lebesgue sur $[0,1]$, $\mathcal{F}_t$ est la σ-algèbre engendrée par les boréliens de $[0,t]$ et l'atome $]t,1]$, t appartenant à $[0,1]$. Ce modèle a été considéré par [DG], et [DMY] pour donner des exemples relatifs aux espaces H^1 et BMO. Les martingales sont aisées à décrire, elles sont associées aux fonctions f de $L^1_{loc}([0,1[)$ de la manière suivante :

$$M(f)_t = f1_{[0,t]} + \frac{r(f,t)}{1-t} 1_{]t,1]},\ 0 \le t < 1,$$

avec

$$r(f,t) = c - \int_0^t f(u)du \quad ; \qquad 0 \le t < 1.$$

Par définition $M(f)_t$, converge lorsque $t \to 1-$, vers $M(f)_1 = f$.

Remarquons que $(M(f)_t\ ,\ 0 \le t < 1)$ est une martingale positive si et seulement si $f \ge 0$ et $\int_0^1 f(u)du \le c$; en particulier $f \in L^1([0,1])$.

On retrouve aisément la construction de Lépingle, en choisissant $c = 1$, $(x_k\ ;\ k \ge 0)$ une suite de réels de $[0,1]$, tels que $x_o = 0$ et $x_k - x_{k-1} = p_k$ $A_k =]x_{k-1}, x_k]$, $k \ge 1$.

Si $f = \sum_{k \ge 1} a_k 1_{A_k}$ et $\sum_{k=1}^{\infty} p_k a_k \le 1$, alors $M_n = M(f)_{x_n}$ vérifie (1.1)

3°) Le but de cet article est l'étude des martingales $M(f)$ et $M(g)$ telles que le produit $M(f)M(g)$ est une martingale uniformément intégrable. Le paragraphe 2 est consacré à la traduction analytique de cette condition. Le Théorème 2 au paragraphe 3 apporte une réponse complète. Il est alors aisé de retrouver le cas des martingales positives et en particulier le résultat de Lépingle.

2. Préliminaires.

Nous conservons les notations de l'Introduction.

Proposition 1. *On a les équivalences,*

(i) $(M(f)_t\ ;\ 0 \le t < 1)$ *est une martingale u.i.,*

(ii) $E(|M(f)|_1) < +\infty$ et $E(M(f)_1) = E(M(f)_o)$

(iii) $f \in L^1([0,1])$ *et* $c = \int_0^1 f(u)du$.

Remarques : 1°) Pour toute fonction f de $L^1([0,1])$, on note $H(f)$ la transformée de Hardy de f,

$$H(f)(t) = \frac{1}{1-t}\int_t^1 f(u)du \qquad 0 \le t < 1.$$

par conséquent $(M(f)_t\ ;\ 0 \le t < 1)$ est une martingale u.i. ssi $f \in L^1([0,1])$ et

$$M(f)_t = f\, 1_{[0,t]} + H(f)(t)\, 1_{]t,1]}. \tag{2.1}$$

2°) Soit μ une probabilité sur $\mathbb{R}$, possédant un moment d'ordre 1 et centrée. Dubins et Gilat ([DG]) ont montré qu'il existe une probabilité μ_* sur $[0,+\infty[$ telle que si $(M_t\ ;\ 0 \le t \le 1)$ est une martingale uniformément intégrable, nulle en 0, dont la loi de M_1 est μ, alors,

$$P(S_1 \ge \lambda) \le \mu_*[\lambda,+\infty[\quad , \text{ pour tout } \lambda \ge 0,$$

où $S_1 = \sup_{0\le t\le 1} M_t$.

Ces auteurs donnent un exemple explicite de martingale $M = M(f)$ pour laquelle la loi de S_1 est μ_*. Rappelons brièvement la construction. On prend f l'inverse continu à droite de $t \longrightarrow \mu]-\infty,t]$. Puisque f est croissante, $H(f)$ l'est aussi et $S_1 = H(f)$. On vérifie que S_1 a pour loi μ_*.

Preuve de la Proposition 1 : Il est clair que (i) implique (ii) et (ii) est équivalente à (iii). Supposons réalisée la condition (ii). Notons $M_t = M(f)_t$. Soit $a > 0$,

on a,

$$E\left(|M_t|\ 1_{\{|M_t|>a\}}\right) = \int_0^t |f(u)|\ 1_{\{|f(u)|>a\}}du + |r(f,t)|1_{\{|r(f,t)|>a\}}.$$

Puisque $|r(f,t)| = \left|\int_t^1 f(u)du\right| \le \int_0^1 |f(u)|du$, on en déduit,

$$E\left(|M_t|\ 1_{\{|M_t|>a\}}\right) \le \int_0^t |f(u)|\ 1_{\{|f(u)|>a\}}du + \int_0^1 |f(u)|du\ 1_{\left\{\int_0^1 |f(u)|du>a\right\}}.$$

Par conséquent $\lim_{a\to+\infty} E\left(|M_t|\ 1_{\{|M_t|>a\}}\right) = 0$, uniformément par rapport à t de $[0,1[$. □

A f élément de $L^1_{loc}([0,1[)$ et $c \in \mathbb{R}$, on associe la fonction φ :

$$\text{(2.2)} \qquad \varphi(t) = \frac{1}{1-t}\left(c - \int_0^t f(u)du\right) \qquad 0 \le t < 1.$$

Lemme 1. *1°) φ est une fonction absolument continue sur $[0,1[$ et $\varphi(0) = c$.*
2°) Réciproquement si φ est absolument continue sur $[0,1[$, il existe une unique fonction f de $L^1_{loc}([0,1[)$ vérifiant (2.2) ; de plus,

$$\text{(2.3)} \qquad f(t) = \varphi(t) - (1-t)\varphi'(t) \quad \textit{pour tout } t \in [0,1[.$$

Preuve : Il est clair que si $f \in L^1_{loc}([0,1[)$, φ est une fonction absolument continue sur $[0,1[$. Réciproquement, on écrit (2.2) sous la forme :

$$(1-t)\varphi(t) = c - \int_0^t f(u)du.$$

En dérivant on obtient (2.3). φ est continue sur $[0,1[$, donc $\varphi \in L^1_{loc}([0,1[)$.

Puisque $|(1-t)\varphi'(t)| \le |\varphi'(t)|$, et $\varphi' \in L^1_{loc}([0,1[)$, f appartient à $L^1_{loc}([0,1[)$. □

Les relations (2.2) et (2.3) établissent une correspondance bijective entre (f,c) et φ. Nous noterons $(f,c) \longleftrightarrow \varphi$. On a, $\dfrac{r(f,t)}{1-t} = \varphi(t)$ et

(2.4) $$M(f)_t = f\, 1_{[0,t]} + \varphi(t)\, 1_{]t,1]}.$$

Soient $c' \in \mathbb{R}$ et $g \in L^1_{loc}([0,1[)$ et $(g,c') \longleftrightarrow \psi$.

Proposition 2. *1°) Le processus* $(M(f)_t\, M(g)_t\ ;\ 0 \le t < 1)$ *est une martingale ssi* $fg \in L^1_{loc}([0,1[)$ et

(2.5) $$\varphi'\psi' = 0 \quad p.s.\ sur\ [0,1[.$$

De plus $(cc',fg) \longleftrightarrow \varphi\psi$.

2°) $M(f)M(g)$ *est une martingale u.i. ssi* $fg \in L^1([0,1[)$, *(2.5) est réalisé et*

(2.6) $$cc' = \int_0^1 f(t)g(t)dt.$$

Remarque : La condition (2.6) est équivalente à

(2.7) $$\lim_{t\to 1-} (1-t)\, \varphi(t)\, \psi(t) = 0.$$

Preuve : On a,

$$M(f)_t\, M(g)_t = fg\, 1_{[0,t]} + \frac{1}{1-t}\, ((1-t)\, \varphi(t)\, \psi(t))\, 1_{]t,1]}.$$

Par conséquent $M(f)\, M(g)$ est une martingale ssi $fg \in L^1_{loc}([0,1[)$ et

(2.8) $$(1-t)\, \varphi(t)\, \psi(t) = a - \int_0^t f(u)\, g(u)du.$$

Cette égalité est équivalente à $a = \varphi(0)\ \psi(0) = cc'$ et

$$-f(t)\ g(t) = (1-t)\ (\varphi'(t)\ \psi(t) + \varphi(t)\ \psi'(t)) - \varphi(t)\ \psi(t).$$

On exprime f (resp. g) à l'aide de φ et φ' (resp. ψ et ψ'), un calcul immédiat conduit à $\varphi'(t)\ \psi'(t) = 0$.

L'assertion 2 de la Proposition 2 est une conséquence directe de la Proposition 1. □

La Proposition 2 nous conduit naturellement à introduire,

$$A_o = \{u \in [0,1[\ ;\ \varphi'(u) = 0\} \quad \text{et} \quad A_* = \{u \in [0,1[\ ;\ \varphi'(u) \neq 0\}.$$

Si A_* est de mesure de Lebesgue nulle, φ est constante et $f = \varphi$.
La martingale $M(f)$ est constante. Ce cas n'étant pas intéressant, nous supposerons que les ensembles A_o et A_* ont une mesure de Lebesgue strictement positive. On associe à l'ensemble A_o, deux fonctions :

$$a_o(t) = \int_0^t 1_{\{u\in A_o\}}du \quad , \quad a_*(t) = \int_0^t 1_{\{u\in A_*\}}du, \quad 0 \le t \le 1.$$

a_o et a_* sont deux fonctions continues, croissantes, nulles en 0, notons α_o (resp. α_*) l'inverse continu à droite de a_o (resp. a_*). Remarquons :

(2.9) $\qquad a_o(t) \le t$ (resp. $a_*(t) \le t$) et $1 \ge \alpha_o(t) \ge t$

$\qquad$ (resp. $1 \ge \alpha_*(t) \ge t$).

Lemme 2. *1°) Pour presque tout* t *de* $[0,a_o(1)[$, $\alpha_o(t) \in A_o$.
2°) Une fonction h *est p.s. nulle sur* A_o *ssi* $h(\alpha_o(t)) = 0$ *pour presque tout* t *de* $[0,a_o(1)[$.
3°) On a l'équivalence : $\alpha_o(v) < s \Longleftrightarrow v < a_o(s)$.
4°) $a_o(\alpha_o(t)) = t$ *pour tout* t *de* $[0,a_o(1)[$.

Remarque : On a bien sûr des résultats analogues en changeant α_o en α_* et A_o en A_*.

Preuve du Lemme 2 : On a,

$$\int_0^1 1_{\{\alpha_o(t)\notin A_o\}}dt = \int_0^1 1_{\{t\notin A_o\}}da_o(t) = 0.$$

Le 1°) en résulte immédiatement.
h est p.s. nulle sur A_o ssi $|h| \wedge n$ est p.s. nulle sur A_o, pour tout $n \ge 0$. Il suffit de prendre $h \ge 0$ et h bornée. Mais

$$\int_0^1 h(t)1_{A_o}\,dt = \int_0^1 h(t)da_o(t) = \int_0^{a_o(1)} h(\alpha_o(t))dt.$$

D'où le 2°).
Puisque a_o est une fonction croissante et continue, α_o est une fonction strictement croissante, on en déduit 3°) et 4°). □

On introduit à présent deux fonctions β_o et β_* qui vont jouer un rôle essentiel dans la suite. Ces fonctions sont définies de la manière suivante :

$$(2.10)_o \qquad \beta_o(t) = \int_0^t 1_{[0,a_o(1)[}(u)\,\frac{du}{1-\alpha_o(u)} \quad , \ t \in [0,1],$$

$$(2.10)_* \qquad \beta_*(t) = \int_0^t 1_{[0,a_*(1)[}(u)\,\frac{du}{1-\alpha_*(u)} \quad , \ t \in [0,1].$$

On pose,

$$(2.11) \qquad \rho_o(t) = \exp - \beta_o(t) \quad , \quad \rho_*(t) = \exp - \beta_*(t) \ ; \ t \in [0,1].$$

<u>Lemme 3.</u> *1°)* $\beta_o(1) < +\infty$ *ssi* $\displaystyle\int_0^1 \frac{da_o(t)}{1-t} < +\infty.$

2°) $\beta_o(1) + \beta_*(1) = +\infty$

3°) $\beta_o(a_o(\alpha_*(x))) = -\ln(1-\alpha_*(x)) - \beta_*(x) \quad , \quad x \in [0,a_*(1)[.$

Preuve : Soit $t \in [0,a_o(1)[$. En utilisant les assertions 3°) et 4°) du Lemme 2, on obtient,

$$(2.12)_o \quad \beta_o(t) = \int_0^1 1_{\{a_o(\alpha_o(u))\le t\}}\,\frac{du}{1-\alpha_o(u)} = \int_0^1 1_{\{a_o(v))\le t\}}\,\frac{da_o(v)}{1-v}$$

$$= \int_0^{\alpha_o(t)} \frac{da_o(v)}{1-v}.$$

Si $\alpha_o(a_o(s)) = s$ (resp. $\alpha_o(a_o(s)) > s$, a_o est constante sur l'intervalle $[\alpha_o(a_o(s)-), \alpha_o(a_o(s))]$), on a,

$$\beta_o(a_o(s)) = \int_0^s \frac{da_o(v)}{1-v}.$$

Mais $a_o(s) + a_*(s) = s$, donc

$$\beta_o(a_o(\alpha_*(x))) = -\ln(1-\alpha_*(x)) - \int_0^{\alpha_*(x)} \frac{da_*(v)}{1-v}.$$

Le point 3°) est obtenu en utilisant $(2.12)_*$.

Un calcul direct conduit à $\beta_o(1) = \int_0^1 \frac{da_o(v)}{1-v}$ d'où 1°) et 2°). □

Notre approche repose de manière essentielle sur,

Propsition 3. *Soient* φ *une fonction absolument continue sur* $[0,1[$ *et* $(f,c) \longleftrightarrow \varphi$. *Alors* $\varphi'(t) = 0$ *pour presque tout* t *de* A_o *ssi*

$$\text{(2.13)} \qquad f_o(t) = -\left(c + \int_0^{a_*(\alpha_o(t))} f_*(u)\, \rho_*'(u)du\right)\rho_o'(t), \quad t \in [0,a_o(1)[,$$

où $\qquad f_o(t) = f(\alpha_o(t))$ *et* $f_*(t) = f(\alpha_*(t))$.

De plus

$$\text{(2.14)} \qquad (1-t)\,\varphi(t) = \rho_o(a_o(t))\left(c + \int_0^{a_*(t)} f_*(u)\, \rho_*'(u)du\right).$$

Preuve : 1°) On déduit de (2.13) que $\varphi'(t) = 0$ pour presque tout t de A_o ssi $f(t) - \varphi(t) = 0$ pour presque tout t de A_o. D'après le 2°) du Lemme 2, cette condition est équivalente à,

$$\text{(2.15)} \qquad f_o(t) = \varphi(\alpha_o(t)).$$

Mais,

$$\text{(2.16)} \qquad (1-\alpha_o(t))\varphi(\alpha_o(t)) = c - \int_0^{\alpha_o(t)} f(u)da_o(u) - \int_0^{\alpha_o(t)} f(u)da_*(u)$$

$$= c - \int_0^t f_o(u)du - \int_0^{a_*(\alpha_o(t))} f_*(u)du.$$

Par conséquent (2.15) est équivalent à,

$$\text{(2.17)} \qquad (1-\alpha_o(t))\, f_o(t) = c - \int_0^t f_o(u)du - \int_0^{a_*(\alpha_o(t))} f_*(u)du.$$

Si l'on pose $F_o(t) = \int_0^t f_o(u)du$, (2.17) est une équation différentielle linéaire. L'unique solution de (2.17) vérifiant $F_0(0) = 0$, est donnée par,

(2.18) $$F_0(t) = c(1 - \rho_0(t)) - \xi(t)\, \rho_0(t)$$

avec

$$\xi(t) = \int_0^t \frac{1}{1-\alpha_0(u)} \left(\int_0^{a_*(\alpha_0(u))} f_*(s)ds\right) \exp \beta_0(u)du$$

$$= \int_0^t \left(\int_0^{a_*(\alpha_0(u))} f_*(s)ds\right) \left(\frac{1}{\rho_0}\right)'(u)du.$$

D'où,

$$f_0(t) = \left(-c + \frac{1}{\rho_0(t)} \int_0^{a_*(\alpha_0(t))} f_*(s)ds - \xi(t)\right) \rho_0'(t).$$

On applique le théorème de Fubini et le 3°) du Lemme 2,

$$\xi(t) = \int_0^{a_*(\alpha_0(t))} f_*(s) \left(\frac{1}{\rho_0(t)} - \frac{1}{\rho_0(a_0(\alpha_*(s)))}\right) ds.$$

Appliquons le 3°) du Lemme 3, il vient

(2.19) $$-\rho_0(a_0(\alpha_*(s)))\, \rho_*'(s) = 1.$$

Par conséquent

(2.20) $$\xi(t) = \frac{1}{\rho_0(t)} \left(\int_0^{a_*(\alpha_0(t))} f_*(s)ds\right) + \int_0^{a_*(\alpha_0(t))} f_*(s)\rho_*'(s)ds.$$

D'où (2.13).

2°) Posons $\tau(t) = \rho_0(a_0(t)) \left(c + \int_0^{a_*(t)} f_*(u)\, \rho_*'(u)du\right)$. On déduit de (2.13) et du Lemme 2,

(2.21) $$f(t) = -\left(c + \int_0^{a_*(t)} f_*(u)\, \rho_*'(u)du\right) \rho_0'(a_0(t)),$$

pour presque tout t de A_0.

D'où $\tau'(t) = -f(t)$, pour presque tout t de A_0.
Mais pour presque tout t de A_*, $\alpha_*(a_*(t)) = t$, en utilisant de plus (2.19), on obtient,

$$\tau'(t) = \rho_0(a_0(t))\, f_*(a_*(t))\rho_*'(a_*(t)) = -f(t),$$

pour presque tout t de A_* .

Mais $\tau(0) = c$ donc $\tau(t) = (1-t)\varphi(t)$. □

Lemme 4. *Soient* $f_* \in L^1([0,a_*(1)[)$ *et* f_o *la fonction définie par* (2.13).

Alors $f_o \in L^1([0,a_o(1)[)$, *et* $c = \int_0^1 f(t)dt$ *ssi* $\rho_o(1) = 0$ *(resp.* $\rho_o(1)>0$ *et*

$c = -\int_0^{a_*(1)} f_*(u)\, \rho_*'(u)du$ *).*

Preuve : On a,

$$\int_0^{a_o(1)} \left|\rho_o'(t) \int_0^{a_*(\alpha_o(t))} f_*(u)\, \rho_*'(u)du\right| dt \le \delta,$$

avec

$$\delta = \int_0^{a_o(1)} \rho_o'(t) \left(\int_0^{a_*(\alpha_o(t))} |f_*(u)|\, \rho_*'(u)du\right) dt.$$

On applique le théorème de Fubini, il vient

$$\delta = -\int_0^{a_*(1)} |f_*(u)|\rho_*'(u)\, (\rho_o(a_o(\alpha_*(u))) - \rho_o(1))du,$$

$$\delta \le -\int_0^{a_*(1)} |f_*(u)|\, \rho_*'(u)\rho_o(a_o(\alpha_*(u)))du.$$

On déduit de (2.19) : $\delta < +\infty$. Par conséquent $f_o \in L^1([0,a_o(1)[)$.
Un calcul analogue conduit à,

$$\int_0^{a_o(1)} f_o(t)dt = -c(\rho_o(1) - 1) - \int_0^{a_*(1)} f_*(u)(1 + \rho_*'(u)\rho_o(1))du.$$

Si $\rho_o(1) = 0$ (resp. $\rho_o(1)>0$), c est toujours égal à $\int_0^1 f(t)dt$ (resp. on a

$c - \int_0^1 f(t)dt = \rho_o(1)(c + \int_0^{a_*(1)} f_*(u)\, \rho_*'(u)du))$. □

3. Enoncé des résultats.

Pour toute fonction h définie sur $[0,1[$, on définit,

(3.1) $$h_o = h \circ \alpha_o \quad \text{sur} \quad [0,a_o(1)[\ , \quad h_* = h \circ \alpha_* \quad \text{sur} \quad [0,a_*(1)[.$$

Si h_o et h_* sont données, h est déterminée par (3.1) sauf éventuellement sur l'ensemble des temps de sauts de α_o et α_*, ce qui est suffisant pour caractériser h presque partout.

Théorème 1. *1°)* M(f)M(g) *est une martingale ssi* $f_* \in L^1_{loc}([0,a_*(1)[)$, $g_o \in L^1_{loc}([0,a_o(1)[)$,

(3.2) $$f_o(t) = -\left(c + \int_0^{a_*(\alpha_o(t))} f_*(u)\rho'_*(u)du\right)\rho'_o(t) \qquad t \in [0,a_o(1)[$$

(3.3) $$g_*(t) = -\left(c' + \int_0^{a_o(\alpha_*(t))} g_o(u)\rho'_o(u)du\right)\rho'_*(t) \qquad t \in [0,a_*(1)[$$

où $A_o \subset [0,1]$ et $0 < \int_0^1 1_{\{t \in A_o\}} dt < 1$.

2°) M(f)M(g) *est u.i. ssi de plus,*

(3.4) $$-\int_0^{a_o(1)} \left| c + \int_0^{a_*(\alpha_o(t))} f_*(u)\rho'_*(u)du \right| \rho'_o(t) \left| g_o(t) \right| dt < +\infty$$

(3.5) $$-\int_0^{a_*(1)} \left| c' + \int_0^{a_o(\alpha_*(t))} g_o(u)\rho'_o(u)du \right| \rho'_*(t) \left| f_*(t) \right| dt < +\infty$$

(3.6) $$cc' = \int_0^{a_o(1)} f_o(t)g_o(t)dt + \int_0^{a_*(1)} f_*(t)g_*(t)dt.$$

Remarques: Soit U le temps d'arrêt U(s) = s. Le processus $(M(f)_t;\ 0 \le t < 1)$ est continu sauf éventuellement en U et $\Delta M(f)_U = f - \varphi$. Par conséquent $A_o = \{s \in [0,1[;\ \Delta M(f)_{U(s)} = 0\}$; d'une manière analogue, $A_* = \{s \in [0,1[;\ \Delta M(g)_{U(s)} = 0\}$. M(f) et M(g) sont deux martingales qui sont continues chacune sur deux ensembles disjoints. Notons de plus $\Delta(M(f)M(g))_U = M(f)_U\ \Delta M(g)_U$ sur A_o (resp. $\Delta(M(f)M(g))_U = M(g)_U\ \Delta M(f)_U$ sur A_*).

Preuve : 1°) D'après les Propositions 2 et 3, il suffit de montrer que si $f_* \in L^1_{loc}([0,a_*(1)[)$ et $g_o \in L^1_{loc}([0,a_o(1)[)$, alors $fg \in L^1_{loc}([0,1[)$. Mais f_o

(resp. g_*) est une fonction localement à variation bornée sur $[0,a_o(1)[$ (resp. $[0,a_*(1)[$), de plus g_o (resp. f_*) est localement intégrable sur $[0,a_o(1)[$ (resp. $[0,a_*(1)[$), donc $f_o g_o$ (resp. $f_* g_*$) appartient à $L^1_{loc}([0,a_o(1)[)$ (resp. $L^1_{loc}([0,a_*(1)[)$).

2°) Il suffit d'appliquer la Proposition 1. □

Nous souhaitons à présent donner des exemples de réalisation des conditions (3.4), (3.5) et (3.6). Notre point de vue est le suivant : on se donne f et A_o , on cherche les fonctions g telle que $M(f)M(g)$ soit une martingale uniformément intégrable ; on examine ensuite l'uniforme intégrabilité de $M(f)$ et $M(g)$.

Cas 1. *Nous supposons* $c \neq -\int_0^{a_*(1)} f_*(u)\rho_*'(u)du$ *et*

$$(3.7) \qquad -\int_0^{a_*(1)} |f_*(u)|\rho_*'(u)du < +\infty,$$

Alors $M(f)M(g)$ *est u.i. ssi*

$$(3.8) \qquad -\int_0^{a_o(1)} |g_o(t)|\rho_o'(t)dt < +\infty, \; \textit{et} \quad c' = -\int_0^{a_o(1)} g_o(t)\,\rho_o'(t)dt.$$

De plus $M(g)$ *est u.i. , et* $M(f)$ *est u.i. ssi* $\rho_o(1) = 0$.

Cas 2. *Nous supposons que* f_* *vérifie* (3.7) *et* $c = -\int_0^{a_*(1)} f_*(u)\rho_*'(u)du$.

Alors $M(f)M(g)$ *est u.i. si*

$$(3.9) \qquad \int_0^{a_o(1)} |g_o(t)| \left(\int_{a_*(\alpha_o(t))}^{a_*(1)} |f_*(u)|\rho_*'(u)du\right)\rho_o'(t)dt < +\infty.$$

$M(f)$ *est u.i.* ; $M(g)$ *est u.i. ssi* $g_o \in L^1([0,a_o(1)[)$ *et* $\rho_*(1) = 0$ *(resp.* $\rho_*(1) > 0$ *et* $c' = -\int_0^{a_o(1)} g_o(u)\rho_o'(u)du$ *).*

Cas 3. *Nous supposons que* f_* *ne vérifie pas* (3.7) *mais que*

(3.10) $$\lim_{t\to a_*(1)} \int_0^t f_*(u)\ \rho_*'(u)du = +\infty \text{ ou } -\infty.$$

Alors M(f)M(g) *est u.i. lorsque,*

(3.11) $$\int_0^{a_o(1)} |g_o(t)| \left(\int_0^{a_*(\alpha_o(t))} |f_*(u)|\rho_*'(u)du\right)\rho_o'(t)dt < +\infty,$$

et $c' = -\int_0^{a_o(1)} g_o(t)\rho'(t)dt$. M(g) *est u.i.*, M(f) *est u.i. ssi* $f_* \in L^1([0,a_*(1)[)$ *et* $\rho_o(1) = 0$.

Remarque : Si f_* garde un signe constant sur $[\tau,1]$, où $\tau \in]0,1[$, alors (3.9) et (3.11) sont des conditions nécessaires et suffisantes, et les cas 1, 2 et 3 recouvrent toutes les possibilités.

Preuve : Une application directe du théorème de Fubini conduit à,

(3.12) $$\int_0^{a_o(1)} \left(\int_{a_*(\alpha_o(u))}^{a_*(1)} |f_*(t)|\rho_*'(t)dt\right)|g_o(u)|\rho_o'(u)du$$

$$= \int_0^{a_*(1)} |f_*(t)| \left(\int_0^{a_o(\alpha_*(t))} |g_o(u)|\rho_o'(u)du\right)\rho_*'(t)dt.$$

1°) Etudions le cas 1. On a,

$$f_o(t) \sim (Cte)\rho_o'(t), \quad \text{lorsque } t \longrightarrow a_o(1).$$

Donc $f_o g_o \in L^1([0,a_o(1)[)$ ssi

(3.13) $$-\int^{a_o(1)} |g_o(t)|\rho_o'(t)dt < +\infty.$$

(3.13) $$-\int_0^{a_o(1)} |g_o(t)|\rho_o'(t)dt < +\infty.$$

En utilisant de plus (3.7) et (3.12) on montre que $f_*g_* \in L^1([0,a_*(1)[)$ et

(3.14) $$\int_0^{a_*(1)} f_*(u)g_*(u)du = -\int_0^{a_*(1)} g_o(u)\rho_o'(u) \left(\int_{a_*(\alpha_o(u))}^1 f_*(t)\rho_*'(t)dt\right)du$$

$$-c'\int_0^{a_*(1)} f_*(u)\rho_*'(u)du.$$

D'où,

$$\int_0^{a_o(1)} f_o(u)g_o(u)du + \int_0^{a_*(1)} f_*(u)g_*(u)du = -c'\int_0^{a_*(1)} f_*(u)\rho_*'(u)du$$

$$-\left(\int_0^{a_*(0)} g_o(u)\rho_o'(u)du\right)\left(\int_0^{a_*(1)} f_*(u)\rho_*'(u)du\right) - c\int_0^{a_o(1)} g_o(u)\rho_o'(u)du.$$

Par conséquent,

(3.15) $$cc' - \int_0^1 f(t)g(t)dt = \left(c + \int_0^{a_*(1)} f_*(u)\rho_*'(u)du\right)\left(c' + \int_0^{a_o(1)} g_o(u)\rho_o'(u)du\right).$$

On en déduit : $cc' = \int_0^1 f(t)g(t)dt \Longleftrightarrow c' = -\int_0^{a_o(1)} g_o(u)\rho_o'(u)du.$

D'après (2.19) on a,

(3.16) $$-\rho_o'(t) \geq 1.$$

Donc $g_o \in L^1([0,a_o(1)[)$ et $f_* \in L^1([0,a_*(1)[)$. On déduit du Lemme 4 et de la Proposition 1 que $M(g)$ est u.i., et $M(f)$ est u.i. ssi $\rho_o(1) = 0$.

2°) Supposons les conditions du cas 2 réalisées. Alors

(3.17) $$f_o(t) = \left(\int_{a_*(\alpha_o(t))}^{a_*(1)} f_*(u)\rho_*'(u)du\right)\rho_o'(t) \qquad t \in [0,a_o(1)[.$$

Il est clair que (3.9) implique que $f_og_o \in L^1([0,a_o(1)[)$; (3.12), (3.7) et (3.9) assurent $f_*g_* \in L^1([0,a_*(1)[)$. De plus les égalités (3.14) et (3.15) étant réalisées, $cc' = \int_0^1 f(t)\ g(t)dt$. On termine comme précédemment.

3°) Etudions pour finir le cas 3.

$$f_o(t) \sim \rho_o'(t)\left(\int_0^{a_*(\alpha_o(t))} f_*(u)\rho_*'(u)du\right) ;\ \text{lorsque}\quad t \longrightarrow a_o(1).$$

D'après (3.11), $f_og_o \in L^1([0,a_o(1)[)$.

Puisque $-\int_0^{a_*(1)} |f_*(u)|\rho_*'(u)du = +\ \infty$, la condition (3.11) implique

$$-\int_0^{a_o(1)} |g_o(t)|\rho_o'(t)dt < +\infty.$$

Si $c' \neq -\int_0^{a_o(1)} g_o(t)\rho_o'(t)dt$, alors $f_*(t)g_*(t) \sim -(\text{Cte})\ f_*(t)\rho_*'(t)$,

lorsque $t \longrightarrow a_*(1)$.

Donc $\int_0^1 |f_*(t)\ g_*(t)|dt = +\infty$. Par conséquent, $c' = -\int_0^{a_o(1)} g_o(t)\rho_o'(t)dt$ et

$$g_*(t) = \left(\int_{a_o(\alpha_*(t))}^{a_o(1)} g_o(u)\rho_o'(u)du\right)\rho_*'(t), \qquad t \in [0,a_*(1)[.$$

Avec le théorème de Fubini et (3.11), on montre que $f_*g_* \in L^1([0,a_*(1)[)$. On calcule $\int_0^{a_o(1)} f_o(t)g_o(u)du$, en utilisant à nouveau le théorème de Fubini ; il est aisé d'en déduire,

$$\int_0^1 f(t)g(t)dt = -c\int_0^{a_o(1)} g_o(t)\rho_o'(t)dt = cc'.$$

On déduit de (3.10) et du Lemme 4 que si f_* appartient à $L^1([0,a_*(1)[)$, $M(f)$ est u.i. ssi $\rho_o(1) = 0$. □

Remarques : 1°) Les conditions du cas 2 sont satisfaites, lorsque l'on prend $g_o \in L^1_{loc}([0,a_o(1)[)$, $c = -\int_0^{a_*(1)} f_*(u)\rho_*'(u)du$ et f_* vérifiant

(3.18) $$-\int_0^{a_*(1)} |f_*(u)|\rho_*'(u)\ \max\left(1,-\int_0^{a_o(\alpha_*(u))} |g_o(t)|\rho_o'(t)dt\right)du < +\infty.$$

On peut trouver g telle que $M(g)$ ne soit pas u.i..

2°) Soient $\mu \in \mathbb{R}$ et $f_*(t) = \rho_*(t)^{-\mu}$. Puisque f_* est positive, nous avons déjà noté que les cas 1, 2 et 3 représentent toutes les possibilités et que (3.9), (3.11) sont des conditions nécessaires et suffisantes. Alors la condition (3.7) est satisfaite ssi $\rho_*(1) > 0$ ou $\rho_*(1) = 0$ et $\mu < 1$. Lorsque $\rho_*(1) = 0$ et $\mu \geq 1$, (3.10) est réalisée. On s'intéresse plus particulièrement aux cas 2 et 3: les conditions (3.9) et (3.11) portent à la fois sur g_o et f_*. Si $\rho_*(1) > 0$, on montre sans difficultés que (3.9) est équivalente à,

$$\int_0^{a_o(1)} |g_o(t)| \left(\int_{\alpha_o(t)}^{1} \frac{da_*(u)}{1-u} \right) dt < \infty.$$

Supposons à présent $\rho_*(1) = 0$. Alors,

(i) Si $\mu < 1$ (resp. $\mu > 1$) , (3.9) (resp. (3.11)) est équivalente à

(3.19) $$\int_0^{a_o(1)} |g_o(t)|\,|\rho_o'(t)|^{\mu} dt < +\infty$$

(ii) Si $\mu = 1$, (3.11) est équivalente à

(3.20) $$\int_0^{a_o(1)} |g_o(t)|\,|\rho_o'(t)\ \ln|\rho_o'(t)||\ dt < +\infty.$$

Dans le cadre des martingales positives, le Théorème 1 devient

Théorème 2. *1°)* M(f), M(g) *et* M(f)M(g) *sont trois martingales positives ssi*

$f_* \geq 0$, $g_o \geq 0$, $\nu_* = -\int_0^{a_*(1)} f_*(u)\rho_*'(u) < +\infty$, $\nu_o = -\int_0^{a_o(1)} g_o(u)\rho_o'(u)du < +\infty$,

$c \geq \nu_*$, $c' \geq \nu_o$ et f_o (resp. g_*) est définie par (3.2) (resp. (3.3)).

2°) M(f) (*resp.* M(g)) *est u.i. ssi* $c = \nu_*$ *ou* $\rho_o(1) = 0$ (*resp.* $c' = \nu_o$ *ou* $\rho_*(1) = 0$).

3°) M(f)M(g) *est u.i. ssi* $c = \nu_*$ *ou* $c' = \nu_o$.

Soient $(f,c) \longleftrightarrow \varphi$. On déduit de (2.3) que φ est croissante ssi $\varphi \geq f$. Lorque cette condition est réalisée, on tire de (2.4),

(3.21) $$\sup_{0\leq t\leq 1} M(f)_t = \varphi.$$

Cette propriété a été utilisée par Dubins et Gilat ([DG]) lorsque f est l'inverse continu à droite de la fonction de répartition d'une probabilité sur $\mathbb{R}$, possédant un moment d'ordre 1 et centrée; alors f appartient à $L^1([0,1])$, $\varphi = H(f)$, et f est croissante. On en déduit que $H(f) \geq f$, la fonction H(f) est croissante, (3.21) est vérifiée.

Considérons deux martingales M(f) et M(g) telles que le produit M(f)M(g) soit une martingale. Nous conservons les notations du Théorème 1. Nous supposerons de plus,

(3.22)$_*$ $$\lim_{t\to a_*(1)} -\int_0^t f_*(u)\rho'_*(u)du = \nu_* \quad \text{existe}$$

(3.22)$_o$ $$\lim_{t\to a_o(1)} -\int_0^t g_o(u)\rho'_o(u)du = \nu_o \quad \text{existe}$$

(3.23) $$c \geq \nu_* \quad , \; c' \geq \nu_o \; , \quad \rho_o(1) = \rho_*(1) = 0.$$

Dans ces conditions on a,

Proposition 4. *Supposons que* f_* *et* g_o *sont deux fonctions croissantes. Alors,*

1°) φ *et* ψ *sont aussi croissantes,*

2°) $\sup_{0\leq t\leq 1} M(f)_t = \varphi$, $\sup_{0\leq t\leq 1} M(g)_t = \psi$, $\sup_{0\leq t\leq 1} (M(f)_t\, M(g)_t) = \varphi\psi$.

En particulier,

(3.24) $$\sup_{0\leq t\leq 1} (M(f)_t\, M(g)_t) = \left(\sup_{0\leq t\leq 1} M(f)_t\right)\left(\sup_{0\leq t\leq 1} M(g)_t\right).$$

Preuve : 1°) Par symétrie il suffit de montrer que si f_* est croissante alors φ l'est aussi. Si $t \in A_o$, alors $\varphi(t) = f(t)$, en particulier $\varphi(t) \geq f(t)$. Remarquons,

$$\varphi(t) \geq f(t) \quad , \forall t \in A_* \Longleftrightarrow \varphi(\alpha_*(t)) \geq f_*(t) \qquad \forall\, t \in [0,a_*(1)[.$$

On applique (2.14), (3.22)$_*$ et (2.19), il vient,

$$\varphi(\alpha_*(t)) = \frac{1}{\rho_*(t)}\left(c-\nu_* - \int_t^{a_*(1)} f_*(u)\rho'_*(u)\right).$$

Mais $f_*(u) \geq f_*(t)$ pour tout $u \in [t,a_*(1)]$, $c \geq \nu_*$ et $\rho_*(1) = 0$, donc

$$\varphi(\alpha_*(t)) \geq f_*(t).$$

Par conséquent $\varphi \geq f$, φ est bien croissante.

2°) Puisque φ et ψ sont croissantes, $\sup_{0\leq t\leq 1} M(f)_t = \varphi$ et $\sup_{0\leq t\leq 1} M(g)_t = \psi$. De plus $\varphi \geq 0$ et $\psi \geq 0$, donc $\varphi\psi$ est aussi une fonction croissante. Mais $M(f)M(g) = M(fg)$ et $(cc',fg) \longleftrightarrow \varphi\psi$, d'où (3.24). □

Remarques: Plaçons nous sous les hypothèses de la Proposition 4. On peut donner une nouvelle interprétation de A_o et A_*:

$$A_0 = \{s\in[0,1];\ \sup_{0\le t\le 1} M(f)_t(s) = f(s)\},\ A_* = \{s\in[0,1];\ \sup_{0\le t\le 1} M(g)_t(s) = g(s)\}.$$

Par conséquent, $M(f)_1 = \sup_{0\le t\le 1} M(f)_t$ (resp. $M(g)_1 = \sup_{0\le t\le 1} M(g)_t$) sur A_0 (resp. A_*). Rappelons que dans [V]), nous avons caractérisé la loi de S_∞ à l'aide de λ et μ_1, où $(M_t;\ t\ge 0)$ est une martingale *continue*, uniformément intégrable, nulle en 0, $S_\infty = \sup_{t\ge 0} M_t$, $\lambda(x) = E(M_\infty | S_\infty = x)$ et μ_1 est une sous probabilité dont le support est inclus dans $\{x\ge 0;\ \lambda(x) = x\}$. De plus $M_\infty = S_\infty$ sur l'ensemble $\{\lambda(S_\infty) = S_\infty\}$. Ce qui explique en partie l'analogie entre (3.2) et les formules du Théorème 3 de [V].

Pour finir nous revenons à l'étude des martingales discrètes considérées par Lépingle ([L]). Nous conservons les notations de l'Introduction. On note,

$$A_o = \bigcup_{n=0}^{\infty} [x_{2n}, x_{2n+1}[\ ,\ A_* = \bigcup_{n=0}^{\infty} [x_{2n+1}, x_{2n+2}[$$

$$d_n^o = \sum_{k=1}^{n} (x_{2k-1} - x_{2k-2})\ ,\ d_n^* = \sum_{k=1}^{n} (x_{2k} - x_{2k-1})\ ,\ n \ge 1.$$

$$d_o^o = d_o^* = 0.$$

Alors

$$a_o(x) = \begin{cases} d_n^o + x - x_{2n} & x_{2n} \le x < x_{2n+1} \\ d_{n+1}^o & x_{2n+1} \le x < x_{2n+2} \end{cases}$$

$$a_*(x) = \begin{cases} d_n^* + x - x_{2n+1} & x_{2n+1} \le x < x_{2n+2} \\ d_{n+1}^* & x_{2n+2} \le x < x_{2n+3} \end{cases}$$

$$\alpha_o(x) = x - d_n^o + x_{2n}\quad ,\ d_n^o \le x < d_{n+1}^o$$

$$\alpha_*(x) = x - d_n^* + x_{2n+1}\quad ,\ d_n^* \le x < d_{n+1}^*$$

$$\rho_o(t) = P_n^o\left(\frac{1-t+d_n^o-x_{2n}}{1-x_{2n}}\right) \qquad d_n^o \le t < d_{n+1}^o$$

$$\rho_*(t) = P_n^*\left(\frac{1-t+d_n^*-x_{2n+1}}{1-x_{2n+1}}\right) \qquad d_n^* \le t < d_{n+1}^*$$

avec

$$P_n^o = \prod_{k=0}^{n-1}\left(\frac{1-x_{2k+1}}{1-x_{2k}}\right), \qquad P_n^* = \prod_{k=0}^{n-1}\left(\frac{1-x_{2k+2}}{1-x_{2k+1}}\right)$$

$$P_o^o = P_o^* = 1.$$

Nous considérons des fonctions h étagées,

$$h = \sum_{n=0}^{\infty}\left(h_{o,n}\, 1_{[x_{2n},x_{2n+1}[} + h_{*,n}\, 1_{[x_{2n+1},x_{2n+2}[}\right).$$

Soient f et g deux fonctions étagées du type précédent. Alors $M(f)M(g)$ est une martingale ssi,

$$f_{o,n} = \left[c - \sum_{k=0}^{n-1} f_{*,k}\,(P_k^* - P_{k+1}^*)\right]\frac{P_n^o}{1-x_{2n}}$$

$$g_{*,n} = \left[c' - \sum_{k=0}^{n} g_{o,k}\,(P_k^o - P_{k+1}^o)\right]\frac{P_n^*}{1-x_{2n+1}}$$

pour tout $n \ge 0$.

De plus

$$\nu_* = \sum_{k=0}^{\infty} f_{*,k}\,(P_k^* - P_{k+1}^*)$$

$$\nu_o = \sum_{k=0}^{\infty} g_{o,k}\,(P_k^o - P_{k+1}^o).$$

La traduction du Théorème 2 est immédiate. Sachant que $q_n = 1-x_n$, si $\limsup_{n\to+\infty}\frac{q_{n+1}}{q_n} < 1$, alors $\lim_{n\to+\infty} P_n^o = \lim_{n\to+\infty} P_n = 0$. On en déduit $\rho_o(1) = \rho_*(1) = 0$.

Ce qui permet de retrouver les résultats de Lépingle. □

Bibliographie

[DG] **Dubins, L.E. ; Gilat, D.** : On the distribution of maxima of martingales. *Proc. of the A.M.S., vol. 68, n° 3, 1978.*

[DMY] **Dellacherie, C. ; Meyer, P.A. ; Yor, M.** : Sur certaines propriétés des espaces de Banach H^1 et BMO. *Séminaire de Probabilités XII, Lecture Notes in Maths. vol. 649, Berlin-Heidelberg, New-York, Springer, 98-113, 1978.*

[L] **Lépingle, D.** : Orthogonalité et intégrabilité uniforme de martingales discrètes. *Séminaire de Probabilités XXVI, Lecture Notes in Maths. vol. 1526, Berlin Heidelberg, New-York, Springer, 167-169, 1992.*

[V] **Vallois, P.** : Sur la loi du maximum et du temps local d'une martingale continue. *A paraître dans les Proceedings of the London Math. Soc. 1994.*

[V2] **Vallois, P.** : On the joint distribution of the supremum and the terminal value of a uniformly integrable martingale. *A paraître dans 9th Winterschool on stochastic processes and optimal control, 1992.*

REMARQUES SUR LES INEGALITES DE BURKHOLDER-DAVIS-GUNDY

par P. Monat

Laboratoire de Mathématiques, URA CNRS 741, 16 Route de Gray, 25030 Besançon Cedex.

Les inégalités de Burkholder-Davis-Gundy donnent un encadrement de $||\,[M,M]_\infty^{1/2}\,||_p$ par $||sup\{|M_t|\ /\ t \geq 0\}||_p$ où M est une martingale. Ces inégalités sont vraies pour tout p strictement positif si la martingale est continue. En revanche, si la martingale n'est pas continue, il est bien connu que les inégalités sont fausses pour p strictement compris entre 0 et 1. Toutefois, il est assez difficile de trouver des contre-exemples dans la littérature : nous sommes partis d'un article de E. Lenglart, D. Lépingle et M. Pratelli paru dans le Séminaire de Probabilités XIV **[4]**, qui citait en référence un article de D. Burkholder et R. Gundy **[1]** datant de 1970, qui lui-même renvoyait à un article de J. Marcinkiewicz et A. Zygmund **[5]** datant de 1938 ! C'est pourquoi nous avons jugé utile de les rappeler afin que les lecteurs du Séminaire de Probabilités disposent d'une référence bibliographique plus accessible.
Dans une seconde partie, nous allons nous intéresser au rapport entre la convergence en probabilité vers 0 du crochet droit et de la borne supérieure d'une suite de martingales. Dans le cas continu, ces deux convergences sont équivalentes. Mais dans le cas discontinu, ce résultat ne se généralise pas. Ce problème a été soulevé par F. Delbaen et W. Schachermayer. Il était déjà sous-jacent dans un article de M. Emery paru dans le Séminaire de Probabilités XIV **[2]**. Nous allons donner deux contre-exemples construits à partir de ceux de la première partie et montrant qu'aucune des convergences en probabilité n'implique l'autre dans le cas discontinu.

I. Inégalités de Burkholder-Davis-Gundy

1. Quelques rappels et notations

Inégalités de Burkholder-Davis-Gundy
Soit $(M_t)_{t\geq 0}$ une martingale locale continue définie sur un espace de probabilité filtré $\left(\Omega, \mathcal{F}, (\mathcal{F}_t)_{t\geq 0}, P\right)$ vérifiant les conditions habituelles. Soit $p > 0$. Alors il existe deux constantes c_p et C_p, $0 < c_p < C_p < +\infty$, telles que :

(1) $c_p||M_\infty^*||_p \leq ||\,[M,M]_\infty^{1/2}\,||_p$ et **(2)** $||\,[M,M]_\infty^{1/2}\,||_p \leq C_p||M_\infty^*||_p$

où $M_t^* = sup\{|M_s|\ /\ 0 \leq s \leq t\}$

Dans le cas où la martingale n'est pas continue, les inégalités **(1)** et **(2)** ne restent valables que si $p \geq 1$. Les deux contre-exemples suivants sont dus à J. Marcinkiewicz et A. Zygmund [**5**].

2. Un contre-exemple de l'inégalité (1) (cas où $0 < p < 1$ et M discontinue)

Soit $0 < p < 1$ et pour tout $n \geq 1$, soit $(M_k^n)_{k\geq 0}$ une martingale, nulle en zéro, telle que ses accroissements $\left(M_k^n - M_{k-1}^n\right)_{k\geq 1}$ forment une suite de variables aléatoires indépendantes, identiquement distribuées, égales à 1 avec probabilité $1 - \frac{1}{n+1}$ et à $-n$ avec probabilité $\frac{1}{n+1}$.

Par définition, $[M^n, M^n]_k = \sum_{l=1}^k \left(M_l^n - M_{l-1}^n\right)^2$, donc $[M^n, M^n]_k = k$ avec probabilité $\left(1 - \frac{1}{n+1}\right)^k$ et sur l'ensemble complémentaire, $0 \leq [M^n, M^n]_k \leq kn^2$.
Par conséquent, $\| \, [M^n, M^n]_k^{1/2} \, \|_p^p \leq k^{p/2} \left(1 - \frac{1}{n+1}\right)^k + (kn^2)^{p/2} \left(1 - \left(1 - \frac{1}{n+1}\right)^k\right)$.
D'autre part, $|M_k^n| = \left|\sum_{l=1}^k \left(M_l^n - M_{l-1}^n\right)\right| = |k_1 - k_2 n|$ *P.p.s.* avec $k_1 + k_2 = k$.

Si $k_2 = 0$, alors $k_1 = k$ donc $|M_k^n| = k$ *P.p.s.*
Si $k_2 \neq 0$ et si $n > 2k$, alors $|M_k^n| = k_2 n - k_1 \geq n - k \geq k$ *P.p.s.*
Donc, dans tous les cas, $\| \, (M^n)_k^* \, \|_p^p \geq k^p$.

Si l'égalité (**1**) était vérifiée, on aurait :

$$c_p^p k^p \leq k^{p/2} \left(1 - \frac{1}{n+1}\right)^k + \left(kn^2\right)^{p/2} \left(1 - \left(1 - \frac{1}{n+1}\right)^k\right)$$

En faisant tendre n vers l'infini, on obtient :
$\forall k \geq 1$, $\lim_{n\to+\infty} (kn^2)^{p/2} \left(1 - \left(1 - \frac{1}{n+1}\right)^k\right) = 0$ car $0 < p < 1$.
Donc, à la limite, on aurait : $\forall k \geq 1$, $c_p^p k^p \leq k^{p/2}$, ce qui établit la contradiction.

3. Un contre-exemple de l'inégalité (2) (cas où $0 < p < 1$ et M discontinue)

Soit $0 < p < 1$ et $(M^n)_{n\geq 1}$ une suite de martingales telle que :

$$\begin{cases} \forall n \geq 1, M_0^n = 0 \; ; \; \left((-1)^{k-1} \left(M_k^n - M_{k-1}^n\right)\right)_{k\geq 1} \text{ est une suite i.i.d.} \\ P\left((-1)^{k-1} \left(M_k^n - M_{k-1}^n\right) = 1\right) = 1 - \frac{1}{n+1} \; ; \; P\left((-1)^{k-1} \left(M_k^n - M_{k-1}^n\right) = -n\right) = \frac{1}{n+1} \end{cases}$$

Par définition, $[M^n, M^n]_k = \sum_{l=1}^k \left(M_l^n - M_{l-1}^n\right)^2$, donc $[M^n, M^n]_k$ est à valeurs dans $\{k - l + l\, n^2 \; / \; 0 \leq l \leq k\}$, et comme $\left((-1)^{k-1} \left(M_k^n - M_{k-1}^n\right)\right)_{k\geq 1}$ est une suite i.i.d., on peut calculer $\| \, [M^n, M^n]_k^{1/2} \, \|_p$, ce qui donne :

$$\| \, [M^n, M^n]_k^{1/2} \, \|_p^p = k^{p/2} \left(1 - \frac{1}{n+1}\right)^k + \sum_{l=1}^k \left(\sqrt{k - l + ln^2}\right)^p C_k^l \left(1 - \frac{1}{n+1}\right)^{k-l} \left(\frac{1}{n+1}\right)^l$$

D'où $\lim_{n\to+\infty} \|\, [M^n,M^n]_k^{1/2} \,\|_p^p = k^{p/2}$, car $0 < p < 1$ donc, pour tout $l \geq 1$:

$$\lim_{n\to+\infty} \left(\sqrt{k-l+ln^2}\right)^p C_k^l \left(1-\frac{1}{n+1}\right)^{k-l} \left(\frac{1}{n+1}\right)^l = 0$$

D'autre part,

$$(M^n)_k^* = sup\{|M_l^n| \;/\; 0 \leq l \leq k\} = sup\left\{ |\sum_{j=1}^{l} \left(M_j^n - M_{j-1}^n\right)| \;/\; 0 \leq l \leq k \right\}$$

Donc, $(M^n)_k^* = 1$ si et seulement si $\forall l \in \{1,...,k\}$ $(-1)^{l-1}\left(M_l^n - M_{l-1}^n\right) = 1$.

Par conséquent, $(M^n)_k^* = 1$ avec probabilité $\left(1-\frac{1}{n+1}\right)^k$, et lorsque $(M^n)_k^* \neq 1$, on a $(M^n)_k^* \leq kn$, ce qui nous donne l'inégalité suivante :

$$\|\,(M^n)_k^*\,\|_p^p \leq \left(1-\frac{1}{n+1}\right)^k + k^p n^p \left(1-\left(1-\frac{1}{n+1}\right)^k\right)$$

Comme $0 < p < 1$, $\lim_{n\to+\infty} k^p n^p \left(1-\left(1-\frac{1}{n+1}\right)^k\right) = 0$, donc si l'inégalité **(2)** était vérifiée, on aurait à la limite :

$\forall k \geq 1$, $\left(\sqrt{k}\right)^p \leq C_p^p$, ce qui établit la contradiction.

II. Convergence en probabilité du crochet et de la borne supérieure

1. Cas continu

Si M^n est une suite de martingales continues, alors $(M^n)_\infty^*$ converge en probabilité vers zéro si et seulement si $[M^n,M^n]_\infty$ converge aussi en probabilité vers zéro. Ce résultat est bien connu (voir, par exemple, D. Revuz et M. Yor **[6]**). Soucieux de présenter un résultat complet, nous allons dans un premier temps donner une démonstration de ce théorème.

Théorème : Soit $(M^n)_{n\geq 1}$ une suite de martingales continues définies sur un espace de probabilité filtré $\left(\Omega, \mathcal{F}, (\mathcal{F}_t)_{t\geq 0}, P\right)$ vérifiant les conditions habituelles. Alors :

$$\left([M^n,M^n]_\infty \xrightarrow[n\to+\infty]{P} 0\right) \Longleftrightarrow \left((M^n)_\infty^* \xrightarrow[n\to+\infty]{P} 0\right)$$

Démonstration : Supposons que $[M^n,M^n]_\infty \xrightarrow[n\to+\infty]{P} 0$.
Pour tout $n > 0$, soit T_n le temps d'arrêt défini par :

$$T_n = \begin{cases} inf\,\{t \geq 0 \;/\; [M^n,M^n]_t \geq 1\} & si\ \{t \geq 0 \;/\; [M^n,M^n]_t \geq 1\} \neq \emptyset \\ +\infty & sinon \end{cases}$$

Alors, $0 \leq [M^n,M^n]_{T_n} \leq 1_\wedge [M^n,M^n]_\infty$, car $(M^n)_{n\geq 1}$ est une suite de martingales continues, donc $[M^n,M^n]_{T_n}^{1/2} \xrightarrow[n\to+\infty]{L^1} 0$.
D'autre part, d'après les inégalités de Davis :

$$0 \leq C_1\ E\left((M^n)_{T_n}^*\right) \leq E\left([M^n,M^n]_{T_n}^{1/2}\right)$$

Donc, $(M^n)^*_{T_n} \xrightarrow[n\to+\infty]{L^1} 0$ et a *fortiori*, $(M^n)^*_{T_n} \xrightarrow[n\to+\infty]{P} 0$.

Or, $(M^n)^*_\infty = (M^n)^*_{T_n}\ \mathbf{1}_{\{T_n=+\infty\}} + (M^n)^*_\infty\ \mathbf{1}_{\{T_n<+\infty\}}$, donc, pour tout $\varepsilon > 0$,

$$\begin{aligned} 0 \le P\left((M^n)^*_\infty \ge \varepsilon\right) &\le P\left((M^n)^*_{T_n}\ \mathbf{1}_{\{T_n=+\infty\}} \ge \varepsilon\right) + P\left((M^n)^*_\infty\ \mathbf{1}_{\{T_n<+\infty\}} \ge \varepsilon\right) \\ &\le P\left((M^n)^*_{T_n} \ge \varepsilon\right) + P\left(T_n < +\infty\right) \end{aligned}$$

$\lim_{n\to+\infty} P\left((M^n)^*_{T_n} \ge \varepsilon\right) = 0$ d'après la convergence en probabilité de $\left((M^n)^*_{T_n}\right)_{n\ge1}$.

$\lim_{n\to+\infty} P\left(T_n < +\infty\right) = 0$ car :

$$[M^n, M^n]_\infty \text{ converge en probabilité vers } 0.$$

$$P\left(T_n < +\infty\right) = P\left(\exists t \ge 0\ t.q.\ [M^n, M^n]_t \ge 1\right) = P\left([M^n, M^n]_\infty \ge 1\right)$$

car $\left([M^n, M^n]_t\right)_{t\ge0}$ est un processus croissant.

Donc, $(M^n)^*_\infty$ converge en probabilité vers 0, ce qui achève la démonstration de la partie directe.

L'implication réciproque se démontre de façon analogue.

Remarque : Le théorème précédent est faux lorsque les martingales ne sont pas continues. Les deux sens de l'équivalence peuvent être mis en défaut, comme le montrent les deux contre-exemples suivants.

2. Contre-exemple de $\left([M^n, M^n]_\infty \xrightarrow[n\to+\infty]{P} 0\right) \Longrightarrow \left((M^n)^*_\infty \xrightarrow[n\to+\infty]{P} 0\right)$

Soit $\left((M^n_k)_{k\ge0}\right)_{n\ge1}$ une suite de martingales, nulles en zéro, telles que leurs accroissements $\left(M^n_k - M^n_{k-1}\right)_{k\ge1}$ forment une suite de variables aléatoires indépendantes, identiquement distribuées, égales à $\frac{1}{k_n}$ avec probabilité $1 - \frac{1}{n+1}$ et à $\frac{-n}{k_n}$ avec probabilité $\frac{1}{n+1}$, où $\left(k_n\right)_{n\ge1}$ est une suite de réels positifs, strictement croissante, tendant vers l'infini, que l'on précisera ultérieurement.

Par définition, $[M^n, M^n]_{k_n} = \sum_{l=1}^{k_n}\left(M^n_l - M^n_{l-1}\right)^2$, donc, $[M^n, M^n]_{k_n} = \frac{1}{k_n}$ avec probabilité $\left(1 - \frac{1}{n+1}\right)^{k_n}$.

Si on suppose, de plus, que $\lim_{n\to+\infty} \frac{k_n}{n} = 0$ (par exemple : $k_n = \sqrt{n}$), on a :

$$[M^n, M^n]_{k_n} \xrightarrow[n\to+\infty]{P} 0$$

D'autre part, $|M^n_{k_n}| = |\sum_{l=1}^{k_n}\left(M^n_l - M^n_{l-1}\right)| = \frac{1}{k_n}|k_1 - k_2 n| P.p.s.$ avec $k_1 + k_2 = k_n$.

Si $k_2 = 0$ alors $k_1 = k_n$ donc $|M^n_{k_n}| = 1$ $P.p.s.$

Si $k_2 \ne 0$ et si $n > 2k_n$ à partir d'un certain rang, par exemple si $k_n = \sqrt{n}$, alors :

$$|M^n_{k_n}| = \frac{k_2 n - k_1}{k_n} \ge \frac{n - k_n}{k_n} \ge 1\ P.p.s.$$

Donc, dans tous les cas, $(M^n)^*_{k_n} \ge 1$ $P.p.s.$

En conclusion, $\left((M^n)^*_{k_n}\right)_{n\ge1}$ ne tend pas vers 0.

3. Contre-exemple de $\left((M^n)^*_\infty \xrightarrow[n\to+\infty]{P} 0\right) \Longrightarrow \left([M^n,M^n]_\infty \xrightarrow[n\to+\infty]{P} 0\right)$

Soit $(M^n)_{n\geq 1}$ une suite de martingales telle que :

$$\forall n \geq 1, M_0^n = 0\ ;\ \left((-1)^{k-1}\left(M_k^n - M_{k-1}^n\right)\right)_{k\geq 1} \textit{ est une suite i.i.d.}$$

$$P\left((-1)^{k-1}\left(M_k^n - M_{k-1}^n\right) = \frac{1}{\sqrt{k_n}}\right) = 1 - \frac{1}{n+1}$$

$$P\left((-1)^{k-1}\left(M_k^n - M_{k-1}^n\right) = -\frac{n}{\sqrt{k_n}}\right) = \frac{1}{n+1}$$

où $(k_n)_{n\geq 1}$ est une suite de réels positifs, strictement croissante, tendant vers l'infini, que l'on précisera ultérieurement.

Par définition, $[M^n,M^n]_{k_n} = \sum_{l=1}^{k_n}\left(M_l^n - M_{l-1}^n\right)^2$, donc $[M^n,M^n]_{k_n} = 1$ si et seulement si $\forall l \in \{1,\ldots,k_n\}$, $\left(M_l^n - M_{l-1}^n\right)^2 = \frac{1}{k_n}$.
D'où $P\left([M^n,M^n]_{k_n} = 1\right) = \left(1 - \frac{1}{n+1}\right)^{k_n}$.
Si on suppose de plus que $\lim_{n\to+\infty} \frac{k_n}{n} = 0$ (par exemple : $k_n = \sqrt{n}$), on a :

$$[M^n,M^n]_{k_n} \xrightarrow[n\to+\infty]{P} 1$$

D'autre part,

$$(M^n)^*_{k_n} = sup\{|M_l^n| \ /\ 0 \leq l \leq k_n\} = sup\{|\sum_{j=1}^{l}\left(M_j^n - M_{j-1}^n\right)| \ /\ 0 \leq l \leq k_n\}$$

Donc $(M^n)^*_{k_n} = \frac{1}{\sqrt{k_n}}$ si et seulement si $\forall l \in \{1,\ldots,k_n\}\ (-1)^{l-1}\left(M_l^n - M_{l-1}^n\right) = \frac{1}{\sqrt{k_n}}$.
D'où $P\left((M^n)^*_{k_n} = \frac{1}{\sqrt{k_n}}\right) = \left(1 - \frac{1}{n+1}\right)^{k_n}$.
Si $\lim_{n\to+\infty} \frac{k_n}{n} = 0$ (par exemple : $k_n = \sqrt{n}$), alors $(M^n)^*_{k_n} \xrightarrow[n\to+\infty]{P} 0$.

Bibliographie

[1] D.L. Burkholder & R.F. Gundy :
Extrapolation and Interpolation of Quasi-Linear Operators on Martingales.
Acta Math., 124 (1970), p.249-304.

[2] M. Emery :
Métrisabilité de quelques espaces de processus aléatoires.
Séminaire de Probabilités XIV, Lecture Notes in Math., 784, Springer 1978/79.

[3] J. Jacod :
Calcul stochastique et problèmes de martingales.
Lecture Notes in Math., 714, Springer 1979.

[4] E. Lenglart, D. Lépingle & M. Pratelli :
Présentation unifiée de certaines inégalités de la théorie des martingales.
Séminaire de Probabilités XIV, Lecture Notes in Math., 784, Springer 1978/79.

[5] J. Marcinkiewicz & A. Zygmund :
Quelques théorèmes sur les fonctions indépendantes.
Studia Math.,7 (1938), p.104-120.

[6] D. Revuz & M. Yor :
Continuous Martingales and Brownian Motion.
Grundlehren der mathematischen Wissenschaften 293, Springer-Verlag 1991.

Sur une transformation du mouvement brownien due à Jeulin et Yor

(exposé de P.A. Meyer)

Mon point de départ sera le résultat suivant de Jeulin et Yor, très simple mais toujours étonnant. Soit (B_t) un mouvement brownien issu de 0, de filtration naturelle $(\mathcal{F}_t)$. Alors *le processus*

$$B'_t = B_t - \int_0^t \frac{B_s}{s}\, ds$$

est un mouvement brownien dans sa filtration naturelle $(\mathcal{F}'_t)$. L'intégrale au second membre étant absolument convergente, le processus correspondant est à variation finie, donc B' ne peut être une martingale de la filtration $(\mathcal{F}_t)$. Par conséquent, la filtration $(\mathcal{F}'_t)$ engendrée par B' est strictement plus petite que $(\mathcal{F}_t)$ — et en effet, *à chaque instant la v.a.* $\mathcal{F}_t$*-mesurable* B_t *est indépendante de la tribu* $\mathcal{F}'_t$. Je me propose de montrer, en m'inspirant de Pardoux [2], qu'un phénomène analogue se produit pour beaucoup de diffusions. Dans le cas des diffusions unidimensionnelles, ce résultat figure dans un travail non encore publié de Jeulin–Yor.

1. On considère une diffusion sur l'intervalle $[0,1]$ à valeurs dans $\mathbb{R}^d$, solution de l'éds

$$X_t^i = X_0^i + \sum_\alpha \int_0^t a_\alpha^i(s, X_s)\, dB_s^\alpha + \int_0^t b^i(s, X_s)\, ds \quad ; \tag{1}$$

ici $i = 1, \ldots, d$, $\alpha = 1, \ldots, \ell$; les a_α sont des champs de vecteurs sur $\mathbb{R}^d$ dépendant du temps ; enfin la v.a. X_0 est indépendante de B. On suppose pour commencer que les coefficients a_α^i sont assez réguliers, que l'équation admet une solution non explosive, et que la loi μ_t de X_t admet une densité p_t strictement positive, continue avec des dérivées partielles premières bornées. Des conditions suffisantes bien connues sur les coefficients (Hörmander...) permettent d'affirmer qu'il en est ainsi.

On se propose de retourner le temps : on pose $\widehat{X}_t = X_{1-t}$, et $\widetilde{B}_t = B_{1-t} - B_1$. On désigne par $\mathcal{F}_t$ la filtration engendrée par les v.a. X_s, B_s $(s \le t)$: X_0 et les B_s suffisent puisque la solution est forte. De même, $\widehat{\mathcal{F}}_{1-t}$ est engendrée par les v.a. X_s, $B_s - B_t$ avec $t \le s \le 1$; elle est aussi engendrée par X_t et les v.a. $B_s - B_t$ (ou les v.a. $B_s - B_1$). Pour toute v.a. k de cette tribu on a $\mathbb{E}[k \mid \mathcal{F}_t] = \mathbb{E}[k \mid X_t]$.

Les hypothèses faites sur la mesure μ_t entraînent une formule d'intégration par parties, où ξ est un champ de vecteurs

$$\int (\xi f)\, \mu_t = -\int f\, \frac{\operatorname{div}(p_t \xi)}{p_t}\, \mu_t\ , \tag{2}$$

ou encore, $\mathbb{E}[\xi f \circ X_t] = -\mathbb{E}[(f \operatorname{div}(p_t\xi)/p_t) \circ X_t]$.

On a alors le résultat suivant (d'après Pardoux, mais beaucoup plus simple en vertu des hypothèses faites sur la densité).

THÉORÈME 1. *Le processus suivant est un mouvement brownien ℓ-dimensionnel de la filtration* $(\widehat{\mathcal{F}}_t)$

$$\widehat{B}_t^\alpha = \widetilde{B}_t^\alpha - \int_0^t \frac{\operatorname{div} pa_\alpha}{p}(1-s, \widehat{X}_s)\, ds \;; \alpha = 1, 2 \ldots, \ell \,. \tag{3}$$

DÉMONSTRATION. Fixons $t \in [0,1]$. Soient $g \in \mathcal{C}_c^\infty$ et $g(r,x) = \mathbb{E}[g(X_t) \mid X_r = x] = P_{t-r}(x,g)$ pour $r \leq t$. Si les coefficients sont réguliers, $g(r,x)$ est de classe $C^{2,1}$ et on peut appliquer la formule d'Ito à la martingale $g(r, X_r)$ entre $s < t$ et t, pour obtenir

$$g(t, X_t) - g(s, X_s) = \sum_{i,\alpha} \int_s^t a_\alpha^i D_i g(r, X_r)\, dB_r^\alpha = \sum_\alpha \int_0^t a_\alpha g(r, X_r)\, dB_r^\alpha$$

(on peut sans doute présenter cela en utilisant moins de régularité, à l'aide de la représentation prévisible de la martingale $g(r, X_r)$). En intégrant par parties selon (2), on obtient

$$\begin{aligned} \mathbb{E}[(B_t^\alpha - B_s^\alpha)\, g(X_t)] &= \mathbb{E}[\int_s^t a_\alpha g(r, X_r)\, dr] \\ &= -\int_s^t dr\, \mathbb{E}[g_r(X_r) \frac{\operatorname{div}(p_r a_\alpha(r, \cdot))}{p_r}(X_r)] \,. \end{aligned}$$

On peut de nouveau remplacer $g(r, X_r)$ par $g(X_t)$ du côté droit. Ainsi

$$\mathbb{E}[(B_t^\alpha - B_s^\alpha)\, g(X_t)] = -\mathbb{E}[(\int_s^t \frac{\operatorname{div}(p_r a_\alpha(r, \cdot))}{p_r}(X_r)\, dr)\, g(X_t)] \,.$$

Ceci établi pour $g \in \mathcal{C}_c^\infty$ s'étend à g borélienne bornée. Si k est une v.a. appartenant à $\widehat{\mathcal{F}}_{1-t}$, on peut calculer $\mathbb{E}[(B_t^\alpha - B_s^\alpha)\, k]$ en conditionnant d'abord par rapport à $\mathcal{F}_t$ — et donc à X_t en utilisant une remarque faite plus haut. On est alors ramené au calcul précédent.On voit que, par rapport aux tribus du futur, le brownien (réel) retourné $(\widetilde{B}^\alpha)$ est une semimartingale admettant pour dérive $\operatorname{div}(pa_\alpha)/p$, pris au point $(1-s, X_{1-s})$. Enfin, les diverses composantes de (3) ont des variations quadratiques mutuelles nulles, et forment donc un brownien vectoriel. □

Le mouvement brownien $\widehat{B}$ de (3) est indépendant de la v.a. $\widehat{\mathcal{F}}_0$-mesurable X_1. Si l'on retourne le temps à nouveau, on obtient encore un mouvement brownien indépendant de X_1, de composantes

$$B_t'^\alpha + \int_0^t \frac{\operatorname{div}(pa_\alpha)}{p}(s, X_s)\, ds \,. \tag{4}$$

Ce processus ne dépend pas explicitement de l'intervalle $[0,1]$ sur lequel on a travaillé, donc en fait la tribu $\mathcal{T}(B_s', s \leq t)$ est indépendante de la tribu $\mathcal{T}(X_s, s \geq t)$, et en particulier de X_t : c'est la généralisation aux diffusions du mouvement brownien de Jeulin–Yor.

2 On va montrer, en suivant toujours Pardoux, que le processus retourné $\widehat{X}$ est solution forte d'une éds relativement aux mouvements browniens $\widehat{B}^\alpha$, avec donnée initiale X_1. Il en résulte que le "mouvement brownien de Jeulin–Yor" et la v.a. X_1 engendrent la tribu $\mathcal{F}_1$.

THÉORÈME 2. *Le processus $\widehat{X}_t$ est solution de l'éds*

$$\widehat{X}^i_t = \widehat{X}^i_0 + \sum_\alpha \int_0^t a^i_\alpha(1-s,\widehat{X}_s)\,d\widehat{B}^\alpha_s + \int_0^t \widehat{b}^i(1-s,\widehat{X}_s)\,ds\ , \tag{5}$$

où la nouvelle dérive $\widehat{b}$ satisfait à

$$b^i_{1-s} + \widehat{b}^i_s = \sum_k D_k c^{ki}_{1-s} + c^{ik}_{1-s} D_k \log p_{1-s} = \frac{1}{p} \sum_k D_k(pc^{ki})\,\Big|_{1-s}\ . \tag{6}$$

Les $c^{ki} = \sum_\alpha a^k_\alpha a^i_\alpha$ sont les termes du second ordre dans l'expression du générateur. La structure de flot stochastique (le choix précis des a^i_α) intervient dans la formule (5), mais non dans (6) — on le sait depuis Kolmogorov.

DÉMONSTRATION. Mettons l'éds (1) sous forme d'intégrales stochastiques en arrière (indiquées par un $\widehat{d}$), en conservant d'abord le sens du temps (et en omettant la coordonnée de temps de la notation pour alléger)

$$\begin{aligned} X^i_t &= X^i_0 + \sum_\alpha \int_0^t a^i_\alpha(X_s)\,\widehat{d}B^\alpha_s + \int_0^t b^i(X_s)\,ds - \sum_{\alpha,k} d\!< a^i_\alpha(X_s), B^\alpha_s > \\ &= X^i_0 + \int_0^t a^i_\alpha(X_s)\,\widehat{d}B^\alpha_s + \int_0^t (b^i - \sum_{\alpha,k} a^k_\alpha D_k a^i_\alpha)(X_s)\,ds \end{aligned}$$

Maintenant, retournons le temps

$$\widehat{X}^i_t = \widehat{X}^i_0 + \sum_\alpha \int_0^t a^i_\alpha(1-s,\widehat{X}_s)\,d\widetilde{B}^\alpha_s + \int_0^t (\sum_{\alpha,k} a^k_\alpha D_k a^i_\alpha - b^i)(1-s,\widehat{X}_s)\,ds$$

et en introduisant le brownien $\widehat{B}_s$, le second membre s'écrit

$$\widehat{X}^i_0 + \sum_\alpha \int_0^t a^i_\alpha(1-s,\widehat{X}_s)\,d\widehat{B}_s + \int_0^t (\sum_{\alpha,k} a^k_\alpha D_k a^i_\alpha + \sum_\alpha \frac{a^i_\alpha \operatorname{div}(pa_\alpha)}{p} - b^i)(1-s,\widehat{X}_s)\,ds$$

Il ne reste plus qu'à bien transformer la dérive.

EXEMPLE. Nous nous plaçons sur $\mathbb{R}$, en considérant l'éds triviale $X_t = x_0 + B_t$. Alors on a sur $[0,1]$

$$\widehat{X}_t = \widehat{X}_0 + \widehat{B}_t + \int_0^t \widehat{b}(s,\widehat{X}_s)\,ds$$

avec $\widehat{b}(s,x) = -D\log p(1-s,x) = -D(x-x_0)^2/2(1-s)$. Ainsi, le processus

$$\widehat{X}_t - \widehat{X}_0 - \int_0^t \frac{\widehat{X}_1 - \widehat{X}_s}{1-s}\,ds$$

est un mouvement brownien. On retrouve une formule bien connue sur le pont.

REMARQUE. Du point de vue probabiliste, on ne voit pas bien pourquoi il faudrait que les mesures μ_t soient absolument continues. Cela suggère que, même lorsque les mesures μ_t ne sont pas absolument continues, leur classe d'équivalence peut être préservée par les transformations *des flots* a_α *définissant l'équation.*

REFERENCES

[1] HAUSSMANN (U.G.) et PARDOUX (E.). Time reversal of diffusions, *Ann. Prob.*, **14**, 1986, 1188–1205.

[2] PARDOUX (E.). Grossissement d'une filtration et retournement du temps d'une diffusion, *Sém. Prob. XX*, LN **1204**, 1986, 48–55.

Exact Rates of Convergence to the Local Times of Symmetric Lévy Processes

Michael B. Marcus*and Jay Rosen†

1 Introduction

Let $X = \{X(t), t \in \mathbf{R}^+\}$ be a symmetric real-valued Lévy process with characteristic function

$$Ee^{i\lambda X(t)} = e^{-t\psi(\lambda)} \tag{1.1}$$

and Lévy exponent

$$\psi(\lambda) = 2\int_0^\infty (1 - \cos u\lambda)\, d\nu(u) \tag{1.2}$$

for ν a Lévy measure, i.e. $\int_0^\infty (1 \wedge u^2)\, d\nu(u) < \infty$. We also include the case $\psi(\lambda) = \lambda^2/2$ which gives us standard Brownian motion.

Such Lévy processes X have an almost surely jointly continuous local time which we denote by $L = \{L_t^x, (t,x) \in \mathbf{R}^+ \times \mathbf{R}\}$, and normalize by requiring that

$$E^0\left(\int_0^\infty e^{-t}\, dL_t^x\right) = u^1(x)$$

where

$$u^1(x) = \frac{1}{\pi}\int_0^\infty \frac{\cos x\lambda}{1+\psi(\lambda)}\, d\lambda$$

is the 1-potential density for X. We set

$$\sigma^2(x) = \frac{2}{\pi}\int_0^\infty \frac{1-\cos x\lambda}{\psi(\lambda)}\, d\lambda. \tag{1.3}$$

It follows from Pitman [9] that $\psi(\lambda)$ is regularly varying at infinity of order $1 < \beta \le 2$, if and only if $\sigma^2(x)$ is regularly varying at zero of order $\beta - 1$, and we have

$$\sigma^2(x) \sim c_\beta \frac{1}{x\psi(\frac{1}{x})} \qquad \textit{as } x \to 0 \tag{1.4}$$

with c_β depending only on β. Throughout this paper we use the notation $f \sim g$ to mean that $\lim f/g = 1$.

Since L_t^x is jointly continuous we have that

$$\lim_{\epsilon\to 0}\frac{1}{\epsilon}\int_0^t 1_{[x,x+\epsilon]}(X_s)\, ds = L_t^x \tag{1.5}$$

almost surely for each x, t.

The object of this paper is to determine the exact rates of convergence in (1.5).

*Department of Mathematics, City College of CUNY, New York, NY 10031.
†Department of Mathematics, College of Staten Island, CUNY, Staten Island, NY 10301.

Theorem 1 *Let $X = \{X(t), t \in \mathbf{R}^+\}$ be a real valued symmetric Lévy process with $\sigma^2(x)$ concave on $[0,\delta]$ and regularly varying at zero of order $\beta - 1$ where $1 < \beta \le 2$, and let $\{L_t^x, (t,x) \in \mathbf{R}^+ \times \mathbf{R}\}$ be the local time of X. Then*

$$\limsup_{\epsilon \to 0} \sup_{x \in \mathbf{R}^1} \frac{|\frac{1}{\epsilon}\int_0^t 1_{[x,x+\epsilon]}(X_s)\,ds - L_t^x|}{\sigma(\epsilon)\sqrt{2\log(1/\epsilon)}} = \sqrt{\frac{2}{\beta+1}\sup_{x \in \mathbf{R}^1} L_t^x} \tag{1.6}$$

almost surely for almost every $t \in \mathbf{R}^+$.

Let us note that the exact uniform modulus of continuity for L_t^x is given by

$$\limsup_{\epsilon \to 0} \sup_{|x-y| \le \epsilon} \frac{|L_t^y - L_t^x|}{\sigma(\epsilon)\sqrt{2\log(1/\epsilon)}} = \sqrt{2 \sup_{x \in \mathbf{R}^1} L_t^x}$$

almost surely for every $t \in \mathbf{R}^+$, which immediately implies (by (2.6) below) that the left hand side of (1.6) is bounded above by $\sqrt{2\sup_{x\in\mathbf{R}^1} L_t^x}$. However, this is not the the actual value, $\sqrt{\frac{2}{\beta+1}\sup_{x\in\mathbf{R}^1} L_t^x}$, which appears on the right hand side.

There is an analogous local theorem, which applies with even less restrictive conditions on $\sigma^2(x)$.

Theorem 2 *Let $X = \{X(t), t \in \mathbf{R}^+\}$ be a real valued symmetric Lévy process with $\sigma^2(x)$ regularly varying at zero of order $\beta - 1$ where $1 < \beta \le 2$, and let $\{L_t^x, (t,x) \in \mathbf{R}^+ \times \mathbf{R}\}$ be the local time of X. Then for each $x \in \mathbf{R}^1$*

$$\limsup_{\epsilon \to 0} \frac{|\frac{1}{\epsilon}\int_0^t 1_{[x,x+\epsilon]}(X_s)\,ds - L_t^x|}{\sigma(\epsilon)\sqrt{2\log\log(1/\epsilon)}} = \sqrt{\frac{2}{\beta+1} L_t^x} \tag{1.7}$$

almost surely for almost every $t \in \mathbf{R}^+$.

In case X_t is a symmetric stable process with $\psi(t) = t^\beta$ these theorems take a more explicit form.

Theorem 3 *Let $X = \{X(t), t \in \mathbf{R}^+\}$ be the symmetric stable process of order β where $1 < \beta \le 2$, and let $\{L_t^x, (t,x) \in \mathbf{R}^+ \times \mathbf{R}\}$ be the local time of X. Then*

$$\limsup_{\epsilon \to 0} \sup_{x \in \mathbf{R}^1} \frac{|\frac{1}{\epsilon}\int_0^t 1_{[x,x+\epsilon]}(X_s)\,ds - L_t^x|}{\sqrt{2\epsilon^{\beta-1}\log(1/\epsilon)}} = \sqrt{\frac{2a_\beta}{\beta+1}\sup_{x \in \mathbf{R}^1} L_t^x} \tag{1.8}$$

almost surely for almost every $t \in \mathbf{R}^+$, and for each $x \in \mathbf{R}^1$

$$\limsup_{\epsilon \to 0} \frac{|\frac{1}{\epsilon}\int_0^t 1_{[x,x+\epsilon]}(X_s)\,ds - L_t^x|}{\sqrt{2\epsilon^{\beta-1}\log\log(1/\epsilon)}} = \sqrt{\frac{2a_\beta}{\beta+1} L_t^x} \tag{1.9}$$

almost surely for almost every $t \in \mathbf{R}^+$, where

$$a_\beta = \frac{1}{\Gamma(\beta)\sin(\frac{\pi}{2}(\beta-1))}. \tag{1.10}$$

The above theorems were first established for Brownian local time by Khoshnevisan [2], who asked us whether we could generalize this to local times of other Markov processes.

To prove the above theorems we use Lemma 4.3 in [7], a consequence of an isomorphism theorem of Dynkin, which enables us to obtain results for the local times of symmetric Markov processes from analogous results about their associated Gaussian processes. The mean zero Gaussian process $\{G(x), x \in \mathbf{R}\}$ with covariance $g(x,y)$ is said to be associated with the Markov process X, if $g(x,y)$ is the 1–potential of X. In [7] we pointed out that it is useful to study local times of symmetric Markov processes through their associated Gaussian processes because there are many tools available to us in the theory of Gaussian processes. This is the approach we use in this paper.

We now present the results about Gaussian processes which we will need.

Theorem 4 *Let $G = \{G_x, x \in \mathbf{R}^1\}$ be a real valued Gaussian process with stationary increments and incremental variance $\sigma^2(x) = E(G_{y+x} - G_y)^2$ which is concave on $[0,\delta]$ and regularly varying at zero of order $\beta - 1$ where $1 < \beta \le 2$. Then for any compact interval I*

(1.11) $$\limsup_{\epsilon\to 0} \sup_{x\in I} \frac{\left|\frac{1}{\epsilon}\int_x^{x+\epsilon} G_y^2\,dy - G_x^2\right|}{\sigma(\epsilon)\sqrt{2\log(1/\epsilon)}} = 2\sqrt{\frac{1}{\beta+1}}\sup_{x\in I}|G_x|,$$

a.s. Furthermore, for $\sigma^2(x)$ regularly varying at zero of order $\beta - 1$ where $1 < \beta \le 2$ we have that for each $x \in \mathbf{R}^1$

(1.12) $$\limsup_{\epsilon\to 0} \frac{\left|\frac{1}{\epsilon}\int_x^{x+\epsilon} G_y^2\,dy - G_x^2\right|}{\sigma(\epsilon)\sqrt{2\log\log(1/\epsilon)}} = 2\sqrt{\frac{1}{\beta+1}}|G_x|,$$

a.s.

This in turn will follow from the next theorem, which we prove in section 2.

Theorem 5 *Let $G = \{G_x, x \in \mathbf{R}^1\}$ be a real valued Gaussian process with stationary increments and incremental variance $\sigma^2(x) = E(G_{y+x} - G_y)^2$ which is concave on $[0,\delta]$ and regularly varying at zero of order $\beta - 1$ where $1 < \beta \le 2$. Then for any compact interval I*

(1.13) $$\limsup_{\epsilon\to 0} \sup_{x\in I} \frac{\left|\frac{1}{\epsilon}\int_x^{x+\epsilon} G_y\,dy - G_x\right|}{\sigma(\epsilon)\sqrt{2\log(1/\epsilon)}} = \sqrt{\frac{1}{\beta+1}},$$

a.s. Furthermore, for $\sigma^2(x)$ regularly varying at zero of order $\beta - 1$ where $1 < \beta \le 2$ we have that for each $x \in \mathbf{R}^1$

(1.14) $$\limsup_{\epsilon\to 0} \frac{\left|\frac{1}{\epsilon}\int_x^{x+\epsilon} G_y\,dy - G_x\right|}{\sigma(\epsilon)\sqrt{2\log\log(1/\epsilon)}} = \sqrt{\frac{1}{\beta+1}},$$

a.s.

For purposes of comparison and later reference we note here the exact uniform and local moduli of continuity for the Gaussian processes considered in Theorem 5:

$$\limsup_{\epsilon\to 0} \sup_{\substack{|x-y|\le\epsilon \\ x,y\in I}} \frac{|G_y - G_x|}{\sigma(\epsilon)\sqrt{2\log(1/\epsilon)}} = 1, \tag{1.15}$$

a.s., and for each $x \in \mathbf{R}^1$

$$\limsup_{\epsilon\to 0} \sup_{y:|y-x|\le\epsilon} \frac{|G_y - G_x|}{\sigma(\epsilon)\sqrt{2\log\log(1/\epsilon)}} = 1, \tag{1.16}$$

a.s. The uniform modulus limit (1.15) follows from Theorem 7, [4]. The condition on $-\log\sigma(x)$ in that theorem is satisfied because of the monotone density theorem for regularly varying functions, (see Theorem 1.7.2, [1]). The local modulus limit follows from Kono's Theorems 5 and 6, [3], taking into account the remarks made in the proof of Theorem 5.5, [5].

Theorem 2 is quite general. It applies to the local times of Lévy processes in the domain of attraction of a stable process of order β, $1 < \beta \le 2$. Theorem 1 applies to the local times of a more restricted class of Lévy processes which nevertheless is quite large as can be seen from the following theorem proved in [8].

Theorem 6 *Let $h(x)$ be any function which is regularly varying and increasing as $x \to \infty$, and let $1 < \beta \le 2$. Then we can find a Lévy process with $\sigma^2(x)$ concave such that*

$$\sigma^2(x) \sim |x|^{\beta-1} h(\ln 1/x) \qquad \text{as } x \to 0.$$

2 Proofs

We first prove Theorem 5 and then indicate how Theorems 1–4 will follow from the methods of [5]–[7].

Proof of Theorem 5: We first prove (1.13). To do this we only need to make a few modifications to Khoshnevisan's proof of the same result for Brownian motion, Theorem 2.1(a), [2]. Let

$$I(h,x) = \frac{1}{h}\int_x^{x+h} G_y\,dy - G_x = \frac{1}{h}\int_x^{x+h} (G_y - G_x)\,dy,$$

and note that

$$\begin{aligned}
&E\left(\{I(h,x)\}^2\right) \\
&= \frac{1}{h^2}\int_x^{x+h}\int_x^{x+h} E\{(G_y - G_x)(G_z - G_x)\}\,dy\,dz \\
&= \frac{2}{h^2}\iint_{x\le y\le z\le x+h} E\{(G_y - G_x)(G_z - G_x)\}\,dy\,dz \\
&= \frac{2}{h^2}\iint_{x\le y\le z\le x+h} \frac{1}{2}\Big(E\left\{(G_y - G_x)^2\right\} + E\left\{(G_z - G_x)^2\right\} \\
&\qquad - E\left\{(G_z - G_y)^2\right\}\Big)\,dy\,dz
\end{aligned} \tag{2.1}$$

$$
\begin{aligned}
&= \frac{1}{h^2}\int_0^h\int_0^z \left(\sigma^2(y)+\sigma^2(z)-\sigma^2(z-y)\right)\,dy\,dz\\
&= \frac{1}{h^2}\int_0^h\int_0^z \sigma^2(z)\,dy\,dz\\
&= \frac{1}{h^2}\int_0^h z\sigma^2(z)\,dz\\
&\sim \frac{1}{\beta+1}\sigma^2(h)
\end{aligned}
$$

where we have used the fact that $z\sigma^2(z)$ is regularly varying with index β.

We now follow the proof in [2]. The only non-trivial change occurs in obtaining an upper bound for

$$P\left(\max_{k\le[\rho^n]} |I(\rho^{-n},k\rho^{-n})| \le \sigma(\epsilon)\sqrt{2\log(1/\epsilon)}\sqrt{\frac{\theta}{\beta+1}}\right).$$

In [2], Khoshnevisan uses the fact that for Brownian motion

$$\mathcal{I} = \{I(\rho^{-n},k\rho^{-n}); 0\le k\le[\rho^n]\}$$

is a set of independent random variables. However, in our case, due to the concavity of the incremental variance, it is easy to see that our $\mathcal{I}$ is a set of negatively correlated mean-zero Gaussian random variables and the inequality derived in [2] using independence, follows in our case from Slepian's lemma. This gives the lower bound in (1.13). For the upper bound we just follow [2] and use (1.15).

We now obtain (1.14). Khoshnevisan just states the corresponding result for Brownian motion in Theorem 2.2,(a), [2] and says that the proof is similar to his proof for the uniform case. We agree, and so, as for (1.13), we will only show how to handle the lower bound in (1.14) without the assumption of independence. We take $x=0$ and set

$$I(h) = \frac{1}{h}\int_0^h G_y\,dy - G_0 = \frac{1}{h}\int_0^h (G_y-G_0)\,dy.$$

We compute for $t>s>0$ small

$$
\begin{aligned}
(2.2)\qquad & E\left(I(s)I(t)\right)\\
&= \frac{1}{st}\int_0^t\int_0^s E\left\{(G_y-G_0)(G_z-G_0)\right\}\,dy\,dz\\
&= \frac{1}{st}\int_0^t\int_0^s \frac{1}{2}\left(E\left\{(G_y-G_0)^2\right\}+E\left\{(G_z-G_0)^2\right\}-E\left\{(G_z-G_y)^2\right\}\right)\,dy\,dz\\
&= \frac{1}{2st}\int_0^t\int_0^s \left(\sigma^2(y)+\sigma^2(z)-\sigma^2(z-y)\right)\,dy\,dz\\
&= \frac{1}{2st}\left(t\int_0^s \sigma^2(y)\,dy + s\int_0^t \sigma^2(z)\,dz - \int_0^t\int_0^s \sigma^2(z-y)\,dy\,dz\right)\\
&= \frac{1}{2st}\left(t\int_0^s \sigma^2(y)\,dy + s\int_0^t \sigma^2(z)\,dz - \int_0^t\int_{-z}^{s-z} \sigma^2(v)\,dv\,dz\right)\\
&\le \frac{1}{2st}\left(t\int_0^s \sigma^2(y)\,dy + s\int_0^t \sigma^2(z)\,dz - \int_0^{s-t}\int_{-v}^{s-v} \sigma^2(v)\,dz\,dv\right)
\end{aligned}
$$

where the next to last line came from the change of variables $(y,z)\mapsto(v,z)$ with $v=y-z$, and the last line came from the observation that

$$\{(v,z)|0\le v\le s-t,\ -v\le z\le s-v\}\subseteq\{(v,z)|0\le z\le t,\ -z\le v\le s-z\}.$$

Since

$$\int_0^{s-t}\int_{-v}^{s-v}\sigma^2(v)\,dz\,dv = s\int_0^{t-s}\sigma^2(v)\,dv$$

we see from (2.2) that

$$E\left(I(s)I(t)\right) \le \frac{1}{2st}\left(t\int_0^s \sigma^2(y)\,dy + s\int_{t-s}^t \sigma^2(z)\,dz\right) \tag{2.3}$$

We now take $\theta < 1$ and set

$$X_k = \frac{I(\theta^k)}{\left(E\left\{I(\theta^k)^2\right\}\right)^{1/2}} \sim \sqrt{\beta+1}\frac{I(\theta^k)}{\sigma(\theta^k)} \tag{2.4}$$

by (2.1). Note that by Theorem 1.5.6 of [1] we have that for $j < k$ and θ sufficiently small

$$\sigma^2(z) \le 2\sigma^2(\theta^j)$$

for all $\theta^j - \theta^k \le z \le \theta^j$. Hence by (2.3), and using Theorem 1.5.6 of [1] once again, we see that for all $j < k$ and $\delta > 0$

$$\begin{aligned}
&E(X_jX_k)\\
&\le c(\theta^{k-j}\frac{\sigma(\theta^j)}{\sigma(\theta^k)} + \frac{\sigma(\theta^k)}{\sigma(\theta^j)})\\
&\le c(\theta^{k-j}(\frac{1}{\theta^{k-j}})^{\frac{\beta-1}{2}+\epsilon} + (\theta^{k-j})^{\frac{\beta-1}{2}+\epsilon})\\
&\le \delta
\end{aligned}$$

for θ sufficiently small.

Let $U_1, U_2, \ldots$ and Z be a set of independent $N(0,1)$ random variables and set

$$Y_k = \sqrt{1-\delta}U_k + \sqrt{\delta}Z$$

Note also that X_k, Y_k are mean- zero Gaussian random variables with $E(X_k^2) = E(Y_k^2) = 1$ and $E(X_jX_k) \le E(Y_jY_k)$ for $j \ne k$. Hence by (2.4), Slepian's lemma and the independence of the U_k's we see that for all $0 < \delta < 1/2$

$$\begin{aligned}
&P(\limsup_{k\to\infty}\frac{I(\theta^k)}{\sigma(\theta^k)\sqrt{2\log\log(\theta^{-k})}} \ge \frac{1-2\delta}{\sqrt{\beta+1}})\\
&\ge P(\limsup_{k\to\infty}\frac{X_k}{\sqrt{2\log(k)}} \ge 1-\delta)\\
&= \lim_{n\to\infty}P(\sup_{k\ge n}\frac{X_k}{\sqrt{2\log(k)}} \ge 1-\delta)\\
&\ge \lim_{n\to\infty}P(\sup_{k\ge n}\frac{Y_k}{\sqrt{2\log(k)}} \ge 1-\delta)\\
&= P(\limsup_{k\to\infty}\frac{Y_k}{\sqrt{2\log(k)}} \ge 1-\delta)\\
&= P(\limsup_{k\to\infty}\frac{U_k}{\sqrt{2\log(k)}} \ge \sqrt{1-\delta})\\
&= 1
\end{aligned}$$

and this gives us the lower bound in (1.14). The upper bound follows easily from (2.1) and interpolation using (1.16) as in the proof of (1.13). □

Proofs of Theorems 1–4: The passage from Theorem 5 to Theorem 4 is simple and follows methods worked out in section 2, [5]. Given (1.11), the next step is to apply Theorem 4.3, [5] which enables us to transfer results about Gaussian processes to results about the local times of the associated Markov processes. However, the Gaussian process in Theorem 4 is not the Gaussian process associated with X. The Gaussian process associated with X has incremental variance

$$\tilde{\sigma}^2(x) = \frac{2}{\pi}\int_0^\infty \frac{1-\cos x\lambda}{1+\psi(\lambda)}\,d\lambda.$$

(Clearly, $\tilde{\sigma}^2(x) \sim \sigma^2(x)$ as $x \to 0$). The extension of Theorem 4 to these processes is handled exactly the same way as the transition from Theorem 2.4 to Theorem 2.5 in [6]. As in [6], we first consider Gaussian processes with incremental variance (1.3) because it is easier to find examples of such functions which are concave. One can also see from section 3 of [6] how theorem 4.3 of [7] is used. Thus we get from (1.11) that

$$\limsup_{\epsilon\to 0}\sup_{x\in I}\frac{\left|\frac{1}{\epsilon}\int_x^{x+\epsilon} L_t^y\,dy - L_t^x\right|}{\sigma(\epsilon)\sqrt{2\log(1/\epsilon)}} = \sqrt{\frac{2}{\beta+1}\sup_{x\in I} L_t^x} \tag{2.5}$$

almost surely for almost every $t \in \mathbf{R}^+$. Now, since $\{L_t^y,(t,y)\in\mathbf{R}^+\times\mathbf{R}\}$ is continuous almost surely for the Lévy processes which we are considering, we have with probability one that

$$\int_x^{x+\epsilon} L_t^y\,dy = \int_0^t 1_{[x,x+\epsilon]}(X_s)\,ds \tag{2.6}$$

for all x and ϵ. Using (2.6) in (2.5) gives us (1.6), and a similar argument takes us from (1.12) to (1.7). Theorem 3 consists of special cases of Theorems 1 and 2. The constant α_β in Theorem 3 is determined in [6].

Remark 1: The only new ingredient in this note is Theorem 5, since its application to local times is immediate following the methods worked out in [5]–[7]. Furthermore, concerning Theorem 5, the reader no doubt realizes that this was essentially proved by Khoshnevisan in [2] since the extension from Brownian motion to the more general cases we consider only requires a few modifications. However, in [2], because he doesn't use the isomorphism theorem, Khoshnevisan has to consider much more than Brownian motion. In fact, he deals with explicit representations for Brownian local time. Thus it seems that even if one only wants to obtain results for Brownian local time, the methods used in this paper are more efficient. However, we must qualify this statement since our Theorems 1-3 are only for almost all t whereas the result in [2] for Brownian local time holds for all t.

Remark 2: It is possible to prove results similar to Theorem 5 for a large class of Gaussian processes and thereby extend Theorems 1 and 2. In particular, the upper bounds in Theorems 1 and 2 can be obtained under much more general conditions than the ones given. When $\sigma^2(x)$ is slowly varying at zero the situation changes. In some cases the denominator has a different form than in (1.6) and (1.7). This is because (1.15) and (1.16) have different denominators for certain slowly varying $\sigma^2(x)$, see [5]. We have not pursued these points because our primary concern has been to demonstrate the usefullness of Dynkin's isomorphism theorem rather than in carrying on an exhaustive study of the rate of convergence in (1.5).

References

[1] N. Bingham, C. Goldie, and J. Teugals, *Regular Variation*, Cambridge University Press, Cambridge, 1987.

[2] D. Khoshnevisan, *Exact rates of convergence to Brownian local time*, Preprint.

[3] N. Kono, *On the modulous of continuity of sample functions of Gaussian processes*, J. Math. Kyoto Univ. **10** (1970), 493–536.

[4] M.B. Marcus, *Holder conditions for Gaussian processes with stationary increments*, Trans. Amer. Math. Soc. **134** (1968), 29–52.

[5] M.B. Marcus and J. Rosen, *Moduli of continuity of local times of strongly symmetric Markov processes via Gaussian processes*, J. Theor. Probab. **5** (1992), 791–825.

[6] ———, *p-variation of the local times of symmetric stable processes and of Gaussian processes with stationary increments*, Ann. Probab. **20** (1992), 1685–1713.

[7] ———, *Sample path properties of the local times of strongly symmetric Markov processes via Gaussian processes*, Ann. Probab. **20** (1992), 1603–1684.

[8] ———, *ϕ-variation of the local times of symmetric Levy processes and stationary Gaussian processes*, Seminar on Stochastic Processes, 1992 (Boston), Progress in Probability, vol. 33, Birkhauser, Boston, 1993, pp. 209–220.

[9] E. J. G. Pitman, *On the behavior of the characteristic function of a probability distribution in the neighbourhood of the origin*, J. Australian Math. Soc. Series A **8** (1968), 422–443.

Deux contre–exemples sur la convergence d'intégrales anticipatives

LUCA PRATELLI
Dipartimento di Matematica, Università di Pisa
Via Buonarroti 2, I–56127 Pisa

On se place dans les hypothèses de [1]. On considère donc l'espace Ω des applications continues de $[0,1]$ dans $\mathbf{R}$, le processus canonique

$$W = (W_t)_{0 \le t \le 1}$$

(défini par $W_t(\omega) = \omega(t)$), la filtration naturelle $(\mathcal{F}_t)_{0 \le t \le 1}$ associée à ce processus, et l'unique loi P sur $\mathcal{F}_1$ qui rend W un mouvement brownien issu de l'origine. Une variable aléatoire réelle F sur $(\Omega, \mathcal{F}_1)$ est dite *régulière* si on peut trouver une famille finie $t_1, \ldots, t_m$ de points de $[0,1]$ et un élément f de $\mathcal{C}_p^\infty(\mathbf{R}^m, \mathbf{R})$, tels que l'on ait

$$F = f(W_{t_1}, \ldots, W_{t_m}).$$

On désigne par $\mathcal{S}$ la classe des variables aléatoires régulières.

Premier contre–exemple. On se propose de construire une suite (F^n) d'éléments bornés de $\mathcal{S}$ qui possède les propriétés suivantes:

(a) La suite (F^n) converge uniformément vers 0.

(b) Les processus DF^n sont constants par rapport au temps et uniformément bornés.

(c) La suite des intégrales de Skorokhod $\int_0^1 F^n \bullet dW$ ne converge pas en loi vers la constante 0.

Il en résultera que les Corollaires 2.1 et 2.2 du Théorème 1.1 de [1] (donc *a fortiori* le Théorème 1.1 lui même) sont faux.

Pour construire une suite $(F^n)_{n \ge 1}$ avec les propriétés désirées, posons, pour tout entier n strictement positif,

$$F^n = n^{-1} \sin(nW_1)\,. \tag{1}$$

On a alors, pour tout élément s de $[0,1]$,

$$D_s F^n = \cos(nW_1)\,. \tag{2}$$

Les propriétés (a), (b) découlent immédiatement des relations (1), (2). On a en outre (voir [2], Th. 3.2)

$$\int_0^1 F^n \bullet dW = n^{-1} W_1 \sin(nW_1) - \cos(nW_1)\,,$$

de sorte que la propriété (c) résulte de la relation suivante:

$$\begin{aligned}\mathbf{E}\left[\cos^2(nW_1)\right] &= \tfrac{1}{2}\left(1+\mathbf{E}\left[\cos(2nW_1)\right]\right)\\ &= \tfrac{1}{2}\left(1+\exp\left(-2n^2\right)\right).\end{aligned}$$

Deuxième contre–exemple. On se propose maintenant de construire une suite (u^n) de processus possédant les propriétés suivantes:

(α) La suite (u^n) converge, presque sûrement et dans $L^2([0,1]\times\Omega)$, vers W.

(β) Pour tout n, l'intégrale d'Itô de u^n coïncide avec celle de Stratonovich:

$$\int_0^t u^n\,dW = \int_0^t u^n \circ dW. \tag{3}$$

(γ) Les sommes de Riemann “à la Stratonovich”, relatives aux processus u^n et aux différentes subdivisions de $[0,1]$, forment un ensemble borné dans $L^2(P)$.

Pour une telle suite (u^n), le premier membre de (3) convergera en probabilité, lorsque n tend vers l'infini, vers

$$\int_0^t W\,dW = \int_0^t W\circ dW - \frac{1}{2}t.$$

La suite (u^n) montrera donc que la version “à la Stratonovich” du Théorème 1.1 de [1] est, elle aussi, fausse.

Pour construire une suite (u^n) avec les propriétés désirées, posons, pour tout entier n strictement positif,

$$u_t^n = W_{\tau_n(t)}, \quad \text{avec} \quad \tau_n(t) = [t-(1/n)]^+.$$

On vérifie immédiatement qu'avec cette définition les conditions (α), (β) ci–dessus sont remplies. Occupons nous de la condition (γ).

Etant donnés une suite finie $t_0,\ldots,t_m$ de points de $[0,1]$, avec

$$0=t_0<\cdots<t_m=1,$$

un entier n strictement positif et un élément t de $[0,1]$, considérons la “somme de Riemann” $S=\sum_{i=1}^m X_i$, où

$$X_i = \left(W_{t_i}-W_{t_{i-1}}\right)(t_i-t_{i-1})^{-1}\int_{t_{i-1}}^{t_i} u_s^n\, I_{[0,t]}(s)\,ds.$$

Il suffira de montrer que la norme de S dans $L^2(P)$ est majorée par une constante universelle. A cet effet, commençons par remarquer que l'on a, pour tout i,

$$\begin{aligned}\mathbf{E}\left[X_i \,|\, \mathcal{F}_{t_{i-1}}\right] &= (t_i-t_{i-1})^{-1}\int_{t_{i-1}}^{t_i}\mathbf{E}\left[\left(W_{t_i}-W_{t_{i-1}}\right)u_s^n \,|\, \mathcal{F}_{t_{i-1}}\right] I_{[0,t]}(s)\,ds\\ &\le (t_i-t_{i-1})^{-1}\int_{t_{i-1}}^{t_i}[s-t_{i-1}]^+\,ds = \frac{1}{2}(t_i-t_{i-1}).\end{aligned}$$

En appliquant deux fois cette remarque, on trouve, pour tout couple i, j d'entiers distincts (compris entre 1 et m)

$$\mathbf{E}\left[X_i\, X_j\right] \leq \frac{1}{4}\,(t_i - t_{i-1})\,(t_j - t_{j-1})\,.$$

En outre, pour tout indice i, on a

$$\begin{aligned}
\mathbf{E}\left[X_i^2\right] &\leq \mathbf{E}\left[\left(W_{t_i} - W_{t_{i-1}}\right)^2 (t_i - t_{i-1})^{-1} \int_{t_{i-1}}^{t_i} W^2_{\tau_n(s)}\, ds\right] \\
&= (t_i - t_{i-1})^{-1} \int_{t_{i-1}}^{t_i} \mathbf{E}\left[\left(W_{t_i} - W_{t_{i-1}}\right)^2 W^2_{\tau_n(s)}\right] ds \\
&\leq \left(\mathbf{E}\left[\left(W_{t_i} - W_{t_{i-1}}\right)^4\right]\right)^{\frac{1}{2}} (t_i - t_{i-1})^{-1} \int_{t_{i-1}}^{t_i} \left(\mathbf{E}\left[W^4_{\tau_n(s)}\right]\right)^{\frac{1}{2}} ds \\
&= 3 \int_{t_{i-1}}^{t_i} \tau_n(s)\, ds.
\end{aligned}$$

Il en résulte

$$\begin{aligned}
\mathbf{E}\left[S^2\right] &= \sum\nolimits_{i \neq j} \mathbf{E}\left[X_i\, X_j\right] + \sum\nolimits_i \mathbf{E}\left[X_i^2\right] \\
&\leq \frac{1}{4} + 3 \int_0^1 \tau_n(s)\, ds \leq \frac{1}{4} + \frac{3}{2}\,,
\end{aligned}$$

ce qui démontre l'assertion.

Bibliographie

[1] G. Bobadilla, R. Rebolledo, E. Saavedra, *Sur la convergence d'intégrales anticipatives*, Sém. Prob. XXVI, LN 1526, 1992, p. 505–513.

[2] D. Nualart, E. Pardoux, *Stochastic Calculus with Anticipating Integrands*, Probability Theory and Related Fields 78 (1988), 80–129.

CORRECTIONS À: "SUR LA CONVERGENCE D'INTÉGRALES ANTICIPATIVES"

GLADYS BOBADILLA, ROLANDO REBOLLEDO ET EUGENIO SAAVEDRA

M. Luca Pratelli a découvert une erreur très sérieuse dans notre note publiée dans le volume XXVI du Séminaire (voir [1] et la note de Pratelli dans ce volume). En effet, si l'on reprend les notations de [1], les conclusions du Théorème 1.1 et des Corollaires 2.1 et 2.2 concernant la convergence *en probabilité* d'une suite d'intégrales stochastiques, sont fausses.

La convergence en probabilité des intégrales de Skorokhod reste un problème ouvert. Ce mode de convergence semble ne pas être adapté à la nature même d'une intégrale anticipative. Cependant il est possible d'étudier ces intégrales avec une topologie différente, la topologie *faible régulière* sur $L^2(\Omega)$ que nous empruntons à Nualart et Rebolledo:

Définition 1. *Une suite de variables aléatoires $(Z^n)_{n\in\mathbb{N}}$ de carré intégrable converge vers $Z \in L^2(\Omega)$ au sens de la topologie faible régulière $w^{1,2}$ si*

$$\lim_{n\to\infty} \mathbb{E}(Z^n F) = \mathbb{E}(ZF),$$

pour toute variable $F \in \mathbb{D}^{1,2}$.

D'après la définition même de l'opérateur intégrale de Skorokhod δ donnée dans [3] il en résulte sa continuité comme une application de *Dom* δ, muni de la toplogie faible $\sigma(L^2(\Omega\times[0,1]), L^2(\Omega\times[0,1]))$ dans $L^2(\Omega)$, muni de la topologie faible regulière. De sorte que le théorème de convergence "à la Lebesgue" concernant l'intégrale de Skorokhod peut être enoncé comme suit:

Théorème 1. *Soit $(u^n)_{n\in\mathbb{N}}$ une suite d'éléments de Dom δ telle que*

(a) *elle soit uniformément intégrable par rapport à la mesure produit $d\mathbb{P}dt$ sur $\Omega\times[0,1]$;*

(b) *u^n converge vers $u \in$ Dom δ en mesure $d\mathbb{P}dt$ sur $\Omega\times[0,1]$,*

alors $\delta(u^n)$ converge vers $\delta(u)$ au sens de la topologie $w^{1,2}$. En outre, la convergence a lieu au sens de la topologie faible $\sigma(L^2(\Omega), L^2(\Omega))$, dès que les intégrales $\delta(u^n)$ sont uniformément bornées dans $L^2(\Omega)$.

Preuve. En effet, il suffit de remarquer que les hypothèses entraînent la convergence faible $\sigma(L^2(\Omega\times[0,1]), L^2(\Omega\times[0,1]))$ de u^n vers u, d'où il en résulte la $w^{1,2}$–convergence des intégrales.

Par ailleurs, si $\sup_n \|\delta(u^n)\|_2 < \infty$, étant donné que l'ensemble des variables aléatoires régulières est dense dans $L^2(\Omega)$, la convergence faible $w^{1,2}$ de la suite $\delta(u^n)$ équivaut à la convergence au sens $\sigma(L^2(\Omega), L^2(\Omega))$. □

Si l'on considère maintenant une suite $u^n(t) = F^n = n^{-1}\sin(nW_1)$ comme fait Pratelli, on pourra remarquer que les intégrales $\delta(u^n)$ vérifient

$$\delta(u^n) = n^{-1}W_1\sin(nW_1) - \cos(nW_1), \tag{1}$$

mais
$$\mathbb{E}(\delta(u^n)G) = \mathbb{E}(\int_0^1 D_sG\, n^{-1}\sin(nW_1)ds) \leq n^{-1}\|G\|_{1,2}, \tag{2}$$
pour toute variable $G \in \mathbb{D}^{1,2}$.

Par conséquent, de (1) on déduit que la suite d'intégrales ne converge pas vers 0 en probabilité, tandis que (2) montre sa convergence vers 0 au sens de $w^{1,2}$, et même au sens $\sigma(L^2(\Omega), L^2(\Omega))$ puisque $\|\delta(u^n)\|_2$ est uniformément bornée. Il s'agit donc d'un exemple élémentaire qui prouve que la convergence en probabilité est strictement plus forte que la convergence faible dans $L^2(\Omega)$.

Malheureusement, il semble que l'on ne puisse espérer mieux de l'intégrale de Skorokhod: la convergence en probabilité est attachée aux semimartingales. A ce sujet, considérons un cas très particulier: celui des processus u, qui sont prévisibles par rapport à une même filtration plus grosse $\mathbb{G}$ satisfaisant en outre:

(a) W est une semimartingale par rapport à $\mathbb{G}$;

(b) l'intégrale de Skorokhod de $u1_{[0,t]}$ existe pour tout $t \in [0,1]$ et admet une décomposition
$$\delta(u1_{[0,t]}) = (u \cdot W)_t - \int_0^t D_s^- u(s)ds, \tag{3}$$
où $u \cdot W$ est l'intégrale stochastique habituelle.

Appellons $\mathcal{U}(\mathbb{G})$ cette classe des processus qui n'est pas vide: elle contient au moins les processus simples de la forme
$$u = F_0 1_0 + \sum_{i=1}^n F_i 1_{]t_i, t_{i+1}]}, \tag{4}$$
où chaque $F_i = f_i(W_{\alpha_1^i}, \cdots, W_{\alpha_k^i}) \in \mathbb{D}^{1,2}$, les fonctions f_i étant de classe C_p^∞. La construction de la filtration $\mathbb{G}$ pour ce type de processus est faite dans [2].

Si l'on applique alors le théorème de convergence dominée de l'intégrale stochastique habituelle (voir par exemple [4], p.145) on obtient immédiatement le résultat suivant, dont nous omettons la preuve.

Théorème 2.

Soit $(u^n)_{n\in\mathbb{N}}$ une suite d'élements de $\mathcal{U}(\mathbb{G})$ telle que les couples $(u^n(s), D_s^- u^n(s))$ soient uniformément bornés et convergent presque sûrement vers $(u(s), D_s^- u(s))$, où $u \in \mathcal{U}(\mathbb{G})$, alors $\delta(u^n 1_{[0,t]})$ converge uniformément en probabilité vers $\delta(u1_{[0,t]})$.

Un cas particulier important du théorème précédent est obtenu lorsque la suite $(u^n(s), D_s^- u^n(s))$ converge presque sûrement vers $(1,0)$: cela donne la convergence en probabilité de la suite d'intégrales vers le processus de Wiener.

De manière analogue, on pourrait traiter l'intégrale de Stratanovich à partir de l'intégrale de Skorokhod. Cependant, les conditions sous lesquelles on peut relier les deux intégrales sont si fortes qu'elles enlèvent tout intérêt à l'étude de la convergence en probabilité. Dans ce cas il est encore plus évident qu'une telle topologie n'est pas adaptée à la nature de l'intégrale.

References

1. G. Bobadilla, R. Rebolledo et E. Saavedra, *Sur la convergence d'intégrales anticipatives*, Sém Prob. XXVI, LN 1526, 1992, 505–513.
2. K.Itô, *Extension of stochastic integral*, Proc. Intern. Symp. SDE, Kyoto, 1976, 95–105.
3. D. Nualart et E. Pardoux, *Stochastic calculus with anticipating integrands*. Prob. Theory and Rel. Fields 78, 1988, 80–129.
4. P. Protter, "Stochastic integration and differential equations:a new approach", Springer, 1990.

Facultad de Matemáticas, Pontificia Universidad Católica de Chile, Casilla 306,Correo 22,Santiago

On conditioning random walks in an exponential family to stay nonnegative

J. Bertoin[1] and R.A. Doney[2]

(1) *Laboratoire de Probabilités (CNRS), Université Paris VI, 4 Place Jussieu, 75252 Paris Cedex 05, France.*

(2) *Statistical Laboratory, Department of Mathematics, University of Manchester, M13 9PL, UK.*

SUMMARY. We show that the probability measures resulting from conditioning different random walks in an exponential family to stay nonnegative coincide with the measures obtained by taking one member of the family and conditioning it both to stay nonnegative and to go to infinity at a prescribed rate. This extends results in [1] where this relation was established for certain special members of an exponential family.

In this note, we present a relation involving conditioning to stay nonnegative for the collection of random walks which arise from an exponential family of step distributions. Let us first introduce some notation concerning the exponential family. Consider $(p(k), k \in \mathbb{Z})$ a probability law on $\mathbb{Z}$ which is not supported by any sub-lattice (the restriction to distributions on integers is only a matter of convenience, the extension to non-lattice distributions is easy). Denote the moment generating function by $M(s) = \sum_k s^k p(k)$, $s > 0$, and define $\alpha = \inf\{s : M(s) < \infty\}$, $\beta = \sup\{s : M(s) < \infty\}$, the end points of the interval where M is finite. As usual, it is convenient to introduce $m(s) = sM'(s)/M(s)$. The mapping $s \to m(s)$ is an increasing bijection from (α, β) to, say, (μ^-, μ^+), and the inverse bijection is denoted by $m \to s(m)$. We will assume throughout the note that $\alpha < \beta$ and $\mu^+ > 0$. The exponential family indexed by $m \in (\mu^-, \mu^+)$ is specified by

$$p^{(m)}(k) = s(m)^k p(k) \tilde{M}(m)^{-1} \ , \ k \in \mathbb{Z}, \tag{1}$$

where $\tilde{M}(m) = M \circ s(m)$. Notice that $m = \sum k p^{(m)}(k)$, so the exponential family is parametrized by the mean.

We consider a probability space Ω, a sequence of random variables $X_1, \cdots, X_i, \cdots$, and the partial sums $S_n = \sum_{i=1}^n X_i$, $n \geq 0$. For every $m \in (\mu^-, \mu^+)$, let P^m be a probability law on Ω under which $X_1, \cdots, X_i, \cdots$ are i.i.d. with common distribution $p^{(m)}$. For simplicity we put $P = P^{m(1)}$, and we write P_x^m for the law of $S + x$ under P^m.

We now review some material on conditioning a random walk to stay nonnegative. Introduce the first passage time below 0,

$$\tau = \min\{n : S_n < 0\} .$$

For $m \in (0 \vee \mu^-, \mu^+)$, the random walk S drifts to $+\infty$ under P^m, that is $P^m(\tau = \infty) > 0$. We denote the conditional law $P^m(\cdot \mid \tau = \infty)$ by $P^{m,+}$. The function

$$h^{(m)}(x) = P_x^m(\tau = \infty) , \ x \in I\!N , \tag{2}$$

is harmonic for S killed at time τ under P^m (see also section 2 in [1] for alternative expressions for $h^{(m)}$), and $P^{m,+}$ corresponds to the Doob's $h^{(m)}$–transform. That is

$$D_i = \begin{cases} h^{(m)}(S_i) & \text{for } i < \tau \\ 0 & \text{for } i \geq \tau \end{cases}$$

is a P^m– martingale, and for any event Λ which depends only on the i first steps of S, we have

$$P^{m,+}(\Lambda) = \frac{1}{h^{(m)}(0)} E^m(D_i, \Lambda) .$$

Finally, S is a Markov chain under $P^{m,+}$, with transition function

$$p^{(m,+)}(x,y) = p^{(m)}(y-x)\, h^{(m)}(y)/h^{(m)}(x) , \ x, y \in I\!N. \tag{3}$$

For the limit case $m = 0$, S oscillates under P^0 and we cannot condition P^0 on $\{\tau = \infty\}$ in the usual way. Nonetheless, Spitzer [7] showed that there exists a unique (up to a multiplicative constant) positive harmonic function $h^{(0)}$ for S killed at time τ under P^0. More precisely, $h^{(0)}$ is the renewal function based on the strict ascending ladder heights process of $-S$ under P^0 and can be identified as the limit of the ratio $P^0_\cdot(\tau > n)/P^0(\tau > n)$ as $n \to \infty$. Then we can consider $P^{0,+}$, the law under which S is a Markov chain with transition function $p^{(0,+)}$ given in (3). Moreover $P^{0,+}$ is the limit (in the sense of weak convergence of finite dimensional distributions) of P^0 conditioned on $\{\tau > n\}$. See section 3 in [1] for details.

When $m(1) < 0$, Keener [4] proved that the conditional law $P(\cdot \mid \tau > n)$ converges as $n \to \infty$ to $P^{0,+}$. When $\mu^- < 0 < m(1)$, it follows from a result of Veraverbeke and Teugels [8] that the conditional law $P(\cdot \mid n < \tau < \infty)$ converges to $P^{0,+}$ again. On the other hand, the authors [1] observed that if there exists $t \in (1, \beta)$ with $M(t) = 1$ (this is essentially Cramer's condition), then $P(\cdot \mid S$ exceeds level n before time $\tau)$ also converges as $n \to \infty$, but towards a different limit, namely $P^{m(t),+}$. It is therefore natural to ask whether for any $m \in (0 \vee \mu^-, \mu^+)$, $P^{m,+}$ can be obtained as the limit of a suitably conditioned version of P. This question also has an interpretation in terms of the space-time Martin boundary which we discuss briefly in the remark at the end of this note.

Since $E^m(X_1) = m$, the law of large numbers implies

$$\lim_{n\to\infty} S_n/n = m , \ P^{m,+}\text{-a.s.}$$

This suggests the following simple solution to our problem.

Theorem. *Let $f(S) = f(S_1, \cdots, S_i)$ be a bounded Borel functional which depends only on a finite number of steps. We have*
(1) *If $m \in (0 \vee m(1), \mu^+)$, then*

$$\lim_{n\to\infty} E(f(S) \mid \tau > n, S_n \geq mn) = E^{m,+}(f(S)) .$$

(2) *If $m(1) > 0$ and $m \in (0 \vee \mu^-, m(1))$, then*

$$\lim_{n\to\infty} E(f(S) \mid \tau > n, S_n \leq mn) = E^{m,+}(f(S)) .$$

This result should be compared with the following relation between P and P^m which derives readily from a classical theorem of large deviation of Petrov [5]. If $f(S)$ is a bounded functional which depends only on a finite number of steps then, for $m \in (m(1), \mu^+)$

$$\lim_{n\to\infty} E(f(S) \mid S_n \geq mn) = E^m(f(S)) ,$$

and for $m \in (\mu^-, m(1))$

$$\lim_{n\to\infty} E(f(S) \mid S_n \leq mn) = E^m(f(S)) .$$

Proof of the Theorem. The first step consists of establishing the following asymptotic estimate. For every $x \in \mathbb{N}$ and $m \in (0 \vee \mu^-, \mu^+)$, we have

$$\lim_{n\to\infty} \sup_k \left| \sqrt{n}\, P_x^m(S_n = mn + k, \tau > n) - h^{(m)}(x) g\left(\frac{k}{\sqrt{n}}\right) \right| = 0 , \qquad (4)$$

where we agree here and thereafter that k varies in the set $\{k \in \mathbb{R} : mn + k \in \mathbb{Z}\}$. In (4), $g(u) = (2\pi c)^{-1/2} \exp(-u^2/2c)$ is the centered Gaussian density with variance c, where c is the variance of $p^{(m)}$, and $h^{(m)}$ is given by (2). Indeed, we have

$$P_x^m(S_n = mn + k, \tau > n) = I_1(n,k) - I_2(n,k) - I_3(n,k) ,$$

with

$$I_1(n,k) = P_x^m(S_n = mn + k) ,$$

$$I_2(n,k) = \sum_{1 \leq i \leq \sqrt{n}} P_x^m(S_n = mn + k, \tau = i) ,$$

$$I_3(n,k) = \sum_{\sqrt{n} < i \leq n} P_x^m(S_n = mn + k, \tau = i) .$$

Applying the local limit theorem of Gnedenko (see e.g. [2] on p. 351), we have

$$\lim_{n\to\infty} \sup_k \left| \sqrt{n}\, I_1(n,k) - g\left(\frac{k}{\sqrt{n}}\right) \right| = 0 .$$

On the other hand, by the Markov property,

$$I_2(n,k) = \sum_{1 \leq i \leq \sqrt{n}} \sum_{-\infty < y < 0} P_x^m(\tau = i, S_i = y)\, P_y^m(S_{n-i} = mn + k)$$

and again by the local limit theorem of Gnedenko,

$$\lim_{n\to\infty} \sup_k \left| \sqrt{n}\, I_2(n,k) - \sum_{1\le i\le\sqrt{n}} \sum_{-\infty<y<0} g\left(\frac{k-y}{\sqrt{n-i}}\right) P_x^m(\tau=i, S_i=y) \right| = 0.$$

Using the inequality

$$\sup_k \sum_{1\le i\le\sqrt{n}} \sum_{-\infty<y<0} P_x^m(\tau=i,S_i=y) \left| g\left(\frac{k-y}{\sqrt{n-i}}\right) - g\left(\frac{k}{\sqrt{n}}\right)\right|$$
$$\le \sum_{1\le i\le\sqrt{n}} \sum_{-\infty<y<0} P_x^m(\tau=i,S_i=y) \sup_k \left| g\left(\frac{k-y}{\sqrt{n-i}}\right) - g\left(\frac{k}{\sqrt{n}}\right)\right|$$

and the dominated convergence theorem, we deduce

$$\lim_{n\to\infty} \sup_k \left| \sqrt{n}\, I_2(n,k) - g\left(\frac{k}{\sqrt{n}}\right) P_x^m(\tau\le\sqrt{n}) \right| = 0\,.$$

Since $P_x^m(\tau\le\sqrt{n})$ converges to $1-h^{(m)}(x)$ [by (2)], we have

$$\lim_{n\to\infty} \sup_k \left| \sqrt{n}\, I_2(n,k) - g\left(\frac{k}{\sqrt{n}}\right) (1-h^{(m)}(x)) \right| = 0\,.$$

Finally, writing j for the integer part of $\sqrt{n}$, we have

$$I_3(n,k) \le P_x^m(\sqrt{n}<\tau<\infty)$$
$$\le \sum_{r=0}^{\infty} P_x^m(S_j=r)\, P_r^m(\tau<\infty)\,.$$

Since $m>0$, we can pick $t\in(0,1)$ such that $E^m(t^{S_1})=a<1$. Then $(t^{S_n}, n\ge 0)$ is a P_r^m-supermartingale and the optional sampling theorem yields $P_r^m(\tau<\infty)\le t^r$. Hence

$$I_3(n,k) \le \sum_{r=0}^{\infty} P_x^m(S_j=r) t^r \le t^{-x}\, a^{\sqrt{n}-1}\,,$$

in particular $\sqrt{n}\, I_3(n,k)$ goes to 0 as $n\to\infty$. The proof of (4) is now complete.

Next we use (1) to rewrite (4) in terms of P_x as

$$\lim_{n\to\infty} \sup_k \Big|\sqrt{n}\, s(m)^{mn+k-x}\, \tilde{M}(m)^{-n}\, P_x(S_n=mn+k, \tau>n)$$
$$- h^{(m)}(x)\, g\left(\frac{k}{\sqrt{n}}\right)\Big| = 0\,. \qquad (5)$$

For $m\in(0\vee m(1),\mu^+)$, $s(m)>1$ and we deduce from (5) that for $i\ge 0$

$$P_x(S_{n-i}\ge mn, \tau>n-i)$$
$$\sim K\, h^{(m)}(x)\, n^{-1/2}\, s(m)^{x-mn}\, \tilde{M}(m)^{i-n} \quad (n\to\infty)\,,$$

for some constant $K > 0$. In turn, this implies

$$\lim_{n\to\infty} \frac{P_x(S_{n-i} \geq mn, \tau > n-i)}{P(S_n \geq mn, \tau > n)} = h^{(m)}(x)\; s(m)^x\; \tilde{M}(m)^{-i}\,. \tag{6}$$

Similarly, if $m(1) > 0$ and $m \in (0 \vee \mu^-, m(1))$, then $s(m) < 1$ and we derive from (5)

$$\lim_{n\to\infty} \frac{P_x(S_{n-i} \leq mn, \tau > n-i)}{P(S_n \leq mn, \tau > n)} = h^{(m)}(x)\; s(m)^x\; \tilde{M}(m)^{-i}\,. \tag{7}$$

Finally, consider $f(S)$, a bounded functional which depends only on the i first steps. With no loss of generality, we may suppose that $0 \leq f(S) \leq 1$. It is plain from (6), the Markov property and Fatou's lemma, that for $m \in (0 \vee m(1), \mu^+)$

$$\begin{aligned}
&\liminf_{n\to\infty} E(f(S) \mid \tau > n, S_n \geq mn)\\
&= \liminf_{n\to\infty} E(f(S) P_{S_i}(\tau > n-i, S_{n-i} \geq mn), \tau > i)/P(\tau > n, S_n \geq mn)\\
&\leq E(f(S)\; s(m)^{S_i}\; \tilde{M}(m)^{-i}\; h^{(m)}(S_i), \tau > i)\\
&= E^m(f(S)\; h^{(m)}(S_i), \tau > i)\\
&= E^{m,+}(f(S)) \;\; \text{(by (3))}.
\end{aligned}$$

Replacing f by $1-f$, we get

$$\begin{aligned}
&\limsup_{n\to\infty} E(f(S) \mid \tau > n, S_n \geq mn)\\
&= 1 - \liminf_{n\to\infty} E((1-f)(S) \mid \tau > n, S_n \geq mn)\\
&\leq 1 - E^{m,+}((1-f)(S))\\
&= E^{m,+}(f(S))\,.
\end{aligned}$$

(The last equality comes from the fact that $P^{m,+}$ is conservative and would be false otherwise).

The second assertion of the Theorem follows from the Markov property and (7) in the same way.

Remark. The estimate (5) is clearly sharper than the Theorem. It can also be used to derive information on the space-time exit Martin boundary of S killed at time τ under P, see Doob [3] and Revuz [6]. In particular, it entails that for $m \in (0 \vee \mu^-, \mu^+)$, the function

$$k^{(m)}(x,i) = h^{(m)}(x)\; s(m)^x\; \tilde{M}(m)^{-i} \quad (x, i \in \mathbb{N})$$

can be identified as the limit

$$\lim_{n\to\infty} \frac{P_x(S_{n-i} = mn + k, \tau > n-i)}{P(S_n = mn + k, \tau > n)}$$

where k is any fixed integer, and hence it is a *minimal* point of the boundary. However, the estimate (5) does not seem to yield the complete characterization of the space-time Martin boundary. Technically, our approach via Gnedenko's local limit theorem allows us to determine the asymptotic behaviour of the ratio

$$\frac{P_x(S_{n-i} = a(n), \tau > n - i)}{P(S_n = a(n), \tau > n)}$$

when the sequence $a(n)$ is such that $a(n) = mn + O(\sqrt{n})$ for some $m \in (0 \vee \mu^-, \mu^+)$, but not otherwise.

Acknowledgement. We should like to thank W.S. Kendall for raising the question that motivated this note.

References

[1] Bertoin, J. and Doney, R.A.: On conditioning a random walk to stay nonnegative, *Ann. Probab.* (to appear).

[2] Bingham, N.H., Goldie, C.M., and Teugels, J.L.: *Regular Variation.* Cambridge University Press 1987, Cambridge.

[3] Doob, J.L.: Discrete potential theory and boundaries, *J. Math. Mecha.* 8 (1959), 433-458.

[4] Keener, R.W.: Limit theorems for random walks conditioned to stay positive, *Ann. Probab.* 20 (1992), 801-824.

[5] Petrov, V.V.: On the probability of large deviations for sums of independent random variables, *Theory Probab. Appl.* 10 (1965), 287-97.

[6] Revuz, D.: *Markov Chains.* North Holland 1975, Amsterdam.

[7] Spitzer, F.:*Principles of Random Walks.* Van Nostrand 1964, Princeton.

[8] Veraverbeke, N. and Teugels, J.L.: The exponential rate of convergence of the maximum of a random walk, *J. Appl. Prob.* 12 (1975), 279-288.

Liminf behaviours of the windings and Lévy's stochastic areas of planar Brownian motion

Z. Shi

L.S.T.A. - CNRS URA 1321, Université Paris VI,
Tour 45-55, 3e étage, 4 Place Jussieu, 75252 Paris Cedex 05, France

1. Introduction

Let $\{X(t)+iY(t); t \geq 0\}$ be a planar Brownian motion (two-dimensional Wiener process), starting at a point z_0 away from 0. Since it almost surely never hits 0, there exists a continuous determination of $\theta(t)$, the total angle wound by the Brownian motion around 0 up to time t. Spitzer (1958) showed the weak convergence of θ:

$$\frac{2}{\log t}\theta(t) \xrightarrow{(d)} \mathcal{C}, \tag{1.1}$$

where $\mathcal{C}$ is a random variable having a symmetric Cauchy distribution of parameter 1. The last twenty years or so have seen rather spectacular developments on the asymptotic law of winding numbers of Brownian motion. See for example Williams (1974), Durrett (1982), Messulam & Yor (1982), Lyons & McKean (1984), Pitman & Yor (1986 & 1989), and the book of Yor (1992, Chapters 5 & 7) for a detailed survey and up-to-date references. Recently Bertoin & Werner (1994a) were interested in the *almost sure* asymptotic behaviour of θ. By making use of an exact distribution for θ given in Spitzer (1958) and by studying level crossings of the radial part of the Brownian motion, they proved the following

THEOREM A (Bertoin & Werner 1994a). *For every non-decreasing function $f > 0$,*

$$\limsup_{t\to\infty} \frac{\theta(t)}{f(t)\log t} = \begin{cases} 0 \\ \\ \infty \end{cases}, \text{ a.s.} \iff \int^{\infty} \frac{dt}{tf(t)\log t} \begin{cases} < \infty \\ \\ = \infty \end{cases}.$$

So, in particular, $\limsup_{t\to\infty}(\log t)^{-1}(\log\log t)^{-a}\theta(t)$ is equal to 0 when $a > 1$, and to ∞ otherwise. See also Franchi (1993) and Gruet & Mountford (1993) for Brownian motion valued in a compact space.

To provide further insight on the path properties of θ, it is of interest to investigate its liminf behaviour as well. Thanks to the Brownian scaling and rotational invariance properties, we only need to treat the case when $z_0 = 1$. Let $\theta^*(t) = \sup_{0\leq u\leq t}|\theta(u)|$ for $t \geq 0$. In Section 2, we present a liminf integral test for θ which states as follows:

THEOREM 1. *Let $f > 0$ be a non-increasing function such that $f(t)\log t$ is non-decreasing, then*

$$\mathbb{P}\Big[\ \theta^*(t) < f(t)\log t \ \text{ i.o.}\ \Big] = 0 \quad or \quad 1, \quad \text{a.s.}$$

according as

$$(1.2) \qquad \int^{\infty} \frac{dt}{t\, f(t) \log t} \exp\big(-\frac{\pi}{4f(t)}\big)$$

converges or diverges. Here, "i.o." stands for "infinitely often" as t tends to ∞.

An immediate consequence of the above theorem is:

COROLLARY 1. *We have*

$$(1.3) \qquad \liminf_{t\to\infty} \frac{\log\log\log t}{\log t}\theta^*(t) = \frac{\pi}{4}, \qquad \text{a.s.}$$

The triple logarithm figuring in (1.3) is of no surprise. Indeed, as Spitzer's result (1.1) suggests, the right clock for θ is rather $\log t$ than the usual time t. Corollary 1 is thus a version of Chung's celebrated liminf law of the iterated logarithm (LIL).

Another interesting Brownian functional, which bears some relation with the winding number θ, is Paul Lévy's stochastic area σ defined as the stochastic integral

$$(1.4) \qquad \sigma(t) = \int_0^t X_u dY_u - Y_u dX_u, \quad t \geq 0.$$

(Strictly speaking, σ is twice the stochastic area of Brownian motion studied by Lévy (1951), who obtained the exact distribution for each random variable $\sigma(t)$, by exploiting the series representation of Brownian motion with respect to a complete orthonormal system.) The following LIL was due to Berthuet (1981):

THEOREM B (Berthuet 1981). *We have, almost surely,*

$$\limsup_{t\to\infty} \frac{\sigma(t)}{t\log\log t} = \frac{2}{\pi}.$$

See also Baldi (1986), Helmes (1985 & 1986), and Berthuet (1986). Let $\sigma^*(t) = \sup_{0\leq u\leq t} |\sigma(u)|$. Our main result concerning the liminf behaviour of σ is the following integral test:

THEOREM 2. *Let $g > 0$ be a non-increasing function such that $tg(t)$ is non-decreasing, then*

$$\mathbb{P}\Big[\, \sigma^*(t) < tg(t), \text{ i.o.} \,\Big] = \begin{cases} 0 \\ 1 \end{cases} \iff \int^{\infty} \frac{dt}{tg(t)} e^{-\pi/2g(t)} \begin{cases} < \infty \\ = \infty \end{cases}$$

COROLLARY 2. *The following Chung-type LIL holds:*

$$\liminf_{t\to\infty} \frac{\log\log t}{t} \sigma^*(t) = \frac{\pi}{2}, \quad \text{a.s.}$$

The plan of the rest of this paper is as follows. In Section 2, we focus on the windings and present a proof of Theorem 1. Lévy's stochastic area is studied in Section 3, where Theorem 2 is to be shown. In section 4, we are interested in, and obtain Chung's LIL for, the ranges of θ and σ. Throughout the paper, we will not distinguish $\xi(t)$ from ξ_t for any stochastic process ξ.

2. Brownian windings

Let us keep the notation previously introduced. In this section, the planar Brownian motion $Z = X + iY$ is assumed to start from 1. Let R be the radial part of Z, i.e. $R^2 = X^2 + Y^2$ and let $H(t) = \int_0^t R_u^{-2} du$. The well-known skew-product representation for two-dimensional Brownian motion goes back at least to Itô-McKean (1974) p.270:

(2.1) $\qquad \theta(t) = \beta(H_t)$, with β a linear Brownian motion *independent* of R.

The following simple preliminary result is needed which will be applied for both θ and σ later on:

LEMMA 1. *Let W be a standard Brownian motion, and D a positive non-decreasing continuous process independent of W. Let $W^*(D_t) = \sup_{0\le u\le t} |W(D_u)|$, then for all $0 \le s \le t$ and $0 < x \le y$,*

$$\text{(2.2)} \qquad \frac{8}{3\pi}\mathbb{E}\exp\Big[-\frac{\pi^2}{8x^2}D_t\Big] \le \mathbb{P}\big[\, W^*(D_t) < x\big] \le \frac{4}{\pi}\mathbb{E}\exp\Big[-\frac{\pi^2}{8x^2}D_t\Big];$$

$$\text{(2.3)} \qquad \mathbb{P}\big[\, W^*(D_s) < x,\, W^*(D_t) < y\big] \le \frac{16}{\pi^2}\mathbb{E}\exp\Big[-\frac{\pi^2}{8x^2}D_s - \frac{\pi^2}{8y^2}(D_t - D_s)\Big].$$

Proof of Lemma 1. By conditioning on $\{D_u;\, u \ge 0\}$ and using the Brownian scaling property, (2.2) is trivially deduced from the well-known distribution of Brownian motion under the sup-norm (see Chung (1948) p.221). Since W has independent and stationary increments, the probability on the LHS of (2.3) is equal to

$$\mathbb{E}\Big\{ \mathbb{1}_{\{W^*(D_s)<x\}} \mathbb{P}\Big[\sup_{0\le u\le D_t-D_s} |W(u)+a| < y \,|\, D\Big] \Big|_{a=W(D_s)} \Big\}.$$

Using a general property of Gaussian measures (see for example Ledoux & Talagrand (1991) p.73), the above expression is smaller than $\mathbb{P}\big[\, W^*(D_s) < x \,\big] \mathbb{P}\big[\, W^*(D_t - D_s) < y \,\big]$. Now (2.3) follows using the second part of (2.2). □

The next lemma concerns the Laplace transform of the clock H:

LEMMA 2. *For all $\mu \ge \nu > 0$, $s > 0$ and $t > 0$, we have*

$$\mathbb{E}\exp\Big[-\frac{\mu^2}{2}H_t\Big] \le 2\, t^{-\mu/2}, \tag{2.4}$$

$$\mathbb{E}\exp\Big[-\frac{\mu^2}{2}H_t - \frac{\nu^2}{2}(H_{t+s}-H_t)\Big] \le 4s^{-\nu/2}t^{-(\mu-\nu)/2}. \tag{2.5}$$

If moreover, $0 \le \mu \le 1$, then

$$\mathbb{E}\exp\Big[-\frac{\mu^2}{2}H_t\Big] \ge \frac{1}{3}t^{-\mu/2}e^{-1/2t}. \tag{2.6}$$

Proof of Lemma 2. Let us recall that the Gamma function is decreasing on $[1, x_0]$ and increasing on $[x_0, \infty)$, with $1 < x_0 < 2$ and $\Gamma(x_0) \approx 0.886$ (see Abramowitz & Stegun (1965) pp.258-259). Thus $\Gamma(1+x) \le 2\Gamma(1+y)$ for $y \ge x \ge 0$, and $\Gamma(1+\mu/2)/2^{\mu/2}\Gamma(1+\mu) \ge 1/3$ for $0 \le \mu \le 1$. According to (6.20), (6.21) and (6.25) of Yor (1992),

$$\mathbb{E}\exp\Big[-\frac{\mu^2}{2}H_t\Big] = \frac{1}{(2t)^{\mu/2}\Gamma(\mu/2)}\int_0^1 e^{-z/2t}z^{\mu/2-1}(1-z)^{\mu/2}dz.$$

Since $e^{-1/2t} \le e^{-z/2t} \le 1$ for all $0 \le z \le 1$, we have

$$\frac{e^{-1/2t}\Gamma(1+\mu/2)}{(2t)^{\mu/2}\Gamma(1+\mu)} \le \mathbb{E}\exp\Big[-\frac{\mu^2}{2}H_t\Big] \le \frac{\Gamma(1+\mu/2)}{t^{\mu/2}\Gamma(1+\mu)},$$

which yields (2.4) and (2.6). Now let $\mu \ge \nu > 0$. It follows from the scaling property of R and (2.4) that

$$\mathbb{E}\Big[\exp\Big(-\frac{\nu^2}{2}(H_{t+s}-H_t)\Big) \,\Big|\, R_t = r\Big] = \mathbb{E}\exp\Big[-\frac{\nu^2}{2}H(sr^{-2})\Big] \le 2r^{\nu}s^{-\nu/2}.$$

Hence,

$$\mathbb{E}\exp\left[-\frac{\mu^2}{2}H_t - \frac{\nu^2}{2}(H_{t+s} - H_t)\right] \leq 2s^{-\nu/2}\mathbb{E}\left[R_t^\nu \exp\left(-\frac{\mu^2}{2}H_t\right)\right]$$
$$= \frac{2s^{-\nu/2}}{(2t)^{(\mu-\nu)/2}\Gamma((\mu-\nu)/2)} \int_0^1 e^{-z/2t} z^{(\mu-\nu)/2-1}(1-z)^{(\mu+\nu)/2} dz,$$

using again (6.20), (6.21) and (6.25) of Yor (1992). The above expression is obviously

$$\leq \frac{2s^{-\nu/2}}{(2t)^{(\mu-\nu)/2}} \frac{\Gamma(1+(\mu+\nu)/2)}{\Gamma(1+\mu)} \leq 4s^{-\nu/2} t^{-(\mu-\nu)/2},$$

as desired. □

Let us turn to the proof of Theorem 1. Suppose that f satisfies the condition in Theorem 1. Pick a t_0 sufficiently large and define a sequence $\{t_i\}_{i\geq 0}$ by

(2.7) $$\log t_{i+1} = (1 + f(t_i)) \log t_i, \quad i \geq 0.$$

Since f is positive, it is easily seen that t_n tends to infinity as $n \to \infty$. Put $f_i = f(t_i)$ for all $i \geq 0$. In the rest of this paper, unimportant finite positive constants are denoted by K, K_0, K_1, K_2, $\cdots$ whose value depend only on f_0 and may vary from line to line.

LEMMA 3. *The series*

$$\int^\infty \frac{dt}{tf(t)\log t} \exp\left(-\frac{\pi}{4f(t)}\right) \quad \text{and} \quad \sum_i \exp\left(-\frac{\pi}{4f_i}\right)$$

converge and diverge simultaneously.

Proof of Lemma 3. Since $f(t)\log t$ is non-decreasing, we have

(2.8) $$\frac{f_i}{f_{i+1}} \leq \frac{\log t_{i+1}}{\log t_i} = 1 + f_i,$$

which is bounded. Therefore,

$$\int^\infty \frac{dt}{tf(t)\log t} \exp\left(-\frac{\pi}{4f(t)}\right) = \sum_i \int_{t_i}^{t_{i+1}} \frac{dt}{tf(t)\log t} \exp\left(-\frac{\pi}{4f(t)}\right)$$
$$\leq \sum_i \frac{1}{f_{i+1}} \exp\left(-\frac{\pi}{4f_i}\right) \log\left(\frac{\log t_{i+1}}{\log t_i}\right)$$
$$\leq K \sum_i \frac{1}{f_i} \exp\left(-\frac{\pi}{4f_i}\right) \log(1 + f_i)$$
$$\leq K \sum_i \exp\left(-\frac{\pi}{4f_i}\right),$$

using (2.7) and (2.8). On the other hand, we have, by (2.7),

$$\int^{\infty} \frac{dt}{tf(t)\log t} \exp(-\frac{\pi}{4f(t)})dt \geq \sum_i \frac{1}{f_i} \exp(-\frac{\pi}{4f_{i+1}}) \log(1+f_i).$$

Since $\log(1+f_i)/f_i \geq K^{-1}$ by boundedness of f, the proof of Lemma 3 is completed. □

Proof of Theorem 1. We begin with the convergent part. Suppose that the integral (1.2) converges, which, by Lemma 3, means that $\sum_i e^{-\pi/4f_i} < \infty$. Put $A_i = \{\theta^*(t_i) < f_{i+1}\log t_{i+1}\}$. Since H is continuous and increasing, it follows from (2.2) and (2.4) that

$$\mathbb{P}(A_i) \leq \frac{4}{\pi}\mathbb{E}\exp\Big[-\frac{\pi^2 H(t_i)}{8f_{i+1}^2(\log t_{i+1})^2}\Big] \leq \frac{8}{\pi}\exp\Big(-\frac{\pi\log t_i}{4f_{i+1}\log t_{i+1}}\Big).$$

By (2.7), $\log t_{i+1}/\log t_i = 1+f_i$. Thus

$$\begin{aligned}\mathbb{P}(A_i) &\leq \frac{8}{\pi}\exp\Big(-\frac{\pi}{4f_{i+1}(1+f_i)}\Big) = \frac{8}{\pi}\exp\Big(-\frac{\pi}{4f_{i+1}} + \frac{\pi}{4}\frac{f_i}{f_{i+1}(1+f_i)}\Big)\\ &\leq K\exp\Big(-\frac{\pi}{4f_{i+1}}\Big),\end{aligned}$$

using (2.8). An application of Borel-Cantelli lemma together with a monotonicity argument yield then the convergent part of Theorem 1. Now suppose that $\sum_i e^{-\pi/4f_i} = \infty$. In view of (1.3), we assume without loss of generality that

$$\frac{1}{2\log\log\log t} \leq f(t) \leq \frac{1}{\log\log\log t}. \tag{2.9}$$

(For rigorous justification, we refer to Lemmas a and d of Lipschutz (1956)). Several lines of elementary calculation using (2.7) and (2.9) imply that

$$\exp(\frac{i}{3\log i}) \leq \log t_i \leq \exp(\frac{2i}{\log i}), \tag{2.10}$$

$$\exp(-\frac{\pi}{4f_i}) \leq (\frac{3\log i}{i})^{\pi/4}. \tag{2.11}$$

Let $B_i = \{\theta^*(t_i) < f_i \log t_i\}$. By (2.2) and (2.6), we have

$$\begin{aligned}\mathbb{P}(B_i) &\geq \frac{8}{3\pi}\mathbb{E}\exp\Big[-\frac{\pi^2 H(t_i)}{8f_i^2(\log t_i)^2}\Big]\\ &\geq \frac{8}{9\pi}\exp\Big(-\frac{\pi}{4f_i}\Big),\end{aligned} \tag{2.12}$$

which implies that $\sum_i \mathbb{P}(B_i) = \infty$. Now consider $\mathbb{P}(B_i B_j)$ for $j > i$. First of all, let us notice that, according to our construction (2.7) of $\{t_i, i \geq 0\}$,

$$\frac{\log t_i}{\log t_j} \leq (1 + f_j)^{-(j-i)}. \tag{2.13}$$

By (2.3) and (2.5), we have

$$\begin{aligned}
\mathbb{P}(B_i B_j) &\leq \frac{16}{\pi^2} \mathbb{E} \exp\Big(-\frac{\pi^2 H(t_i)}{8 f_i^2 (\log t_i)^2} - \frac{\pi^2 (H(t_j) - H(t_i))}{8 f_j^2 (\log t_j)^2} \Big) \\
&\leq \frac{64}{\pi^2} \exp\Big(-\frac{\pi \log(t_j - t_i)}{4 f_j \log t_j} - \frac{\pi}{4 f_i} + \frac{\pi \log t_i}{4 f_j \log t_j} \Big) \\
&= \frac{64}{\pi^2} e^{-\pi/4f_i} \exp\Big(-\frac{\pi \log(t_j/t_i - 1)}{4 f_j \log t_j} \Big).
\end{aligned} \tag{2.14}$$

Let $\delta > 0$ whose value will be precised in (2.16) below, and let n_0 be sufficiently large. Put for all $n > n_0$

$$\begin{aligned}
\Omega_1 &= \{ n_0 \leq i < j \leq n : \ j - i < 1/f_j \}; \\
\Omega_2 &= \{ n_0 \leq i < j \leq n : \ 1/f_j \leq j - i < i^\delta \}; \\
\Omega_3 &= \{ n_0 \leq i < j \leq n : \ j - i \geq i^\delta \}.
\end{aligned}$$

If $(i,j) \in \Omega_1$, then

$$\log\big(\frac{t_j}{t_i}\big) = \big(1 - \frac{\log t_i}{\log t_j}\big) \log t_j \geq \Big(1 - (1 + f_j)^{-(j-i)}\Big) \log t_j \geq \frac{j-i}{2} f_j \log t_j,$$

using (2.13) and the inequality $1 - (1+x)^{-a} \geq xa/2$ ($\forall 0 \leq x \leq 1/a \leq 1$). Since $f_j \log t_j$ is large (by (2.9)), we have $\log(t_j/t_i - 1) \geq \frac{1}{3}(j-i) f_j \log t_j$, which, with the aid of (2.14), implies that

$$\mathbb{P}(B_i B_j) \leq \frac{64}{\pi^2} e^{-\pi/4f_i} e^{-\pi(j-i)/12}.$$

Applying (2.12) gives that

$$\sum\sum_{(i,j)\in\Omega_1} \mathbb{P}(B_i B_j) \leq K_1 \sum_{i=1}^{n} \mathbb{P}(B_i). \tag{2.15}$$

By (2.13), there exists $0 < \delta < 1/3$ (depending on the value of f_0) such that for all $(i,j) \in \Omega_2$,

$$\frac{\log t_i}{\log t_j} \leq (1 + f_j)^{-1/f_j} \leq 1 - 3\delta. \tag{2.16}$$

Thus $\log(t_j/t_i - 1) \ge \log(t_j^{3\delta} - 1) \ge 2\delta \log t_j$. By (2.14), this yields the following estimate:

$$\mathbb{P}(B_iB_j) \le Ke^{-\pi/2f_i} \exp\Big(-\frac{\delta\pi}{2f_j}\Big).$$

Thus

$$\sum\sum\nolimits_{(i,j)\in\Omega_2} \mathbb{P}(B_iB_j) \le K\sum_{i=1}^{n} \mathbb{P}(B_i) \sum_{i<j<i+i^\delta} \big(e^{-\pi/4f_j}\big)^{2\delta}.$$

By (2.11),

$$\sum_{i<j<i+i^\delta} \big(e^{-\pi/4f_j}\big)^{2\delta} \le \sum_{i<j<i+i^\delta} \Big(\frac{3\log j}{j}\Big)^{\pi\delta/2} \le i^\delta (3\log(i+i^\delta))^{\pi\delta/2} i^{-\pi\delta/2} \le K_0,$$

which readily yields the desired inequality

$$\sum\sum\nolimits_{(i,j)\in\Omega_2} \mathbb{P}(B_iB_j) \le K_2 \sum_{i=1}^{n} \mathbb{P}(B_i). \tag{2.17}$$

Now, let $(i,j) \in \Omega_3$. In this case, $j - (\log j)^2 \ge i + i^\delta - (\log(i+i^\delta))^2 > i$, which implies that $j - i \ge (\log j)^2$. But from (2.9) and (2.10) it follows that $f_j \ge (\log j)^{-2}$. So $j - i \ge f_j^{-2}$. Using (2.13), this implies that

$$\frac{\log t_i}{f_j \log t_j} \le \frac{1}{f_j}(1+f_j)^{-(j-i)} \le \frac{1}{f_j}\exp\big(-f_j^{-2}\log(1+f_j)\big) \le K.$$

Moreover,

$$\frac{t_i}{t_j} \le \frac{\log t_i}{\log t_j} \le \exp\big(-f_j^{-2}\log(1+f_j)\big) \le 1 - 1/K_0,$$

for some $K_0 > 1$. Thus

$$-\frac{\log(1-t_i/t_j)}{f_j \log t_j} \le \frac{\log K_0}{f_j \log t_j} \le K.$$

By writing

$$-\frac{\pi\log(t_j/t_i - 1)}{4f_j\log t_j} = -\frac{\pi}{4f_j} - \frac{\pi\log(1-t_i/t_j)}{4f_j\log t_j} + \frac{\pi\log t_i}{4f_j\log t_j} \le -\frac{\pi}{4f_j} + \frac{\pi K}{2},$$

we have, by (2.14),

$$\mathbb{P}(B_iB_j) \le K_0 e^{-\pi/4f_i - \pi/4f_j},$$

which in turn implies that

$$\sum\sum_{(i,j)\in\Omega_3}\mathbb{P}(B_iB_j)\le K_3\Big(\sum_{i=1}^{n}\mathbb{P}(B_i)\Big)^2. \tag{2.18}$$

Finally, assembling (2.15), (2.17) and (2.18) gives that

$$\sum_{i=1}^{n}\sum_{j=1}^{n}\mathbb{P}(B_iB_j)\le K\Big(\sum_{i=1}^{n}\mathbb{P}(B_i)\Big)^2.$$

According to Kochen & Stone (1964)'s version of Borel-Cantelli lemma, this together with $\sum_i \mathbb{P}(B_i)=\infty$ yield that

$$\mathbb{P}\Big[\,\theta^*(t)<f(t)\log t\ \text{ i.o.}\,\Big]\ge K^{-1}.$$

It is easy to deduce from the Blumenthal's 0-1 law by time inversion that the above probability equals to 1, which proves the divergent part of Theorem 1. □

3. Lévy's stochastic area

Before studying Lévy's stochastic area process of Brownian motion, we first of all establish a simple preliminary result.

LEMMA 4. *If W is a standard Brownian motion, then for all positive numbers s, t, μ and ν,*

$$\mathbb{E}\exp\Big[-\frac{\mu^2}{2}\int_0^t W_u^2du-\frac{\nu^2}{2}\int_t^{t+s}W_u^2du\Big]$$
$$=\Big[\sinh\mu t\cosh\nu s\big(\coth\mu t+\frac{\nu}{\mu}\tanh\nu s\big)\Big]^{-1/2}. \tag{3.1}$$

Proof of Lemma 4. Let us recall two results on the Laplace transform of quadratic functionals of Brownian motion. The first (3.2) is due to Lévy (1951), and the second (3.3) can be found in Pitman & Yor (1982) p.432.

$$\mathbb{E}\Big[\exp\Big(-\frac{\alpha^2}{2}\int_0^1 W_u^2du\Big)\,\Big|\,W_1=x\Big]=\Big(\frac{\alpha}{\sinh\alpha}\Big)^{1/2}\exp\big[-\frac{x^2}{2}(\alpha\coth\alpha-1)\big], \tag{3.2}$$

$$\mathbb{E}\exp\Big[-\frac{\alpha^2}{2}\int_0^1(W_u+x)^2du\Big]=(\cosh\alpha)^{-1/2}\exp\big(-\frac{x^2}{2}\alpha\tanh\alpha\big). \tag{3.3}$$

Let p denote the term on the LHS of (3.1). By scaling and Markov properties,

$$p=\mathbb{E}\exp\Big[-\frac{\mu^2t^2}{2}\int_0^1 W_u^2du-\frac{\nu^2t^2}{2}\int_1^{1+s/t}W_u^2du\Big]$$
$$=\mathbb{E}\Big\{\mathbb{E}\Big[\exp\Big(-\frac{\mu^2t^2}{2}\int_0^1W_u^2du\Big)\,\Big|\,W_1\Big]\,\mathbb{E}\Big[\exp\Big(-\frac{\nu^2t^2}{2}\int_0^{s/t}(W_u+x)^2du\Big)\Big]_{x=W_1}\Big\}.$$

With the aid of (3.3) and the Brownian scaling property,

$$\mathbb{E}\exp\Big(-\frac{\nu^2t^2}{2}\int_0^{s/t}(W_u+x)^2du\Big)=(\cosh\nu s)^{-1/2}\exp\Big[-\frac{x^2}{2}\nu t\tanh\mu s\Big].$$

Therefore, by (3.2),

$$\begin{aligned}p&=\Big(\frac{\mu t}{\sinh\mu t\cosh\nu s}\Big)^{1/2}\mathbb{E}\exp\Big[-\frac{W_1^2}{2}(\mu t\coth\mu t-1)-\frac{W_1^2}{2}\nu t\tanh\mu s\Big]\\&=\Big(\frac{\mu t}{\sinh\mu t\cosh\nu s\,[\mu t\coth\mu t+\nu t\tanh\mu s]}\Big)^{1/2},\end{aligned}$$

as desired. □

Remark. One can obtain (3.1) directly by solving the associated Sturm-Liouville equation.

Let σ be Lévy's stochastic area defined by (1.4), and $R^2=X^2+Y^2$ as before. In this section, we assume without loss of generality that the planar Brownian motion Z starts from 0. Since it never returns to the origin (i.e. R does not vanish at any positive time), it follows from Itô's formula that

$$d(R_t^2)=2R_td\eta_t+2dt,\quad R_0=0, \tag{3.4}$$

where $\eta_t\equiv\int_0^t(X_udX_u+Y_udY_u)/R_u$ is, according to the celebrated Lévy's characterization, a linear Brownian motion. Let $C_t\equiv\int_0^tR_u^2du$ be the quadratic-variation process of σ. The martingales σ and η being obviously orthogonal, it follows from Knight's theorem (see for example Rogers & Williams (1987) Theorem IV.34.16) that there is a Brownian motion ξ, independent of η, such that

$$\sigma_t=\xi(C_t). \tag{3.5}$$

By Yamada-Watanabe theorem (see Rogers & Williams (1987) Theorem V.40.1), the Bessel process R, determined by equation (3.4), is adapted to the (augmented) filtration generated by η. Consequently, ξ is *independent* of R.

Since $\sinh\mu t\,(\coth\mu t+\nu\mu^{-1}\tanh\nu s)\ge\cosh\mu t$ and $e^x/2\le\cosh x\le e^x$ (for $x\ge0$), we deduce immediately from Lemma 4 the following estimates for the Laplace transform of the clock C for all positive numbers s, t, μ and ν:

$$e^{-\mu t}\le\mathbb{E}\exp\Big[-\frac{\mu^2}{2}C_t\Big]\le2e^{-\mu t}; \tag{3.6}$$

$$\mathbb{E}\exp\Big[-\frac{\mu^2}{2}C_t-\frac{\nu^2}{2}(C_{t+s}-C_t)\Big]\le4e^{-\mu t-\nu s}. \tag{3.7}$$

Proof of Theorem 2. It is very similar to (and easier than) that of Theorem 1 presented in the previous section. So we only state some key steps and omit the details. First of all, choose a sequence $\{t_i;\ i \geq 0\}$ by $t_{i+1} = (1 + g(t_i))t_i$ $(i \geq 0$, with a sufficiently large initial value $t_0)$. As for the windings, we write $g_i = g(t_i)$ for notational simplification. Then in the spirit of Lemma 3, it is seen that the series

$$\int^{\infty} \frac{dt}{tg(t)} \exp\left(-\frac{\pi}{2g(t)}\right) \quad \text{and} \quad \sum_i \exp\left(-\frac{\pi}{2g_i}\right)$$

converge and diverge simultaneously. Let $A_i = \{\sigma^*(t_i) < t_{i+1}g_{i+1}\}$. It follows from (2.2) and the second part of (3.6) that

$$\mathbb{P}(A_i) \leq K \exp\left(-\frac{\pi}{2g_{i+1}}\right).$$

Using Borel-Cantelli lemma and a monotonicity argument, this implies the convergent part of Theorem 2. Now suppose that $\sum_i e^{-\pi/2g_i} = \infty$. Let $B_i = \{\sigma^*(t_i) < t_i g_i\}$. Thanks to (2.2) and the first part of (3.6), we get that

$$\mathbb{P}(B_i) \geq K_1 \exp\left(-\frac{\pi}{2g_i}\right),$$

while by making use of (2.3) and (3.7) we obtain:

$$\mathbb{P}(B_i B_j) \leq K_2 e^{-\pi/2g_i} \exp\left(-\frac{\pi}{2g_j} + \frac{\pi t_i}{2g_i t_j}\right),$$

from which it follows that

$$\sum_{i=1}^{n}\sum_{j=1}^{n} \mathbb{P}(B_i B_j) \leq K\left(\sum_{i=1}^{n} \mathbb{P}(B_i)\right)^2.$$

This yields the divergent part of Theorem 2 using Kochen & Stone's version of Borel-Cantelli lemma. □

4. The ranges

In this section, we present a Chung-type LIL concerning the ranges of θ and σ instead of their suprema.

THEOREM 3. *Let θ and σ be defined as in Section 1. Then*

$$\liminf_{t\to\infty} \frac{\log\log\log t}{\log t}\left(\sup_{0\leq u\leq t} \theta(u) - \inf_{0\leq u\leq t} \theta(u)\right) = \frac{\pi}{2}, \quad a.s. \tag{4.1}$$

$$\liminf_{t\to\infty} \frac{\log\log t}{t}\left(\sup_{0\leq u\leq t} \sigma(u) - \inf_{0\leq u\leq t} \sigma(u)\right) = \pi, \quad a.s. \tag{4.2}$$

LEMMA 5. *Suppose that W is a linear Brownian motion starting from 0, then for every $\delta > 0$ there exists a finite constant $K_\delta > 0$ depending only on δ such that for all $\lambda > 0$,*

$$\text{(4.3)} \qquad \mathbb{P}\Big[\sup_{0\le u\le 1} W(u) - \inf_{0\le u\le 1} W(u) < \lambda\Big] \le K_\delta \exp\Big(-\frac{(1-\delta)\pi^2}{2\lambda^2}\Big).$$

Proof of Lemma 5. Let q be the probability on the LHS of (4.3). Feller (1951) calculated the exact law of the range of Brownian motion:

$$q = \Big(\frac{2}{\pi}\Big)^{1/2} \int_0^\lambda L'\Big(\frac{x}{2}\Big)\frac{dx}{x} = \Big(\frac{2}{\pi}\Big)^{1/2} \int_0^{\lambda/2} L'(x)\frac{dx}{x},$$

where

$$L(x) = \frac{(2\pi)^{1/2}}{x} \sum_{k=0}^{\infty} \exp\Big(-\frac{(2k+1)^2\pi^2}{8x^2}\Big),$$

is the distribution function of the sup-norm of a standard Brownian bridge. By integration by parts, we obtain:

$$\begin{aligned} q &\le 2\int_0^{\lambda/2} \frac{1}{x^2}\frac{d}{dx}\Big(\sum_{k=0}^{\infty} \exp\big(-\frac{(2k+1)^2\pi^2}{8x^2}\big)\Big) \\ &= \frac{8}{\lambda^2}\sum_{k=0}^{\infty} \exp\Big(-\frac{(2k+1)^2\pi^2}{2\lambda^2}\Big) + \frac{16}{\pi^2}\sum_{k=0}^{\infty} \frac{1}{(2k+1)^2} \exp\Big(-\frac{(2k+1)^2\pi^2}{2\lambda^2}\Big). \end{aligned}$$

The first infinite series on the RHS in the above inequality is obviously bounded above by $\sum_{k=0}^{\infty} \exp(-(2k+1)\pi^2/2\lambda^2) = (1-e^{-\pi^2/\lambda^2})^{-1}\exp(-\pi^2/2\lambda^2)$, and the second by $\sum_{k=0}^{\infty}(2k+1)^{-2}\exp(-\pi^2/2\lambda^2) = (\pi^2/8)\exp(-\pi^2/2\lambda^2)$. Therefore,

$$q \le \frac{8}{\lambda^2(1-e^{-\pi^2/\lambda^2})}\exp\big(-\frac{\pi^2}{2\lambda^2}\big) + 2\exp\big(-\frac{\pi^2}{2\lambda^2}\big).$$

Thus, to prove Lemma 5 is reduced to showing the existence of a positive finite constant $\tilde{K}_\delta$ such that

$$\text{(4.4)} \qquad \lambda^2(1-e^{-\pi^2/\lambda^2}) \ge \tilde{K}_\delta \exp\big(-\frac{\delta\pi^2}{2\lambda^2}\big).$$

Since $1-e^{-x} \ge x/2$ ($\forall 0 \le x \le \log 2$), it follows that $\lambda^2(1-e^{-\pi^2/\lambda^2}) \ge \pi^2/2$ for all $\lambda \ge \pi/\sqrt{\log 2}$. If $0 < \lambda < \pi/\sqrt{\log 2}$, then $\lambda^2(1-e^{-\pi^2/\lambda^2}) \ge \lambda^2/2$. Therefore for all $\lambda > 0$, we have

$$\lambda^2(1-e^{-\pi^2/\lambda^2}) \ge \min(\pi^2, \lambda^2)/2,$$

which yields (4.4) by choosing

$$\tilde{K}_\delta \equiv \frac{1}{2}\inf_{x>0}\Big[\min(\pi^2, x^2)\exp\big(\frac{\delta\pi^2}{2x^2}\big)\Big] > 0. \qquad \square$$

Proof of Theorem 3. Let $A_\sigma(t) = \sup_{0\le u\le t}\sigma(u) - \inf_{0\le u\le t}\sigma(u)$ be the range of σ. In view of (3.5), by conditioning on R and using Lemma 5 and (3.6) we get that

$$\begin{aligned}\mathbb{P}\Big[\, A_\sigma(t) < \lambda\Big] &\le K_\delta \mathbb{E}\exp\Big[-\frac{(1-\delta)\pi^2}{2\lambda^2}C_t\Big] \\ &\le 2K_\delta \exp\Big(-\frac{(1-\delta)^{1/2}\pi t}{\lambda}\Big). \end{aligned} \tag{4.5}$$

Now pick rational numbers $a > 1$ and $\varepsilon > 0$. Let $t_n = a^n$ and $\lambda = \pi t_n/(1+\varepsilon)\log\log t_n$ and choose $\delta > 0$ sufficiently small such that $(1-\delta)^{1/2}(1+\varepsilon) > 1+\varepsilon/2$. It follows from (4.5) that

$$\begin{aligned}\mathbb{P}\Big[\, A_\sigma(t_n) < \frac{\pi}{1+\varepsilon}\frac{t_n}{\log\log t_n}\Big] &\le 2K_\delta \exp(-(1-\delta)^{1/2}(1+\varepsilon)\log\log t_n) \\ &\le \frac{2K_\delta}{(n\log a)^{1+\varepsilon/2}}. \end{aligned}$$

By Borel-Cantelli lemma, we obtain that

$$\liminf_{n\to\infty} \frac{\log\log t_n}{t_n} A_\sigma(t_n) \ge \pi, \quad \text{a.s.}$$

A monotonicity argument yields immediately the lower bound in (4.2). Its upper bound part follows trivially from Corollary 2 and the relation $A_\sigma(t) \le 2\sigma^*(t)$. The proof of the LIL (4.1) is very similar to that of (4.2), by using (2.4) instead of (3.6) and taking the subsequence $\tilde{t}_n = \exp(a^n)$ instead of $t_n = a^n$. The details are omitted. ∎

5. Remarks

(A) It seems interesting to look for a two-sided Csáki-type integral test for θ or σ. Thanks to (3.6) and (3.7), which are valid for *all* positive numbers s and t, we have:

THEOREM 4. *Let $f > 0$ and $g > 0$ be non-increasing functions such that $tf(t)$ and $tg(t)$ are non-decreasing. Let $h = f + g$. Then*

$$\mathbb{P}\Big[\sup_{0\le u\le t}\sigma(u) < tf(t),\ -\inf_{0\le u\le t}\sigma(u) < tg(t),\ \text{i.o.}\Big] = 0 \quad \text{or} \quad 1, \quad \text{a.s.}$$

according as

$$\int^\infty \frac{\min(f(t), g(t))}{t\, h^2(t)} \exp\Big(-\frac{\pi}{h(t)}\Big)\, dt$$

converges or diverges.

An immediate consequence is the following Hirsch-type test for σ.

COROLLARY 3. *If f satisfies the condition in Theorem 4, then*

$$\mathbb{P}\Big[\sup_{0\le u\le t}\sigma(u) < tf(t), \text{ i.o.}\Big] = \begin{cases} 0 \\ 1 \end{cases} \iff \int^{\infty}\frac{f(t)}{t}dt \begin{cases} <\infty \\ =\infty \end{cases}$$

From (3.6) and (3.7), the proof of Theorem 4 is completed exactly along the lines of that of Csáki (1978)'s Theorem 2.1 (ii). So we feel free to omit the details. On the other hand, the case of the Brownian windings seems more complicated, essentially due to the handicap that (2.5) is valid only for $\mu \ge \nu$. Thus to get a Csáki-type test for θ, sharper estimates on the joint distribution of $(\sup_{0\le u\le t}\theta(u), \inf_{0\le u\le t}\theta(u))$ are needed. A Hirsch-type integral test for θ was obtained by Bertoin & Werner (1994b).

(B) Further path properties of θ have been investigated by Bertoin & Werner (1994b), who gave an elegant proof of Theorem A and (1.3) via Ornstein-Uhlenbeck processes. Another proof of these results are presented in Shi (1994) using a Cauchy-type embedding.

(C) There are many remarkable results on weak convergence of the winding process Θ of a two-dimensional random walk. See Bélisle (1991) for references. For example, for spherically symmetric random walks, Bélisle (1991) obtained a Brownian embedding which shows that Θ behaves (in distribution, though) very much like the so-called Brownian "big winding" process defined as $\int_0^t \mathbf{1}_{\{R_u\ge 1\}} d\theta(u)$ (for weak convergence concerning big windings, see Yor (1992) p.88). Central limit theorems for Θ were established by Dorofeev (1994). Laws of the iterated logarithm can be found in Shi (1994).

(D) Another question needs answered concerning the path properties of θ or σ: how big (or small) are the *increments* of θ or σ? The problem seems to be beyond the scale of this paper.

Acknowledgements. I am grateful to Jean Bertoin and Marc Yor for helpful discussions, and to David Mason for a reference. Thanks are also due to a referee for his careful reading and insightful comments.

REFERENCES

Abramowitz, M. & Stegun, I.A. (1965). *Handbook of Mathematical Functions.* Dover, New York.

Baldi, P. (1986). Large deviations and functional iterated law for diffusion processes. *Probab. Th. Rel. Fields* 71 435-453.

Bélisle, C. (1991). Windings of spherically symmetric random walks via Brownian embedding. *Statist. Probab. Letters* 12 345-349.

Berthuet, R. (1981). Loi du logarithme itéré pour certaines intégrales stochastiques. *Ann. Sci. Univ. Clermont-Ferrand II Math.* 19 9-18.

Berthuet, R. (1986). Etude de processus généralisant l'Aire de Lévy. *Probab. Th. Rel. Fields* 73 463-480.

Bertoin, J. & Werner, W. (1994a). Comportement asymptotique du nombre de tours effectués par la trajectoire brownienne plane. *This volume.*

Bertoin, J. & Werner, W. (1994b). Asymptotic windings of planar Brownian motion revisited via the Ornstein-Uhlenbeck process. *This volume.*

Chung, K.L. (1948). On the maximum partial sums of sequences of independent random variables. *Trans. Amer. Math. Soc.* 64 205-233.

Csáki, E. (1978). On the lower limits of maxima and minima of Wiener process and partial sums. *Z. Wahrscheinlichkeitstheorie verw. Gebiete* 43 205-221.

Dorofeev, E.A. (1994). The central limit theorem for windings of Brownian motion and that of plane random walk. *Preprint.*

Durrett, R. (1982). A new proof of Spitzer's result on the winding of two-dimensional Brownian motion. *Ann. Probab.* 10 244-246.

Feller, W. (1951). The asymptotic distribution of the range of sums of independent random variables. *Ann. Math. Statist.* 22 427-432.

Franchi, J. (1993). Comportement asymptotique presque sûr des nombres de tours effectués par le mouvement brownien d'une variété riemannienne compacte de dimension 2 ou 3. Technical Report No. 189, Laboratoire de Probabilités Université Paris VI. April 1993.

Gruet, J.-C. & Mountford, T.S. (1993). The rate of escape for pairs of windings on the Riemann sphere. *Proc. London Math. Soc.* 48 552-564.

Helmes, K. (1985). On Lévy's area process. In: *Stochastic Differential Systems* (Eds.: N. Christopeit, K. Helmes & M. Kohlmann). Lect. Notes Control Inform. Sci. 78 187-194. Springer, Berlin.

Helmes, K. (1986). The "local" law of the iterated logarithm for processes related to Lévy's stochastic area process. *Stud. Math.* 83 229-237.

Itô, K. & McKean, H.P. (1974). *Diffusion Processes and their Sample paths. 2nd Printing.* Springer, Berlin.

Kochen, S. & Stone, C. (1964). A note on the Borel-Cantelli lemma. *Illinois J. Math.* 8 248-251.

Ledoux, M. & Talagrand, M. (1991). *Probability in Banach Spaces: Isoperimetry and Processes.* Springer, Berlin.

Lévy, P. (1951). Wiener's random function, and other Laplacian random functions. *Proc. Second Berkeley Symp. Math. Statist. Probab.* 171-181.

Lipschutz, M. (1956). On strong bounds for sums of independent random variables which tend to a stable distribution. *Trans. Amer. Math. Soc.* 81 135-154.

Lyons, T. & McKean, H.P. (1984). Windings of the plane Brownian motion. *Adv. Math.* 51 212-225.

Messulam, P. & Yor, M. (1982). On D. Williams' pinching method and some applications. *J. London Math. Soc.* 26 348-364.

Pitman, J.W. & Yor, M. (1982). A decomposition of Bessel bridges. *Z. Wahrscheinlichkeitstheorie verw. Gebiete* 59 425-457.

Pitman, J.W. & Yor, M. (1986). Asymptotic laws of planar Brownian motion. *Ann. Probab.* (Special Invited Paper) 14 733-779.

Pitman, J.W. & Yor, M. (1989). Further asymptotic laws of planar Brownian motion. *Ann. Probab.* 17 965-1011.

Rogers, L.C.G. & Williams, D. (1987). *Diffusions, Markov Processes and Martingales, vol. II: Itô Calculus.* Wiley, Chichester.

Shi, Z. (1994). Windings of Brownian motion and random walk in $\mathbb{R}^2$. *Preprint.*

Spitzer, F. (1958). Some theorems concerning 2-dimensional Brownian motion. *Trans. Amer. Math. Soc.* 87 187-197.

Williams, D. (1974). A simple geometric proof of Spitzer's winding number formula for 2-dimensional Brownian motion. Univ. College, Swansea. Unpublished.

Yor, M. (1992). *Some Aspects of Brownian Motion. Part I: Some Special Functionals.* Birkhäuser, Basel.

Asymptotic windings of planar Brownian motion revisited via the Ornstein-Uhlenbeck process

Jean Bertoin (1) and Wendelin Werner (2)

(1) C.N.R.S., Laboratoire de Probabilités, Université Pierre-et-Marie-Curie 4, place Jussieu, 75252 Paris Cedex 05, France.
(2) C.N.R.S. and University of Cambridge, Statistical Laboratory, D.P.M.M.S. 16 Mill Lane, Cambridge CB2 1SB, England.

ABSTRACT. A celebrated theorem of Spitzer suggests that the number of windings made by a planar Brownian motion Z around the origin and taken in the logarithmic time-scale, is asymptotically close to a Cauchy process. The purpose of this paper is to show that this informal consideration can be made precise by introducing the Ornstein-Uhlenbeck process $X(t) = e^{-t/2}Z(e^t)$. This yields short proofs of known results as well as some new features on the asymptotic behaviour of the winding number (in distribution and pathwise).

KEY WORDS. Planar Brownian motion, winding number, Ornstein-Uhlenbeck process.

AMS SUBJECT CLASSIFICATION. Primary 60J65, secondary 60F20

Introduction

Let $Z = (Z(t), t \geq 0)$ be a complex Brownian motion started away from 0 and $\theta = (\theta(t), t \geq 0)$ a continuous version of its argument. The celebrated Theorem of Spitzer [21], which states the convergence in law of $2\theta(t)/\log t$ as $t \to \infty$ towards the standard Cauchy distribution, is at the origin of numerous works on Brownian winding numbers. See in particular Le Gall-Yor [12,13], Pitman-Yor [16], Yor [23] and the references therein for multivariate extensions of Spitzer's Theorem. The almost sure asymptotic behaviour of θ has recently received attention from Bertoin-Werner [1] and Shi [20]. See also Lyons-McKean [14] and Gruet-Mountford [10] for related almost sure results.

Loosely speaking, Spitzer's Theorem suggests that the winding number taken in the logarithmic time-scale is asymptotically close to a Cauchy process. The purpose of this paper is to show that this informal consideration can be made precise and then yields elementary proofs of known results as well as some new information on θ. Specifically, the idea consists of working not directly with Z but rather with the Ornstein-Uhlenbeck process

$$X(t) = e^{-t/2}Z(e^t) \quad (t \geq 0).$$

Plainly, a continuous version of the argument of X is given by

$$\alpha(t) = \theta(e^t) \quad (t \geq 0),$$

which is precisely θ taken in the logarithmic time-scale. The key point is that the Ornstein-Uhlenbeck process is positive recurrent, that is X has an invariant probability measure. So, Limit Theorems are simpler for X than for Z, which is null recurrent. This allows us to replace the time-scale t for X by L_t, where $L = (L_t, t \geq 0)$ is the local time process of the linear diffusion $|X|^2$ at level 1. More precisely, the Ergodic Theorem implies that $t \sim L_t$ almost surely as $t \to \infty$. Hence the asymptotic study of θ essentially reduces to that of the time-changed process $\alpha \circ \tau$, where τ denotes the right-continuous inverse of L. Finally, it is easy to see that $2\alpha \circ \tau$ is a Lévy process fairly close to a standard Cauchy process, and relevant informations on its asymptotic behaviour can be deduced from the literature (see in particular the survey by Fristedt [8]).

This approach should be compared to the elegant proofs of Spitzer's Theorem by Williams [22], Durrett [4] and Messulam-Yor [15] which nevertheless are not suited for studying the almost-sure behaviour of θ. The idea of introducing a positive recurrent Markov process to simplify the study of Brownian windings appears in Franchi [7] where a Brownian motion $\tilde{Z}$ on a sphere is used. However the time-substitution related to the transformation from Z to $\tilde{Z}$ is random and requires a careful analysis, whereas ours is deterministic.

We mention that, although the present approach is one of the simplest and most natural to elucidate the asymptotic behaviour of θ, it does not seem suited for the study of windings around several points (e.g. Pitman-Yor [16], Franchi [7] and Gruet [9]). We also point out that time-inversion reduces the asymptotic study as $t \to 0+$ of a complex Brownian motion $Z' = (Z'_t, t \geq 0)$ started at $Z'_0 = 0$, to that of Z at infinity. In particular, all the results of this paper have analogs for small times; precise statements are left to the reader. Observe that time-inversion for Brownian motion simply corresponds to time-reversal for the Ornstein-Uhlenbeck process.

This paper is organized as follows. Section 1 is devoted to preliminaries on the Ornstein-Uhlenbeck process X. Section 2 contains new proofs of known results and some new features on the asymptotic behaviour of θ and related processes.

1. The Ornstein-Uhlenbeck process

Let us first set down some notations. We consider $Z = (Z(t), t \geq 1)$ a complex Brownian motion started at time 1 from $Z_1 = 1$. The continuous specification of its argument which is null at time 1 is denoted by $\theta = (\theta(t), t \geq 1)$. Recall that θ can be expressed as

$$\theta(t) = \beta_{A(t)} \quad (t \geq 1)$$

where $A(t) = \int_1^t |Z_s|^{-2} ds$ and $\beta = (\beta_s, s \geq 0)$ is a linear Brownian motion started from $\beta_0 = 0$ which is independent of the radial component $|Z|$; see for instance Revuz-Yor [18] on page 181. The increasing process $A = (A(t), t \geq 0)$ is often refered to as the clock of θ.

Next we put

$$X(t) = e^{-t/2}Z(e^t) \quad (t \geq 0)$$

so that $X = (X(t), t \geq 0)$ is a complex Ornstein-Uhlenbeck process started at $X(0) = 1$; see for instance Revuz-Yor [18] on page 35-36. It is a positive recurrent diffusion process in the sense of Harris. More precisely, the law of $\mathcal{N} + i\mathcal{N}'$ is its unique invariant probability measure, where $\mathcal{N}$ and $\mathcal{N}'$ are two independent real-valued standard normal variables. We also consider for all $t \geq 0$, its radial component

$$R(t) = |X(t)| = e^{-t/2}|Z(e^t)|$$

and the continuous specification of its argument which is null at the origin

$$\alpha(t) = \theta(e^t).$$

The skew-product decomposition of Z yields readily the skew-product decomposition of X:

$$\alpha(t) = \beta_{H(t)} \text{ where } H(t) = A(e^t) = \int_0^t R(s)^{-2}ds \qquad (1)$$

for all $t \geq 0$; note that the linear Brownian motion β is independent of the radial component R (since it is independent of $|Z|$).

Our next purpose is to describe H as a functional of a Brownian motion, using Feller's representation of one-dimensional diffusions (see for instance Rogers-Williams [19], chapter V-28). It is easy to check using Itô's formula and Lévy's characterization of Brownian motion, that R^2 is a diffusion process valued in $(0, \infty)$ with infinitesimal generator

$$\mathcal{A}f(x) = 2xf''(x) + (2 - x)f'(x)$$

where $f \in \mathcal{C}^2(0, \infty)$. Again R^2 is a positive recurrent process and its invariant probability measure is $\mathfrak{m}(dx) = \frac{1}{2}1_{\{x \geq 0\}}e^{-x/2}dx$ (that is the law of $\mathcal{N}^2 + \mathcal{N}'^2$). Now $\mathfrak{m}$ is the natural choice for the speed measure and this implies that the scale function is

$$\mathfrak{s}(x) = \frac{1}{2}\int_1^x t^{-1}e^{t/2}dt \qquad (x > 0),$$

so that $\mathcal{A} = \frac{1}{2}(d/d\mathfrak{m})(d/d\mathfrak{s})$. Then the process $M = \mathfrak{s}(R^2)$ is a local martingale with bracket

$$\langle M \rangle_t = \int_0^t R_s^{-2}\exp(R_s^2)ds \qquad (t \geq 0).$$

We denote by $B = (B_t, t \geq 0)$ the Brownian motion of Dubins-Schwarz associated with M, so that $M(t) = B_{\langle M \rangle_t}$. The preceding equation can be rewritten as

$$d\langle M \rangle_t = \mathfrak{r}(B_{\langle M \rangle_t})^{-1}\exp(\mathfrak{r}(B_{\langle M \rangle_t}))dt, \qquad (2)$$

where $\mathfrak{r} : (-\infty, \infty) \to (0, \infty)$ is the inverse function of $\mathfrak{s}$.

Finally, we consider $\ell = (\ell_t, t \geq 0)$, the local time process of B at level 0, so that

$$L_t = \ell_{\langle M \rangle_t} \qquad (t \geq 0)$$

is the local time process of the diffusion R^2 at level 1. The right-continuous inverse of L

$$\tau_t = \inf\{u, L_u > t\}$$

satisfies

$$\sigma(t) = \langle M \rangle_{\tau(t)} \tag{3}$$

where $\sigma(t) = \inf\{u, \ell_u > t\}$ is the right-continuous inverse of ℓ. So, using (1), (2) and (3), we get the key-identity

$$H(\tau_t) = \int_0^{\sigma(t)} e^{-\mathfrak{r}(B_s)} ds \,. \tag{4}$$

The total time spent by the Brownian motion B in $(-\infty, 0)$ on the time-interval $[0, \sigma(t)]$,

$$S(t) = \int_0^{\sigma(t)} 1_{\{B_s \le 0\}} ds \,,$$

will also play a major rôle in our approach. We recall that H denotes the "clock" of α (see (1)) and claim the following Lemma that we will use throughout the paper.

Lemma 1. *(i) $S = (S(t), t \ge 0)$ is a stable subordinator of index $1/2$. More precisely, for every $\lambda \ge 0$,*

$$E\left(\exp\{-\lambda S(t)\}\right) = \exp\left\{-t(\lambda/2)^{1/2}\right\}.$$

(ii) For every $\varepsilon > 0$, almost surely, for all large enough t

$$(1-\varepsilon)S(t) \le H(\tau_t) \le (1+\varepsilon)S(t)$$

and

$$(1-\varepsilon)S((1-\varepsilon)t) \le H(t) \le (1+\varepsilon)S((1+\varepsilon)t).$$

Proof: (i) is well-known (see e.g. exercice 2.17 on page 449 in Revuz-Yor [18]). Let us rewrite (4) as

$$H(\tau_t) = S(t) + \Delta^+(t) - \Delta^-(t),$$

where for all $t \ge 0$

$$\Delta^+(t) = \int_0^{\sigma(t)} 1_{\{B_s > 0\}} \exp\{-\mathfrak{r}(B_s)\} ds,$$

$$\Delta^-(t) = \int_0^{\sigma(t)} 1_{\{B_s \le 0\}} (1 - \exp\{-\mathfrak{r}(B_s)\}) ds.$$

Then Δ^+ and Δ^- are two subordinators (e.g. Proposition 2.7 on page 445 in Revuz-Yor [18]) with finite mean since

$$E(\Delta^+(1)) = \int_0^\infty e^{-\mathfrak{r}(x)} dx = \frac{1}{2}\int_1^\infty e^{-t} e^{t/2} t^{-1} dt < \infty$$

and

$$E(\Delta^-(1)) = \int_{-\infty}^{0} (1 - e^{-\mathfrak{r}(x)})dx = \frac{1}{2}\int_0^1 (1-e^{-t})e^{t/2}t^{-1}dt < \infty$$

(these calculations follow e.g. from the Ray-Knight Theorem on Brownian local times, see Revuz-Yor [18] on page 422). Now, the Strong Law of Large Numbers gives

$$\lim_{t\to\infty} t^{-1}\Delta^{+/-}(t) = E(\Delta^{+/-}(1)) \quad \text{a.s.},$$

and

$$\lim_{t\to\infty} t^{-1}S(t) = \infty \quad \text{a.s.}$$

This implies the first assertion of (ii) since $S - \Delta^- \leq H \circ \tau \leq S + \Delta^+$.

Finally, the Ergodic Theorem (or again the Strong Law of Large Numbers) gives

$$\lim_{t\to\infty} t^{-1}\tau(t) = E(\tau(1)) = 1 \quad \text{a.s.},$$

and the second assertion of (ii) follows from the first. ◇

In subsection 2.3, we will also need the following technical Lemma.

Lemma 2. *There is a constant $k > 0$ such that*

$$E(|\tau(t) - t|^{3/2}) \leq kt^{3/4}$$

for every $t > 0$.

Proof. Let $(\ell_t^x, t \geq 0)$ denote the local time at the level x of B, so $\ell_{\langle M\rangle_t}^{\mathfrak{s}(x)}$ is the local time of R^2 at level $x > 0$ and time t. Therefore

$$\tau(t) = \frac{1}{2}\int_0^\infty \ell_{\sigma(t)}^{\mathfrak{s}(x)} e^{-x/2}dx$$

(recall that σ is the right-continuous inverse of $\ell = \ell^0$ and that $\mathfrak{m}(dx) = \frac{1}{2}1_{\{x\geq 0\}}e^{-x/2}dx$ is the speed measure of R^2). Applying Hölder's inequality, we get

$$E(|\tau(t) - t|^{3/2}) \leq \frac{1}{2}\int_0^\infty e^{-x/2}E(|\ell_{\sigma(t)}^{\mathfrak{s}(x)} - t|^{3/2})dx.$$

But we deduce from the Ray-Knight Theorem (see Revuz-Yor [18] on page 422) that

$$E(|\ell_{\sigma(t)}^{\mathfrak{s}(x)} - t|^{3/2}) \leq (4t\mathfrak{s}(x))^{3/4},$$

and since $\mathfrak{s}(x) \leq \sup(e^{x/2}, |\log x|)$,

$$E(|\tau(t) - t|^{3/2}) \leq kt^{3/4}$$

for some positive constant k. ◇

2. Asymptotic results

We will now use the material developed in the preceding section to deduce informations on the asymptotic behaviour of the winding number θ and the clock A. Typically, Lemma 1 shows that the clock H is asymptotically close to the stable subordinator S. It yields useful bounds for θ and allows us to reduce most studies to known results on the asymptotic behaviour of the Cauchy process $C = 2\beta \circ S$ (however, this approach is not completely successful for the pathwise liminf study, see the remark at the end of subsection 2.3).

This method applies as well to other functionals such as the number of "very big" windings Θ which we introduce by analogy with the number of big windings (see Messulam-Yor [15], Pitman-Yor [16]). Specifically, we put

$$\Theta(t) = \int_1^t 1_{\{|Z(s)|>\sqrt{s}\}} d\theta(s), \quad (t \geq 1)$$

where the integral is taken in the sense of stochastic integration with respect to the martingale θ. Plainly,

$$\Theta(e^t) = \int_0^t 1_{\{R(s)>1\}} d\alpha(s)\,, \tag{5}$$

so that Θ taken in the logarithmic time-scale is the number of big windings made by the Ornstein-Uhlenbeck process. See also the Appendix.

2.1. Convergence in distribution

First, we study convergence in distribution as t goes to infinity, for which we will use the symbol $\xrightarrow{(d)}$.

Theorem 1. *(i) Recall that $S(1)$ has stable $(1/2)$ distribution, and more precisely, $E(\exp\{-\lambda S(1)\}) = \exp -\{(\lambda/2)^{1/2}\}$. We have*

$$\frac{A(t)}{(\log t)^2} \xrightarrow{(d)} S(1).$$

(ii) Let C_1 denote a standard Cauchy variable, i.e. $P(C_1 \in dx) = (\pi(1+x^2))^{-1}dx$. We have

$$\frac{2\theta(t)}{\log t} \xrightarrow{(d)} C_1.$$

(iii) Let $\mathcal{N}$ be a standard normal variable. We have

$$\frac{\Theta(t)}{(\log t)^{1/2}} \xrightarrow{(d)} \kappa\mathcal{N}.$$

where $\kappa^2 = \frac{1}{2}\int_1^\infty u^{-1}e^{-u/2}du$.

The first statement is a classical step in the proof of Spitzer's Theorem (see e.g. Durrett [4]), the second is Spitzer's Theorem and the third should be compared with results in Messulam-Yor [15]. We also point out that the argument of the proof can easily be modified to establish a result of convergence in the sense of finite-dimensional distributions; recall however that there is no result of convergence in the sense of Skorokhod of a suitable renormalization of $(\theta(e^t), t \geq 0)$ to a Cauchy process (see Durrett [5] on page 137).

Proof: (i) is an immediate consequence of Lemma 1 and the identity $A(e^t) = H(t)$. (ii) follows since $\theta(t) \stackrel{(d)}{=} A(t)^{1/2}\beta_1$ and $2S(1)^{1/2}\beta_1 \stackrel{(d)}{=} C_1$.

(iii) The skew-product representation (1) and (5) yield

$$\Theta(e^t) \stackrel{(d)}{=} \left(\int_0^t 1_{\{R(s)>1\}} R(s)^{-2} ds\right)^{1/2} \mathcal{N}.$$

Finally, the Ergodic Theorem implies

$$\lim_{t\to\infty} t^{-1} \int_0^t 1_{\{R(s)>1\}} R(s)^{-2} ds = \frac{1}{2}\int_1^\infty u^{-1} e^{-u/2} du \quad \text{a.s.} \tag{6}$$

(recall that $\frac{1}{2}1_{\{u\geq 0\}}e^{-u/2}du$ is the invariant probability measure of R^2). ◇

2.2. "Limsup" results

Now, we turn our attention to the sample path "limsup" results.

Theorem 2. *Consider $f : (0,\infty) \to (0,\infty)$, an increasing function. We have:*

(i)
$$\limsup_{t\to\infty} \frac{A(t)}{f(t)^2} = 0 \text{ or } \infty \quad a.s.$$

according as the integral $\int^\infty (tf(t))^{-1} dt$ converges or diverges.

(ii)
$$\limsup_{t\to\infty} \frac{\theta(t)}{f(t)} = 0 \text{ or } \infty \quad a.s.$$

according as the integral $\int^\infty (tf(t))^{-1} dt$ converges or diverges.

(iii)
$$\limsup_{t\to\infty} \frac{\Theta(t)}{(2\log t \log_3 t)^{1/2}} = \kappa \quad a.s.$$

where $\log_3 = \log\log\log$ and $\kappa^2 = \frac{1}{2}\int_1^\infty e^{-u/2}u^{-1}du$.

The first two statements rephrase respectively Theorem 3 and 1 of Bertoin-Werner [1]. The third can be viewed as Khintchine's Law of the iterated logarithm for the very big windings number; more precisely, one can also prove an analogue of Kolmogorov's test for Θ by the same method.

Proof of Theorem 2-(i): Recall that S is a stable subordinator with index 1/2. Then it is known that if $g:(0,\infty)\to(0,\infty)$ is an increasing function,

$$\limsup_{t\to\infty}\frac{S(t)}{g(t)^2}=0 \text{ or } \infty \quad \text{a.s.}$$

according as the integral $\int^{\infty} g(t)^{-1}dt$ converges or diverges (see Theorem 11.2 in Fristedt [8] or Feller [6]). We conclude by taking $g(t)=f(e^t)$ and applying Lemma 1-(ii) and (1). ◇

Proof of Theorem 2-(iii): Since R and β are independent, we have, by (5) and (1)

$$\Theta(e^t)=\tilde{\beta}\left(\int_0^t 1_{\{R(s)>1\}}R(s)^{-2}ds\right), \tag{7}$$

where $\tilde{\beta}=(\tilde{\beta}(t),t\geq 0)$ is a linear Brownian motion independent of R. Now (iii) follows from (6) and the standard law of the iterated logarithm for $\tilde{\beta}$. ◇

The first part of the next Lemma is the key to Theorem 2-(ii). The second part will be used to study the "liminf" behaviour. Recall that β is a Brownian motion independent of the stable process S, and put $\bar{\beta}(t)=\sup\{\beta_s, 0\leq s\leq t\}$, $S(t-)=\lim_{s\to t, s<t}S(s)$.

Lemma 3. *Let $g:(0,\infty)\to(0,\infty)$ be an increasing function. We have*

(i)
$$\limsup_{t\to\infty}\frac{\bar{\beta}(S(t))}{g(t)}=\limsup_{t\to\infty}\frac{\bar{\beta}(S(t-))}{g(t)}=0 \text{ or } \infty \quad a.s.$$

according as the integral $\int^{\infty} dt/g(t)$ converges or diverges.

(ii)
$$\liminf_{t\to\infty}\frac{\bar{\beta}(S(t))}{g(t)}=\liminf_{t\to\infty}\frac{\bar{\beta}(S(t-))}{g(t)}=0 \text{ or } \infty \quad a.s.$$

according as the integral $\int^{\infty} t^{-2}g(t)dt$ diverges or converges.

Proof: (i) The subordinated process $C_t=2\beta(S(t))$, $(t\geq 0)$ is a standard Cauchy process. According to Theorem 11.2 in Fristedt [8],

$$\limsup_{t\to\infty}\frac{C_t}{g(t)}=\limsup_{t\to\infty}\frac{C_{t-}}{g(t)}=0 \text{ or } \infty \quad \text{a.s.}$$

according as the integral $\int^{\infty} dt/g(t)$ converges or diverges. So, if the integral diverges, then $\limsup_{t\to\infty}\bar{\beta}(S(t))/g(t)=\limsup_{t\to\infty}\bar{\beta}(S(t-))/g(t)=\infty$ a.s., since obviously $\sup\{C_s, 0\leq s\leq t\}\leq 2\bar{\beta}(S(t))$ for all t.

Assume now that the integral converges, so $\limsup_{t\to\infty}C_t/g(t)=0$ a.s. Consider the point process $\gamma=(\gamma_s, s\geq 0)$

$$\gamma_s=2\sup\{\beta_u-\beta_{S(s-)}, S(s-)\leq u\leq S(s)\}.$$

Using the property that the process of the jumps of S is a Poisson point process and the independence of β and S, we see that γ is a Poisson point process. It then follows from Lévy's identity and the property that $2\beta \circ S$ is a Cauchy process, that γ has the same distribution as the process of the absolute value of the jumps of a Cauchy process. Therefore the charasteristic measure of γ is

$$n(dx) = c1_{\{x>0\}}x^{-2}dx$$

where $c > 0$ is some positive constant. We deduce that for every $\varepsilon > 0$

$$\int^{\infty} n((\varepsilon g(t), \infty))dt = \frac{c}{\varepsilon}\int^{\infty} \frac{dt}{g(t)} < \infty$$

and thus, a.s., $\gamma_s \leq \varepsilon g(s)$ for all large enough s. Since

$$\bar{\beta}(S(t)) \leq \sup\{C_s, 0 \leq s \leq t\} + \sup\{\gamma_s, 0 \leq s \leq t\},$$

it follows that a.s.

$$\liminf_{t\to\infty} \frac{\bar{\beta}(S(t))}{g(t)} = \liminf_{t\to\infty} \frac{\bar{\beta}(S(t-))}{g(t)} = 0.$$

(ii) follows readily from (i) and the observation that the right-continuous inverse of $\bar{\beta}$ (respectively of S) has the same law as S (respectively as $\bar{\beta}$). ◇

Proof of Theorem 2-(ii): According to (1) and Lemma 1-(ii), we have almost surely

$$\bar{\beta}_{(1-\varepsilon)S((1-\varepsilon)t)} \leq \sup\{\alpha(s), 0 \leq s \leq t\} \leq \bar{\beta}_{(1+\varepsilon)S((1+\varepsilon)t)}$$

for all large enough t. We conclude applying Lemma 3-(i). ◇

2.3. "Liminf" results

Finally, we study the "liminf" asymptotic behaviours of the clock A, the supremas of the winding number θ and the very big winding number Θ. We will first turn our attention to the study of unilateral supremas, which is the easiest part. Recall the notation $\log_3 = \log\log\log$.

Theorem 3. *We have*

(*i*)
$$\liminf_{t\to\infty} \frac{\log_3 t}{(\log t)^2} A(t) = 1/8 \quad a.s.$$

(ii) Let $f : (0,\infty) \to (0,\infty)$ be an increasing function. Then

$$\liminf_{t\to\infty} \frac{1}{f(t)} \sup\{\theta(s), 1 \leq s \leq t\} = 0 \text{ or } \infty \quad a.s.$$

according as the integral $\int^{\infty} f(t)t^{-1}(\log t)^{-2}dt$ diverges or converges.

(iii) Let $f\colon (0,\infty) \to (0,\infty)$ be an increasing function. Then

$$\liminf_{t\to\infty} \frac{1}{f(t)} \sup\{\Theta(s), 1 \le s \le t\} = 0 \text{ or } \infty \text{ a.s.}$$

according as the integral $\int^{\infty} f(t)t^{-1}(\log t)^{-3/2}dt$ diverges or converges.

Proof: Recall from Lemma 1-(i) that S is a stable subordinator with Laplace exponent $\lambda \to (\lambda/2)^{1/2}$. According to Breiman [2], we have

$$\liminf_{t\to\infty} t^{-2} \log_2 t\, S(t) = 1/8 \quad \text{a.s.}$$

where $\log_2 = \log\log$. Thus (i) follows from Lemma 1-(ii) and from the identity $H(t) = A(e^t)$. On the other hand (ii) follows from Lemma 3-(ii) by the same argument as in the proof of Theorem 2-(ii). Finally, we deduce (iii) from (6), (7) and the integral test of Hirsch [11]. ◇

The "liminf" behaviour for the maximum of the modulus is specified in Theorem 4. The first part is due to Shi [20] and requires a delicate analysis (which however is simpler than the calculations of Shi). The second statement is an immediate consequence of Chung's law of the iterated logarithm (see Chung [3]) and equations (6) and (7); we omit the details of its proof.

Theorem 4. *We have*

(i)
$$\liminf_{t\to\infty} \frac{\log_3 t}{\log t} \sup\{|\theta(s)|, 1 \le s \le t\} = \pi/4 \quad \text{a.s.}$$

(ii)
$$\liminf_{t\to\infty} \sqrt{\frac{\log_3 t}{\log t}} \sup\{|\Theta(s)|, 1 \le s \le t\} = \kappa\pi^2/8 \quad \text{a.s.}$$

where $\kappa^2 = \frac{1}{2}\int_1^{\infty} e^{-u/2}u^{-1}du$.

Proof of the lower bound in Theorem 4-(i): It follows from Chung [3] on page 206 that for any continuous increasing process $D = (D_t, t \ge 0)$ independent of the Brownian motion β, and for every $\lambda > 0$ and $t > 0$

$$\frac{2}{\pi}E(\exp\{\frac{-\pi^2}{8\lambda^2}D_t\}) \le P(\sup_{0\le s\le D_t} |\beta_s| \le \lambda) \le \frac{4}{\pi}E(\exp\{\frac{-\pi^2}{8\lambda^2}D_t\}), \tag{8}$$

see also Lemma 1 in Shi [20]. In particular, for $D = H$,

$$P(\sup_{0\le s\le t} |\beta_{H(s)}| \le \lambda) \le \frac{4}{\pi}E(\exp\{-\frac{\pi^2}{8\lambda^2}H(t)\}). \tag{9}$$

Recall that τ denotes the inverse function of the local time of R^2 at level 1 and that $H(\tau_t) = S(t) + \Delta^+(t) - \Delta^-(t)$. Introduce for every $\varepsilon > 0$,

$$a_\varepsilon(t) = P(|\tau(t)/t - 1| > \varepsilon),\ b_\varepsilon(t) = P(\varepsilon S(t) < \Delta^+(t) + \Delta^-(t)), \tag{10}$$

and put, for every integer $n > 0$,

$$t_n = (1+\varepsilon)^n \text{ and } \lambda_n = \frac{\pi t_n}{4\log_2 t_n}(1-\varepsilon)^2.$$

We deduce from (9) that

$$\begin{aligned}&\frac{\pi}{4}P(\sup_{0\le s\le t_n} |\beta_{H(s)}| \le \lambda_n)\\ &\le a_\varepsilon(t_n) + b_\varepsilon(t_n) + E\left(\exp\left\{\frac{-\pi^2}{8\lambda_n^2}(1-\varepsilon)S((1-\varepsilon)t_n)\right\}\right).\end{aligned}$$

First, we observe that the series $\sum_n a_\varepsilon(t_n)$ converges. Specifically, Lemma 2 and Chebyshev's inequality yield

$$a_\varepsilon(t_n) = P(|t_n^{-1}\tau(t_n) - 1| > \varepsilon) \le k\varepsilon^{-3/2}(1+\varepsilon)^{-3n/4},$$

which proves our assertion.

Then, we check that $\sum_n b_\varepsilon(t_n)$ converges. Using the existence of continuous densities for the stable distribution on the one hand, and Chebyshev's inequality on the other hand, we get

$$b_\varepsilon(t) \le P(S(t) < t^{3/2}\varepsilon^{-1}) + P(\Delta^+(t) + \Delta^-(t) \ge t^{3/2}) \le k't^{-1/2} \tag{11}$$

for some positive constant k' depending on ε, which entails our claim.

Finally, we deduce from Lemma 1-(i) that

$$\begin{aligned}E\left(\exp\left\{\frac{-\pi^2}{8\lambda_n^2}(1-\varepsilon)S((1-\varepsilon)t_n)\right\}\right) &= \exp\left\{-(1-\varepsilon)t_n\frac{\pi}{4\lambda_n}(1-\varepsilon)^{1/2}\right\}\\ &= O(n^{-1/\sqrt{(1-\varepsilon)}}).\end{aligned}$$

In conclusion, the series $\sum_n P(\sup_{0\le s\le t_n} |\beta_{H(s)}| \le \lambda_n)$ converges. By Borel-Cantelli's Lemma and an immediate argument of monotonicity, we obtain

$$\liminf_{t\to\infty} \frac{\log_2 t}{t} \sup\{|\beta_{H(s)}|, 0 \le s \le t\} \ge \frac{\pi(1-\varepsilon)^2}{4(1+\varepsilon)} \quad \text{a.s.} \quad \diamond$$

Proof of the upper bound in Theorem 4-(i): We put now, for every integer $n > 0$ and $\varepsilon > 0$

$$t_n = \exp(n^{1+\varepsilon}),\ \lambda_n = \frac{\pi t_n}{4\log_2 t_n}(1+\varepsilon)^2,$$

and we consider the events

$$U_n = \left\{\sup\{|\beta_{H(s)} - \beta_{H(\tau(t_{n-1}))}| \ , \ \tau_{t_{n-1}} \le s < \tau_{t_n}\} < \lambda_n\right\} .$$

Since β and $H \circ \tau$ are two independent processes with independent increments, the events U_n are independent. Moreover, (9) implies that

$$\begin{aligned} P(U_n) &= P(\sup\{|\beta_s|, 0 \le s \le H(\tau_{t_n}) - H(\tau_{t_{n-1}})\} < \lambda_n) \\ &\ge P(\sup\{|\beta_s|, 0 \le s \le H(\tau_{t_n})\} < \lambda_n) \\ &\ge \frac{2}{\pi} E\left(\exp\{\frac{\pi^2}{8\lambda_n^2} H(\tau_{t_n})\}\right). \end{aligned}$$

Now recall the notation $b_\varepsilon(t)$ in (10) and Lemma 1-(i). We deduce

$$\begin{aligned} \frac{\pi}{2} P(U_n) &\ge E\left(\exp\{\frac{\pi^2}{8\lambda_n^2} S(t_n)\}\right) - b_\varepsilon(t_n) \\ &= \exp\{-(1+\varepsilon)^{-3/2} \log_2 t_n\} - b_\varepsilon(t_n). \end{aligned}$$

On the one hand,

$$\sum_{n>0} \exp\{-(1+\varepsilon)^{-3/2} \log_2 t_n\} = \sum_{n>0} n^{-1/\sqrt{(1+\varepsilon)}} = \infty.$$

On the other hand, we see by (11) that the series $\sum b_\varepsilon(t_n)$ converges. Hence $\sum P(U_n) = \infty$, and since the U_n's are independent, the events U_n occur for infinitely many n's, almost surely.

All that is needed now is to check that

$$\lim_{n\to\infty} \lambda_n^{-1} \beta_{H(\tau(t_{n-1}))} = 0 \quad \text{a.s.} \tag{12}$$

According to the law of the iterated logarithm for β (remind that β and $H \circ \tau$ are independent) and to Lemma 1-(ii), we have a.s., for all large enough t

$$\begin{aligned} |\beta_{H(\tau_t)}| &\le 2\,(H(\tau_t) \log_2 H(\tau_t))^{1/2} \\ &\le 4\,((1+\varepsilon)S(t) \log_2 S(t))^{1/2} . \end{aligned}$$

On the other hand, we know that a.s. $S_t \le t^2(\log t)^4$ for all large enough t (see e.g. Theorem 6.1 in Fristedt [8]). In conclusion, a.s.

$$|\beta_{H(\tau_t)}| \le 8t(\log t)^3$$

for all large enough t; (12) follows. ◇

Remark. Pruitt-Taylor [17] proved that

$$\liminf_{t\to\infty} \frac{\log_2 t}{t} \sup_{s \le t} |C_s| = c \quad \text{a.s.}$$

for some positive constant c, which does not seem to be known explicitely. It is easy to deduce that

$$\liminf_{t\to\infty} \frac{\log_3 t}{\log t} \sup_{0\le s\le t} |\theta_s| = c' \quad \text{a.s.}$$

for some constant $c' \geq c$. But showing the result of Shi [20] is more delicate.

Appendix

In this section, we present some comments on the so-called very big winding numbers, communicated to us by Marc Yor.

In a more general setting, one can consider for every $\nu \geq 0$, the number of ν–big windings

$$\theta_t^{(\nu)} = \int_1^t 1_{\{|Z_s|\ge s^\nu\}} d\theta_s \qquad (t \geq 1).$$

In particular, $\theta^{(0)}$ coincides with the number of big windings in the sense e.g. of Messulam-Yor [15]. The case $\nu > 1/2$ is degenerate, because the Law of the Iterated Logarithm implies that $\theta_t^{(\nu)}$ then stays constant for all large enough t, a.s. In the case $0 \leq \nu < 1/2$, $2\theta_t^{(\nu)}/\log t$ converges in distribution as $t \to \infty$ to the law with characteristic function

$$\lambda \to \left(\cosh\{(1-2\nu)\lambda\}\right)^{1/(2\nu-1)}.$$

This can be deduced from results in Le Gall-Yor [13], see in particular equation (5.f) and section 6 there. Similar arguments apply to the study of the number of ν–small windings defined by

$$\theta_t^{(-\nu)} = \int_1^t 1_{\{|Z_s|\le s^{-\nu}\}} d\theta_s \qquad (t \geq 1).$$

The number of very big windings $\theta^{(1/2)} = \Theta$ appears therefore as a critical case. Our Limit Theorem 1-(iii) can be viewed as a consequence of a general Ergodic Theorem for Brownian motion which we now state. Let $W = (W_u, u \geq 0)$ be a d–dimensional Brownian motion started at 0, and introduce for every $s \geq 1$ the re-scaled process

$$W_u^{(s)} = s^{-1/2} W_{su} \qquad (u \geq 0).$$

The Wiener measure is invariant for the ergodic shift $W \to W^{(s)}$, and it follows that for every functional $F \geq 0$ on Wiener space,

$$\lim_{t\to\infty} \frac{1}{\log t} \int_1^t \frac{ds}{s} F(W^{(s)}) = E(F(W)) \quad a.s. \tag{13}$$

This fact has been noticed and used by many authors, amongst whom O. Adelman, J. Neveu... Applying this result to

$$F(W) = |W_1|^{-2} 1_{\{|W_1|\ge 1\}}$$

yields readily Theorem 1-(iii). Theorem 1-(iii) is related to Proposition 1 in [12] which follows in this setting from (13) applied to

$$F(W) = |W_1|^{-2} 1_{\{|W_1| \geq \varepsilon |\xi_1|\}} ,$$

where ξ is a real-valued Brownian motion independent of W. See also exercise (3.20) on page 400 in [18] for further applications of (13). Finally, we point out that in our framework, (13) can be rephrased in a more "usual" form using the stationary Ornstein-Uhlenbeck process $Y_u = e^{-u/2} W(e^u)$ $(-\infty < u < \infty)$. More precisely, we have the standard Ergodic Theorem

$$\lim_{t \to \infty} \frac{1}{t} \int_0^t G(Y \circ T_s) ds \ = \ E(G(Y)) \quad a.s.,$$

where the shift T_s is the translation operator and the functional G is specified by the relation $G(Y) = F(W)$.

Acknowledgment. We are very grateful to Marc Yor for the comments he made on the first draft of this work.

References

1. J. Bertoin and W. Werner, 'Comportement asymptotique du nombre de tours effectués par la trajectoire brownienne plane', *Séminaire de Probabilités* XXVIII, Lect. Notes in Math., Springer (1994).

2. L. Breiman, 'A delicate law of the iterated logarithm for non-decreasing stable processes', *Ann. Math. Statist.* **39** (1968) 1818-1824. [correction id. **41** (1970) 1126-1127].

3. K.L. Chung, 'On the maximum partial sums of sequences of independent random variables', *Trans. Amer. Math. Soc.* **64** (1948) 205-233.

4. R. Durrett, 'A new proof of Spitzer's result on the winding of two-dimensional Brownian motion', *Ann. Probab.* **10** (1982) 244-246.

5. R. Durrett, 'Brownian motion and martingales in analysis', Wadsworth (1984).

6. W.E. Feller, 'A limit theorem for random variables with infinite moments', *Amer. J. Math.* **68** (1946) 257-262.

7. J. Franchi, 'Théorème des résidus stochastique et asymptotique pour 1-formes sur S^2', *Prépublication du Laboratoire de Probabilités* **16**, Université de Paris VI (1989).

8. B.E. Fristedt, 'Sample functions of stochastic processes with stationary independent increments', *Advances in Probability* III, P. Ney, S. Port (eds) 241-396, Dekker (1974).

9. J.C. Gruet, 'Enroulement du mouvement brownien plan autour de deux points', *Thèse de Doctorat*, Université de Paris VI (1990).

10. J.C. Gruet and T.S. Mountford, 'The rate of escape for pairs of windings on the Riemann sphere', *J. London Math. Soc. (2)* **48** (1993) 552-564.

11. W.M. Hirsch, 'A strong law for the maximum cumulative sum of independent random variables', *Comm. Pure Appl. Math.* **18** (1965) 109-127.

12. J.F. Le Gall and M. Yor, 'Etude asymptotique des enlacements du mouvement brownien autour des droites de l'espace', *Probab. Th. Rel. Fields* **74** (1987) 617-635.

13. J.F. Le Gall and M. Yor, 'Enlacements du mouvement brownien autour des courbes de l'espace', *Trans. Amer. Math. Soc.* **317** (1990) 687-722.

14. T.J. Lyons and H.P. McKean, 'Winding of the plane Brownian motion', *Adv. Math.* **51** (1984) 212-225.

15. P. Messulam and M. Yor, 'On D. Williams' pinching method and some applications', *J. London Math. Soc.* **26** (1982) 348-364.

16. J.W. Pitman and M. Yor, 'Asymptotic laws of planar Brownian motion', *Ann. Probab.* **14** (1986) 733-779.

17. W.E. Pruitt and S.J. Taylor, 'Sample path properties of processes with stable components', *Z. Wahrscheinlichkeitstheorie verw. Geb.* **12** (1969) 267-289.

18. D. Revuz and M. Yor, 'Continuous martingales and Brownian motion', Springer (1991).

19. L.C.G. Rogers and D. Williams, 'Diffusions, Markov processes and Martingales', vol 2: Itô Calculus, Wiley (1987).

20. Z. Shi, 'Liminf behaviours of the windings and Lévy's stochastic area of planar Brownian motion', *Séminaire de Probabilités* XXVIII, Lect. Notes in Math., Springer (1994).

21. F. Spitzer, 'Some theorems concerning 2-dimensional Brownian motion', *Trans. Amer. Math. Soc.* **87** (1958) 187-197.

22. D. Williams, 'A simple geometric proof of Spitzer's winding number formula for 2-dimensional Brownian motion', unpublished paper, University College of Swansea (1974).

23. M. Yor, 'Etude asymptotique des nombres de tours de plusieurs mouvements complexes corrélés', in *Random walks, Brownian motion and interacting particle systems*, Prog. Probab. **28**, Birkhäuser (1991) 441-455.

Rate of explosion of the Amperean area of the planar Brownian loop

Wendelin Werner

C.N.R.S. and University of Cambridge
Statistical Laboratory, D.P.M.M.S.
16 Mill Lane, Cambridge CB2 1SB
England

ABSTRACT: We study the asymptotic behaviour of approximations of the Amperean area (i.e. the integral of the squared index function) of the Brownian loop, which is almost surely infinite.

AMS SUBJECT CLASSIFICATION. Primary 60J65, Secondary 60H05.
KEY WORDS. Brownian loop, Amperean area, winding numbers

Introduction

Let $\gamma = (\gamma_t,\ 0 \le t \le 1)$ be a continuous loop in the complex plane and define for all $z \in \mathbb{R}^2 \setminus \{\gamma_t, 0 \le t \le 1\}$, the index n_z of γ around z. The Amperean area $\Omega(\gamma)$ of γ is defined by:

$$\Omega(\gamma) = \int_{\mathbb{R}^2 \setminus \gamma} (n_z)^2 \, dz,$$

where dz denotes the Lebesgue measure in $\mathbb{R}^2$. When γ is not smooth enough, n_z may not be bounded as z varies and it may happen that $\Omega(\gamma) = \infty$ because of too many small windings of the loop. From now on in this paper, we will consider the case where γ is a standard Brownian loop with $\gamma_0 = \gamma_1 = 0$ for which it is known that $\Omega(\gamma) = \infty$ a.s. (see [L], page 245, [W_1] and [W_2]) and we will estimate approximations of $\Omega(\gamma)$.

Problems related to the planar Brownian loop have been studied in several works. Lévy [L] has derived the exact law of the 'stochastic area' using the Fourier decomposition of the loop. The explicit law of the index n_z (with fixed z) has been derived in terms of Bessel functions by Yor [Y] (see also [E]), to which we refer for a rigorous definition of the Brownian loop. In [W_2], we introduced approximations n_z^ε of n_z, which we will use in this paper. More precisely, we proved that, although

$\int_{\mathbb{R}^2} |n_z| dz = \infty$ almost surely,

$$\lim_{\varepsilon \to 0} \int_{\mathbb{R}^2} n_z^\varepsilon dz = \mathcal{A}(\gamma) \quad \text{in Probability,}$$

where $\mathcal{A}(\gamma) = (1/2) \int_0^1 (\gamma_s^1 d\gamma_s^2 - \gamma_s^2 d\gamma_s^1)$ denotes Lévy's stochastic area of $\gamma = \gamma^1 + i\gamma^2$ and where n_z^ε is defined by the following stochastic integral:

$$n_z^\varepsilon = \frac{1}{2\pi} \Im \left(\int_0^1 \frac{d\gamma_s}{\gamma_s - z} 1_{|\gamma_s - z| > \varepsilon} \right)$$

($\Im$ denotes the imaginary part of a complex number and we identify $\mathbb{R}^2$ with C). Intuitively, $2\pi n_z^\varepsilon$ corresponds to the windings around z made outside the small disc $\mathcal{D}(z, \varepsilon)$ centered at z and with radius ε. Note that $n_z^\varepsilon = n_z$ as soon as z is not in the Wiener sausage S_ε of radius ε (that is $S_\varepsilon = \cup_{t \le 1} \mathcal{D}(\gamma_t, \varepsilon)$). The main result of the present paper is the following:

Theorem 1.

$$\lim_{\varepsilon \to 0} \frac{1}{|\log \varepsilon|} \int_{\mathbb{R}^2} (n_z^\varepsilon)^2 dz = \frac{1}{2\pi} \quad \text{in Probability.}$$

The motivation for this work has been given by recent works of physicists ([CDO], [GWS], [WS]...). The Amperean area of planar stochastic loops appears naturally in modelizations of particle systems for which magnetic interaction plays an important role (type II-superconductors, anyon gas...); see e.g. equation (6) in [GWS], where Ω is exactly the Debye Action functional. Very loosely speaking, the coefficient ε in our approximation, corresponds to the biggest distance for which interactions other than the magnetic interaction between particles cannot be neglected.

Our proof is based on simple properties of stochastic integrals (second moment computations...) and it seems unlikely that it can be easily adapted to obtain similar results for random walks on a lattice. It may nevertheless be conjectured that analogous results hold, where ε corresponds to the size of the lattice.

1. The Brownian motion.

1.1 Preliminaries.

It is much easier to deal with stochastic integrals with respect to the Brownian motion than to the Brownian loop. In this section, we will only focus our attention on Brownian motion, and we will derive the results concerning the Brownian loop in the next section.

Let $Z = (Z_t, t \ge 0)$ be a complex Brownian motion started from $Z_0 = 0$. As in $[W_2]$, section 7, we put

$$n_z^\varepsilon = \frac{1}{2\pi} \Im \left(\int_0^1 \frac{dZ_s}{Z_s - z} 1_{|Z_s - z| > \varepsilon} \right),$$

for all $\varepsilon > 0$. One should keep in mind the equality

$$n_z^\varepsilon = \frac{1}{2\pi}\int_0^1 1_{|Z_s - z|>\varepsilon} \frac{(X_s - x)dY_s - (Y_s - y)dX_s}{|Z_s - z|^2}, \tag{1}$$

where $z = x + iy$ and $Z_s = X_s + iY_s$. Nevertheless, we will mainly use the complex multiplicative notation for clarity reasons.

Since n_z^ε does not decrease fast enough as $|z| \to \infty$, it is obvious that $\int_{\mathbb{R}^2}(n_z^\varepsilon)^2 dz = \infty$ almost surely. More precisely, if $z(R) = (Z_1/|Z_1|)Re^{i\theta}$, then

$$n_{z(R)}^\varepsilon \sim n_{z(R)} \sim \frac{|Z_1|}{2\pi R}\sin\theta$$

as $R \to \infty$, and consequently,

$$\lim_{R\to\infty} \frac{1}{\log R}\int_{\mathcal{D}(0,R)} (n_z^\varepsilon)^2 dz = \frac{|Z_1|^2}{4\pi} \quad \text{a.s.}$$

(this phenomenon does not occur for the loop, as $n_z = 0$ on the unbounded connected component of the complement of the loop). To avoid this problem, we introduce for all $\delta > \varepsilon$,

$$m_z^{\varepsilon,\delta} = n_z^\varepsilon - n_z^\delta = \frac{1}{2\pi}\Im\left(\int_0^1 \frac{dZ_s}{Z_s - z} 1_{|Z_s - z|\in]\varepsilon,\delta]}\right),$$

and more generally, for all time t,

$$m_z^{\varepsilon,\delta}(t) = \frac{1}{2\pi}\Im\left(\int_0^t \frac{dZ_s}{Z_s - z} 1_{|Z_s - z|\in]\varepsilon,\delta]}\right).$$

Note that $m_z^{\varepsilon,\delta}(t) = 0$ as soon as $z \notin S_\delta^t$, where S_δ^t denotes the Wiener sausage $\cup_{s\le t}\mathcal{D}(Z_s,\delta)$ of radius δ on the time-interval $[0,t]$. Let us put

$$X_{\varepsilon,\delta} = \int_{\mathbb{R}^2} (m_z^{\varepsilon,\delta})^2 dz;$$

we will see that $X_{\varepsilon,\delta} < \infty$ a.s. (see e.g. Lemma 1-(i)).

Let us also fix, for all $k \ge 0$, $\delta_k = \exp(-k^2)$, and define the set Σ of all sequences $(\varepsilon_k, k \ge 0)$ of positive real numbers, such that for all $k \ge 0$, $\varepsilon_k \le \exp(-e^k)$. We will use these notations throughout this paper.

Our main aim in this section is to prove the following Proposition:

Proposition 1. *For any* $(\varepsilon_k, k \ge 0) \in \Sigma$,

$$\lim_{k\to\infty} \frac{1}{|\log \varepsilon_k|} X_{\varepsilon_k,\delta_k} = \frac{1}{2\pi} \quad \text{a.s.}$$

In fact, our proof also implies that $\lim_{\varepsilon\to 0+} |\log\varepsilon|^{-1} X_{\varepsilon,\delta(\varepsilon)} = (2\pi)^{-1}$ in Probability for $\delta(\varepsilon) = \exp(-(\log|\log\varepsilon|)^2)$, but Proposition 1 will be more useful in Section 2.

1.2 Preliminary results

We now recall some known results, which will be useful in this proof: If $T_\delta(z) = \inf\{t \geq 0,\ |Z_t - z| < \delta\}$ is the hitting time of $\mathcal{D}(z,\delta)$, one has

$$P(T_\delta(z) < t) \leq \frac{\phi_t(z)}{|\log \delta|} \tag{2}$$

for all $\delta < 1$, where $\phi_t \in L^p(\mathbb{R}^2)$ for all $p \geq 1$ (see for instance [LG], chapter 6).

We also restate Lemma 8 from $[W_2]$, which is an easy consequence of estimations on Bessel functions: For all $\varepsilon < 1/2$,

$$E((n_z^\varepsilon)^2) \leq \psi(z)\ |\log \varepsilon|, \tag{3}$$

where $\psi(z) = A + B\log|z| + C|z|^{-1/2}$ for some constants A, B, C. This implies readily that for all $\varepsilon < \delta < 1/2$,

$$E((m_z^{\varepsilon,\delta})^2) \leq 4\psi(z)\ |\log \varepsilon|. \tag{4}$$

1.3 The moments of $X_{\varepsilon,\delta}$

We now estimate the first two moments of $X_{\varepsilon,\delta}$.

Lemma 1. *For all* $\varepsilon < \delta$,

(i)
$$E(X_{\varepsilon,\delta}) = \frac{1}{2\pi}\log\frac{\delta}{\varepsilon}$$

(ii)
$$E((X_{\varepsilon,\delta})^2) \leq \frac{8}{\pi^2}(\log\frac{\delta}{\varepsilon})^2.$$

Proof: (i) is a straightforward consequence of (1) and of Fubini's Theorem: For all $z \neq 0$, (1) implies that

$$E((m_z^{\varepsilon,\delta})^2) = \frac{1}{4\pi^2}\int_0^1 ds\ E\left(\frac{1_{|Z_s - z|\in]\varepsilon,\delta]}}{|Z_s - z|^2}\right).$$

So,

$$\begin{aligned} E(X_{\varepsilon,\delta}) &= \int_{\mathbb{R}^2} dz\ E((m_z^{\varepsilon,\delta})^2) \\ &= \frac{1}{4\pi^2}\int_0^1 ds\ E\left(\int_{\mathbb{R}^2}\frac{1_{|Z_s - z|\in]\varepsilon,\delta]}}{|Z_s - z|^2}dz\right) \\ &= \frac{1}{4\pi^2}\int_0^1 ds\ 2\pi\log\frac{\delta}{\varepsilon} \\ &= \frac{1}{2\pi}\log\frac{\delta}{\varepsilon}. \end{aligned}$$

(ii) Let us denote for all $t \geq 0$, $f_t = f(X_t)$, $g_t = g(X_t)$, $F_t = \int_0^t f_s dX_s$ and $G_t = \int_0^t g_s dX_s$, where X is a linear Brownian motion and f and g two measurable bounded functions. Itô's formula yields

$$F_t G_t = \int_0^t (F_s g_s + G_s f_s) dX_s + \int_0^t f_s g_s ds$$

and

$$E(F_t^2 G_t^2) \leq 4E\left(\int_0^t (F_s^2 g_s^2 + G_s^2 f_s^2 + t f_s^2 g_s^2) ds\right) \tag{5}$$

for all $t \geq 0$.

Similarly, if $f_t = f(X_t, Y_t)$, $g_t = g(X_t, Y_t)$, $F_t = \int_0^t f_s dX_s$ and $G_t = \int_0^t g_s dY_s$, where X and Y are two independent Brownian motions, Itô's formula yields

$$F_t G_t = \int_0^t F_s g_s dY_s + \int_0^t G_s f_s dX_s$$

and

$$E(F_t^2 G_t^2) \leq \ 2E\left(\int_0^t ((F_s g_s)^2 + (G_s f_s)^2) ds\right). \tag{6}$$

Now,

$$E((X_{\varepsilon,\delta})^2) = \int_{\mathbb{R}^2 \times \mathbb{R}^2} E((m_z^{\varepsilon,\delta})^2 (m_{z'}^{\varepsilon,\delta})^2) \, dz \, dz'$$

and we deduce from (1) that

$$\begin{aligned}
&(m_z^{\varepsilon,\delta} m_{z'}^{\varepsilon,\delta})^2 \\
&\leq \frac{1}{16\pi^4}\left(\left(\int_0^1 \frac{(Y_s - y)}{|Z_s - z|^2} 1_{|Z_s - z| \in]\varepsilon,\delta]} dX_s\right)^2 + \left(\int_0^1 \frac{(X_s - x)}{|Z_s - z|^2} 1_{|Z_s - z| \in]\varepsilon,\delta]} dY_s\right)^2\right) \\
&\times \left(\left(\int_0^1 \frac{(Y_s - y')}{|Z_s - z'|^2} 1_{|Z_s - z'| \in]\varepsilon,\delta]} dX_s\right)^2 + \left(\int_0^1 \frac{(X_s - x')}{|Z_s - z'|^2} 1_{|Z_s - z'| \in]\varepsilon,\delta]} dY_s\right)^2\right).
\end{aligned}$$

Hence, (5) and (6) lead easily (using also a symmetry argument) to

$$\begin{aligned}
E((X_{\varepsilon,\delta})^2) \leq & 16 \int_{\mathbb{R}^2 \times \mathbb{R}^2} E\left(\int_0^1 ds \frac{1_{|Z_s - z| \in]\varepsilon,\delta]}}{4\pi^2 |Z_s - z|^2} (m_{z'}^{\varepsilon,\delta}(s))^2\right) dz dz' \\
& + 16 \int_{\mathbb{R}^2 \times \mathbb{R}^2} E\left(\int_0^1 ds \frac{1_{|Z_s - z| \in]\varepsilon,\delta]} 1_{|Z_s - z'| \in]\varepsilon,\delta]}}{16\pi^4 |Z_s - z|^2 |Z_s - z'|^2}\right) dz dz'.
\end{aligned}$$

Finally, Fubini's Theorem and (i) imply that

$$E((X_{\varepsilon,\delta})^2) \leq \frac{8}{\pi^2} \log \frac{\delta}{\varepsilon},$$

which completes the proof of Lemma 1.

1.4 Cutting the Brownian path.

We will now use the independence of the increments of Brownian motion to prove that $X_{\varepsilon_k,\delta_k} \sim E(X_{\varepsilon_k,\delta_k})$ as $k \to \infty$ (where $(\varepsilon_k, k \geq 0) \in \Sigma$). Let us define, for all time-intervals $[a,b]$, $m_z^{\varepsilon,\delta}([a,b]) = m_z^{\varepsilon,\delta}(b) - m_z^{\varepsilon,\delta}(a)$ and denote

$$m_z^{\varepsilon,\delta,1} = m_z^{\varepsilon,\delta}([0,1/2]),\ m_z^{\varepsilon,\delta,2} = m_z^{\varepsilon,\delta}([1/2,1]).$$

Let also denote S_δ^1 and S_δ^2 the Wiener sausages of radius δ on the time-intervals $[0,1/2]$ and $[1/2,1]$. Obviously,

$$X_{\varepsilon,\delta} = \int_{\mathbb{R}^2} (m^{\varepsilon,\delta,1})^2 dz + \int_{\mathbb{R}^2} (m_z^{\varepsilon,\delta,2})^2 dz + Y_{\varepsilon,\delta} \tag{7}$$

where

$$Y_{\varepsilon,\delta} = 2\int_{\mathbb{R}^2} m_z^{\varepsilon,\delta,1} m_z^{\varepsilon,\delta,2} dz.$$

The independence of Brownian increments before and after time 1/2 and the fact that $m_z^{\varepsilon,\delta,1} = 0$ as soon as $z \notin S_\delta^1$ yield

$$\begin{aligned} E(|Y_{\varepsilon,\delta}|) &\leq 2\,E\left(\int_{\mathbb{R}^2} (1_{z\in S_\delta^1}\ |m_z^{\varepsilon,\delta,2}|^2 + 1_{z\in S_\delta^2} |m_z^{\varepsilon,\delta,1}|^2) dz\right) \\ &\leq 4\int_{\mathbb{R}^2} P(T_\delta(z') < 1/2) E((m_{z'}^{\varepsilon,\delta,1})^2)\ dz' \end{aligned}$$

(where $z' = z - Z_{1/2}$). (2) and (4) now imply immediately that for all $\varepsilon < \delta < 1/2$,

$$E(|Y_{\varepsilon,\delta}|) \leq\ C\frac{|\log\varepsilon|}{|\log\delta|} \tag{8}$$

for some constant $C > 0$.

On the other hand, the Markov property and a scaling argument show that $X^1_{\varepsilon\sqrt{2},\delta\sqrt{2}} = 2\int_{\mathbb{R}^2}(m_z^{\varepsilon,\delta,1})^2 dz$ and $X^2_{\varepsilon\sqrt{2},\delta\sqrt{2}} = 2\int_{\mathbb{R}^2}(m_z^{\varepsilon,\delta,2})^2 dz$ are two independent copies of $X_{\varepsilon\sqrt{2},\delta\sqrt{2}}$.

Now, repeating p times (7) gives:

$$X_{\varepsilon,\delta} = \frac{1}{2^p}\left(X^1_{\varepsilon 2^{p/2},\delta 2^{p/2}} + \ldots + X^{2^p}_{\varepsilon 2^{p/2},\delta 2^{p/2}}\right) + Y^p_{\varepsilon,\delta}, \tag{9}$$

where $(X^1_{\varepsilon 2^{p/2},\delta 2^{p/2}}, \ldots, X^{2^p}_{\varepsilon 2^{p/2},\delta 2^{p/2}})$ are 2^p independent copies of $X_{\varepsilon 2^{p/2},\delta 2^{p/2}}$ and where

$$E(|Y^p_{\varepsilon,\delta}|) \leq p\,C\frac{|\log\varepsilon|}{|\log(\delta 2^{p/2})|} \tag{10}$$

if $\delta 2^{p/2} < 1/2$.

Now, let us fix $(\varepsilon_k, k \geq 0) \in \Sigma$ and let p_k be the integer part of $(2\log k)/\log 2$, so that $k^{3/2} \leq 2^{p_k} \leq k^2$ for all sufficiently large k. (10) can be rewritten as:

$$E(|Y^{p_k}_{\varepsilon_k,\delta_k}|) \leq C' \frac{\log k}{k^2} |\log \varepsilon_k|$$

for some new constant C'. Chebyshev's inequality and Borel-Cantelli's Lemma now imply that

$$\lim_{k\to\infty} \frac{1}{|\log \varepsilon_k|} Y^{p_k}_{\varepsilon_k,\delta_k} = 0 \quad \text{a.s.} \tag{11}$$

Similarly, Lemma 1 and Chebyshev's inequality yield, for all $\varepsilon < \delta < 1/2$,

$$\begin{aligned} P\left(\left| \frac{X^1_{\varepsilon 2^{p/2},\delta 2^{p/2}} + \ldots + X^{2^p}_{\varepsilon 2^{p/2},\delta 2^{p/2}}}{2^p E(X_{\varepsilon 2^{p/2},\delta 2^{p/2}})} - 1 \right| > \frac{1}{\log k} \right) \\ \leq \frac{E((X_{\varepsilon 2^{p/2},\delta 2^{p/2}})^2)}{2^p (\log k)^{-2} E(X_{\varepsilon 2^{p/2},\delta 2^{p/2}})^2} \\ \leq \frac{32}{2^p} (\log k)^2. \end{aligned}$$

So, Borel-Cantelli's Lemma and Lemma 1-(i) imply that

$$\lim_{k\to\infty} \left(\frac{X^1_{\varepsilon_k 2^{p_k/2},\delta_k 2^{p_k/2}} + \ldots + X^{2^{p_k}}_{\varepsilon_k 2^{p_k/2},\delta_k 2^{p_k/2}}}{2^{p_k} |\log \varepsilon_k|} \right) = \frac{1}{2\pi} \quad \text{a.s.}$$

(11) and (9) finally show that,

$$\lim_{k\to\infty} \frac{1}{|\log \varepsilon_k|} X_{\varepsilon_k,\delta_k} = \frac{1}{2\pi} \quad \text{a.s.}$$

and the proof of Proposition 1 is completed.

1.5 Localization

Finally, we estimate the difference between $(n^\varepsilon_z)^2$ and $(m^{\varepsilon,\delta}_z)^2$:

Lemma 2. *For any $(\varepsilon_k, k \geq 0) \in \Sigma$ and for any compact set $A \subset \mathbb{R}^2$,*

$$\lim_{k\to\infty} \frac{1}{|\log \varepsilon_k|} \left(\int_A (n^{\varepsilon_k}_z)^2 dz - \int_A (m^{\varepsilon_k,\delta_k}_z)^2 dz \right) = 0 \quad \text{a.s.}$$

Proof: Notice that

$$\begin{aligned} E(|(n^\varepsilon_z)^2 - (m^{\varepsilon,\delta}_z)^2|) &\leq E(|n^\varepsilon_z - m^{\varepsilon,\delta}_z|^2)^{1/2} E(|n^\varepsilon_z + m^{\varepsilon,\delta}_z|^2)^{1/2} \\ &\leq 4E((n^\delta_z)^2)^{1/2} \; E(|n^\varepsilon_z|^2 + |n^\delta_z|^2)^{1/2}. \end{aligned}$$

Using (3) shows that for all $k \geq 1$,

$$\frac{1}{|\log \varepsilon_k|} \left| \int_A (n^{\varepsilon_k}_z)^2 dz - \int_A (m^{\varepsilon_k,\delta_k}_z)^2 dz \right| \leq C'' \frac{|\log \delta_k|^{1/2}}{|\log \varepsilon_k|^{1/2}}$$

for some constant C''. A Borel-Cantelli argument ends the proof.

In the sequel, we will use Lemma 2 in the following form:

Corollary 1. *Let Γ be any event such that $P(\Gamma) > 0$. Then, conditional on Γ, one has*

$$\lim_{k\to\infty} \frac{1}{|\log \varepsilon_k|} \int_A |(n_z^{\varepsilon_k})^2 - (m_z^{\varepsilon_k,\delta_k})^2| dz = 0 \quad \text{a.s.}$$

for any $(\varepsilon_k, k \geq 0) \in \Sigma$ and any compact $A \subset \mathbb{R}^2$.

2. The Brownian loop

2.1 Preliminaries

If $\gamma = (\gamma_t, 0 \leq t \leq 1)$ denotes a Brownian loop with $\gamma_0 = \gamma_1 = 0$, let us recall that for $\lambda < 1$, the law of $(\gamma_t, t \leq \lambda)$ has the same negligible sets as the law of $(Z_t, t \leq \lambda)$. Hence, an almost sure result depending only on $(Z_t, t \leq \lambda)$ is also true for γ. As in [W_2], that is the basic idea we will use to obtain results on the Brownian loop.

We will use the same notations for the functionals of γ and of Z. To avoid confusion, we will specify each time which case we consider: We will refer to the Brownian loop (respectively motion) as the 'L-case' (resp. 'M-case'). Let us define, as for Z,

$$m_z^{\varepsilon,\delta}(\mathrm{I}) = \frac{1}{2\pi} \Im \left(\int_I \frac{d\gamma_s}{\gamma_s - z} 1_{|\gamma_s - z| \in]\varepsilon,\delta]} \right)$$

for all $z \neq 0$, $\varepsilon < \delta$ and all intervals $I \subset [0,1]$. We put, $m_z^{\varepsilon,\delta} = m_z^{\varepsilon,\delta}([0,1])$. Similarly we define $n_z^\varepsilon(I)$ and n_z^ε.

We cut $(\gamma_t, 0 \leq t \leq 1)$ (and $(Z_t, t \leq 1)$) in three parts corresponding to the time-intervals $I_1 = [0, 1/3], I_2 = [1/3, 2/3]$ and $I_3 = [2/3, 1]$. We denote, for $i \in \{1,2,3\}$,

$$m_z^{\varepsilon,\delta,i} = m_z^{\varepsilon,\delta}(I_i) \text{ and } n_z^{\varepsilon,\delta,i} = n_z^{\varepsilon,\delta}(I_i)$$

in both M- and L-cases.

2.2 The analogue of Proposition 1

We will now derive the analogue of Proposition 1 in the L-case. Obviously, for all $\varepsilon < \delta$,

$$\int_{\mathbb{R}^2} (m_z^{\varepsilon,\delta})^2 dz = \sum_{i=1}^{3} \int_{\mathbb{R}^2} (m_z^{\varepsilon,\delta,i})^2 dz + 2 \sum_{1 \leq i < j \leq 3} \int_{\mathbb{R}^2} m_z^{\varepsilon,\delta,i} m_z^{\varepsilon,\delta,j} dz \tag{12}$$

in both M- and L-cases.

Let us fix $(\varepsilon_k, k \geq 0) \in \Sigma$. A scaling argument and Proposition 1 show that in the M-case,

$$\lim_{k\to\infty} \frac{1}{|\log \varepsilon_k|} \int_{\mathbb{R}^2} (m_z^{\varepsilon_k,\delta_k,1})^2 dz = \frac{1}{6\pi} \quad \text{a.s.}$$

Since this depends only on $(Z_s, s \in I_1)$, it also holds in the L-case. Now, by symmetry, for $i \in \{1,2,3\}$,

$$\lim_{k\to\infty} \frac{1}{|\log \varepsilon_k|} \int_{\mathbb{R}^2} (m_z^{\varepsilon_k,\delta_k,i})^2 dz = \frac{1}{6\pi} \quad \text{a.s.} \tag{13}$$

in the L-case.

On the other hand, (8) readily gives (using scaling, Chebyshev's inequality and Borel-Cantelli's Lemma) that,

$$\lim_{k\to\infty} \frac{1}{|\log \varepsilon_k|} \int_{\mathbb{R}^2} m_z^{\varepsilon_k,\delta_k,1} m_z^{\varepsilon_k,\delta_k,2} dz = 0 \quad \text{a.s.} \tag{14}$$

Since this depends only on $(Z_s, s \le 2/3)$, it holds also in the L-case. By symmetry, for any $i \ne j$ in $\{1,2,3\}$,

$$\lim_{k\to\infty} \frac{1}{|\log \varepsilon_k|} \int_{\mathbb{R}^2} m_z^{\varepsilon_k,\delta_k,i} m_z^{\varepsilon_k,\delta_k,j} dz = 0 \quad \text{a.s.} \tag{15}$$

in the L-case. Finally (12), (13) and (15) show that

$$\lim_{k\to\infty} \frac{1}{|\log \varepsilon_k|} \int_{\mathbb{R}^2} (m_z^{\varepsilon_k,\delta_k})^2 dz = \frac{1}{2\pi} \quad \text{a.s.} \tag{16}$$

in the L-case.

2.3 Localization

We now want to derive Theorem 1. Let us first put down some notations: Define $\text{diam}(Z, I) = \sup_{(s,t)\in I^2} |Z_s - Z_t|$ and $\text{diam}(\gamma, I) = \sup_{(s,t)\in I^2} |\gamma_s - \gamma_t|$. For $N > 1$, $\mathcal{E}_N^I$ (respectively $\mathcal{H}_N^I$) will denote the event $\{\text{diam}(Z, I) < N\}$ (resp. $\{\text{diam}(\gamma, I) < N\}$) We also keep the notations introduced in section 2.1.

Using corollary 1, one has, conditional on $\mathcal{E}_N^{[0,2/3]}$, for any compact set $A \subset \mathbb{R}^2$, for any $(\varepsilon_k, k \ge 0) \in \Sigma$,

$$\lim_{k\to\infty} \frac{1}{|\log \varepsilon_k|} \int_A ((n_z^{\varepsilon_k,1})^2 - (m_z^{\varepsilon_k,\delta_k,1})^2) dz = 0 \quad \text{a.s.} \tag{17}$$

and

$$\lim_{k\to\infty} \frac{1}{|\log \varepsilon_k|} \int_A \left((n_z^{\varepsilon_k,1} + n_z^{\varepsilon_k,2})^2 - (m_z^{\varepsilon_k,\delta_k,1} + m_z^{\varepsilon_k,\delta_k,2})^2\right) dz = 0 \quad \text{a.s.} \tag{18}$$

in the M-case. (17) and (18) imply (using a symmetry argument) that

$$\lim_{k\to\infty} \frac{1}{|\log \varepsilon_k|} \int_A (n_z^{\varepsilon_k,1} n_z^{\varepsilon_k,2} - m_z^{\varepsilon_k,\delta_k,1} m_z^{\varepsilon_k,\delta_k,2}) dz = 0 \quad \text{a.s.,} \tag{19}$$

in the M-case, conditional on $\mathcal{E}_N^{[0,2/3]}$.

Since (17), (18) and (19) depend only on $(Z_s, s \leq 2/3)$, they also hold in the L-case (conditional on $\mathcal{H}_N^{[0,2/3]}$). As $\mathcal{H}_N^{[0,1]} \subset \mathcal{H}_N^{[0,2/3]}$ and $P(\mathcal{H}_N^{[0,1]}) > 0$, (17), (18) and (19) also hold conditional on $\mathcal{H}_N^{[0,1]}$ (in the L-case).

By symmetry, this implies that, conditional on $\mathcal{H}_N^{[0,1]}$, for any $(\varepsilon_k, k \geq 0) \in \Sigma$, for any compact set $A \subset \mathbb{R}^2$, and for all $i \neq j$ in $\{1,2,3\}$,

$$\lim_{k\to\infty} \frac{1}{|\log \varepsilon_k|} \int_A ((n_z^{\varepsilon_k,i})^2 - (m_z^{\varepsilon_k,\delta_k,i})^2) dz = 0 \quad \text{a.s.} \tag{20}$$

and

$$\lim_{k\to\infty} \frac{1}{|\log \varepsilon_k|} \int_A (n_z^{\varepsilon_k,i} n_z^{\varepsilon_k,j} - m_z^{\varepsilon_k,\delta_k,i} m_z^{\varepsilon_k,\delta_k,j}) dz = 0 \quad \text{a.s.} \tag{21}$$

in the L-case. Finally, as $n_z^{\varepsilon} = n_z^{\varepsilon,1} + n_z^{\varepsilon,2} + n_z^{\varepsilon,3}$, (20) and (21) show immediately that, conditional on $\mathcal{H}_N^{[0,1]}$, for any $(\varepsilon_k, k \geq 0) \in \Sigma$ and for any compact set $A \subset \mathbb{R}^2$

$$\lim_{k\to\infty} \frac{1}{|\log \varepsilon_k|} \int_A ((n_z^{\varepsilon_k})^2 - (m_z^{\varepsilon_k,\delta_k})^2) dz = 0 \quad \text{a.s.} \tag{22}$$

in the L-case. For $A = \mathcal{D}(0, N+1)$, it is obvious that conditional on $\mathcal{H}_N^{[0.1]}$, $n_z^{\varepsilon} = m_z^{\varepsilon,\delta} = 0$ for all $\varepsilon < \delta < 1$, as soon as $z \notin A$. Hence, one can replace A by $\mathbb{R}^2$ in (22).

Finally, (22) and (16) show that, conditional on $\mathcal{H}_N^{[0,1]}$, for any $(\varepsilon_k, k \geq 0) \in \Sigma$,

$$\lim_{k\to\infty} \frac{1}{|\log \varepsilon_k|} \int_{\mathbb{R}^2} (n_z^{\varepsilon_k})^2 dz = \frac{1}{2\pi} \quad \text{a.s.}$$

in the L-case. This implies that, conditional on $\mathcal{H}_N^{[0,1]}$,

$$\lim_{\varepsilon\to 0} \frac{1}{|\log \varepsilon|} \int_{\mathbb{R}^2} (n_z^{\varepsilon})^2 dz = \frac{1}{2\pi} \quad \text{in Probability}$$

(since for every sequence $\varepsilon_k \to 0$, there exists a subsequence in Σ for which almost sure convergence holds). Finally, as $\lim_{N\to\infty} P(\mathcal{H}_N^{[0,1]}) = 1$, Theorem 1 follows.

Acknowledgements. I am very grateful to Alain Comtet, Giuliano Gavazzi, Tom Mountford, Andrew Schofield and Marc Yor for very stimulating discussions.

References

[CDO] A. Comtet, J. Desbois, S. Ouvry, *Windings of planar Brownian curves*, J. Phys. A: Math. Gen., **23**, 3563-72 (1990).

[E] S.F. Edwards, *Statistical mechanics with topological constraints: I*, Proc. Phys. Soc., **91**, 513-519 (1967).

[GWS] G. Gavazzi, J.M. Wheatley, A.J. Schofield, *Single-particle motion in a random magnetic flux*, Phys. Rev. B, **47**, 22, 15170 -15176 (1993).

[LG] J.F. Le Gall, *Some properties of planar Brownian motion*, Cours de l'école d'été de St-Flour, Lect. Notes in Math. 1527, Springer, 1992.

[L] P. Lévy, *Processus stochastiques et Mouvement brownien*, Gauthier-Villars, Paris, 1965.

[W_1] W. Werner, *Sur l'ensemble des points autour desquels le mouvement brownien plan tourne beaucoup*, Probab. Th. rel. Fields, **98**, (to appear).

[W_2] W. Werner, *Formule de Green, lacet brownien plan et aire de Lévy*, Stochastic Process. Appl. (to appear).

[WS] J.M. Wheatley, A.J. Schofield, *Spin-charge coupling in doped Mott Insulators*, in: Proceedings of Adriatico Conference on Strongly Correlated Electron Systems 1991, Int. J. Mod. Phys. B, **6**, 655-679 (1992).

[Y] M. Yor, *Loi de l'indice du lacet brownien, et distribution de Hartman-Watson*, Z. Warscheinlichkeitstheorie verw. Gebiete, **53**, 71-95 (1980).

Comportement asymptotique du nombre de tours effectués par la trajectoire brownienne plane

Jean Bertoin, Wendelin Werner

C.N.R.S.
Laboratoire de Probabilités, Tour 56
Université Paris 6
4, place Jussieu
75252 Paris Cedex 05, France

Introduction

Soit $Z = (Z_t, t \geq 0)$ un mouvement brownien complexe issu de 1 et $\theta = (\theta_t, t \geq 0)$ la détermination continue issue de 0 de son argument. Le comportement asymptotique de la loi de θ_t lorsque $t \to \infty$ est décrit par le célèbre résultat de Spitzer [8],

$$\frac{2\theta_t}{\log t} \xrightarrow{\text{(d)}} C_1 \qquad (t \to \infty) \tag{1}$$

où C_1 désigne une variable de Cauchy symétrique de paramètre 1, c'est-à-dire dont la loi a pour densité $(\pi(1+x^2))^{-1}$ sur $\mathbb{R}$, et où (d) est le symbole pour la convergence en loi. Nous nous intéressons ici au comportement presque-sûr de θ_t quand $t \to \infty$. Le résultat principal de cette note est le suivant:

Théorème 1. *Soit f une fonction positive croissante définie sur $\mathbb{R}_+$. Alors, presque sûrement,*

$$\limsup_{t\to\infty} \frac{\theta_t}{f(t)\log t} = 0 \text{ ou } \infty \tag{2}$$

suivant que

$$\int^{\infty} \frac{dt}{t f(t) \log t} \text{ converge ou diverge.} \tag{3}$$

Par exemple, on voit que pour $f(t) = (\log\log t)^\alpha$, le membre de gauche dans (2) vaut 0 si $\alpha > 1$ et ∞ sinon.
L'inversion du temps permet de donner une version du théorème 1 en temps petit. Plus précisément, si $(Z'_t, t \geq 0)$ désigne un mouvement brownien plan issu de 0 et $(\theta'_t, t > 0)$ la détermination continue de son argument qui vaut 0 au temps 1, on a alors le résultat suivant:

Corollaire 2. *Soit g une fonction positive décroissante définie sur $\mathbb{R}_+ \setminus \{0\}$. Alors, presque sûrement,*

$$\limsup_{\varepsilon \to 0} \frac{\theta'_\varepsilon}{g(\varepsilon)|\log \varepsilon|} = 0 \text{ ou } \infty$$

suivant que

$$\int_0 \frac{du}{ug(u)|\log u|} \text{ converge ou diverge.}$$

Remarquons que ce résultat n'est pas valable uniformément sur la courbe brownienne. Si t_0 est l'instant d'un point-cône $z = Z_{t_0}$ (voir par exemple Le Gall [4], chapitres 3 et 4 pour une description de ces points), alors l'argument de $Z_t - z$ reste borné au voisinage de t_0. A l'opposé, si z est un point de multiplicité infinie de la courbe brownienne avant le temps 1 (voir [4], chapitre 9) et t_0 un point d'accumulation de $\{t < 1, Z_t = z\}$, il est impossible de définir une détermination continue de l'argument de $Z_t - z$ au voisinage de t_0. Enfin, nous mentionnons que dans un travail récent, Z. Shi [9] a caractérisé les fonctions ϕ pour lesquelles $\sup\{|\theta_s|, s \leq t\} < \phi(t)$ infiniment souvent quand t tend vers l'infini.
Le plan de cette note est le suivant: Le premier paragraphe est consacré à la démonstration du théorème 1. Dans la seconde partie, nous établissons des résultats liés au théorème 1 concernant l'horloge associée à θ et les fonctionnelles additives intégrables.

1. La preuve du théorème 1

Il est facile de deviner que la vitesse de croissance de θ est bien celle que l'on obtient dans le théorème 1. En effet, le résultat de Spitzer (1) suggère de rapprocher le comportement asymptotique (lorsque $u \to \infty$) du processus $(\theta_{\exp(2u)}, u \geq 0)$ de celui d'un processus de Cauchy symétrique $C = (C_u, u \geq 0)$. D'autre part, on connait la vitesse de croissance de C (voir par exemple le théorème 11.2 de [2]):

$$\limsup_{u \to \infty} \frac{C_u}{h(u)} = 0 \text{ ou } \infty$$

suivant que

$$\int^\infty \frac{du}{h(u)} \text{ converge ou diverge.}$$

On obtient alors le théorème 1 en effectuant le changement de variables $t = \exp(2u)$. Bien qu'il semble difficile de rendre rigoureux cet argument informel, cela simplifie notre travail en mettant en évidence le test intégral.

La preuve du théorème 1 est divisée en deux parties, chacune précédée de préliminaires.

PRÉLIMINAIRES À LA PREMIÈRE PARTIE DE LA DÉMONSTRATION: Nous utiliserons la majoration suivante qui est vérifiée pourvu que $\lim_{t\to\infty} \tilde{f}(t) = \infty$:

$$P(\sup_{0\leq s\leq t} \theta_s > \tilde{f}(t)\log t) = O\left(\frac{1}{\tilde{f}(t)}\right) \qquad (t\to\infty). \tag{4}$$

On sait en effet d'après les équations (2.7) et (2.8) de Spitzer [8] (avec $s = 1$ et $\alpha = \tilde{f}(t)\log t$), que

$$P^{|\mathcal{N}|}(\sup_{0\leq s\leq t} \theta_s < \tilde{f}(t)\log t) = \frac{2}{\pi}\arctan\left(\frac{\tilde{f}(t)\log t}{\log((1+t)^{1/2}+t^{1/2})}\right)$$
$$= 1 - O\left(\frac{1}{\tilde{f}(t)}\right) \qquad (t\to\infty).$$

où $\mathcal{N}$ désigne une variable aléatoire réelle centrée normale réduite et $P^{|\mathcal{N}|}$ la loi du mouvement brownien complexe issu de $|\mathcal{N}|$. On a alors immédiatement en utilisant des propriétés de changement d'échelle,

$$P(\sup_{0\leq s\leq t} \theta_s > \tilde{f}(t)\log t).P(|\mathcal{N}|<1) = P^{|\mathcal{N}|}(\sup_{0\leq s\leq \mathcal{N}^2 t} \theta_s > \tilde{f}(t)\log t \text{ et } |\mathcal{N}|<1)$$
$$\leq P^{|\mathcal{N}|}(\sup_{0\leq s\leq t} \theta_s > \tilde{f}(t)\log t)$$
$$= O\left(\frac{1}{\tilde{f}(t)}\right) \qquad (t\to\infty)$$

ce qui prouve (4).

PREMIÈRE PARTIE DE LA PREUVE DU THÉORÈME 1: Supposons que l'intégrale dans (3) converge; dans ce cas $\lim_{t\to\infty} f(t) = \infty$. Posons pour tout entier n, $t_n = 2^{2^n}$. On a alors (car f est croissante),

$$\sum_{n=2}^{\infty} \frac{1}{f(\sqrt{t_n})} \leq \int_1^{\infty} f(2^{2^{u-1}})^{-1}\,du \leq c\int_1^{\infty} \frac{dt}{tf(t)\log t} < \infty.$$

Le lemme de Borel-Cantelli et (4) appliqué à $\tilde{f}(t) = f(t^{1/2})$ entraînent que p.s.,

$$\sup_{0\leq s\leq t_n} \theta_s \leq 2f(\sqrt{t_n})\log(\sqrt{t_n})$$

pour tout n assez grand. Observons que $\sqrt{t_n} = t_{n-1}$ et que remplacer f par un multiple de f ne change pas le résultat du test intégral (3). En conséquence nous avons, p.s.,

$$\lim_{n\to\infty}\left(\frac{\sup\{\theta_s, 0\leq s\leq t_n\}}{f(t_{n-1})\log t_{n-1}}\right) = 0.$$

Un argument de monotonie montre alors que $\lim_{t\to\infty}(\theta_t/(f(t)\log t)) = 0$ p.s., ce qui achève la première partie de la preuve du théorème 1.

PRÉLIMINAIRES À LA SECONDE PARTIE DE LA DÉMONSTRATION: Pour montrer la seconde partie du théorème 1, nous allons considérer la suite des montées et des descentes de Z entre $\mathcal{C}_1$ et $\mathcal{C}_2$, deux cercles centrés à l'origine de rayons respectifs 1 et 2. Plus précisément, posons $T_0 = 0$ et pour $n \geq 1$,

$$S_n = \inf\{t > T_{n-1},\ |Z_t| = 2\},\ T_n = \inf\{t > S_n,\ |Z_t| = 1\}.$$

Autrement dit, S_n (respectivement T_n) est l'instant en lequel Z accomplit la n-ième montée (respectivement descente). L'idée intuitive de cette démonstration est que, quand l'intégrale dans (3) diverge, alors on peut trouver un entier N arbitrairement grand pour lequel l'accroissement absolu de θ lors de la $(N+1)$-ième montée (c'est à dire $|\theta_{S_{N+1}} - \theta_{T_N}|$) soit supérieur à $Nf(e^N)$. D'autre part, l'instant S_{N+1} en lequel s'achève cette montée est asymptotiquement équivalent au temps passé à effectuer les N descentes précédentes, qui est du même ordre de grandeur que e^N. L'indépendance entre les montées et les descentes et des propriétés de symétries montrent alors que $\theta_{S_{N+1}} > f(S_{N+1})\log S_{N+1}$ avec probabilité uniformément minorée, ce qui nous permettra de conclure en appliquant la loi du 0-1.

Nous rappelons maintenant quelques résultats simples sur les montées et les descentes. Introduisons $d(n) = \sum_{i=1}^{n}(T_i - S_i)$ le temps total passé à effectuer des descentes jusqu'à ce que s'achève la n-ième descente. Alors, p.s.

$$\lim_{n\to\infty} \frac{d(n)}{S_{n+1}} = 1. \tag{5}$$

En effet, le temps passé à effectuer des montées jusqu'à ce que s'achève la $(n+1)$-ième montée est $m(n+1) = S_{n+1} - d(n)$. Comme à l'évidence

$$m(n+1) \leq \int_0^{S_{n+1}} 1_{\{|Z_s|\leq 2\}} ds,$$

on déduit du théorème ergodique pour les fonctionnelles additives du mouvement brownien plan (Kallianpur et Robbins [3]) que $m(n+1)/S_{n+1}$ tend p.s. vers 0 lorsque $n \to \infty$. Ceci entraîne (5).

Nous utiliserons également la minoration suivante: il existe une constante $c > 0$ telle que

$$P(d(n) < e^n) \geq c \qquad \text{pour tout } n \text{ assez grand.} \tag{6}$$

En effet, (6) découle immédiatement de (5) et de la convergence en loi de $M_t/\log t$ lorsque $t \to \infty$ vers une variable exponentielle, où M_t désigne ici le nombre de montées effectuées avant le temps t (voir par exemple Burdzy et al. [1]).
Enfin nous rappelons que l'accroissement de θ lors d'une montée suit une loi de Cauchy symétrique de paramètre $\log 2$, c'est-à-dire, pour tout $n \geq 0$,

$$\theta_{S_{n+1}} - \theta_{T_n} \overset{\text{(d)}}{=} (\log 2)\ C_1 \tag{7}$$

(voir par exemple Revuz-Yor [7], page 401).

SECONDE PARTIE DE LA PREUVE DU THÉORÈME 1: Supposons que l'intégrale dans (3) diverge. D'après (7) et en utilisant la croissance de f, il existe une constante c' finie telle que

$$\begin{aligned} c' \sum_{n=1}^{\infty} P(|\theta_{S_{n+1}} - \theta_{T_n}| > nf(e^n)) &\geq \sum_{n=1}^{\infty} \frac{1}{nf(e^n)} \\ &\geq \int_1^{\infty} \frac{du}{uf(e^u)} \\ &\geq \int_e^{\infty} \frac{dt}{tf(t)\log t} = \infty. \end{aligned}$$

Comme les accroissements de θ lors des montées sont indépendants (c'est une simple conséquence de la propriété de Markov forte et de la décomposition en skew-product de Z), nous déduisons du lemme de Borel-Cantelli que p.s.

$$(8) \qquad |\theta_{S_{n+1}} - \theta_{T_n}| > nf(e^n) \qquad \text{pour une infinité d'entiers } n.$$

Choisissons maintenant un entier k arbitrairement grand et posons

$$N(k) = \inf\{n > k,\ |\theta_{S_{n+1}} - \theta_{T_n}| > nf(e^n)\}.$$

Nous savons grâce à (8) que $N(k)$ est fini p.s. Introduisons les accroissements absolus de temps et d'angles lors des n-ièmes montées et descentes:

$$I^m(n) = (S_n - T_{n-1}, |\theta_{S_n} - \theta_{T_{n-1}}|) \text{ et } I^d(n) = (T_n - S_n, |\theta_{T_n} - \theta_{S_n}|)$$

ainsi que les signes

$$\sigma^m(n) = \operatorname{sgn}(\theta_{S_n} - \theta_{T_{n-1}}) \text{ et } \sigma^d(n) = \operatorname{sgn}(\theta_{T_n} - \theta_{S_n}).$$

On voit grâce à la propriété de Markov forte, à la décomposition en skew-product de Z et par symétrie, que les variables aléatoires précédentes sont toutes indépendantes. De plus, $\sigma^m(n)$ et $\sigma^d(n)$ sont des variables de Bernoulli symétriques. En particulier, comme $I^d(.)$ est indépendant de $N(k)$, on sait d'après (6) que (pourvu que k soit assez grand), $P(d(N(k)) < e^{N(k)}) \geq c$. Donc, grâce à (5), on a $P(S_{N(k)+1} < e^{N(k)+1}) \geq c$. La définition même de $N(k)$ entraîne alors que

$$(9) \qquad P\left(|\theta_{S_{N(k)+1}} - \theta_{T_{N(k)}}| > f(S_{N(k)+1}) \log S_{N(k)+1}\right) \geq c$$

lorsque k est assez grand.

En utilisant l'indépendance de I^m, I^d, σ^m et σ^d et la symétrie de σ^m et de σ^d, nous déduisons de (9) que

$$P(\theta_{S_{N(k)+1}} > f(S_{N(k)+1}) \log S_{N(k)+1})$$

$$\geq P(|\theta_{S_{N(k)+1}} - \theta_{T_{N(k)}}| > f(S_{N(k)+1}) \log S_{N(k)+1}, \theta_{S_{N(k)+1}} - \theta_{T_{N(k)}} \geq 0, \theta_{T_{N(k)}} \geq 0)$$
$$\geq \frac{c}{4}$$

lorsque k est assez grand. Ceci implique (par exemple grâce au lemme de Fatou) que

$$P(\limsup_{t\to\infty} \frac{\theta_t}{f(t)\log t} > 1) \geq \frac{c}{4}.$$

Il est maintenant facile d'appliquer la loi du 0-1 de Kolmogorov, de sorte que la probabilité précédente vaut nécéssairement 1. Enfin, le résultat du test intégral (3) est inchangé lorsque l'on remplace f par un multiple de f, et donc, p.s.

$$\limsup_{t\to\infty} \frac{\theta_t}{f(t)\log t} = \infty$$

ce qui achève la démonstration du théorème 1.

2. Quelques résultats complémentaires

2.1 Comportement asymptotique de l'horloge

Nous allons maintenant établir une estimation analogue du comportement asymptotique de l'horloge associée à θ; celle-ci est définie pour tout $t \geq 0$ par

$$H_t = \int_0^t \frac{ds}{|Z_s|^2}.$$

Rappelons que d'après la décomposition en skew-product du mouvement brownien plan:

$$(10) \qquad (\theta_t, t \geq 0) = (\beta_{H_t}, t \geq 0)$$

où β est un mouvement brownien linéaire issu de 0 indépendant de $(H_t, t \geq 0)$.

Théorème 3. *Soit f une fonction positive croissante définie sur $\mathbb{R}_+$. Alors, presque sûrement,*

$$(11) \qquad \limsup_{t\to\infty} \frac{H_t}{(f(t)\log t)^2} = 0 \text{ ou } \infty$$

suivant que

$$(12) \qquad \int^{\infty} \frac{dt}{t f(t) \log t} \text{ converge ou diverge.}$$

Remarquons que ce résultat n'est pas une conséquence directe du théorème 1 et de (10); lorsque A est un processus croissant indépendant de β et g une fonction croissante, $\limsup_{t\to\infty} A_t/(g(t))^2$ et $\limsup_{t\to\infty} \beta_{A_t}/g(t)$ peuvent être très différents (voir par exemple la "loi du logarithme itéré" pour $A_t = (g(t))^2 = t$). On peut également remarquer que le comportement asymptotique de $\log|Z_t|$ n'est pas similaire à celui de θ_t ou de H_t. En effet la loi du logarithme itéré pour le processus $(|Z_t|, t \geq 0)$ (qui est un processus de Bessel de dimension 2) montre que

$$\limsup_{t\to\infty} \frac{\log |Z_t|}{\log t} = \frac{1}{2} \text{ p.s.}$$

PREUVE: L'idée de cette preuve est similaire à celle du théorème 1; nous ne détaillerons que les points où elles diffèrent.
Si $\tilde{f}$ est une fonction croissante sur $\mathbb{R}_+$ telle que $\lim_{t\to\infty} \tilde{f}(t) = \infty$, il est aisé de voir en utilisant (4) et l'égalité en loi

$$\theta_t = \mathcal{N}\sqrt{H_t}$$

(où $\mathcal{N}$ est une variable aléatoire normale centrée réduite) que

$$P(\sqrt{H_t} > \tilde{f}(t)\log t) = O\left(\frac{1}{\tilde{f}(t)}\right).$$

La première partie de la démonstration est alors en tous points identique à celle du théorème 1.

La seconde partie de la preuve repose sur le fait que (on reprend les notations de la section 1)

$$\int_{T_n}^{S_{n+1}} \frac{ds}{|Z_s|^2}$$

s'identifie avec le temps d'atteinte de $\log 2$ par un mouvement brownien linéaire γ issu de 0. D'après le principe de reflexion, il existe alors une constante $c'' > 0$ telle que pour tout $u > 1$,

$$P(\int_{T_n}^{S_{n+1}} \frac{ds}{|Z_s|^2} > u) = 1 - 2P(\gamma_u > \log 2) = P(|\gamma_1| < \frac{\log 2}{\sqrt{u}}) \geq \frac{c''}{\sqrt{u}}$$

Si l'intégrale dans (12) diverge, on a alors

$$\sum_{n=1}^{\infty} P(\int_{T_n}^{S_{n+1}} \frac{ds}{|Z_s|^2} > n^2 f(e^n)^2) \geq c'' \int_4^{\infty} \frac{dt}{tf(e^t)} = \infty.$$

D'après le lemme de Borel-Cantelli et en utilisant la croissance de H, il existe presque sûrement une suite croissante n_p telle que pour tout p,

$$H_{S_{n_p+1}} > n_p^2 (f(e^{n_p}))^2.$$

On conclut alors comme dans la démonstration du théorème 1 en utilisant (5) et (6).

Notons encore qu'une combinaison du théorème 3 et de l'inversion du temps caractérise le comportement asymptotique de l'horloge $\int_t^1 |Z'_s|^{-2} ds$ quand $t \to 0$

lorsque Z' est un mouvement brownien issu de 0. L'énoncé précis est laissé au lecteur.

2.2 Comportement asymptotique des fonctionnelles additives intégrables

Il est intéressant de comparer le comportement asymptotique de l'horloge H avec celui d'une fonctionnelle additive intégrable A. Dans le cas particulier où $A = L$ est le temps local en 1 du processus de Bessel $|Z|$, Meyre et Werner ont observé dans la preuve de la proposition 2 de [5] que

$$\limsup_{t\to\infty} \frac{L_t}{\log t \log_3 t} = 1 \quad \text{p.s.},$$

où $\log_3 t = \log\log\log t$. On déduit alors du théorème ergodique le résultat général suivant (voir chapitre X de Revuz-Yor [7] pour la définition de la mesure de Revuz ν_A et noter que la masse de la mesure ν_L associée à L en tant que fonctionnelle additive de Z est 2π)

Proposition 4. *Soient $A = (A_t, t \geq 0)$ une fonctionnelle additive intégrable et $\|\nu_A\|$ la masse de sa mesure de Revuz. Alors on a*

$$\limsup_{t\to\infty} \frac{A_t}{\log t \log_3 t} = \frac{\|\nu_A\|}{2\pi} \quad \textit{p.s.}$$

Nous tenons à remercier chaleureusement Marc Yor pour l'attention particulière qu'il a portée à ce travail.

Références bibliographiques

[1] K. Burdzy, J. Pitman et M. Yor, *Some asymptotic laws for crossings and excursions,* colloque Paul Lévy sur les processus stochastiques, Astérisque **157-158**, 59-74 (1988).

[2] B. Fristedt, *Sample functions of stochastic processes with stationary independent increments,* Advances in Probability III, 241-396 (1973).

[3] G. Kallianpur, H. Robbins, *Ergodic property of Brownian motion process,* Proc. Nat. Acad. Sci. U.S.A. **39**, 525-533 (1953).

[4] J.F. Le Gall, *Some properties of planar Brownian motion*, Cours de l'école d'été de St-Flour 1990, Lect. Notes in Math. 1527, pp. 111-235, Springer, 1992.

[5] T. Meyre, W. Werner, *Estimation asymptotique du rayon du plus grand disque recouvert par la saucisse de Wiener plane*, Stochastics, à paraître.

[6] J. Pitman, M. Yor, *Asymptotic laws of planar Brownian motion,* Ann. Probab. **14**, 733-779 (1986).

[7] D. Revuz, M. Yor, Continuous martingales and Brownian motion, Springer, 1991.

[8] F. Spitzer, *Some theorems concerning 2-dimensional Brownian motion*, Trans. Amer. Math. Soc. **87**, 187-197 (1958).

[9] Z. Shi, *Liminf behaviour of the windings and Lévy stochastic area of planar Brownian motion*, Séminaire de Probabilités XXVIII (1994).

Exponential moments for the renormalized self-intersection local time of planar Brownian motion

Jean-François Le Gall

Laboratoire de Probabilités - Université Paris VI - 4, place Jussieu - 3ème Etage - 75252 PARIS CEDEX 05

Let $B = (B_t, t \geq 0)$ be a planar Brownian motion with $B_o=0$. The renormalized self-intersection local time of B, over the time interval [0,1], is the random variable γ formally defined by

$$\gamma = \iint_{0 \leq s < t \leq 1} (\delta_o(B_s - B_t) - E(\delta_o(B_s - B_t)))\, ds\, dt, \qquad (1)$$

where δ_o denotes the Dirac measure at 0. A rigorous definition of γ was first provided par Varadhan [7] in the more difficult case of the Brownian bridge (see [4] and [8] for simple constructions of γ for Brownian motion). It is also known that :

$$E(\exp - \lambda\gamma) < \infty \quad , \forall \lambda > 0 \ . \qquad (2)$$

This fact is important in order to define the so-called polymer measures

$$P^{\lambda}(d\omega) = C_{\lambda} \exp(-\lambda\gamma(\omega))\, W(d\omega), \qquad (3)$$

where $W(d\omega)$ is the (two-dimensional) Wiener measure and C_{λ} is a normalizing constant. Polymer measures correspond to a model of (weakly) self-avoiding Brownian motion.

Recently, there has been some interest in self-attracting models for Brownian motion and random walks (see in particular Bolthausen [1]). In this connection, it appears natural to replace the weight $\exp(-\lambda\gamma(\omega))$ in *(3)* by $\exp(\lambda\gamma(\omega))$. This motivates the following result, which was suggested by a question of Gordon Slade (personal communication).

Theorem 1 : *There exists a constant* $\lambda_o \in (1,\infty)$ *such that*

$$E(\exp \lambda\gamma) \begin{cases} < \infty & \textit{if } \lambda < \lambda_o , \\ = \infty & \textit{if } \lambda > \lambda_o . \end{cases}$$

Remark : Our proof will show that

$$4 \prod_{j=1}^{\infty} (1-2^{-j}) \le \lambda_o \le 16\, \pi\, e^5/(\log 2)^2 .$$

Both these bounds can be improved rather easily.

After the first version of this work had been completed we learnt of an unpublished work of M. Yor [9], who uses a different method based on his approach in [8] to check that $E[\exp \lambda\gamma] < \infty$ for $\lambda > 0$ small enough.

Before proving Theorem 1, let us briefly recall the construction of γ given in [4]. First consider another planar Brownian motion B' with $B'_o = 0$, independent of B. The random variable

$$\alpha_o := \int_0^1 \int_0^1 \delta_o(B_s - B'_t)\, ds\, dt$$

can be defined as the value at 0 of the continuous density of the random measure on $\mathbb{R}^2$

$$\mu(g) = \int_0^1 \int_0^1 g(B_s - B'_t)\, ds\, dt \qquad (4)$$

(see e.g. [3]). Moreover $\alpha_o \in L^p$ for every $p < \infty$.

Then, for every integer $n \ge 1$ and for every $k \in \{1,\dots,2^{n-1}\}$, set

$$A^n_k = [(2k-2)2^{-n},(2k-1)2^{-n}) \times ((2k-1)2^{-n},2k2^{-n}].$$

From the case of two independent Brownian motions, it is straightforward to define

$$\alpha(A^n_k) = \iint_{A^n_k} \delta_o(B_s - B_t)\, ds\, dt.$$

The following facts are immediate from the standard properties of Brownian motion.

(i) For every $n \ge 1$, the variables $\alpha(A^n_1),\dots,\alpha(A^n_{2^{n-1}})$ are independent.

(ii) $\alpha(A^n_k) \overset{(d)}{=} 2^{-n}\, \alpha_o$.

One can then define γ as

$$\gamma := \sum_{n=1}^{\infty} \left(\sum_{k=1}^{2^{n-1}} (\alpha(A_k^n) - E(\alpha(A_k^n))) \right) \tag{5}$$

and, from (i) and (ii), it is easy to verify that the series converges a.s. and in L^2.

Lemma 2 : *Set* $a_1 = 1/2$, $a_2 = e^{-5}(\log 2)^2/(8\pi)$. *There exist two positive constants* C_1 , C_2 *such that for every* $p \geq 1$,

$$C_2\, a_2^p\, p! \leq E((\alpha_o)^p) \leq C_1\, a_1^p\, p!.$$

Proof : The upper bound is essentially contained in Rosen [6], formula **(2.15)**. We give the argument for the sake of completeness and also to get an explicit constant. We start from the following identity, which is a special case of formula **(2.5)** of [3] :

$$E[(\alpha_o)^p] = (2\pi)^{-2p} \int_{(\mathbb{R}^2)^p} d\xi_1 \dots d\xi_p \int_{[0,1]^{2p}} ds_1 \dots ds_p dt_1 \dots dt_p$$

$$\times \exp - \frac{1}{2} \operatorname{var}\left(\sum_{j=1}^{p} \xi_j \cdot (B_{s_j} - B'_{t_j}) \right)$$

(to verify that $E[(\alpha_o)^p]$ is bounded above by the right side, which is all that we need for the upper bound, write

$$\alpha_o = \lim_{\varepsilon \downarrow 0} \int_0^1 \int_0^1 ds\, dt\, p_\varepsilon(B_s - B'_t), \qquad \text{a.s.}$$

where $p_\varepsilon(\cdot)$ is the usual Gaussian kernel, express $p_\varepsilon(\cdot)$ in terms of its Fourier transform and use Fatou's lemma). Let $\mathcal{S}_p$ be the set of all permutations of $\{1,\dots,p\}$ and for $\sigma \in \mathcal{S}_p$ set

$$A_\sigma = \{(s_1,\dots,s_p,t_1,\dots,t_p);\ 0<s_1< \dots <s_p \leq 1,\ 0<t_{\sigma(1)}< \dots <t_{\sigma(p)} \leq 1 \}.$$

Then,

$$E[(\alpha_o)^p] = p!\,(2\pi)^{-2p} \sum_{\sigma \in \mathcal{S}_p} \int d\xi_1 \dots d\xi_p \int_{A_\sigma} ds_1 \dots ds_p\, dt_1 \dots dt_p$$

$$\times \exp - \frac{1}{2} \operatorname{var}\left(\sum_{j=1}^{p} \xi_j \cdot (B_{s_j} - B'_{t_j}) \right).$$

For every fixed $\sigma \in \mathcal{S}_p$, set

$$u_j = \sum_{k=j}^{p} \xi_k \ , \quad v_j = \sum_{k=j}^{p} \xi_{\sigma(k)} \ , \qquad j \in \{1,\ldots,p\},$$

so that, if $(s_1,\ldots,t_p) \in A_\sigma$,

$$\mathrm{var}\Big(\sum_{j=1}^{p} \xi_j\cdot(B_{s_j}-B'_{t_j})\Big) = \mathrm{var}\Big(\sum_{j=1}^{p} u_j\cdot(B_{s_j}-B_{s_{j-1}}) - \sum_{j=1}^{p} v_j\cdot(B'_{t_{\sigma(j)}}-B'_{t_{\sigma(j-1)}})\Big)$$

$$= \sum_{j=1}^{p} |u_j|^2(s_j-s_{j-1}) + \sum_{j=1}^{p} |v_j|^2(t_{\sigma(j)}-t_{\sigma(j-1)})$$

where by convention $s_o = t_{\sigma(0)} = 0$. However, by the Cauchy-Schwarz inequality, if $(s_1,\ldots t_p) \in A_\sigma$,

$$\int_{(\mathbb{R}^2)^p} d\xi_1\ldots d\xi_p \exp -\frac{1}{2}\Big(\sum_{j=1}^{p} |u_j|^2(s_j-s_{j-1}) + \sum_{j=1}^{p} |v_j|^2(t_{\sigma(j)}-t_{\sigma(j-1)})\Big)$$

$$\le \Big(\int d\xi_1\ldots d\xi_p \exp -\sum_{j=1}^{p} |u_j|^2(s_j-s_{j-1})\Big)^{\frac{1}{2}}$$

$$\times \Big(\int d\xi_1\ldots d\xi_p \exp -\sum_{j=1}^{p} |v_j|^2(t_{\sigma(j)}-t_{\sigma(j-1)})\Big)^{\frac{1}{2}}$$

$$= \pi^p \prod_{j=1}^{p} \Big((s_j-s_{j-1})^{-1/2}\,(t_{\sigma(j)}-t_{\sigma(j-1)})^{-1/2}\Big).$$

Hence, by coming back to the previous formula for $E[(\alpha_o)^p]$,

$$E[(\alpha_o)^p] \le 2^{-2p}\,\pi^{-p}\,(p!)^2 \Big(\int_{0<s_1<\ldots<s_p\le 1} \frac{ds_1\ldots ds_p}{\sqrt{s_1(s_2-s_1)\ldots(s_p-s_{p-1})}}\Big)^2.$$

Elementary calculations give

$$J_p = \int_{0<s_1<\ldots<s_p\le 1} \frac{ds_1\ldots ds_p}{\sqrt{s_1(s_2-s_1)\ldots(s_p-s_{p-1})}}$$

$$= \begin{cases} \dfrac{2^p}{p\times(p-2)\times\ldots\times 2}\,(\frac{\pi}{2})^{p/2} & \text{if p is even} \\[2ex] \dfrac{2^p}{p\times(p-2)\times\ldots\times 3\times 1}\,(\frac{\pi}{2})^{(p-1)/2} & \text{if p is odd,} \end{cases}$$

which implies

$$J_p \underset{p\to\infty}{\sim} \left(\frac{2}{\pi}\right)^{1/4} p^{-1/4} (2\pi)^{p/2} (p!)^{-1/2}.$$

This gives the upper bound of Lemma 2.

For the lower bound, we use another equivalent formula for $E[(\alpha_o)^p]$ (see Proposition 2.1 of [5]). If $\Delta_p = \{(s_1,\dots,s_p)\in(0,\infty)^p; s_1+\dots+s_p \le 1\}$ we have

$$E[(\alpha_o^p)]=(2\pi)^{-2p}\int_{(\mathbb{R}^2)^p} dy_1..dy_p \left(\sum_{\sigma\in\mathcal{S}_p} \int_{\Delta_p} \frac{ds_1\dots ds_p}{s_1\dots s_p} \exp-\sum_{j=1}^{p} \frac{|y_{\sigma(j)}-y_{\sigma(j-1)}|^2}{2s_j}\right)^2$$

$$\ge (2\pi)^{-2p} \int_{(\mathbb{R}^2)^p} dy_1\dots dy_p \left(\sum_{\sigma\in\mathcal{S}_p} \prod_{j=1}^{p} \int_0^{1/p} \frac{ds}{s} \exp - \frac{|y_{\sigma(j)}-y_{\sigma(j-1)}|^2}{2s}\right)^2$$

$$= (2\pi)^{-2p}\, p^{-p}$$

$$\times \left(\sum_{\sigma,\tau\in\mathcal{S}_p} \int_{(\mathbb{R}^2)^p} dz_1\dots dz_p \prod_{j=1}^{p} \left(\psi\left(\frac{|z_{\sigma(j)}-z_{\sigma(j-1)}|^2}{2}\right)\psi\left(\frac{|z_{\tau(j)}-z_{\tau(j-1)}|^2}{2}\right)\right)\right)$$

where

$$\psi(r) = \int_0^1 \frac{ds}{s} e^{-r/s} = \int_1^\infty \frac{du}{u} e^{-ru}.$$

We then use the crude bound $\psi(r) \ge \psi(1) > e^{-2}\log 2$ for $r \in (0,1]$ and by integrating over $\{|z_j| \le 1/\sqrt{2}\}$ in the previous inequality, we get the lower bound of Lemma 2. □

<u>Proof of Theorem 1</u> : For simplicity, write $\alpha_{n,k} = \alpha(A_k^n)$ and $\bar{\alpha}_{n,k} = \alpha_{n,k} - E(\alpha_{n,k})$, $\bar{\alpha}_o = \alpha_o - E(\alpha_o)$. For $\lambda > 0$, set

$$\varphi(\lambda) = E[\exp \lambda\, \bar{\alpha}_o].$$

By Lemma 2, $\varphi(\lambda) < \infty$ for $\lambda < 2$. Since $\varphi'(0) = 0$ we may for every $\lambda_1\in(0,2)$ find a positive constant c such that

$$\varphi(\lambda) \le 1 + c\,\lambda^2 \quad , \quad \forall\lambda \in [0,\lambda_1].$$

Fix $\lambda_1 \in (0,2)$ and $a \in (0,1)$. For every $N \ge 1$ set

$$b_N = 2\lambda_1 \prod_{j=2}^{N} (1-2^{-a(j-1)})$$

($b_1 = 2\lambda_1$). Then, by the Hölder inequality, and properties (i), (ii) above, we have for $N \geq 2$,

$$E\left[\exp b_N \sum_{n=1}^{N} \sum_{k=1}^{2^{n-1}} \bar{\alpha}_{n,k}\right]$$

$$\leq E\left[\exp \frac{b_N}{1-2^{-a(N-1)}} \sum_{n=1}^{N-1} \sum_{k=1}^{2^{n-1}} \bar{\alpha}_{n,k}\right]^{1-2^{-a(N-1)}}$$

$$\times E\left[\exp 2^{a(N-1)} b_N \sum_{k=1}^{2^{N-1}} \bar{\alpha}_{n,k}\right]^{2^{-a(N-1)}}$$

$$\leq E\left[\exp b_{N-1} \sum_{n=1}^{N-1} \sum_{k=1}^{2^{n-1}} \bar{\alpha}_{n,k}\right] \varphi\left(b_N\, 2^{a(N-1)-N}\right)^{2^{(1-a)(N-1)}}$$

Notice that $b_N\, 2^{a(N-1)-N} \leq \lambda_1$. It follows that

$$\varphi\left(b_N\, 2^{a(N-1)-N}\right)^{2^{(1-a)(N-1)}} \leq \left(1 + c b_N^2\, 2^{2((a-1)N-a)}\right)^{2^{(1-a)(N-1)}}$$

$$\leq \exp(c' 2^{(a-1)N}),$$

for a constant c' independent of N. By induction we get

$$E\left[\exp b_N \sum_{n=1}^{N} \sum_{k=1}^{2^{n-1}} \bar{\alpha}_{n,k}\right] \leq \exp\left(c' \sum_{n=2}^{N} 2^{(a-1)n}\right) E\left(\exp b_1\, \bar{\alpha}_{1,1}\right)$$

$$\leq \exp\left(c'(1-2^{a-1})^{-1}\right)\, \varphi(\lambda_1).$$

Letting N tend to ∞ and using Fatou's lemma, we obtain $E[\exp b_\infty \gamma] < \infty$ for $b_\infty = 2\lambda_1 \prod_{j=1}^{\infty} (1-2^{-aj})$. Since $a \in (0,1)$ and $\lambda_1 \in (0,2)$ were arbitrary, we conclude that $E[\exp \lambda\gamma] < \infty$, for $\lambda < 4 \prod_{j=1}^{\infty} (1-2^{-j})$.

Let us now check that $E[\exp \lambda\gamma] = \infty$ for λ large enough. From the definition of γ we have

$$\gamma = \bar{\alpha}_{1,1} + \bar{\alpha}_{1,2} + \tilde{\gamma}$$

where $\alpha_{1,1}$, $\alpha_{1,2}$ are independent and distributed as $\alpha_o/2$, and $\tilde{\gamma}$ is distributed as $\gamma/2$. Using *(2)*, it follows that if $E[\exp a\,\gamma] < \infty$ for some $a > 0$ then $E[\exp b\,\alpha_o] < \infty$ for $b < a/2$. By Lemma 2 we have

$$E[\exp b\,\alpha_o] = \infty, \quad \text{if} \quad b > \frac{1}{a_2}.$$

It follows that $E[\exp \lambda\gamma] = \infty$ for $\lambda > \frac{2}{a_2}$. □

Remarks : (a) The first part of the proof of Theorem 1 is easily adapted to give a short proof of *(2)*. We have trivially $E[\exp - \lambda\,\bar{\alpha}_o] < \infty$ for every $\lambda > 0$ so that for every $K > 0$ there exists a constant c such that

$$E[\exp - \lambda\,\bar{\alpha}_o] \le 1 + c\,\lambda^2 \qquad , \qquad \forall\lambda \in [0,K].$$

We then fix $\lambda > 0$ and take :

$$b_N = -2\lambda \prod_{j=2}^{N} (1-2^{-a(j-1)}) , \quad b_\infty = -2\lambda \prod_{j=1}^{\infty} (1-2^{-aj})$$

and the same calculations as in the previous proof yield $E[\exp b_\infty\gamma] < \infty$. This gives *(2)* since λ was arbitrary.

(b) In the one-dimensional case, the analogue of the variable γ is the integral

$$\int_{\mathbb{R}} dx\ (L_1^x)^2$$

where L_1^x denotes the local time at level x, at time 1 of the linear Brownian motion B started at 0 (there is no need for renormalization in dimension 1). It is easy to check that for every $\lambda > 0$

$$E\left(\exp \lambda \int_{\mathbb{R}} dx\ (L_1^x)^2\right) < \infty.$$

One may argue as follows. By Jensen's inequality,

$$\exp\left(\lambda \int dx\ (L_1^x)^2\right) \le \int dx\ L_1^x \exp \lambda\, L_1^x.$$

However, if $T_x = \inf\{t,\ B_t = x\}$,

$$E[L_1^x \exp \lambda L_1^x] = E\left[1_{\{T_x \le 1\}}\ L_1^x \exp \lambda L_1^x\right] \le P(T_x \le 1)\ E[L_1^o \exp \lambda L_1^o].$$

Hence,

$$E[\exp(\lambda \int dx\,(L_1^x)^2)] \le \left(\int dx\, P[T_x < 1]\right) E[L_1^0 \exp \lambda L_1^0] = C\, E[L_1^0 \exp \lambda L_1^0].$$

By a classical result of Lévy, L_1^0 has the same distribution as $|B_1|$. Therefore, $E[L_1^0 \exp \lambda L_1^0] < \infty$, which gives the desired result.

Another approach to *(6)*, suggested by M. Yor, would be to bound

$$\int dx\,(L_1^x)^2 \le L_1^* := \sup_{x\in\mathbb{R}} L_1^x ,$$

and then to use the fact that L_x^* has exponential moments (see Borodin [2], Theorem 1.7, it is even true that $E(\exp \lambda (L_x^*)^2)<\infty$ for $\lambda>0$ small).

Acknowledgments. I thank Gordon Slade for suggesting the problem that is treated in this note, and Marc Yor for his comments on the first version.

References

[1] **E. Bolthausen** : Localization of a two-dimensional random walk with an attractive path interaction. *Ann. Probab. to appear.*

[2] **A.N. Borodin** : On the character of convergence to Brownian local time, II. *Proba. Th. Rel. Fields* **72**, *p. 251-277 (1986).*

[3] **D. Geman, J. Horowitz and J. Rosen** : A local time analysis of intersections of Brownian paths in the plane. *Ann. Probab.* **12**, *p. 86-107 (1984).*

[4] **J.-F. Le Gall** : Sur le temps local d'intersection du mouvement brownien plan et la méthode de renormalisation de Varadhan. *Séminaire de Probabilités XIX. Lecture Notes in Maths* **1123**, *p. 314-331. Springer (1985).*

[5] **J.-F. Le Gall** : Propriétés d'intersection des marches aléatoires, I. *Comm. Math. Physics* **104**, *p. 467-503 (1986).*

[6] **J. Rosen** : Self-intersections of random fields. *Ann. Probab.* **12**, *p. 108-119 (1984).*

[7] S.R.S. Varadhan : Appendix to : Euclidean quantum field theory, by K.Symanzik. In : Local Quantum Theory, R. Jost ed. *Academic Press (1969).*

[8] M. Yor : Compléments aux formules de Tanaka-Rosen. *Séminaire de Probabilités XIX. Lecture Notes in Maths.* **1123**, *p. 332-349. Springer (1985).*

[9] M. Yor : Remarques sur l'intégrabilité du temps local d'intersection renormalisé. *Unpublished manuscript.*

Remarques sur le prix des actifs contingents

par Jean-Pascal Ansel

Université de Besançon - Faculté des Sciences et Techniques
Laboratoire de Mathématiques. C.N.R.S. UA 741
16, Route de Gray - 25030 Besançon cedex

1 Introduction

L'évaluation des actifs contingents à partir de la dynamique des prix de certains actifs, dits de base, dans le cadre d'un marché complet est un problème résolu. Une façon d'éviter les opportunités d'arbitrage consiste à supposer qu'il existe une loi martingale pour le processus modélisant les prix des actifs de base. Dans un marché complet cette loi est unique et le prix de l'actif contingent est obtenu en calculant son espérance par rapport à cette loi martingale. Par contre, lorsque le marché est incomplet, il existe plusieurs lois martingales et donc plusieurs prix possibles pour l'actif contingent. Dans Ansel-Stricker[2], nous avons montré que la borne supérieure de tous ces prix est atteinte si et seulement s'il existe une stratégie de couverture pour l'actif considéré. Dans cet article nous supposons le plus souvent que le processus des prix de base est continu. Un de nos buts est d'étudier comment on peut estimer le prix maximum d'un actif même non simulable par la borne inférieure des prix maximum des actifs simulables qui le majorent. Le second but est d'illustrer la situation décrite par Delbaen[4] dans laquelle l'ensemble des lois martingales est faiblement relativement compact . Le dernier objectif est de donner une autre démonstration d'un théorème de Delbaen[4] sur l'absence des temps d'arrêt totalement inaccessibles et des martingales locales continues, toujours avec cette hypothèse de compacité faible.

2 Notations et définitions

Soit $(\Omega, \mathcal{F}, (\mathcal{F}_t)_{t\in[0,1]}, P)$ un espace probabilisé filtré vérifiant les conditions habituelles. On suppose que $\mathcal{F} = \mathcal{F}_1$ et que $\mathcal{F}_0$ est la tribu dégénérée. Toutes les filtrations et tous les processus considérés seront indexés par $[0,1]$. Les vecteurs x de $\mathbb{R}^d$ seront identifiés à des matrices $d \times 1$, x^* désignera la transposée de x et $\|x\|^2 := x^*x$. On notera $(H^*.X)_t$ l'intégrale stochastique vectorielle (voir Jacod[5] pour une définition précise) du processus prévisible H à valeurs dans $\mathbb{R}^d$ par rapport à la semimartingale vectorielle $X = (X^1, ..., X^d)$ à valeurs dans $\mathbb{R}^d$. Nous conviendrons que $(H^*.X)_0 = 0$. A la semimartingale vectorielle X on associe l'ensemble

$$K := \{(H^*.X)_1 : H \text{ étant prévisible, élémentaire et borné}\}$$

Le système des prix actualisés des actifs de base est décrit par la semimartingale X, nulle en 0, à valeurs dans $\mathbb{R}^d$. Les différentes tentatives de formaliser le non arbitrage conduisent à supposer qu'il existe une loi Q équivalente à P sous laquelle le processus X est une martingale. Cette loi est dite loi martingale et $\mathcal{M}^e(P)$ désigne l'ensemble de ces lois martingales. Rappelons que Stricker[6] a montré qu'une condition nécessaire et suffisante pour qu'il existe une loi de martingale à densité bornée est que $\overline{K - L^1_+} \cap L^1_+ = \{0\}$, l'adhérence étant prise dans $L^1(P)$.

Un *portefeuille* est la donnée d'un couple (x, ξ) où x est un réel positif représentant le placement initial et ξ un procesus prévisible à valeurs dans $\mathbb{R}^d$ représentant la stratégie d'investissement. La valeur de ce portefeuille à l'instant t est donnée par $V_t := x + (\xi.X)_t$. Un *actif contingent* est la donnée d'une v.a. positive B, $\mathcal{F}$ mesurable, qui représente le risque financier pour le vendeur de l'option. Dès lors on conçoit que le prix x de cette option (ou *prime*) soit égal à l'espérance de B et que le vendeur de l'option cherche à se couvrir par un portefeuille (x, ξ). On dira donc que B est *simulable* ou qu'on peut le *couvrir* s'il existe un tel portefeuille dont la valeur V_1 est égale à B, et une loi Q de $\mathcal{M}^e(P)$ telle que $V_t := x + (\xi.X)_t$ soit une Q-martingale. Souvent on utilise la notation *Q-simulable.* Nous supposerons que P est aussi une loi martingale pour X. Les prix maximum et minimum de B sont définis par :

$$\Pi(B) := \sup_{R \in \mathcal{M}^e(P)} E^R[B]; \qquad \pi(B) := \inf_{R \in \mathcal{M}^e(P)} E^R[B]$$

Considérons également les ensembles :

- $\mathcal{M}(P)$ des lois absolument continues par rapport à P qui transforment X en martingale.
- $\mathcal{D}(P)$ des densités relativement à P des lois de $\mathcal{M}(P)$.
- $\mathcal{D}^e(P)$ des densités relativement à P des lois de $\mathcal{M}^e(P)$.

$\mathcal{D}^e(P)$ est dense dans $\mathcal{D}(P)$. En effet pour Z dans $\mathcal{D}(P)$, on choisit Z^e dans $\mathcal{D}^e(P)$, on définit $Z^n := \frac{1}{n}Z^e + (1 - \frac{1}{n})Z$, qui appartient à $\mathcal{D}^e(P)$, et on a :

$$E^P[|Z - Z^n|] = \frac{1}{n} E^P[|Z - Z^e|] \longrightarrow_{n \to +\infty} 0$$

Ainsi, on a aussi

$$\Pi(B) := \sup_{R \in \mathcal{M}(P)} E^R[B]; \qquad \pi(B) := \inf_{R \in \mathcal{M}(P)} E^R[B]$$

3 Comparaison de $\Pi(B)$ et $I(B)$

Comme nous l'indiquions dans l'introduction, l'un des objets de cet article est l'estimation de $\Pi(B)$ à partir des $\Pi(C)$ pour les actifs C qui majorent B. Nous appellerons $\mathcal{S}$ l'ensemble des actifs contingents simulables C qui majorent B et :

$$I(B) := \inf_{C \in \mathcal{S}} \Pi(C)$$

Dans Ansel-Stricker[2], nous avons montré que pour un actif C simulable par un portefeuille (x, ξ) on a $x = \Pi(C)$. Maintenant, si C majore B, sous toutes les lois R de $\mathcal{M}(P)$ on a $E^R[B] \leq E^R[C] \leq \Pi(C)$ donc dans tous les cas

$$\Pi(B) \leq I(B)$$

Le problème est de savoir s'il y a égalité.

Théorème 1 *Si B est un actif contingent avec $\Pi(B) < +\infty$, alors :*

$$B \in \mathcal{A} := \Pi(B) + \overline{K - L^1_+}$$

Preuve

On utilise ici des techniques proches de celles employées d'une part dans Delbaen[4] et d'autre part dans Ansel-Stricker[1] pour généraliser un théorème de Yan. Si $B \notin \mathcal{A} := \Pi(B) + \overline{K - L^1_+}$, le théorème de Hahn Banach assure l'existence d'une v.a. $\rho \in L^\infty$ avec

$$E[\rho B] > \sup_{A \in \mathcal{A}} E[\rho A] \qquad (*)$$

Or pour tout n de $\mathbb{N}$, la variable $\Pi(B) - n 1_{(\rho<0)} \in \mathcal{A}$ donc $E[\rho 1_{(\rho<0)}] = 0$ et $\rho \geq 0$ p.s., $\sup_{A \in \mathcal{A}} E[\rho A] < +\infty$. Soient

$$\mathcal{D} := \{Z \in L^\infty_+, \sup_{A \in \mathcal{A}} E[ZA] < +\infty\}$$

$$\mathcal{C} := \{(Z = 0), Z \in \mathcal{D}\}$$

Montrons que $\mathcal{C}$ est stable par intersection dénombrable. Soit $(Z_n)_{\mathbb{N}}$ une suite de $\mathcal{D}$ et $a_n := \|Z_n\|_\infty, c_n := \sup_{A \in \mathcal{A}} E[Z_n A]$. Il existe une suite $(b_n) \in \mathbb{R}^*_+$ avec $\sum_1^\infty a_n b_n < +\infty$ et $\sum_1^\infty c_n b_n < +\infty$ ainsi $Z := \sum_1^\infty b_n Z_n$ est dans $\mathcal{D}$ et $(Z = 0) = \cap_n^\infty (Z_n = 0)$. Il existe donc $Z \in \mathcal{D}$ vérifiant $P(Z = 0) = \inf_{C \in \mathcal{C}} P(C)$. Supposons que $P(Z = 0) > 0$; comme $\overline{K - L^\infty_+} \cap L^1_+ = \{0\}$, le théorème de Hahn-Banach permet de séparer $\overline{K - L^\infty_+}$ et $1_{(Z=0)}$, et ainsi d'établir l'existence d'une v.a. $\rho \in L^\infty_+$ avec $E[\rho 1_{(Z=0)}] > 0$ et

$$\sup_{Y \in \overline{K - L^\infty_+}} E[\rho Y] < +\infty$$

Ainsi on a successivement $\sup_{A \in \mathcal{A}} E[\rho A] < +\infty$, $\frac{\rho + Z}{E[\rho + Z]} \in \mathcal{D}$ et $P(Z + \rho = 0) < P(Z = 0)$, ce qui est contradictoire. On peut ainsi construire $Z \in L^\infty_+$, $Z > 0$ p.s. $E[Z] = 1$ et $\sup_{Y \in \overline{K}} E[ZY] < +\infty$. Or $\overline{K}$ est un espace vectoriel donc $E[YZ] = 0$ pour tout $Y \in \overline{K}$. On a ainsi montré que Z est un élément de $\mathcal{D}(P)$ et comme $\Pi(B)$ est dans $\mathcal{A}$, si Q est la loi de densité $\frac{dQ}{dP} = Z$, on a $E^Q[B] > \sup_{A \in \mathcal{A}} E^Q[A] \geq \Pi(B)$ ce qui conduit à une contradiction et le théorème est démontré.

Remarque : Puisque $K \subset L^1(Q)$ pour n'importe quelle loi Q de $\mathcal{M}^e(P)$, l'adhérence de $K - L^\infty_+$ peut être prise dans $L^1(Q)$.

Théorème 2 *Si X est à trajectoires continues et si $\mathcal{S}$ est non vide, alors :*

$$\Pi(B) = I(B)$$

Preuve

Comme $\mathcal{S}$ est non vide, il existe un actif C, Q-simulable, qui majore B. Appliquons le théorème précédent en nous plaçant désormais sous la loi Q. Il existe donc une suite (H_n) de processus prévisibles élémentaires et une suite (B_n) de v.a. positives bornées telles que

$$\Pi(B) + (H_n^*.X)_1 - B_n \xrightarrow{L^1} B.$$

On va construire deux suites (U_n) et (B'_n) telles que U_n soit un processus prévisible élémentaire borné, $B'_n \in L_+^\infty$, la suite $((U_n^*.X)_1)$ soit uniformément intégrable et :

$$\Pi(B) + (U_n^*.X)_1 - B'_n \xrightarrow{L^1} B.$$

Comme C est simulable, il s'écrit $C = \theta + (\xi^*.X)_1$, et le processus $\theta + (\xi.X)_t$ est une Q-martingale positive. Le fait que X soit continu nous permet d'introduire les temps d'arrêt suivants :

$$T_n := \inf\{t, \Pi(B) + (H_n^*.X)_t \geq \theta + (\xi^*.X)_t\}$$

avec la convention $T_n := 1$ si $\Pi(B) + (H_n^*.X)_t < \theta + (\xi^*.X)_t$ pour tout $t \in [0,1]$. Remarquons que $(\Pi(B) + (H_n^*.X)_1)^- \geq (\Pi(B) + (H_n^*.X)_{T_n})^- \geq 0$. Or $(\Pi(B) + (H_n^*.X)_1)^-$ tend vers 0 dans L^1, si bien que la suite $(\Pi(B) + (H_n^*.X)_{T_n})$ est uniformément intégrable en vertu de l'inégalité $0 \leq (\Pi(B)+(H_n^*.X)_{T_n})^+ \leq (\theta+(\xi^*.X)_1)^+$. Toutefois le processus $1_{[0,T_n]}H_n$ n'est pas élémentaire. Afin d'en obtenir un, construisons une suite de temps d'arrêt (S_n) telle que S_n ne prenne qu'un nombre fini de valeurs et que $E[|(H_n^*.X)_{T_n} - (H_n^*.X)_{S_n}|]$ tende vers 0. Il est bien connu qu'il existe une suite de t.a. $(T_{nm})_m$ ne prenant qu'un nombre fini de valeurs et tendant en décroissant vers T_n. Quitte à poser $T'_{nm} = T_{nm}$ si $|(H_n^*.X)_{T_n} - (H_n^*.X)_{T_{nm}}| \leq 1$ et $T'_{nm} = 1$ sinon, on voit que $E[|(H_n^*.X)_{T_n} - (H_n^*.X)_{T'_{nm}}|]$ tend vers 0 quand m tend vers $+\infty$. On peut donc choisir m tel que $E[|(H_n^*.X)_{T_n} - (H_n^*.X)_{T'_{nm}}|] \leq \frac{1}{n}$. Posons $S_n := T'_{nm}, U_n := 1_{[0,S_n]}H_n$, $B'_n := 1_{(T_n<1)}(\theta + (\xi^*.X)_{T_n} - B)^+ + 1_{(T_n=1)}B_n$, et $A := \{B \leq \theta + (\xi^*.X)_{T_n}\}$. Mais :

$$\Pi(B) + (H_n^*.X)_{T_n} - B'_n = \begin{cases} \Pi(B) + (H_n^*.X)_1 - B_n & sur \quad \{T_n = 1\} \\ B & sur \quad \{T_n < 1\} \cap A \\ 0 & sur \quad \{T_n < 1\} \cap A^c \end{cases}$$

Ainsi $\Pi(B)+(H_n^*.X)_{T_n} - B'_n \xrightarrow{L^1} B$ et il en sera de même pour $\Pi(B)+(H_n^*.X)_{S_n} - B'_n$ et pour $\Pi(B)+(U_n^*.X)_1 - B'_n$. Puisque $(U_n^*.X)_1$ est uniformément intégrable, on peut extraire une suite qui converge faiblement dans L^1 vers une v.a. Y. Comme $\overline{K}$ est un convexe fermé pour la topologie forte, $Y \in \overline{K}$. Mais $\Pi(B) + (U_n^*.X)_1 - B'_n \xrightarrow{L^1} B$ si bien que la convergence faible de $(U_n^*.X)_1$ entraîne la convergence faible de (B'_n) vers une v.a. $B' \geq 0$. Cependant un résultat de Yor [7] nous dit que puisque $(U_n^*.X)_1$ converge faiblement, la v.a. Y est aussi une martingale de la forme $(V^*.X)_1$ où V est un processus prévisible intégrable relativement à X. Ainsi $B = \Pi(B)+(V_n^*.X)_1 - B'$, l'actif $S' := \Pi(B) + (V_n^*.X)_1$ est simulable et majore B avec $\Pi(S') = \Pi(B)$.

Remarques :

- Ce résultat figure dans Delbaen[4] lorsque X et B sont bornées.
- Nous montrons en réalité que B est dans $\Pi(B)+\overline{K}-L^1_+$.
- Les hypothèses du théorème 2 nous permettent de traiter le cas du *call* : option d'achat sur l'un des actifs de base (X^1 par exemple). Si le prix d'exercice du call est E, alors le risque financier est donné par $B=(X^1_1-E)^+$. Or $B\leq X^1_1=X^1_0+(H^*.X)_1$ où H est le processus prévisible élémentaire $(1,0,...,0)^*$, B est donc majoré par un actif simulable.

4 Cas faiblement compact

Delbaen[4] montre que pour un système de prix X continu, il est équivalent de supposer que $\mathcal{D}(P)$ est $\sigma(L^1,L^\infty)$ compact ou que

$$\forall B\in L^\infty,\qquad \exists Q_o\in\mathcal{M}(P),$$
$$E^{Q_o}[B]=\sup_{R\in\mathcal{M}(P)}E^R[B]$$

Illustrons cette situation avec l'exemple suivant.
Supposons que le système de prix des actifs de base $(X_t)_{t\in[0,1]}$ soit de la forme $X_t:=exp(W_t-\frac{t}{2})$ où W_t est un mouvement brownien. Soit ε une variable aléatoire à valeurs dans $\{0,...,n\}$ indépendante de X. Posons $A_n:=\{\varepsilon=n\}$ et $\alpha_n:=P(A_n)>0$. On suppose que la filtration est construite de la façon suivante. Pour $t<1$, $\mathcal{F}_t:=\sigma(X_s,s\leq t)$ et $\mathcal{F}_1:=\sigma(\varepsilon,X_s,s\leq 1)$. Une variable aléatoire Y $\mathcal{F}_1$-mesurable s'écrit sous la forme $Y=\sum_0^n Y^j 1_{A_j}$ où les Y^j sont des v.a. $\sigma(X_s,s\leq 1)$. Soit maintenant $Z\in\mathcal{D}(P)$, et soit $Z_t:=E[Z|\mathcal{F}_t]$ la martingale associée à Z. Pour $t\in[0,1[$, $(Z_s)_{[0,t]}$ est une martingale orthogonale à X et adaptée à la filtration naturelle de X, donc $Z_t=1$ pour $t<1$ et $Z_t=1_{[0,1[}+Z1_{[1]}$. D'autre part Z est de la forme $Z=\sum_0^n Z^j 1_{A_j}$ avec Z^j positive. Par représentation prévisible, $Z-1$ est orthogonale au sens ordinaire à tous les Z^j-z^j où $z^j:=E[Z^j]$. Ainsi on a successivement

$$E[(Z-1)(Z^j-z^j)]=0$$
$$E[\sum_i(Z^i-z^i)(Z^j-z^j)\alpha_i]=0$$

$$E[\sum_{i,j}(Z^i-z^i)(Z^j-z^j)\alpha_i\alpha_j]=E[(\sum_i(Z^i-z^i)\alpha_i)^2]=0$$

et $\sum_i Z^i\alpha_i=1$ p.s. puisque $\sum_i z^i\alpha_i=E[Z]=1$. Réciproquement si Z est une v.a. de la forme $Z=\sum_0^n Z^j 1_{A_j}$ avec Z^j positive et $\sum_0^n Z^j\alpha_j=1$, alors $Z\in\mathcal{D}(P)$. En effet $E[ZX_1|\mathcal{F}_t]$=$E[\sum_i Z^i X_1 1_{A_i}|\mathcal{F}_t]$ =$E[\sum_i Z^i X_1\alpha_i|\mathcal{F}_t]=X_t$.

Toute variable Z dans $\mathcal{D}(P)$ est donc de la forme $Z=\sum_0^n Z^j 1_{A_j}$ avec $0\leq Z^j\leq\frac{1}{\alpha_j}$ puisque $\sum_i Z^i\alpha_i=1$ p.s., donc $0\leq Z\leq(n+1)$ et $\mathcal{D}(P)$ est faiblement compact.

Cette fois pour un actif $B = \sum_0^n B^j 1_{A_j}$, définissons les deux v.a. positives intégrables $\overline{B} := \sup_j(B^j)$ et $\underline{B} := \inf_j(B^j)$. On pose pour $0 \leq j \leq n$:

$$\overline{Z}^j := 1_{\{(\overline{B}=B^j)\setminus\cup_0^{j-1}(\overline{B}=B^i)\}}; \qquad \underline{Z}^j := 1_{\{(\underline{B}=B^j)\setminus\cup_0^{j-1}(\underline{B}=B^i)\}}$$

On définit ainsi deux densités de $\mathcal{D}(P)$:

$$\overline{Z} := \sum_0^n \overline{Z}^j \frac{1}{\alpha_j} 1_{A_j}; \qquad \underline{Z} := \sum_0^n \underline{Z}^j \frac{1}{\alpha_j} 1_{A_j}$$

Et on a :

$$\Pi(B) = E[\overline{Z}B] = E[\overline{B}]; \qquad \pi(B) = E[\underline{Z}B] = E[\underline{B}]$$

Remarque : Ici le calcul est valable pour B non borné.

Nous allons donner maintenant une autre démonstration d'un résultat de Delbaen[4], en le complétant avec l'assertion *iii*).

Théorème 3 *Lorsque le système de prix est continu et que $\mathcal{D}(P)$ est $\sigma(L^1, L^\infty)$ compact, il n'y a :*

i) ni temps d'arrêt totalement inaccessible

ii) ni martingale locale continue orthogonale à X

iii) ni v.a. Y prenant une infinité de valeurs et telle que $\sigma(Y)$ et $\sigma(X_1)$ soient conditionnellement indépendantes par rapport à $\mathcal{F}_t$ pour tout $t \in [0,1]$.

Preuve

- Si Q une loi de $\mathcal{M}(P)$, alors sa densité $\frac{dQ}{dP}$ est de la forme $\varepsilon(L)_1$ où L est une martingale locale avec $\Delta L > -1$ orthogonale à X (voir Ansel-Stricker[3] pour la forme des densités dans un cadre général). Rappelons que $\varepsilon(L)$ est l'exponentielle stochastique de L, unique solution de l'équation différentielle $Y = 1 + (Y_{-}.L)$, qui s'écrit aussi :

$$\varepsilon(L)_t = \exp(L_t - \frac{1}{2}\langle L^c, L^c\rangle_t) \prod_{s \leq t} (1 + \Delta L_s) e^{-\Delta L_s}$$

  Ainsi s'il existe une famille $(\varepsilon(L^\lambda)_1)$ non uniformément intégrable, alors d'après le théorème de compacité de Dunford-Pettis, $\mathcal{D}(P)$ ne sera pas $\sigma(L^1, L^\infty)$ compact.

- Soit T un t.a. totalement inaccessible. Posons $A_t := 1_{[T,1]}$ et soit $\tilde{A}$ son compensateur prévisible. Considérons alors la famille de martingales $M_t^\lambda := \lambda(A_t - \tilde{A}_t)$, $\lambda > 0$, orthogonale à X (car elle est continue). Les variables aléatoires $Z^\lambda := \varepsilon(M^\lambda)_1 = \exp(-\lambda\tilde{A}_1)(1 + \lambda 1_{[T,1]})$ sont d'espérance 1 pour tout λ. Or on a

$$E[Z^\lambda] \geq E[Z^\lambda 1_{(\tilde{A}_1=0)}] \geq (1+\lambda)P(\tilde{A}_1 = 0) \overset{\lambda\to\infty}{\longrightarrow} +\infty$$

  si $P(\tilde{A}_1 = 0) > 0$. Du fait que $E[Z^\lambda] = 1$, cette dernière probabilité est nulle et $Z^\lambda \overset{\lambda\to\infty}{\longrightarrow} 0$ p.s. donc la famille (Z^λ) n'est pas uniformément intégrable et l'on a la première assertion.

- Soit N une martingale locale continue nulle en 0, orthogonale à X. Soit (T_n) la suite de t.a. définie par $T_n := \inf\{t, |N_t| \geq n\}$. Considérons la famille

$$Z^\lambda := \varepsilon(\lambda N^{T_n})_1 = \exp(\lambda N_1^{T_n} - \frac{\lambda^2}{2}\langle N, N\rangle_1^{T_n})$$

Soit $B := \inf\{t, \langle N, N\rangle_t^{T_n} > 0\}$, alors B est prévisible et $\langle N, N\rangle^{T_n \wedge B} = 0$ puique N est continue. Donc $N^{T_n \wedge B} = 0$ et sur $\{\langle N, N\rangle_1^{T_n} = 0\}$ on a $N_1^{T_n} = 0$ et $Z^\lambda = 1$.

De même que dans le paragraphe précédent la famille (Z^λ) est uniformément intégrable si et seulement si la famille $(Z^\lambda 1_{(\langle N,N\rangle_1^{T_n} \neq 0)})$ l'est aussi. Or

$$E[Z^\lambda 1_{(\langle N,N\rangle_1^{T_n} \neq 0)}] = P(\langle N, N\rangle_1^{T_n} \neq 0)$$

et

$$Z^\lambda 1_{(\langle N,N\rangle_1^{T_n} \neq 0)} \xrightarrow{\lambda \to \infty} 0$$

Donc (Z^λ) n'est pas uniformément intégrable et l'on a la seconde assertion.

- Soit Y une v.a. prenant une infinité de valeurs et telle que $\sigma(Y)$ et $\sigma(X_1)$ soient conditionnellement indépendantes par rapport à $\mathcal{F}_t$ pour tout $t \in [0,1]$. Soit $(B_k)_{\mathbb{N}}$ une suite dénombrable de boréliens deux à deux disjoints telle que: si $A_k := (Y \in B_k)$ alors $\alpha_k := P(A_k) > 0$. Nécessairement $\alpha_k \xrightarrow{k \to \infty} 0$.

  Posons $Z(k) := \frac{1}{\alpha_k} 1_{A_k}$; $Z(k)$ est une v.a. positive d'espérance 1 et la martingale associée $E[Z(k)|\mathcal{F}_t]$ est orthogonale à X en vertu de l'indépendance conditionnelle :

$$E[Z(k)X_1|\mathcal{F}_t] = E[Z(k)|\mathcal{F}_t]E[X_1|\mathcal{F}_t] = E[Z(k)|\mathcal{F}_t]X_t$$

  Ainsi $Z(k) \in \mathcal{D}(P)$ et $(Z(k))_{\mathbb{N}}$ n'est pas uniformément intégrable.

References

[1] J.P. Ansel, C Stricker :
Quelques remarques sur un théorème de Yan. Séminaire de Probabilités XXIV. Lect. Notes Math. 1426, p. 226-274, Springer (1990).

[2] J.P. Ansel, C. Stricker :
Couverture des Actifs Contingents et Prix Maximum. A paraître dans les Ann. Inst. H. Poincaré (1993).

[3] J.P. Ansel, C Stricker :
Unicité et existence de la loi minimale. A paraître dans le Séminaire de Probabilités XXVII (1993).

[4] F. Delbaen :
Representing Martingale Measures when Asset Prices are Continuous and Bounded. A paraître (1993).

[5] J. Jacod :
Calcul Stochastique et Problèmes de Martingales. Lect. Notes Math. 714. Springer (1979).

[6] C. Stricker :
Arbitrage et lois de martingale. Annales de l'Institut Henri Poincaré 26, p. 451-460 (1990).

[7] M. Yor :
Sous-espaces denses dans L^1 ou H^1 et représentation des martingales. Séminaire de Probabilités XII. Lect. Notes Math. 649 p.265-309 (1978).

FERMETURE DE $\mathbf{G_T(\Theta)}$ ET DE $\mathbf{L^2(\mathcal{F}_0) + G_T(\Theta)}$

P. Monat et C. Stricker
Laboratoire de Mathématiques
URA CNRS 741
16, Route de Gray
25030 Besançon Cedex.

Soient X une semimartingale et Θ l'ensemble des processus θ prévisibles, intégrables par rapport à X, tels que $G(\theta) := \int \theta dX$ appartienne à l'espace $\mathcal{S}^2$ des semimartingales. Pour $T > 0$ fixé, $G_T(\Theta)$ désigne le sous-espace de L^2 engendré par $G_T(\theta)$ pour tout $\theta \in \Theta$. Nous supposons que X est une semimartingale spéciale et qu'elle peut s'écrire sous la forme $X = X_0 + M + \int \alpha d\langle M \rangle$. Sous l'hypothèse : $\widehat{K} := \int \alpha^2 d\langle M \rangle$ est un processus uniformément borné sur $[0, T]$, nous montrons que l'espace $G_T(\Theta)$ est fermé dans L^2.
Dans un précédent article, nous avions montré la fermeture de $G_T(\Theta)$ en prouvant l'existence, l'unicité et la continuité de la décomposition de Föllmer-Schweizer pour une variable aléatoire de carré intégrable **[3]** et **[4]**. Parallèlement, M. Schweizer **[7]** a trouvé une belle démonstration directe sous la condition supplémentaire que les sauts de $\widehat{K}$ soient bornés par une constante strictement inférieure à 1. Dans cet article, nous généralisons sa démonstration en nous affranchissant de cette dernière hypothèse.
Le fait que $G_T(\Theta)$ soit fermé a des applications en mathématiques financières. En effet, toute variable aléatoire $H \in L^2$ admet alors une projection et une seule sur l'espace $G_T(\Theta)$. Si H représente la valeur d'un actif contingent, on montre ainsi l'existence et l'unicité d'une stratégie optimale pour la norme L^2.

1 Préliminaires.

Les notations utilisées sont les mêmes que celles de **[1]**, **[2]** et **[6]**. Nous les rappelons brièvement.
Soit $(\Omega, \mathcal{F}, P)$ un espace de probabilité muni d'une filtration $(\mathcal{F}_t)_{0 \le t \le T}$ satisfaisant aux conditions habituelles et telle que $\mathcal{F}_T = \mathcal{F}$. Soit $(X_t)_{0 \le t \le T}$ une semimartingale de $\mathcal{S}^2_{loc}$ à valeurs dans $\mathbb{R}^d$, de décomposition canonique $X = X_0 + M + A$, telle que $A^i \ll \langle M^i \rangle$, pour tout $i = 1, ..., d$. On suppose que B est un processus prévisible, intégrable, croissant, càdlàg et nul en 0, tel que :

$$(1.1) \qquad \langle M^i, M^j \rangle_t = \int_0^t \sigma_s^{ij} dB_s \quad \text{et} \quad A_t^i = \int_0^t \gamma_s^i dB_s \quad P\text{-p.s. pour } i = 1, ..., d.$$

On suppose que X vérifie la condition de structure (SC) c'est-à-dire qu'il existe un processus prévisible à valeurs dans $\mathbb{R}^d$, $\widehat{\lambda} = \left(\widehat{\lambda}_t\right)_{0\le t\le T}$ tel que :

$$(1.2) \qquad \sigma_t\widehat{\lambda}_t = \gamma_t \quad \text{et} \quad \widehat{K}_t := \int_0^t \widehat{\lambda}_s^* \gamma_s dB_s < +\infty \quad P\text{-p.s. pour tout } t \in [0,T].$$

On choisit alors une version càdlàg de $\widehat{K}$, que l'on appelle processus "mean-variance tradeoff" (MVT) de X.
Cette condition de structure est une hypothèse naturelle en mathématiques financières. Elle correspond à une condition de non arbitrage.

Définition 1.1. Un processus prévisible $\theta = (\theta_t)_{0\le t\le T}$ à valeurs dans $\mathbb{R}^d$ appartient à $L^2(M)$ si le processus $\left(\int_0^t \theta_s^*\sigma_s\theta_s dB_s\right)_{0\le t\le T}$ est intégrable.
Un processus prévisible $\theta = (\theta_t)_{0\le t\le T}$ à valeurs dans $\mathbb{R}^d$ appartient à $L^2(A)$ si le processus $\left(\int_0^t |\theta_s^*\gamma_s|\, dB_s\right)_{0\le t\le T}$ est de carré intégrable.
Enfin, Θ est l'espace défini par $\Theta := L^2(M) \cap L^2(A)$ que nous allons munir des trois normes suivantes :

$$\|\theta\|_{L^2(M)} := \left\|\int_0^T \theta_s dM_s\right\|_2, \quad |||\theta||| := \left\|\int_0^T \theta_s dM_s\right\|_2 + \left\|\int_0^T |\theta_s^*\gamma_s| dB_s\right\|_2,$$

$$|\theta|_2 := \left\|\int_0^T \theta_s dX_s\right\|_2.$$

L'objet principal de cet article est d'établir l'équivalence de ces trois normes.

Dans la suite, on suppose que X vérifie (SC) et que $\widehat{K}$ est uniformément borné en t et en ω. Cela implique en particulier le résultat suivant dû à Schweizer (cf **[3]** et **[6]**).

Lemme 1.2. Les deux normes $\|\cdot\|_{L^2(M)}$ et $|||\cdot|||$ sont équivalentes.

2 Fermeture de $G_T(\Theta)$.

Pour démontrer que $G_T(\Theta)$ est fermé, nous devons séparer les instants où les sauts de $\widehat{K}$ sont supérieurs à 1 des moments où l'on se trouve entre deux tels sauts. C'est pourquoi nous avons besoin de deux résultats auxiliaires pour montrer le théorème principal.
Le premier lemme est fortement inspiré de **[7]**.

Lemme 2.1. Soient $0 \le T_1 \le T_2 \le T$ deux temps d'arrêt prévisibles tels qu'il existe une constante $c \in]0;1[$ vérifiant $\widehat{K}_{T_2-} - \widehat{K}_{T_1} \le c$ P-p.s. Alors, il existe une constante C telle que pour tout $\theta \in \Theta$ et toute variable aléatoire $R_0 \in L^2(\mathcal{F}_0)$

$$\|\mathbf{1}_{]T_1;T_2[}\theta\|_{L^2(M)} \le C\|R_0 + G_{T_2-}(\theta)\|_2$$

Démonstration. Observons d'abord que nous pouvons supposer que $\theta = 0$ sur

$[\![T_2]\!]$. On a alors l'égalité suivante :

$$\int_0^T \mathbf{1}_{]T_1;T_2[}(s)\theta_s dM_s + G_{T_1}(\theta) = G_{T_2-}(\theta) - \int_0^T \mathbf{1}_{]T_1;T_2[}(s)\theta_s^* dA_s$$

Comme $R_0 + G_{T_1}(\theta)$ et $\int_0^T \mathbf{1}_{]T_1;T_2[}(s)\theta_s dM_s$ sont des variables aléatoires orthogonales, on obtient les inégalités suivantes :

$$\begin{aligned}(2.1) \qquad \|\mathbf{1}_{]T_1;T_2[}\theta\|_{L^2(M)} &\leq \left\| \int_0^T \mathbf{1}_{]T_1;T_2[}(s)\theta_s dM_s + R_0 + G_{T_1}(\theta) \right\|_2 \\ &\leq \|R_0 + G_{T_2-}(\theta)\|_2 + \left\| \int_0^T \mathbf{1}_{]T_1;T_2[}(s)\theta_s^* dA_s \right\|_2\end{aligned}$$

Or, d'après la condition de structure, le fait que σ est une matrice symétrique positive et l'inégalité de Cauchy-Schwarz,

$$\begin{aligned}\left(\int_0^T \mathbf{1}_{]T_1;T_2[}(s)\theta_s^* dA_s\right)^2 &= \left(\int_0^T \mathbf{1}_{]T_1;T_2[}(s)\theta_s^* \sigma_s \widehat{\lambda}_s dB_s\right)^2 \\ &\leq \int_0^T \mathbf{1}_{]T_1;T_2[}(s)\theta_s^* \sigma_s \theta_s dB_s \int_0^T \mathbf{1}_{]T_1;T_2[}(s)\widehat{\lambda}_s^* \sigma_s \widehat{\lambda}_s dB_s \\ &\leq \left(\widehat{K}_{T_2-} - \widehat{K}_{T_1}\right) \int_0^T \mathbf{1}_{]T_1;T_2[}(s)\theta_s^* \sigma_s \theta_s dB_s\end{aligned}$$

Donc :

$$\begin{aligned}(2.2) \qquad E\left(\left(\int_0^T \mathbf{1}_{]T_1;T_2[}(s)\theta_s^* dA_s\right)^2\right) &\leq c\, E\left(\int_0^T \mathbf{1}_{]T_1;T_2[}(s)\theta_s^* \sigma_s \theta_s dB_s\right) \\ &= c\|\mathbf{1}_{]T_1;T_2[}\theta\|_{L^2(M)}^2\end{aligned}$$

En injectant cette inégalité dans l'inégalité (2.1) on obtient ainsi l'inégalité recherchée puisque la constante c est strictement inférieure à un.

Lemme 2.2. Soit T_0 un temps d'arrêt prévisible. Alors, pour tout $\theta \in \Theta$ et toute variable aléatoire $R_0 \in L^2(\mathcal{F}_0)$

$$\|\mathbf{1}_{[T_0]}\theta\|_{L^2(M)} \leq \|R_0 + G_{T_0}(\theta)\|_2$$

Démonstration. Pour tout $\theta \in \Theta$ et toute v.a. $R_0 \in L^2(\mathcal{F}_0)$, on a l'égalité suivante
$\|R_0 + G_{T_0}(\theta)\|_2^2 = \left\| \int_0^T \mathbf{1}_{[T_0]}(s)\theta_s dM_s + \int_0^T \mathbf{1}_{[T_0]}(s)\theta_s^* dA_s + \int_0^T \mathbf{1}_{]0;T_0[}(s)\theta_s dX_s + R_0 \right\|_2^2.$

Or A est prévisible donc $\int_0^T \mathbf{1}_{[T_0]}(s)\theta_s^* dA_s$ est $\mathcal{F}_{T_0-}$-mesurable. Par conséquent, les variables $\int_0^T \mathbf{1}_{[T_0]}(s)\theta_s dM_s$ et $\int_0^T \mathbf{1}_{[T_0]}(s)\theta_s^* dA_s + \int_0^T \mathbf{1}_{]0;T_0[}(s)\theta_s dX_s + R_0$ sont orthogonales. D'où

$$\|R_0 + G_{T_0}(\theta)\|_2^2 = \left\|\mathbf{1}_{[T_0]}\theta\right\|_{L^2(M)}^2 + \left\| \int_0^T \mathbf{1}_{[T_0]}(s)\theta_s^* dA_s + \int_0^T \mathbf{1}_{]0;T_0[}(s)\theta_s dX_s + R_0 \right\|_2^2$$

ce qui achève la démonstration du lemme 2.2.

Théorème 2.3. Les trois normes $\| \, . \, \|_{L^2(M)}$, $|\!|\!| \, . \, |\!|\!|$ et $| \, . \, |_2$ sont équivalentes.

Démonstration. Dans la suite, C désigne une constante qui peut varier de ligne en ligne.
Il est bien connu que $| \, . \, |_2 \leq C |\!|\!| \, . \, |\!|\!|$. D'après le lemme 1.2, $|\!|\!| \, . \, |\!|\!| \leq C \| \, . \, \|_{L^2(M)}$; donc pour montrer que les trois normes sont équivalentes, il suffit de montrer que $\| \, . \, \|_{L^2(M)} \leq C | \, . \, |_2$.

Comme $\widehat{K}$ est uniformément borné en t et ω, il existe une constante $c \in]0;1[$ et une suite finie de temps d'arrêt prévisibles $(T_i)_{0 \leq i \leq n}$ telles que $0 = T_0 \leq T_1 \leq ... \leq T_n = T$ et $\widehat{K}_{T_i-} - \widehat{K}_{T_{i-1}} \leq c \quad P$-p.s. pour $i = 1, ..., n$.

Pour construire une telle suite, on peut prendre $\epsilon > 0$ tel que $c = \dfrac{3}{4} + \epsilon < 1$ et poser
$T_0 = 0$

$$T_{i+1} = \begin{cases} \inf \left\{ T_i < t \leq T \mid \widehat{K}_t - \widehat{K}_{T_i} \geq \frac{3}{4} + \epsilon \right\} \wedge \inf \left\{ T_i < t \leq T \mid \Delta \widehat{K}_t \geq \frac{3}{4} \right\} \\ T \quad \text{si les deux ensembles ci-dessus sont vides.} \end{cases}$$

$T_n = T$ avec n suffisamment grand pour que $\widehat{K}_{T-} - \widehat{K}_{T_{n-1}} \leq \dfrac{3}{4} + \epsilon \quad P$-p.s.

Tous les temps d'arrêt T_i sont alors prévisibles en tant que débuts d'ensembles prévisibles, fermés à droite.

D'après le lemme 2.2, $\|\mathbf{1}_{[T_n]}\theta\|_{L^2(M)} \leq |\mathbf{1}_{]0;T_n]}\theta|_2$. Or, les inégalités du début de la démonstration impliquent que

$$|\mathbf{1}_{]0;T_n[}\theta|_2 \leq |\mathbf{1}_{]0;T_n]}\theta|_2 + |\mathbf{1}_{[T_n]}\theta|_2 \leq |\mathbf{1}_{]0;T_n]}\theta|_2 + C\|\mathbf{1}_{[T_n]}\theta\|_{L^2(M)},$$

si bien que

$$|\mathbf{1}_{]0;T_n[}\theta|_2 \leq C|\mathbf{1}_{]0;T_n]}\theta|_2. \tag{2.3}$$

Le lemme (2.1) nous dit que

$$\|\mathbf{1}_{]T_{n-1};T_n[}\theta\|_{L^2(M)} \leq C|\mathbf{1}_{]0;T_n[}\theta|_2$$

et l'inégalité (2.3) entraîne alors que $\quad \|\mathbf{1}_{]T_{n-1};T_n[}\theta\|_{L^2(M)} \leq C|\mathbf{1}_{]0;T_n]}\theta|_2$.
Comme $\quad \mathbf{1}_{]T_{n-1};T_n]} \leq \mathbf{1}_{]T_{n-1};T_n[} + \mathbf{1}_{[T_n]} \quad$ et que la norme $\| \, . \, \|_{L^2(M)}$ peut s'exprimer sous la forme

$$\|\theta\|^2_{L^2(M)} = E\left(\int_0^T \theta_s^* \sigma_s \theta_s dB_s\right),$$

en utilisant le fait que σ est une matrice symétrique positive, on obtient l'inégalité

$$\|\mathbf{1}_{]T_{n-1};T_n]}\theta\|_{L^2(M)} \leq C|\mathbf{1}_{]0;T_n]}\theta|_2. \tag{2.4}$$

D'autre part,

$$\begin{aligned} |\mathbf{1}_{]0;T_{n-1}]}\theta|_2 &\leq |\mathbf{1}_{]0;T_n]}\theta|_2 + |\mathbf{1}_{]T_{n-1};T_n]}\theta|_2 \\ &\leq |\mathbf{1}_{]0;T_n]}\theta|_2 + C\|\mathbf{1}_{]T_{n-1};T_n]}\theta\|_{L^2(M)}, \end{aligned}$$

donc en appliquant l'inégalité (2.4), on obtient

(2.5) $$|\mathbf{1}_{]0;T_{n-1}]}\theta|_2 \leq C|\mathbf{1}_{]0;T_n]}\theta|_2.$$

Une récurrence descendante permet alors d'achever la démonstration du théorème 2.3.

Théorème 2.4. Le sous-espace $G_T(\Theta)$ est fermé dans L^2.

Démonstration. Soit $(G_T(\theta^n))_{n\in\mathbb{N}}$ une suite de $G_T(\Theta)$ qui tend vers Y dans L^2. Alors la suite $(\theta^n)_{n\in\mathbb{N}}$ est de Cauchy pour la norme $|\,.\,|_2$, donc d'après le théorème 2.3, elle est de Cauchy pour la norme $\|\,.\,\|_{L^2(M)}$. Or il est bien connu que l'espace $\left(L^2(M), \|\,.\,\|_{L^2(M)}\right)$ est complet, si bien que la suite $(\theta^n)_{n\in\mathbb{N}}$ converge dans $L^2(M)$ vers un processus prévisible θ. Comme $\Theta = L^2(M)$, le théorème 2.3 montre que $Y = G_T(\theta)$.

Grâce aux lemmes 1.2, 2.1 et 2.2 nous allons montrer le

Théorème 2.5. Soit $\mathcal{G}$ une sous-tribu de $\mathcal{F}_0$. Le sous-espace $L^2(\mathcal{G}) + G_T(\Theta)$ est fermé dans L^2.

Démonstration. Soit $(R_p + G_T(\theta^p))_{p\in\mathbb{N}}$ une suite de $L^2(\mathcal{G}) + G_T(\Theta)$ qui converge vers Y dans L^2. Reprenons les temps d'arrêt (T_i) introduits dans la démonstration du théorème 2.3. Le lemme 2.2 nous dit que la suite $(\mathbf{1}_{[T_n]}\theta^p)$ converge dans $L^2(M)$, donc aussi dans $L^2(A)$, d'après le lemme 1.2. Ainsi $G_{T_n}(\mathbf{1}_{[T_n]}\theta^p)$ converge dans L^2 vers une variable Z. On remplace alors la variable Y par $Y - Z$ et on applique le lemme 2.1. à l'intervalle $]\!]T_{n-1}; T_n[\![$. On en déduit que la suite $(G_T(\mathbf{1}_{]T_{n-1};T_n[}\theta^p))$ converge dans L^2 vers une variable W. Une récurrence descendante permet d'achever la démonstration du théorème 2.5.

Dans le corollaire suivant, nous généralisons un peu le théorème 5 de l'article **[7]** de M. Schweizer. La démonstration étant la même que celle de M. Schweizer, nous ne la reproduisons pas ici. Le lecteur intéressé pourra se référer à **[7]**.

Corollaire 2.6. Soit $\mathbb{G}$ une sous-filtration de $(\mathcal{F}_t)_{0\leq t\leq T}$ vérifiant les conditions habituelles. Soit $\Theta(\mathbb{G})$ l'ensemble des processus $\theta \in \Theta$ qui sont prévisibles par rapport à $\mathbb{G}$. Alors, $G_T(\Theta(\mathbb{G}))$ est fermé dans L^2.

Remarques 2.7. 1) Si $\widehat{K}$ n'est pas uniformément borné, alors $G_T(\Theta)$ peut ne pas être fermé : W. Schachermayer a exhibé un exemple dans le cas discret (cf **[6]**). Pour un exemple avec une semimartingale continue, le lecteur pourra se référer à **[3]**.

2) Si $\widehat{K}$ n'est pas uniformément borné, la question de savoir si $G_T(\Theta)$ peut être fermé n'est pas résolue.

3) Lorsque $\widehat{K}$ n'existe pas, $G_T(\Theta)$ peut être fermé. Pour cela, on peut considérer la semimartingale X définie par $dX_t = d\delta_1$. Si $(G_1(\theta^p))_{p\in\mathbb{N}}$ converge vers Y dans L^2, alors en posant $\theta := E(Y \mid \mathcal{F}_{t-})$, on a $Y = G_1(\theta)$.

4) Le fait que $G_T(\Theta)$ soit fermé permet d'affirmer qu'il existe une et une seule stratégie optimale au sens de la norme L^2 pour tout actif contingent $H \in L^2$. Cette stratégie est la projection de la variable aléatoire H sur le sous-espace de L^2, $G_T(\Theta)$. Dans le cas où $\widehat{K}$ est déterministe, M. Schweizer a montré dans **[6]** que la stratégie optimale est solution d'une équation différentielle stochastique. Lorsqu'on ne suppose plus que $\widehat{K}$ est déterministe, une telle caractérisation de la stratégie optimale reste un problème ouvert sauf dans le cas discret (voir M. Schweizer **[5]**).

Nous remercions M. Schweizer pour des discussions fructueuses sur cet article.

Références.

[1] C. Dellacherie et P.A. Meyer "Probabilités et potentiel", Chapitres V à VIII, Théorie des martingales, Hermann, 1980.

[2] J. Jacod "Calcul Stochastique et Problèmes de Martingales", Lecture Notes in Mathematics 714, Springer, 1979.

[3] P. Monat et C. Stricker "Föllmer-Schweizer Decomposition and Closedness of $G_T(\Theta)$", preprint, Université de Franche-Comté, 1994.

[4] P. Monat et C. Stricker "Décomposition de Föllmer-Schweizer et fermeture de $G_T(\Theta)$ ", Note aux CRAS, T. 318, Série I, 1994.

[5] M. Schweizer "Variance-Optimal Hedging in Discrete Time", preprint, Université de Göttingen, 1994.

[6] M. Schweizer "Approximating Random Variables by Stochastic Integrals", à paraître dans Annals of Probability, 1994.

[7] M. Schweizer "A Projection Result for Semimartingales", à paraître dans Stochastics and Stochastics Reports, 1994.

SUR L'UTILISATION DE PROCESSUS DE MARKOV DANS LE MODELE D'ISING : ATTRACTIVITE ET COUPLAGE.

Sophie MAILLE

Le modèle d'Ising à spin ±1 a été largement étudié dans la littérature durant ces vingt dernières années (ELLIS [5] ; GEORGII [7] ; LIGGETT [10]).

De nombreuses méthodes ont été développées pour étudier les transitions de phase dans ce modèle. L'une d'elles consiste à construire des processus de Markov dont les mesures réversibles sont les mesures de Gibbs du modèle étudié (cf. LIGGETT [10] et YCART [11]).

Certaines des propriétés de ces processus paraissent particulièrement importantes : l'attractivité et le couplage.

D'autre part l'utilisation de ces processus se fait souvent à travers des processus particuliers comme par exemple le processus de Glauber. L'objet de cet article est de faire le point sur ces techniques en comparant de façon exhaustive les différentes notions existantes et en isolant certaines classes de processus associés à un problème.

Dans une première partie nous rappelons les diverses notions d'attractivité qui figurent dans la littérature : attractivité d'une mesure, d'un semi-groupe, d'un générateur et nous montrons les liens entre ces notions.

En particulier nous décrivons brièvement deux démonstrations de l'équivalence entre la notion de semi-groupe attractif et celle de générateur attractif. L'une utilise un processus de Markov sur $\{-1,1\}^\Lambda\times\{-1,1\}^\Lambda$; ($\Lambda\subset\mathbb{Z}^d$ fini) qui est un couplage entre deux processus ; l'autre utilise un processus non Markovien sur $\{-1,1\}^\Lambda\times\Lambda$. Dans la quatrième partie nous comparons ces ceux démonstrations et montrons en particulier les liens existants entre ces deux processus.

Auparavant dans la deuxième partie nous nous serons intéressés au couplage entre deux processus de Markov et surtout aux processus couplés prenant leurs valeurs sur $\{(\omega,\hat{\omega})\in\{-1,1\}^\Lambda\times\{-1,1\}^\Lambda;\ \omega\leqslant\hat{\omega}\}$. Nous donnons une condition nécessaire et suffisante sur les processus initiaux pour pouvoir construire un tel processus couplé.

Puis nous étudions le cas où de plus les processus initiaux sont réversibles par rapport à des mesures données. Ceci nous permet de récapituler tous les liens existants entre mesures associées à un processus couplé et mesures ordonnées.

Ces résultats sont prouvés dans la troisième partie.

Mots clés : Modèle d'Ising - Processus de Markov - Attractivité - couplage - mesures réversibles - mesures ordonnées.

Introduction.

En Mécanique Statistique, on modélise un morceau de fer en équilibre thermique de la façon suivante : il est constitué d'atomes de fer disposés en chaque noeud d'un réseau, chaque atome étant caractérisé par son spin. Nous ne considèrerons ici que le cas où les valeurs possibles pour le spin sont +1 ou -1 (haut ou bas).

Si l'orientation d'un spin dépend de celle des spins voisins, on dit que les spins interagissent. Dans le cas contraire, on dit qu'il n'y a pas d'interaction.

Explicitons le modèle mathématique associé.

. Nous appelons site un noeud du réseau, et nous considérons comme espace des sites Λ une partie finie du réseau $\mathbb{Z}^d$.
. Dans le modèle physique on appelle configuration tout choix possible pour l'ensemble des spins sur Λ.
Une configuration est donc une application de Λ dans $\{-1,1\}$. Nous notons $\Omega=\{-1,1\}^\Lambda$ l'ensemble des configurations et ω un élément générique de Ω c'est-à-dire $\omega = (\omega_i)_{i\in\Lambda}$ où $\omega_i \in \{-1,1\}$.
$\Phi=\{-1,1\}$ est appelé espace des états (ou espace des phases).

Sur cet espace Ω muni de la tribu produit, nous allons considérer plusieurs mesures :

. La mesure uniforme $d\mu_0$, que l'on notera aussi $d\omega_\Lambda$:

$$d\mu_0 = \bigotimes_{i\in\Lambda} d\omega_i \quad \text{où } d\omega_i \text{ est la mesure uniforme sur } \{-1,1\}.$$

. La mesure de Boltzmann.

Le choix de cette mesure est dicté par des considérations physiques. Définissons $H(\omega)$ l'énergie d'une configuration ω de la façon suivante : H est une application de Ω dans $\mathbb{R}$ appelée Hamiltonien, elle s'écrit à une constante additive près :

$$H(\omega) = \sum_{\substack{A \subset \Lambda \\ |A|>1}} J_A \, \omega_A + \sum_{i \in \Lambda} h_i \omega_i$$

où $\omega_A = \prod_{i \in A} \omega_i$.

Le terme $\sum_{\substack{A \subset \Lambda \\ |A|>1}} J_A \omega_A$ représente l'énergie d'interaction entre les spins et le terme $\sum_{i \in \Lambda} h_i \omega_i$ représente l'action d'un champ extérieur $h = (h_i)_{i \in \Lambda}$.

Une mesure de Boltzmann est alors une distribution μ maximisant l'entropie sous la contrainte suivante : l'énergie moyenne totale est fixée ; c'est-à-dire $\int_\Omega H(\omega) d\mu(\omega) = C$ où C est une constante donnée.

Elle est absolument continue par rapport à la mesure uniforme de densité $\dfrac{e^{\beta H(\omega)}}{\int_\Omega e^{\beta H(\omega)} d\omega_\Lambda}$, β étant l'inverse de la température.

Nous travaillons par la suite à température constante, quitte à modifier l'Hamiltonien H en βH, on se ramène à β=1.

Nous notons alors cette mesure μ_H, $\langle f \rangle_{\mu_H} = \int_\Omega f d\mu_H$ et $\langle f \rangle_0 = \int_\Omega f d\omega_\Lambda$.

Remarquons que dans le cas où il n'y a pas d'interaction et pas de champ extérieur, la mesure de Boltzmann est la mesure uniforme.

La mesure de Boltzmann est une mesure d'équilibre physique. C'est aussi une mesure d'équilibre mathématique au sens où elle s'obtient comme mesure limite de certains processus de Markov. Ces résultats figurent par exemple dans LIGGETT [10], YCART [11], DURRETT [2].

Nous étudierons plus particulièrement les processus de Markov pour lesquels μ_H est de plus une mesure réversible, c'est-à-dire les processus de Markov dont le générateur L vérifie la propriété suivante : pour toutes fonctions f, g de Ω dans $\mathbb{R}$, on a :

$$\int_\Omega f L g \, d\mu_H = \int_\Omega g L f \, d\mu_H.$$

Nous dirons alors que le générateur L est <u>symétrique</u> par rapport à μ_H.

Nous allons donner une caractérisation des semi-groupes de Markov admettant la mesure de Boltzmann pour mesure réversible.

Λ étant fini, tout générateur L d'un processus de Markov sur Ω s'écrit de façon unique sous la forme :

$$Lf(\omega) = \sum_{\hat{\omega}\in\Omega} \hat{c}(\omega,\hat{\omega})(f(\hat{\omega})-f(\omega))$$

où $\hat{c} : \Omega\times\Omega \to \mathbb{R}$ est une fonction positive.

Nous utiliserons des notations similaires à celles des dérivées partielles dans $\mathbb{R}$ pour exprimer $f(\hat{\omega})-f(\omega)$.
Pour cela introduisons pour tout $A\subset\Lambda$ l'opérateur $\tau_A : \Omega \to \Omega$ tel que

$$(\tau_A\omega)_i = \begin{cases} \omega_i & \text{si } i\notin A \\ -\omega_i & \text{si } i\in A \end{cases}$$

et l'opérateur ∇_A tel que : $\forall f : \Omega \to \mathbb{R}$

$$\nabla_A f(\omega) = f(\tau_A\omega) - f(\omega).$$

Nous noterons aussi $\tau_A f(\omega)$ pour $f(\tau_A\omega)$.

Avec ces notations tout générateur de Markov sur Ω s'écrit de façon unique :

$$Lf(\omega) = \sum_{A\subset\Lambda} c(A,\omega)\nabla_A f(\omega)$$

où $c : P(\Lambda)\times\Omega \to \mathbb{R}$ est une fonction positive et $P(\Lambda)$ est l'ensemble des parties de Λ.

Le processus de Markov de générateur L a le comportement suivant : si initialement le processus est en ω_0, il reste dans cette configuration durant un temps T qui suit une loi exponentielle de paramètre $\sum_{A\subset\Lambda} c(A,\omega_0)$, puis saute en la configuration $\tau_A\omega_0$ avec la probabilité $c(A,\omega_0)/\sum_{B\subset\Lambda} c(B,\omega_0)$, et ainsi de suite...

<u>**Proposition 1**</u> **: Soit μ_H la mesure de Boltzmann sur Ω associée à l'énergie H : $\mu_H(d\omega_\Lambda) = \dfrac{e^{H(\omega)}d\omega_\Lambda}{\langle e^H\rangle_0}$.**

Alors le processus de Markov sur Ω de générateur $L = \Sigma\, c(A,.)\nabla_A$ admet μ_H comme mesure réversible si et seulement si :

$$\forall A\in P(\Lambda) \;;\; \forall\omega\in\Omega \;;\; c(A,\tau_A\omega) = c(A,\omega)\, e^{-\nabla_A H(\omega)}. \qquad (1)$$

(Une démonstration de ce résultat figure dans la thèse de O. François dans le cas d'un réseau infini).

Parmi ces processus, ceux qui ont été utilisés dans la littérature sont de la forme

$$Lf(\omega) = \sum_{i\in\Lambda} c(i,\omega)\nabla_i f(\omega)$$

ou nous notons $c(i,\omega)$ pour $c(\{i\},\omega)$ et ∇_i pour $\nabla_{\{i\}}$.

aussi nous nous restreindrons à ces processus.

La condition (1) ci-dessus s'écrit alors :

$$\forall i\in\Lambda \;;\; \forall\omega\in\Omega \;;\quad c(i,\tau_i\omega) = c(i,\omega)e^{-\nabla_i H(\omega)}.$$

Nous donnons ci-dessous des exemples de générateurs de Markov ; remarquons qu'il sont tous de la forme $L = \sum_{i\in\Lambda} F(\nabla_i H)\nabla_i$, et que parmi ces générateurs ceux qui sont réversibles par rapport à $d\mu_H = \dfrac{e^H d\omega_\Lambda}{\langle e^H\rangle_0}$ sont nécessairement de la forme $L = \sum_{i\in\Lambda} f(\nabla_i H)e^{\nabla_i H/2}\nabla_i$

où f est paire et positive.

<u>Exemple 1</u> : $c(i,\omega) = e^{\nabla_i \frac{H}{2}(\omega)}$. Cet exemple est le plus simple, et n'est cependant pas utilisé car il conduit à des algorithmes de vitesse de convergence trop lente.

<u>Exemple 2</u> : $c(i,\omega) = \frac{1}{2}(1+e^{\nabla_i H(\omega)}) = e^{\nabla_i \frac{H}{2}(\omega)}\,\mathrm{ch}(\nabla_i \frac{H}{2}(\omega))$.

C'est l'analogue dans le cas discret du processus <u>d'Ornstein Uhlenbeck</u>.

Il est utilisé par D. BAKRY et D. MICHEL [1] dans une démonstration des inégalités FKG (dont nous verrons l'énoncé par la suite).

<u>Exemple 3</u> : L'opérateur de <u>Glauber</u>.

$$c(i,\omega) = \frac{1}{1+e^{-\nabla_i H(\omega)}} = \frac{e^{\nabla_i \frac{H}{2}(\omega)}}{2\mathrm{ch}\ \nabla_i \left(\frac{H(\omega)}{2}\right)}$$

Ces taux de transitions sont utilisés dans les réseaux neuronaux et dans une démonstration de l'inégalité GHS due à D. BAKRY et D. MICHEL [1].

<u>Exemple 4</u> : $c(i,\omega) = e^{-(\nabla_i H(\omega))_-} = e^{\nabla_i \frac{H(\omega)}{2}}\ e^{-\left|\nabla_i \frac{H(\omega)}{2}\right|}$.

Ce cas est l'analogue à température constante du processus du recuit simulé quand on cherche le maximum de H.

Un problème délicat consiste à choisir tel ou tel opérateur. Par exemple, dans la démonstration des inégalités FKG due à D. BAKRY et D. MICHEL [1], on aurait pu choisir n'importe quel générateur à condition qu'il soit attractif (nous donnerons la définition de l'attractivité par la suite).
Par contre dans la démonstration de l'inégalité GHS citée plus haut, il est impératif de considérer l'opérateur de Glauber.

Il semble donc que certains opérateurs soient plus adaptés à un type de problème qu'à un autre.

Nous allons nous intéresser à une classe d'opérateurs particuliers : les <u>opérateurs attractifs</u> qui sont naturellement associés à une famille d'inégalités, les inégalités FKG.

<u>1. Attractivité.</u>

Une configuration ω peut être identifée à l'ensemble A des sites où le spin vaut +1. L'ensemble des configurations peut donc être muni de la structure d'ordre de $P(\Lambda)$ notée ici $\leqslant$, et en particulier des deux opérations notées ici $\vee$ et $\wedge$. Cela donne un sens sur Ω à la notion de fonction croissante. Celle-ci peut s'exprimer au moyen des opérateurs ∇_i introduits plus haut, ou encore des opérateurs $D_i : D_i f(\omega) = -\omega_i \nabla_i f(\omega)$ qui est l'équivalent dans Ω des dérivées partielles dans $\mathbb{R}^n$. En effet, f est croissante si et seulement si les fonctions $D_i f$ sont positives.

Nous allons donner la définition de l'attractivité d'une mesure, d'un processus, d'un générateur de Markov, ainsi que les liens entre ces notions.

Cette définition mathématique de l'attractivité correspond à la propriété physique suivante : elle caractérise la tendance qu'ont des atomes disposés sur un réseau ($\mathbb{Z}^2$ par exemple) à tous s'orienter de la même façon : spin +1 (ou -1).

L'attractivité est fort intéressante car c'est une condition suffisante pour des inégalités de corrélations entre fonctions croissantes : les inégalités FKG dues à Fortuin, Kasteleyn et Ginibre en 1971.

1.1 Les différentes notions d'attractivité.

1.1.1. Mesure attractive.

Définition 1 : une mesure μ sur Ω est attractive si :

$$\forall \omega, \hat{\omega} \in \Omega \ ; \quad \mu(\omega \wedge \hat{\omega})\mu(\omega \vee \hat{\omega}) \geqslant \mu(\omega)\mu(\hat{\omega}). \tag{3}$$

où $(\omega \wedge \hat{\omega})_i = \inf(\omega_i, \hat{\omega}_i)$ et $(\omega \vee \hat{\omega})_i = \sup(\omega_i, \hat{\omega}_i)$.

Lorsque μ est de la forme $d\mu = \dfrac{e^H d\omega_\Lambda}{<e^H>_0}$, alors si μ est attractive on dit aussi que l'hamiltonien H est attractif.

Caractérisons les mesures attractives de cette forme avec les opérateurs ∇_i, D_i :

Lemme 1 : Soit μ une mesure de la forme $d\mu = \dfrac{e^H d\omega_\Lambda}{<e^H>_0}$.

Les propositions suivantes sont équivalentes

1) μ est attractive

2) $\forall \omega \in \Omega \ ; \ \forall i,j \in \Lambda \ i \neq j : D_i D_j H(\omega) \geqslant 0$,

3) $\forall i\in\Lambda$; $\forall\omega,\hat{\omega}\in\Omega$ $\omega\leqslant\hat{\omega}$ et $\omega_i = \hat{\omega}_i = -1$: $\nabla_i H(\omega) \leqslant \nabla_i H(\hat{\omega})$.

4) $\forall i\in\Lambda$; $\forall\omega,\hat{\omega}\in\Omega$; $\omega\leqslant \hat{\omega}$ et $\omega_i = \hat{\omega}_i$: $D_i H(\omega) \leqslant D_i H(\hat{\omega})$.

Une démonstration de ce résultat est due à D. BAKRY et D. MICHEL [1] ; c'est aussi un cas particulier d'un résultat figurant dans le livre de EATON [4] : (proposition 5.1.1).

<u>Remarques.</u>

<u>1</u> Soit H un hamiltonien : $H(\omega) = \sum_{A\in P(\Lambda)} J_A\omega_A$ **où** $\omega_A = \prod_{i\in A} \omega_i$.

H est attractif équivaut à
$\forall i,j\in\Lambda$, $i\neq j$; $\forall\omega\in\Omega$: $D_i D_j H(\omega)\geqslant 0$.
Ce qui équivaut à :

$$\forall i,j\in\Lambda \text{ , } i\neq j \text{ ; } \forall\omega\in\Omega : \Big(\sum_{A\ni i,j} J_A\omega_A\Big)\omega_i\omega_j\geqslant 0.$$

Dans le cas particulier où $H(\omega) = \sum_{i,j\in\Lambda} J_{ij}\omega_i\omega_j + \sum_{i\in\Lambda} h_i\omega_i$;

On a :
H est attractif équivaut à $\forall i,j\in\Lambda$; $i\neq j$: $J_{ij}\geqslant 0$.

Si de plus le champ est nul ($h_i = 0$ $\forall i\in\Lambda$), les configurations les plus probables pour la mesure de Boltzmann $\dfrac{e^{H(\omega)}d\omega_\Lambda}{\langle e^H\rangle_0}$ **sont celles pour lesquelles tous les spins sont alignés : égaux à +1 (ou -1). Nous retrouvons bien la notion physique introduite plus haut.**

<u>2</u> Si $\Omega = \{-1,1\}$, alors toutes les mesures positives sur Ω sont attractives.

Avant de montrer que cette propriété d'attractivité se conserve par projection, nous allons énoncer les inégalités FKG, qui sont utilisées dans cette démonstration.

<u>Théorème 1</u> : <u>Inégalités FKG.</u>

Soit μ une mesure de probabilité sur Ω, attractive.
Alors pour toutes fonctions f et g définies sur Ω à valeurs dans

$\mathbb{R}$, croissantes, l'inégalité suivante est vérifiée :

$$<fg>_\mu \geqslant <f>_\mu \; <g>_\mu .$$

cf. Eaton[4] (5.10).

Lemme 2 :

Si μ est une mesure attractive sur $\Omega = \{-1,1\}^\Lambda$, alors ses projections sur $\{-1,1\}^{\Lambda | \{k\}}$, $k\in\Lambda$ sont attractives.
(Cf. Eaton[4] (5.14)).

Nous allons ici en donner une autre démonstration dans le cas où μ est une mesure de probabilité sur Ω de densité $\dfrac{e^H}{<e^H>_0}$ par rapport à la mesure $d\omega_\Lambda$, H étant un hamiltonien attractif.

Preuve :

Soit k un élément de Λ. Nous allons montrer que la marginale de μ obtenue en intégrant par rapport à ω_k est attractive. Un raisonnement par récurrence permet ensuite d'obtenir le résultat.

Il suffit donc de montrer que $K(\omega) = \mathrm{Log} \left\langle \dfrac{e^H}{<e^H>_0} \right\rangle_k$ est attractive.

$< >_k$ désigne $< >_{d\omega_k}$.

L'attractivité de K découle des inégalités FKG appliquées aux fonctions $\omega \to \exp(\nabla_i H(\omega))$; $\omega \to \exp(\nabla_j H(\omega))$ et à la mesure ν sur $\{-1,1\}$ définie par : $d\nu_\omega(\omega_k) = \dfrac{\exp(H(\omega))\; d\omega_k}{<e^{H(\omega)}>_k}$.

En effet les propositions suivantes 1, 2, 3, 4, 5 sont équivalentes.

1) K est attractive

2) $\forall i,j\in\Lambda\backslash\{k\}$; $i\neq j$; $\forall\omega\in\Omega$: $D_i D_j K(\omega)\geqslant 0$ (Lemme 1).

3) $\forall i,j\in\Lambda\backslash\{k\}$; $i\neq j$; $\forall\omega\in\Omega$; $\omega_i = \omega_j = -1$: $\nabla_i \nabla_j K(\omega)\geqslant 0$

4) $\forall i,j\in\Lambda\backslash\{k\}$; $i\neq j$; $\forall\omega\in\Omega$; $\omega_i = \omega_j = -1$:$\mathrm{Log} \dfrac{<e^{H(\tau_{ij}\omega)}>_k <e^{H(\omega)}>_k}{<e^{H(\tau_i\omega)}>_k <e^{H(\tau_j\omega)}>_k} \geqslant 0$

5) $\forall i,j\in\Lambda\backslash\{k\}$; $i\neq j$; $\forall\omega\in\Omega$; $\omega_i = \omega_j = -1$;

$$\frac{<e^{H(\tau_{ij}\omega)}>_k}{<e^{H(\omega)}>_k} \geq \frac{<e^{H(\tau_i\omega)}>_k}{<e^{H(\omega)}>_k} \frac{<e^{H(\tau_j\omega)}>_k}{<e^{H(\omega)}>_k}$$

Nous introduisons alors la mesure $d\nu_\omega$ mentionnée ci-dessus :

K est attractive équivaut à

$\forall i,j \in \Lambda,\ i \neq j\ ;\ \forall \omega \in \Omega\ ;\ \omega_i = \omega_j = -1$:

$$<e^{H(\tau_{ij}\omega)-H(\omega)}>_{\nu_\omega} \geq <e^{H(\tau_i\omega)-H(\omega)}>_{\nu_\omega} <e^{H(\tau_j\omega)-H(\omega)}>_{\nu_\omega}$$

ce qui équivaut à

$$\forall i,j \in \Lambda,\ i \neq j\ ;\ \forall \omega \in \Omega\ ;\ \omega_i = \omega_j = -1 :$$

$$<e^{\nabla_i\nabla_j H(\omega)+\nabla_i H(\omega)+\nabla_j H(\omega)}>_{\nu_\omega} \geq <e^{\nabla_i H(\omega)}>_{\nu_\omega} <e^{\nabla_j H(\omega)}>_{\nu_\omega}.$$

Comme H est attractif, on sait que $\nabla_i\nabla_j H(\omega) \geq 0$ si $\omega_i = \omega_j = -1$,

donc $<e^{\nabla_i\nabla_j H(\omega)+\nabla_i H(\omega)+\nabla_j H(\omega)}>_{\nu_\omega} \geq <e^{\nabla_i H(\omega)\ +\ \nabla_j H(\omega)}>_{\nu_\omega}$.

Une condition suffisante pour que K soit attractive est donc que :

$\forall i,j \in \Lambda\ i \neq j\ ;\ \forall \omega \in \Omega\ ;\ \omega_i = \omega_j = -1$

$$<e^{\nabla_i H(\omega)+\nabla_j H(\omega)}>_{\nu_\omega} \geq <e^{\nabla_i H(\omega)}>_{\nu_\omega} <e^{\nabla_j H(\omega)}>_{\nu_\omega}.$$

Nous remarquons qu'il s'agit d'une inégalité FKG avec :

1°) ν_ω qui est une mesure sur l'ensemble $\{-1,1\}$. Elle est donc attractive (cf. la remarque 2).

2°) $\omega_{\Lambda|\{k\}}$ étant une configuration donnée sur $\Lambda|\{k\}$; les fonctions : $\omega_k \to \nabla_i H(\omega)$ et $\omega_k \to \nabla_j H(\omega)$ qui sont croissantes sur $\{\omega\in\Omega;\ \omega_i = \omega_j = -1\}$ car $i,j \neq k$. Ceci provient de la seconde condition du Lemme 1.

1.1.2. Semi groupe attractif. Générateur attractif.

Définition 2 :
un semi-groupe de Markov $(P_t)_{t\geq 0}$ est dit attractif si

$f : \Omega \to \mathbb{R}$ croissante $\Rightarrow P_t f$ croissante.

Nous allons maintenant traduire cette propriété sur le générateur.

Théorème 2 : Soit L un générateur de Markov de la forme $L = \sum_{i\in\Lambda} c(i,.)\nabla_i$ associé au semi-groupe de Markov P_t.

P_t est attractif $\Leftrightarrow \forall i,j\in\Lambda$; $i\neq j$; $\forall\omega\in\Omega$: $\omega_i\omega_j\nabla_j c(i,\omega)\geq 0$

Autrement dit P_t est attractif équivaut à :

$$\text{la fonction } \omega \to c(i,\omega) \text{ est } \begin{cases} \text{croissante sur } \{\omega\in\Omega|\omega_i=-1\} \\ \text{décroissante sur } \{\omega\in\Omega|\omega_i=+1\} \end{cases}$$

Un tel générateur est dit attractif.

Nous décrivons brièvement deux démonstrations de ce théorème dans le paragraphe 1.2.

Exemple 1 : Soit $d\mu_H = \dfrac{e^H}{Z_H} d\omega_\Lambda$ une mesure attractive ($Z_H = \int_\Omega e^H d\omega_\Lambda$).

Soit $c(i,\omega) = f(\nabla_i \dfrac{H(\omega)}{2})\, e^{\nabla_i \frac{H(\omega)}{2}}$ où f est paire et positive et telle que $F : x \to e^x f(x)$ est croissante.

Alors $L = \sum_{i\in\Lambda} c(i,.)\nabla_i$ est un générateur attractif et symétrique par rapport à μ_H.

Preuve :

. L est symétrique par rapport à μ_H : ceci vient de la proposition 1 et du fait que f est paire.

. L est attractif ; en effet :

L est attractif équivaut à :

$$\forall i,j\in\Lambda \text{ ; } i\neq j \text{ ; } \forall\omega\in\Omega : \omega_{i\,j}\nabla_j F(\nabla_i \frac{H(\omega)}{2})\geq 0$$

ce qui équivaut à

$$\forall i\in\Lambda : \omega \to F(\nabla_i \frac{H(\omega)}{2}) \text{ est } \begin{cases} \text{croissante sur } \{\omega\in\Omega \ ; \ \omega_i = -1\}. \\ \text{décroissante sur } \{\omega\in\Omega \ ; \ \omega_i = 1\} \end{cases}$$

ce qui est encore équivalent à :

$$\forall i\in\Lambda \ ; \ \omega_i F(\nabla_i \frac{H(\omega)}{2}) \geq \hat{\omega}_i F(\nabla_i \frac{H(\hat{\omega})}{2}) \qquad \text{si } \omega \leq \hat{\omega} \text{ et } \omega_i = \hat{\omega}_i .$$

Or ici H étant attractif : $\omega_i \nabla_i H(\omega) \geq \hat{\omega}_i \nabla_i H(\hat{\omega})$ si $\omega \leq \hat{\omega}$ et $\omega_i = \hat{\omega}_i$.
F étant de plus croissante, on en déduit que :

$$\begin{cases} F(\nabla_i \frac{H(\omega)}{2}) \leq F(\nabla_i \frac{H(\hat{\omega})}{2}) & \text{si } \omega \leq \hat{\omega} \text{ et } \omega_i = \hat{\omega}_i = -1 \\ F(\nabla_i \frac{H(\omega)}{2}) \geq F(\nabla_i \frac{H(\hat{\omega})}{2}) & \text{si } \omega \leq \hat{\omega} \text{ et } \omega_i = \hat{\omega}_i = +1 \end{cases}$$

On en déduit donc que :

$$\omega_i F(\nabla_i \frac{H(\omega)}{2}) \geq \hat{\omega}_i F(\nabla_i \frac{H(\hat{\omega})}{2}) \qquad \text{si } \omega \leq \hat{\omega} \text{ et } \omega_i = \hat{\omega}_i$$

d'où le résultat.

En particulier les exemples 1.2.3.4 de générateurs de la forme

$L = \sum_{i\in\Lambda} f(\nabla_i H) e^{\nabla_i \frac{H}{2}} \nabla_i$, où f est paire et positive, sont attractifs.

<u>Exemple 2</u> : Soit H un hamiltonien attractif.

$$\text{Posons } \begin{cases} c(i,\omega) = 1 & \text{si } \omega_i = -1 \\ c(i,\omega) = e^{\nabla_i H(\omega)} & \text{si } \omega_i = 1 \end{cases}$$

Le générateur $L = \sum_{i\in\Lambda} c(i,.)\nabla_i$ est alors attractif et symétrique.
Il est utilisé par LIGGETT [10] pour la démonstration de l'inégalité FKG, et par B. YCART[12].

1.2. Liens entre ces diverses notions.

1.2.1. Hamiltonien attractif et générateur de Markov attractif.

Proposition 2 :

Soit $\mu_H(d\omega) = e^{H(\omega)}d\omega_\Lambda$ une mesure sur Ω avec $H(\omega) = \sum_{R\subset\Lambda} J_R\omega_R$.

L'hamiltonien H est attractif si et seulement si il existe un générateur L de la forme $L = \sum_{i\in\Lambda} c(i,.)\nabla_i$ symétrique par rapport à μ_H, attractif.

Preuve :

Sens direct : Considérons le générateur de Markov défini par :

$$Lf(\omega)= \sum_{i\in\Lambda} \exp(\nabla_i \frac{H(\omega)}{2})\, \nabla_i f(\omega).$$

L est symétrique par rapport à μ_H ; attractif et $\exp \nabla_i \frac{H}{2} > 0$.

Sens réciproque : Soit L un générateur symétrique par rapport à μ_H, attractif et de la forme : $Lf(\omega) = \sum_{i\in\Lambda} c(i,\omega)\nabla_i f(\omega)$

avec

$c(i,\tau_i\omega) = c(i,\omega)e^{-\nabla_i H(\omega)}$ (symétrique)

$$\omega \to c(i,\omega) \text{ est } \begin{cases} \text{croissante sur } \{\omega\in\Omega/\omega_i = -1\} \\ \text{décroissante sur } \{\omega\in\Omega/\omega_i = +1\} \end{cases} \text{(attractivité).}$$

Alors $\forall i,j\in\Lambda$; $i\neq j$; $\forall\omega\in\Omega$: $D_iD_jH(\omega) \geqslant 0$; en effet :

$$\omega \to \frac{c(i,\tau_i\omega)}{c(i,\omega)} = e^{-\nabla_i H(\omega)} \text{ est } \begin{cases} \text{croissante sur } \{\omega\in\Omega/\omega_i=1\} \\ \text{décroissante sur } \{\omega\in\Omega/\omega_i=-1\} \end{cases}$$

Ce qui équivaut à $D_iD_jH(\omega)\geqslant 0$, c'est-à-dire à H attractif.
(Remarquons que les taux $c(i,.)i\in\Lambda$ sont strictement positifs).

1.2.2. Equivalence entre semi-groupe et générateur attractif.

Cette équivalence est donnée par le théorème 2.

Une preuve de ce théorème figure dans le livre de T. LIGGETT [10](Théorème 2.2, p.134).

Cette démonstration utilise la notion de couplage que nous allons étudier au paragraphe 2 et dont nous donnons ici une brève description.

Soit L le générateur d'un processus de Markov sur Ω, attractif. On construit un processus de Markov sur $\Omega\times\Omega$ dont les processus marginaux admettent L comme générateur et dont la loi est portée par $\{(\omega,\hat{\omega})\in\Omega\times\Omega \; ; \; \omega \leq \hat{\omega}\} = \Sigma_2$, ce processus est dit processus couplé.

Montrons ainsi que le semi-groupe est bien attractif ; c'est-à-dire que si f est croissante alors $P_t f$ est croissante, en effet :

Soit $\omega\leq\hat{\omega}$; $\quad P_t f(\hat{\omega}) - P_t f(\omega) = \mathbb{E}_{\omega,\hat{\omega}}(f(\hat{\omega}_t)-f(\omega_t))$

où $(\omega_t,\hat{\omega}_t)$ est le processus couplé issu de $(\omega,\hat{\omega})$

donc $\quad f(\hat{\omega}_t)-f(\omega_t) \geq 0$, p.s.

d'où $\quad P_t f(\hat{\omega}) - P_t f(\omega) \geq 0$ si $\omega \leq \hat{\omega}$.

Une autre démonstration de ce résultat (pour le sens réciproque) est due à D. BAKRY et D. MICHEL [1].

Elle consiste à montrer que la fonction $\omega \to -\omega_i \nabla_i P_t f(\omega)$ est positive ; pour cela on va écrire $F(\omega,i,t) = -\omega_i \nabla_i P_t f(\omega)$ sous la forme :

$$F(\omega,i,t) = e^{t(L_1+V)} F(\omega,i,0)$$

où L_1+V est un opérateur sur $\Omega\times\Lambda$ non markovien, mais qui est la somme d'un générateur de Markov L_1 sur $\Omega\times\Lambda$ et d'un opérateur de multiplication V sur $\Omega\times\Lambda$.

On vérifie que cet opérateur préserve la positivité car il suffit pour cela que les coefficients hors diagonaux de L_1+V soient positifs.

On a :

$$(L_1+V)F(\omega,i,t) = \sum_{j\neq i} \tau_i c(j,\omega)\nabla_j F(\omega,i,t) + \sum_{j\neq i} \omega_{ij} \nabla_i c(j,\omega)(F(\omega,j,t)-F(\omega,i,t)$$

$$+\Big(\sum_{j\neq i} \omega_{ij} \nabla_i c(j,\omega) - c(i,\tau_i\omega) - c(i,\omega)\Big)F(\omega,i,t).$$

Remarque : Soit (ω_t,i_t) le processus de Markov de générateur L_1.

Ni ω_t, ni i_t ne sont en général des processus de Markov, mais le résultat suivant donne une condition nécessaire et suffisante pour que $(\omega_t)_{t\in\mathbb{R}^+}$ soit un processus de Markov et une condition nécessaire et suffisante pour qu'on retrouve le processus initial.

Proposition 3 :

Soit $(b_i : \Omega \to \mathbb{R})_{i\in\Lambda}$ une famille de fonctions strictement positives et définissons l'opérateur $D_i^{b_i}$ ainsi :

$\forall f : \Omega \to \mathbb{R}, \quad D_i^{b_i} f(\omega) = -\omega_i b_i(\omega)\nabla_i f(\omega).$

Soit H un hamiltonien, soit $L = \sum_{i\in\Lambda} c(i,.)\nabla_i$ un générateur de Markov attractif, symétrique par rapport à la mesure μ_H, $d\mu_H(\omega) = \dfrac{\exp H(\omega)d\omega_\Lambda}{<\exp H(\omega)>_0}$, et dont les taux de transitions $c(i,.)$, $i\in\Lambda^d$, sont strictement positifs, et soit P_t le semi-groupe associé.

Alors :

1. $\omega \to D_i P_t f(\omega)$ est positive équivaut à $\omega \to D_i^{b_i} P_t f(\omega)$ est positive

2. $D_i^{b_i} P_t f(\omega) = e^{t(\tilde{L}+\tilde{V})} D_i^{b_i} f(\omega)$
où $\tilde{L}$ est un opérateur de Markov sur $\Omega\times\Lambda$, $\tilde{V}$ est un opérateur de multiplication sur $\Omega\times\Lambda$

3. Soit (ω_t, i_t) le processus de Markov de générateur $\tilde{L}$ alors ω_t est un processus de Markov si et seulement si

$$* \ L = \sum_{i\in\Lambda} e^{\nabla_i \frac{H}{2}(\omega)} (\lambda_i + \mu_i \omega_{\Lambda|\{i\}})\nabla_i \quad \text{avec } \lambda_i > |\mu_i|$$

$$* \ b_i(\omega) = (\alpha_i + \beta_i\omega_i) f(\omega) e^{\nabla_i \frac{H}{2}(\omega)} \quad \text{où } \alpha_i > |\beta_i| \text{ et } f \text{ est une fonction}$$

strictement positive.

4. De plus le générateur de ω_t est le générateur initial L si et seulement si

$$* \quad L = \sum_{i\in\Lambda} e^{\nabla_i \frac{H}{2}(\omega)} \lambda_i \nabla_i \qquad \text{où } \forall i\in\Lambda \ ; \ \lambda_i \in \mathbb{R}^{+*}.$$

$$* \quad b_i(\omega) = (\alpha_i + \beta_i \omega_i) e^{\nabla_i \frac{H}{2}(\omega)} \qquad \text{où } \alpha_i \beta_i \in \mathbb{R} \quad \text{et} \quad \alpha_i > |\beta_i|$$

Preuve :

2. Notons $L = \sum_{i\in\Lambda} c(i,.)\nabla_i$ et $F(t,i,\omega) = D_i^{b_i} P_t f(\omega)$, alors

$$\frac{d}{dt} F(t,i,\omega) = \sum_{j\in\Lambda|\{i\}} \omega_{ij} \frac{b_i(\omega)}{b_j(\omega)} \nabla_i c(j,\omega)(F(t,j,\omega)-F(t,i,\omega))$$

$$+ \sum_{j\in\Lambda|\{i\}} \frac{b_i(\omega)}{\tau_j b_i(\omega)} \tau_i c(j,\omega)\nabla_j F(t,i,\omega) - [\tau_i c(i,\omega) + c(i,\omega)]F(t,i,\omega)$$

$$+ \sum_{j\in\Lambda|\{i\}} [-\omega_i b_i(\omega)\nabla_j \left(\frac{-1}{\omega_i b_i(\omega)}\right) \tau_i c(j,\omega) + \omega_{ij} \frac{b_i(\omega)}{b_j(\omega)} \nabla_i c(j,\omega)]F(t,i,\omega)$$

$$= (\tilde{L} + \tilde{V})F(t,i,\omega).$$

En effet l'attractivité de L et la positivité des b_i assurent la positivité de $\omega_{ij} \frac{b_i(\omega)}{b_j(\omega)} \nabla_i c(j,\omega)$ et de $\frac{b_i(\omega)}{\tau_j b_i(\omega)} \tau_i c(j,\omega)$.

3. Pour que ω_t soit de Markov il faut et il suffit que $\frac{b_i(\omega)}{\tau_j b_i(\omega)} \tau_i c(j,\omega)$ ne dépende pas de i ; c'est-à-dire que :

$$\forall i,k\in\Lambda|\{j\} \ ; \ \frac{b_i(\omega)}{\tau_j b_i(\omega)} \tau_i c(j,\omega) = \frac{b_k(\omega)}{\tau_j b_k(\omega)} \tau_k c(j,\omega).$$

Utilisons maintenant le fait que c(i,.) est symétrique par rapport à μ_H, il existe donc $f_i : \Omega \to \mathbb{R}$ <u>positive</u> telle que $\tau_i f_i = f_i$ et $c(i,.) = e^{\nabla_i \frac{H}{2}(.)} f_i$. L'égalité précédente s'écrit alors :

$$\frac{b_i(\omega)}{b_k(\omega)} e^{\tau_i \nabla_j \frac{H}{2}(\omega)} \tau_i f_j(\omega) = \tau_j \left(\frac{b_i(\omega)}{b_k(\omega)}\right) e^{\tau_k \nabla_j \frac{H}{2}(\omega)} \tau_k f_j(\omega). \qquad (5)$$

En écrivant maintenant cette expression en $\tau_j \omega$ et en multipliant terme à terme l'égalité obtenue et l'égalité ci-dessus, nous obtenons que :

$$\tau_i f_j(\omega) = \tau_k f_j(\omega)$$

Nous montrerons dans le lemme 4 que de telles fonctions satisfaisant de plus $\tau_j f_j = f_j$ sont de la forme :

$$f_j(\omega) = \lambda_j + \mu_j \omega_{\Lambda | \{j\}} \ ; \ \lambda_j, \mu_j \in \mathbb{R}.$$

L'hypothèse $c(j,.)>0$ s'écrit alors $\lambda_j > |\mu_j|$.

En utilisant le fait que $\tau_i f_j = \tau_k f_j$ et que b_i peut s'écrire sous la forme $b_i(\omega) = e^{\nabla_i \frac{H}{2}(\omega)} \bar{b}_i(\omega)$ car $\exp \nabla_i \frac{H}{2}(\cdot) > 0$, et en reportant cela dans (5) nous obtenons l'égalité suivante :

$$\frac{\bar{b}_i(\omega)}{\bar{b}_k(\omega)} = \tau_j \left(\frac{\bar{b}_i(\omega)}{\bar{b}_k(\omega)} \right)$$

<u>Lemme 3</u> : Soit $(\bar{b}_i)_{i \in \Lambda}$ une famille de fonctions strictement positives vérifiant $\frac{\bar{b}_i(\omega)}{\bar{b}_k(\omega)} = \tau_j \left(\frac{\bar{b}_i(\omega)}{\bar{b}_k(\omega)} \right)$ pour $i \neq j$ et $k \neq j$, alors il existe une fonction f de Ω dans $\mathbb{R}$ strictement positive et $\alpha_i, \beta_i \in \mathbb{R}$; $\alpha_i > |\beta_i|$ tels que $\bar{b}_i(\omega) = (\alpha_i + \beta_i \omega_i) f(\omega)$.

Ce lemme permet donc d'achever la démonstration de cette proposition 4.3.

<u>Preuve du lemme 3.</u>

Soit k un élément quelconque de Λ. Quel que soit $i \in \Lambda | \{k\}$, $\frac{\bar{b}_i}{\bar{b}_k}$ est une fonction strictement positive ne dépendant que de ω_i et ω_k ; il existe donc $A_{ik} : \{-1,1\} \to \mathbb{R}$; $B_{ik} : \{-1,1\} \to \mathbb{R}$ telles que

$$\frac{\bar{b}_i}{\bar{b}_k}(\omega) = A_{ik}(\omega_i) + B_{ik}(\omega_i)\omega_k \quad \text{et} \quad A_{ik}(\cdot) > |B_{ik}(\cdot)|.$$

Ecrivons maintenant que $\forall j \in \Lambda | \{k\}$; $\frac{\bar{b}_i}{\bar{b}_j} = \frac{\bar{b}_i}{\bar{b}_k} \frac{\bar{b}_k}{\bar{b}_j}$ et que cette fonction ne dépend que de ω_i et ω_j.

$$\frac{\bar{b}_i(\omega)}{\bar{b}_j(\omega)} = \frac{[A_{ik}(\omega_i) + B_{ik}(\omega_i)\omega_k][A_{jk}(\omega_j) - B_{jk}(\omega_j)\omega_k]}{A^2_{jk}(\omega_j) - B^2_{jk}(\omega_j)} = A_{ij}(\omega_i) + B_{ij}(\omega_i)\omega_j$$

d'où

$$A_{ik}(\omega_i)B_{jk}(\omega_j) - A_{jk}(\omega_j)B_{ik}(\omega_i) = 0$$

Comme $A_{ik} > 0$; $A_{jk} > 0$ cette égalité équivaut à :

$$\frac{B_{jk}(\omega_j)}{A_{jk}(\omega_j)} = \frac{B_{ik}(\omega_i)}{A_{ik}(\omega_i)}.$$

C'est donc une égalité entre une fonction de ω_j et une fonction de ω_i, et on peut écrire de telles égalités pour tout i et j éléments de $\Lambda | \{k\}$, on en déduit qu'il existe une constante c_k telle que :

$$\frac{B_{jk}(\omega_j)}{A_{jk}(\omega_j)} = c_k.$$

Donc $\quad \bar{b}_j(\omega) = A_{jk}(\omega_j)(1 + c_k\omega_k)\bar{b}_k(\omega) \qquad \forall j \neq k.$

Notons que $|c_k| < 1$ pour assurer la positivité de $\bar{b}_j$, et soit

$$f(\omega) = (1 + c_k\omega_k)\bar{b}_k(\omega) \; ;$$

alors

$$\begin{aligned} \bar{b}_j(\omega) &= A_{jk}(\omega_j)f(\omega) \qquad && \forall j \neq k \\ &= A_j(\omega_j)f(\omega) && \forall j \neq k. \end{aligned}$$

et $\bar{b}_k(\omega) = \frac{1 - c_k\omega_k}{1 - c_k^2} f(\omega) = A_k(\omega_k)\, f(\omega).$

Ceci achève cette démonstration.

<u>Lemme 4</u> :

Soit f une fonction de Ω dans $\mathbb{R}$ telle que :

$$\frac{f(\omega)e^{\nabla_i \frac{H}{2}(\omega)}}{\tau_j f(\omega)e^{\tau_j\nabla_i \frac{H}{2}(\omega)}} e^{\tau_i\nabla_j \frac{H}{2}(\omega)} (\lambda_j - \mu_j \omega_{\Lambda|\{j\}}) = e^{\nabla_j \frac{H}{2}(\omega)} (\lambda_j + \mu_j \omega_{\Lambda|\{j\}}).$$

Ce qui équivaut à :

$$\frac{f(\omega)}{\tau_j f(\omega)} (\lambda_j - \mu_j \omega_{\Lambda|\{j\}}) = (\lambda_j + \mu_j \omega_{\Lambda|\{j\}}).$$

En écrivant cette expression de $\tau_j\omega$, nous obtenons que

$$\frac{\tau_j f(\omega)}{f(\omega)} (\lambda_j - \mu_j \omega_{\Lambda|\{j\}}) = (\lambda_j + \mu_j \omega_{\Lambda|\{j\}}).$$

On en déduit donc que :

- **$f(\omega) = \tau_j f(\omega)$.**
  En écrivant ceci pour tout $j\in\Lambda$, on en conclut que f est constante.

- **$\lambda_j - \mu_j \omega_{\Lambda|\{j\}} = \lambda_j + \mu_j \omega_{\Lambda|\{j\}}$ donc $\mu_j = 0$.**

2. Processus couplé.

2.1. Processus couplé général. Processus couplé de Vaserhtein.

Etant donnés deux processus de Markov X_1, X_2 sur Ω, on appelle processus couplé tout processus de Markov sur $\Omega\times\Omega$ dont les lois marginales sont les lois de X_1, X_2.

Nous allons décrire tous ces processus, puis nous donnerons brièvement la description d'un processus couplé particulier : le couplage de Vaserhtein. C'est le processus couplé $(\omega_t, \hat{\omega}_t)$ pour lequel la probabilité de modifier à la fois ω et $\hat{\omega}$ est la plus grande. Nous étudierons ensuite les conditions nécessaires et suffisantes sur les processus initiaux pour construire un processus couplé dont la loi est portée par $\{(\omega,\hat{\omega})\in\Omega\times\Omega\ ;\ \omega\leqslant\hat{\omega}\} = \Sigma_2$. Nous verrons alors que cette condition est l'attractivité dans le cas où les deux processus initiaux ont même générateur (cf. par exemple LIGGETT [10]).

$$\forall i,k\in\Lambda \qquad \tau_i f = \tau_k f$$

alors $f(\omega) = \lambda + \mu\, \omega_\Lambda$ avec $\lambda,\mu\in\mathbb{R}$.

Preuve du lemme 4 :
Nous pouvons par exemple montrer ce résultat par récurrence sur $|\Lambda|$. On vérifie ce résultat pour $|\Lambda|=1$; on le suppose vrai si $|\Lambda|=n-1$ et montrons le par exemple pour $\Lambda = \{1,\ldots,n\}$.
Une fonction f peut toujours s'écrire sous la forme :

$$f(\omega) = g(\omega_1,\ldots,\omega_{n-1}) + h(\omega_1,\ldots\omega_{n-1})\omega_n.$$

En fixant successivement $\omega_n = +1$ et $\omega_n = -1$ et en écrivant que

$\tau_i f = \tau_j f \qquad \forall i,j\in\Lambda|\{n\}$, on en déduit que

$$\tau_i g = \tau_j g \text{ et } \tau_i h = \tau_k h.$$

En appliquant notre hypothèse de récurrence on en déduit qu'il existe λ_1, μ_1, λ_2 et μ_2 appartenant à $\mathbb{R}$ tels que :

$$f(\omega) = \lambda_1 + \mu_1\, \omega_{\Lambda\setminus\{n\}} + (\lambda_2 + \mu_2\omega_{\Lambda\setminus\{n\}})\omega_n.$$

En écrivant enfin que $\tau_1 f = \tau_n f$ on en déduit que $\mu_1 = 0$; $\lambda_2 = 0$

donc $\qquad f(\omega) = \lambda_1 + \mu_2\omega_\Lambda = \lambda + \mu\, \omega_\Lambda.$

__Remarque__ : Si on impose de plus à f d'être strictement positive, nous obtenons la condition $\lambda > |\mu|$.

Preuve de la proposition 3.4.
D'après le point 3) de la proposition 4, nous savons que L est un opérateur de la forme $L = \sum_{i\in\Lambda} e^{\nabla_i \frac{H}{2}(\omega)} (\lambda_i + \mu_i\omega_{\Lambda|\{i\}})\nabla_i$ où $\lambda_i > |\mu_i|$

et que $b_i(\omega) = (\alpha_i + \beta_i\omega_i)f(\omega)e^{\nabla_i \frac{H}{2}(\omega)}$ où $\alpha_i > |\beta_i|$ et f est une fonction strictement positive.
Pour que le générateur de ω_t soit L il faut de plus que :

$$\forall i,j\in\Lambda \;;\; j\neq i \;;\; \frac{b_i(\omega)}{\tau_j b_i(\omega)}\tau_i c(j,\omega) = c(j,\omega).$$

C'est-à-dire que :

Nous caractériserons ensuite les processus couplés tels que les processus marginaux sont réversibles par rapport à deux mesures données. (Nous parlerons alors de <u>mesures associées à un processus couplé</u>).

Nous récapitulerons ensuite tous les liens existants entre mesures associées à un processus couplé et mesures ordonnées.

Ces différents résultats sont prouvés dans le paragraphe 3).

Cette technique du couplage est par ailleurs fort utilisée dans la littérature par exemple pour donner une condition suffisante pour que deux mesures soient ordonnées, ou dans une démonstration de la proposition 3. Nous allons d'ailleurs revenir sur cette démonstration au paragraphe 4. En effet dans la démonstration de D. BAKRY et D. MICHEL [1], on construit un générateur sur $\Omega\times\Lambda$; et dans la démonstration de LIGGETT [10] on construit un générateur couplé sur $\Omega\times\Omega$. Nous allons mettre en évidence le lien entre ces deux générateurs.

<u>Proposition 4</u> :

Soient $\mathcal{L}_1$ et $\mathcal{L}_2$ deux générateurs de Markov sur Ω. Considérons un processus de Markov sur $\Omega\times\Omega$ tel que :

1. les processus marginaux sont Markov de générateurs respectifs $\mathcal{L}_1, \mathcal{L}_2$:

$$\mathcal{L}_1 = \sum_{i\in\Lambda} \alpha(i,.)\nabla_i \quad ; \quad \mathcal{L}_2 = \sum_{i\in\Lambda} \beta(i,.)\nabla_i$$

2. le processus partant de $(\omega,\hat{\omega})$ ne peut sauter que dans une des configurations suivantes : $(\tau_i\omega,\hat{\omega});(\omega,\tau_i\hat{\omega});(\tau_i\omega,\tau_i\hat{\omega})$.

Le générateur d'un tel processus est de la forme :

$$\mathcal{L}\, F(\omega,\hat{\omega}) = \sum_{i\in\Lambda} (\alpha(i,\omega)-d(i,\omega,\hat{\omega}))\nabla_i^1 F(\omega,\hat{\omega}) +$$

$$\sum_{i\in\Lambda} (\beta(i,\hat{\omega})-d(i,\omega,\hat{\omega}))\nabla_i^2 F(\omega,\hat{\omega}) + \sum_{i\in\Lambda} d(i,\omega,\hat{\omega})\nabla_i^{12} F(\omega,\hat{\omega})$$

avec $d(i,\omega,\hat{\omega}) \leqslant \min(\alpha(i,\omega)\ ;\ \beta(i,\hat{\omega}))$, et

$$\nabla_i^1 F(\omega,\hat{\omega}) = F(\tau_i\omega,\hat{\omega})-F(\omega,\hat{\omega})$$
$$\nabla_i^2 F(\omega,\hat{\omega}) = F(\omega,\tau_i\hat{\omega})-F(\omega,\hat{\omega})$$
$$\nabla_i^{12} F(\omega,\hat{\omega}) = F(\tau_i\omega,\tau_i\hat{\omega})-F(\omega,\hat{\omega}).$$

Remarque 3. Le choix le plus simple pour construire un tel processus sur $\Omega\times\Omega$ consiste à considérer deux processus indépendants sur Ω de générateurs respectifs $\mathcal{L}_1,\mathcal{L}_2$.
Ceci revient donc à choisir $d(i,\omega,\hat{\omega})=0 \quad \forall i\in\Lambda \; ; \; \forall\omega,\hat{\omega}\in\Omega$.
Les deux processus ne sautent p.s. jamais ensemble.

Le processus de Vaserhtein est le processus couplé pour lequel la probabilité de modifier à la fois ω et $\hat{\omega}$ est la plus grande. Ceci revient donc à maximiser la probabilité de passer de $(\omega,\hat{\omega})$ à $(\tau_i\omega,\tau_i\hat{\omega})$; i.e. à prendre $d(i,\omega,\hat{\omega}) = \min(\alpha(i,\omega),\beta(i,\hat{\omega}))$.

Nous allons maintenant considérer un processus couplé prenant ses valeurs dans $\{(\omega,\hat{\omega})\in\Omega\times\Omega \; ; \; \omega\leqslant\hat{\omega}\} = \Sigma_2$.

Dans la suite, lorsque nous parlerons de processus couplé, c'est toujours de ce processus qu'il s'agira.

2.2. Caractérisation des générateurs $\mathcal{L}_1$ et $\mathcal{L}_2$ associés à un processus couplé.

Proposition 5 :
Soient $\mathcal{L}_1$ et $\mathcal{L}_2$ deux générateurs de Markov sur Ω

$$\mathcal{L}_1 f(\omega) = \sum_{i\in\Lambda} \alpha(i,\omega)\nabla_i f(\omega) \; ; \; \mathcal{L}_2 f(\omega) = \sum_{i\in\Lambda} \beta(i,\omega)\nabla_i f(\omega)$$

$\alpha(i,.)$ et $\beta(i,.)$ étant des fonctions de Ω dans $\mathbb{R}$ positives.

On peut associer un processus couplé à $\mathcal{L}_1$ et $\mathcal{L}_2$ si et seulement si

$$\forall i\in\Lambda \; ; \; \alpha(i,\omega) \geqslant \beta(i,\hat{\omega}) \text{ sur } \{(\omega,\hat{\omega})\in\Omega\times\Omega, \; \omega\leqslant\hat{\omega} \text{ et } \omega_i = \hat{\omega}_i = 1\}$$

$$\alpha(i,\omega) \leqslant \beta(i,\hat{\omega}) \text{ sur } \{(\omega,\hat{\omega})\in\Omega\times\Omega \; ; \; \omega\leqslant\hat{\omega} \text{ et } \omega_i = \hat{\omega}_i = -1\}.$$

Le processus couplé est alors unique et est défini par : $\forall F:\Sigma_2 \to \mathbb{R}$,

$$\mathcal{L}F(\omega,\hat{\omega}) = \sum_{i\in\Lambda,(\omega_i,\hat{\omega}_i)=(-1,-1)} [(\beta(i,\hat{\omega})-\alpha(i,\omega))\nabla_i^2 + \alpha(i,\omega)\nabla_i^{12}]F(\omega,\hat{\omega})$$

$$+ \sum_{i\in\Lambda,(\omega_i,\hat{\omega}_i)=(1,1)} [(\alpha(i,\omega)-\beta(i,\hat{\omega}))\nabla_i^1 + \beta(i,\hat{\omega})\nabla_i^{12}]F(\omega,\hat{\omega})$$

$$+ \sum_{i\in\Lambda,(\omega_i,\hat{\omega}_i)=(-1,1)} [\alpha(i,\omega)\nabla_i^1 + \beta(i,\hat{\omega})\nabla_i^2]F(\omega,\hat{\omega}).$$

Corollaire 1. Dans le cas où $\mathcal{L}_1 = \mathcal{L}_2 = L$, il existe un processus couplé associé à $(\mathcal{L}_1,\mathcal{L}_2)$ si et seulement si L est attractif. Ce processus est alors unique, on l'appellera processus couplé associé à L.

Preuve du Corollaire :

La condition nécessaire et suffisante de la Proposition 6 s'écrit ici

$$\begin{cases} \alpha(i,\omega) \geqslant \alpha(i,\hat{\omega}) \text{ sur } \{(\omega,\hat{\omega}) \in \Omega\times\Omega \ ; \ \omega \leqslant \hat{\omega} \text{ et } \omega_i = \hat{\omega}_i = 1\} \\ \alpha(i,\omega) \leqslant \alpha(i,\hat{\omega}) \text{ sur } \{(\omega,\hat{\omega}) \in \Omega\times\Omega \ ; \ \omega \leqslant \hat{\omega} \text{ et } \omega_i = \hat{\omega}_i = -1\} \end{cases}$$

ce qui est bien la condition d'attractivité (Théorème 2).

Une autre description d'un processus de générateur $L = \sum_{i\in\Lambda} c(i,.)\nabla_i$ permet de construire deux processus ω_t et $\hat{\omega}_t$ issus de deux configurations initiales $\omega_0, \hat{\omega}_0$; $\omega_0 \leqslant \hat{\omega}_0$; ayant le même générateur attractif L, qui vérifient $\omega_t \leqslant \hat{\omega}_t$ (cf. R. DURRETT [3]). Nous supposons sans perte de généralité que

$$\max_{i\in\Lambda, \omega\in\Omega_\Lambda} c(i,\omega) = 1$$

Décrivons le comportement du processus ω_t de générateur L issu de ω_0 :

En chaque site i de Λ il y a deux horloges indépendantes H_1^i et H_{-1}^i qui sonnent au bout d'un temps exponentiel de paramètre 1 ; et deux variables aléatoires indépendantes U_1^i et U_{-1}^i uniformes sur [0,1]. Si la configuration initiale au site i est 1 (respectivement -1) c'est l'horloge H_{-1}^i et U_{-1}^i (respectivement H_1^i et U_1^i) qu'on considère.

Si cette horloge sonne au temps t et que c' est la première à sonner, alors le processus saute en $\tau_i\omega$ si $U_{-1}^i < c(i,\omega_{t^-})$, et on réitère ce procédé.

Décrivons maintenant le processus $(\omega_t,\hat{\omega}_t)$ issu de $(\omega_0,\hat{\omega}_0)$; $\omega_0 \leqslant \hat{\omega}_0$.

En un site i tel que $\omega_i = -1$ et $\hat{\omega}_i = 1$, l'évolution du premier processus est décrite comme précédemment par H_1^i, U_1^i, celle du second par H^i_{-1}, U^i_{-1} ; jusqu'au premier temps où l'un de ces deux processus saute, le processus reste bien dans Σ_2.

Si $\omega_i = \hat{\omega}_i = -1$ l'horloge H^i_1 détermine l'évolution des deux processus. Lorsque cette horloge sonne, si $U^i_1 < c(i,\omega_t^-)$ alors le premier processus saute et si $U^i_1 < c(i,\hat{\omega}_{t^-})$, le deuxième processus saute au site i.

Comme le générateur L est attractif $c(i,\omega_{t^-}) \leqslant c(i,\hat{\omega}_{t^-})$ et donc si le premier processus saute au site i, alors le second processus saute aussi. Les seules configurations que l'on peut atteindre sont donc (+1,+1) et (-1,+1).

Le même raisonnement dans le cas où $\omega_i = \hat{\omega}_i = 1$ permet de conclure que $\forall t \geqslant 0,\quad \omega_t \leqslant \hat{\omega}_t$.

<u>**Remarque 5.**</u>

Soit $(\omega,\hat{\omega}) \in \Sigma_2$ la configuration initiale.

Donnons dans cette remarque l'idée intuitive de la construction du processus couplé.

On raisonne conditionnellement au fait que le processus saute au site i. Deux cas se présentent alors :

- Soit $i \in A = \{i \in \Lambda / \omega_i \neq \hat{\omega}_i\}$, auquel cas seul l'un (mais un quelconque) des processus marginaux peut sauter.

On choisit alors comme dans la remarque 3) de faire évoluer chaque processus avec son propre taux.

C'est-à-dire qu'on choisit les taux

. $\alpha(i,\omega)$ pour le passage de $(\omega,\hat{\omega})$ à $(\tau_i\omega,\hat{\omega})$ $\forall i \in A$

. $\beta(i,\hat{\omega})$ pour le passage de $(\omega,\hat{\omega})$ à $(\omega,\tau_i\hat{\omega})$ $\forall i \in A$.

- Soit $i \in A^c = \{i \in \Lambda / \omega_i = \hat{\omega}_i\}$ le processus ne peut pas atteindre une configuration qui au site i vaut (1,-1).

Par exemple si $\omega_i = \hat{\omega}_i = -1$ on ne peut modifier uniquement la configuration ω au site i. On pourrait être tenté comme précédemment de modifier uniquement la configuration $\hat{\omega}$ avec le taux $\beta(i,\hat{\omega})$, mais ceci ne permet pas d'obtenir les bonnes marginales. On s'autorisera donc à modifier à la fois ω et $\hat{\omega}$, ceci avec le taux de transition lié à $\mathcal{L}_1$: $\alpha(i,\omega)$. On modifiera la configuration $\hat{\omega}$ seule avec le taux de transition donnant les bonnes marginales, c'est-à-dire : $\beta(i,\hat{\omega}) - \alpha(i,\omega)$.

Pour que ce processus soit bien Markovien, il faut que $\beta(i,\hat{\omega})-\alpha(i,\omega)$ soit positif sur $\{i\in\Lambda \; ; \; \omega_i = \hat{\omega}_i = -1\}$.
Les hypothèses sur $\mathcal{L}_1$ et $\mathcal{L}_2$ de la proposition 6) servent donc à assurer que le processus couplé est bien Markovien.

<u>Remarque 6</u> : Décrivons trajectoriellement ce processus couplé.
Soient $\omega,\hat{\omega}\in\Omega$. $(\omega,\hat{\omega})$, $\hat{\omega}\leq\hat{\omega}$ est la configuration initiale du processus couplé.

Soit $S_1(\omega) = \{i\in\Lambda \; ; \; \omega_i \neq \hat{\omega}_i\}$

$S_2(\omega) = \{i\in\Lambda \; ; \; \omega_i = \hat{\omega}_i = -1\}$

et $S_3(\omega) = \{i\in\Lambda \; ; \; \omega_i = \hat{\omega}_i = 1\}$

En chaque site i de Λ ; il y a deux horloges H_1^i et H_2^i.

. Si $i\in S_1(\omega)$, l'horloge H_1^i (resp. H_2^i) sonne au bout d'un temps exponentiel de paramètre $\alpha(i,\omega)$ (resp. $\beta(i,\hat{\omega})$)

Si $i\in S_2(\omega)$ ces deux horloges ont pour paramètre respectif $\beta(i,\hat{\omega}) - \alpha(i,\omega)$ et $\alpha(i,\omega)$

. Si $i\in S_3(\omega)$ ces deux horloges ont pour paramètre respectif $\alpha(i,\omega) - \beta(i,\hat{\omega})$ et $\beta(i,\hat{\omega})$.

Si H_1^i est la première horloge à sonner, et $i\in S_1(\omega)$ (respectivement $i\in S_2(\omega)$; $i\in S_3(\omega)$) alors le processus couplé passe de $(\omega,\hat{\omega})$ à $(\tau_i\omega,\hat{\omega})$ (resp. $(\omega,\tau_i\hat{\omega})$; $(\tau_i\omega,\hat{\omega})$).

Si H_2^i est la première horloge à sonner et $i\in S_1(\omega)$ (respectivement $S_2(\omega)$; $S_3(\omega)$) alors le processus couplé passe de $(\omega,\hat{\omega})$ à $(\omega,\tau_i\hat{\omega})$ (resp. $(\tau_i\omega,\tau_i\hat{\omega})$, $(\tau_i\omega,\tau_i\hat{\omega})$).

Nous allons maintenant caractériser les processus couplés sur Σ_2 associés aux générateurs $\mathcal{L}_1,\mathcal{L}_2$ tels que les processus marginaux aient pour mesure réversible des mesures données.

$$\text{Soit } \mathcal{L}_j = \sum_{i\in\Lambda} c_j(i,\omega)\nabla_i \qquad j=1,2. \tag{6}$$

où $c_j(i,.)$ est une fonction de Ω dans $\mathbb{R}$, <u>strictement positive</u> ;

$$\text{et} \quad \mu_j = \frac{1}{Z_j} e^{H_j(\omega)} d\omega \qquad \text{où } H_j(\omega) = \sum_{A\subset\Lambda} J_A^j \omega_A \quad j=1,2. \tag{7}$$

<u>Proposition 6</u> :

Soient μ_1 et μ_2 deux mesures de probabilités définies en (7) ci-dessus. Alors les propositions suivantes sont équivalentes :

1) on peut construire un processus couplé tel que les processus marginaux de générateurs respectifs $\mathcal{L}_1$ et $\mathcal{L}_2$ décrits ci-dessus (6) sont symétriques par rapport aux mesures μ_1 respectivement μ_2 décrites en (7).

2) $D_i H_1(\omega) \leqslant D_i H_2(\hat{\omega})$ si $\omega \leqslant \hat{\omega}$ et $\omega_i = \hat{\omega}_i$.

3) $\forall \omega, \hat{\omega} \in \Omega \quad \mu_1(\omega \wedge \hat{\omega}) \mu_2(\omega \vee \hat{\omega}) \geqslant \mu_1(\omega) \mu_2(\hat{\omega})$

Remarque 7.

. La condition 3 est une condition suffisante pour que $\mu_1 \leqslant \mu_2$ (cf. T. LIGGETT [10], p.75, Théorème 2.9).

. Dans le cas où μ_1 est égale à μ_2, cette condition 3 est l'attractivité de μ_1.

Rappelons maintenant la notion d'ordre entre deux mesures sur Ω.

Définition 3 :

Soient μ_1 et μ_2 deux mesures de probabilité sur Ω.

$\mu_1 \leqslant \mu_2 \Leftrightarrow \forall f \; \Omega \to \mathbb{R}$ croissante : $\langle f \rangle_{\mu_1} \leqslant \langle f \rangle_{\mu_2}$.

Exemple :

plaçons nous sur $\{-1,1\}$

Soit $\mu_1 = a\,\delta_1 + (1-a)\delta_{-1}$

$\mu_2 = b\,\delta_1 + (1-b)\delta_{-1}$

alors $\mu_1 \leqslant \mu_2 \Leftrightarrow a \leqslant b$.

En effet soit f une fonction croissante $f : \{-1,1\} \to \mathbb{R}$;

$$\begin{aligned} \langle f \rangle_{\mu_1} &= af(1)+(1-a)f(-1). \\ &= a(f(1)-f(-1))+f(-1) \end{aligned}$$

donc $\langle f \rangle_{\mu_1} \leqslant \langle f \rangle_{\mu_2} \Leftrightarrow a \leqslant b$.

Soient μ_1, μ_2 deux mesures défines en (7) ; le schéma suivant récapitule les liens entre les mesures vérifiant la condition 3 de la proposition 6, les mesures associées à un processus couplé, les mesures ordonnées.

$\forall \omega, \hat{\omega} \in \Omega$;
$\mu_1(\omega \wedge \hat{\omega})\mu_2(\omega \vee \hat{\omega}) \geqslant \mu_1(\omega)\mu_2(\hat{\omega})$

$\Leftrightarrow$

il existe un processus couplé sur $\Omega \times \Omega$ tel que les processus marginaux aient :
- μ_1 respectivement μ_2 pour mesure réversible
- des générateurs de la forme (6)

$\Leftrightarrow$

$\forall \omega, \hat{\omega} \in \Omega$
$\omega \leqslant \hat{\omega}$ et $\omega_i = \hat{\omega}_i$
$D_i H_1(\omega) \leqslant D_i H_2(\hat{\omega})$

$\Downarrow$

$\mu_1 \leqslant \mu_2$

$\Updownarrow$

il existe une mesure ν sur $\Omega \times \Omega$ telle que
- les mesures marginales sont μ_1 (respectivement μ_2)
- $\nu(\{(\omega,\hat{\omega}) \in \Omega \times \Omega \;;\; \omega \leqslant \hat{\omega}\}) = 1$

. Cette dernière équivalence est démontrée par T. LIGGETT [10], p.72 (Théorème 2.4).

. Pour vérifier que $\mu_1 \leqslant \mu_2 \Rightarrow \forall \omega, \hat{\omega} \in \Omega$; $\mu_1(\omega \wedge \hat{\omega})\mu_2(\omega \vee \hat{\omega}) \geqslant \mu_1(\omega)\mu_2(\hat{\omega})$,

il suffit de considérer une mesure μ_1 qui ne soit pas attractive et de prendre $\mu_2 = \mu_1$.

3. Démonstration des résultats énoncés au §2.

3.1. Démonstration de la Proposition 4.

Remarque 8 : Le générateur d'un processus couplé est nécessairement de la forme

$$\mathcal{L}f(\omega,\hat{\omega}) = \sum_{i \in \Lambda} (a_i(\omega,\hat{\omega})\nabla_i^1 + b_i(\omega,\hat{\omega})\nabla_i^2 + c_i(\omega,\hat{\omega})\nabla_i^{12})f(\omega,\hat{\omega})$$

(Ceci vient de la condition 2 de la proposition 5).

Notation : Lorsqu'il n'y a pas d'ambiguité, nous notons $a_i(-1,1)$ pour $a_i(\omega,\hat{\omega})$ si $\omega_i = -1$ et $\hat{\omega}_i = 1$. C'est-à-dire que nous n'indiquons pas la dépendance en $\omega_j, \hat{\omega}_j$ pour $j \neq i$.

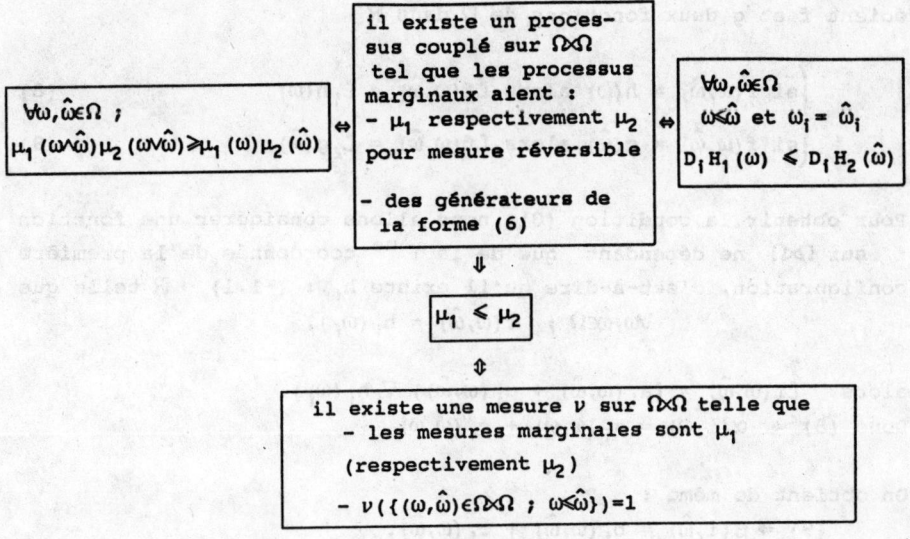

Ecrivons maintenant le fait que les processus marginaux ont pour générateurs respectifs $\mathcal{L}_1$, $\mathcal{L}_2$, c'est à dire que quelles que soient f et g deux fonctions de Ω dans $\mathbb{R}$

$$\begin{cases} \text{si } f(\omega,\hat{\omega}) = h(\omega) \text{ alors } \mathcal{L}f(\omega,\hat{\omega}) = \mathcal{L}_1 h(\omega) & (8) \\ \text{si } f(\omega,\hat{\omega}) = g(\hat{\omega}) \text{ alors } \mathcal{L}f(\omega,\hat{\omega}) = \mathcal{L}_2 g(\hat{\omega}) & (9) \end{cases}$$

Pour obtenir la condition (8), nous allons considérer une fonction f sur $\Omega\times\Omega$ ne dépendant que de la $i^{\text{ème}}$ coordonnée de la première configuration, c'est-à-dire qu'il existe $h_i : \{-1,1\} \to \mathbb{R}$ telle que :

$$\forall\omega,\hat{\omega}\in\Omega \ ; \quad f(\omega,\hat{\omega}) = h_i(\omega_i),$$

alors $\mathcal{L}f(\omega,\hat{\omega}) = (a_i(\omega,\hat{\omega}) + c_i(\omega,\hat{\omega}))\, \nabla_i h_i(\omega_i)$.

Donc (8) $\Rightarrow$ $\alpha(i,\omega) = a_i(\omega,\hat{\omega}) + c_i(\omega,\hat{\omega})$

On obtient de même :

$$(9) \Rightarrow \beta(i,\hat{\omega}) = b_i(\omega,\hat{\omega}) + c_i(\omega,\hat{\omega}).$$

Ce qui donne bien : $a_i(\omega,\hat{\omega}) = \alpha(i,\omega) - c_i(\omega,\hat{\omega})$ (10)

$b_i(\omega,\hat{\omega}) = \beta(i,\hat{\omega}) - c_i(\omega,\hat{\omega})$. (11)

De plus pour que $\mathcal{L}$ soit Markovien, il faut que a_i et b_i soient des fonctions positives de $\Omega\times\Omega$ dans $\mathbb{R}$, ce qui donne :

$$c_i(\omega,\hat{\omega}) \leqslant \min(\alpha(i,\omega),\beta(i,\hat{\omega})) \qquad (12)$$

on vérifie de plus que ces conditions sont bien suffisantes.

Remarque 9 :

Pour le cas du processus de Vaserhtein, on a simplement pris $c_i(\omega,\hat{\omega}) = \min(\alpha(i,\omega),\beta(i,\hat{\omega}))$.

3.2 Démonstration de la Proposition 5.

3.2.1. Au préalable, caractérisons les générateurs de processus de Markov sur $\Omega\times\Omega$ dont les lois des marginales soit portées par Σ_2 i.e. tels que

$$\forall t\geqslant 0 \ ; \quad P(\{(\omega_t,\hat{\omega}_t);\omega_t\leqslant\hat{\omega}_t\}/(\omega_0,\hat{\omega}_0)=(\omega,\hat{\omega})) = 1 \quad \text{dès que } \omega \leqslant \hat{\omega}.$$

Lemme 3 :

Notons $\mathcal{A} = \{f:\Omega\times\Omega \to \mathbb{R}$ positives, nulles sur $\Sigma_2\}$.

Soit $(\omega_t,\hat{\omega}_t)$ un processus de Markov sur $\Omega\times\Omega$, de générateur L, de semi-groupe P_t.

Alors les conditions suivantes sont équivalentes. :

1) $\forall\ \omega \leqslant \hat{\omega}$; $\forall t \geqslant 0$ $\quad P(\omega_t \leqslant \hat{\omega}_t / (\omega_0, \hat{\omega}_0) = (\omega, \hat{\omega})) = 1.$

2) $\forall t \geqslant 0$; $\quad P_t(\mathcal{A}) \subset \mathcal{A}.$

3) $L(\mathcal{A}) \subset \mathcal{A}.$

Preuve du Lemme 3.

1) $\Leftrightarrow$ 2).

. sens direct.

Soit $f \in \mathcal{A}$;

alors : $P_t f(\omega,\hat{\omega}) = \mathbb{E}(f(\omega_t, \hat{\omega}_t) / (\omega_0, \hat{\omega}_0) = (\omega, \hat{\omega}))$

$= 0 \quad \forall (\omega, \hat{\omega}) \in \Sigma_2.$

car $(\omega_t, \hat{\omega}_t) \in \Sigma_2$ p.s. et f est nulle sur Σ_2.

. Sens réciproque :

Montrons que : $\omega \leqslant \hat{\omega} \Rightarrow P(\omega_t \leqslant \hat{\omega}_t / (\omega_0, \hat{\omega}_0) = (\omega, \hat{\omega})) = 1$

Soit $\qquad f = \mathbb{1}_{(\Sigma_2)^c}$; $f \in \mathcal{A}$

donc $\qquad P_t f(\omega, \hat{\omega}) = 0 \quad \forall (\omega, \hat{\omega}) \in \Sigma_2$

or $\quad P_t f(\omega, \hat{\omega}) = \mathbb{E}(\mathbb{1}_{(\Sigma_2)^c}(\omega_t, \hat{\omega}_t) / (\omega_0, \hat{\omega}_0) = (\omega, \hat{\omega}))$

$= 1 - P(\omega_t \leqslant \hat{\omega}_t / (\omega_0, \hat{\omega}_0) = (\omega, \hat{\omega}))$

d'où le résultat.

2) $\Leftrightarrow$ 3)

. Sens direct : $\mathcal{A}$ est un sous-espace de l'ensemble des fonctions de $\Omega \times \Omega$ dans $\mathbb{R}$.

De plus $Lf(\omega, \hat{\omega}) = \lim_{t \to 0} (P_t f(\omega, \hat{\omega}) - f(\omega, \hat{\omega}))/t.$

donc $(f \in \mathcal{A} \Rightarrow P_t f \in \mathcal{A}) \Rightarrow (f \in \mathcal{A} \Rightarrow Lf \in \mathcal{A}).$

. sens réciproque : comme on est en dimension finie, L s'identife à une matrice de $\mathbb{R}^{|\Lambda|}$, P_t à une exponentielle de matrice et f à un vecteur de $\mathbb{R}^{|\Lambda|}$. $P_t f = e^{tL} f$, on en déduit que $(L\mathcal{A} \subset \mathcal{A}) \Rightarrow (P_t \mathcal{A} \subset \mathcal{A}).$

3.2.2. Preuve de la proposition 5 : sens direct.

Nous allons traduire le fait que la loi du processus couplé est portée par Σ_2, puis nous utiliserons les conditions obtenues pour que les processus marginaux aient pour générateurs $\mathcal{L}_1, \mathcal{L}_2$.

Nous déduirons ainsi les coefficients $a_i(.,.)$; $b_i(.,.)$; $c_i(.,.)$.

* Ecrivons la condition $\mathcal{L}(\mathcal{A})\subset\mathcal{A}$.

Pour cela considérons la fonction f suivante :

$f : \Omega\times\Omega \to \mathbb{R}$; telle que $f(\omega,\hat{\omega}) = \mathbb{1}_{\omega_i > \hat{\omega}_i}$; donc $f\in\mathcal{A}$.

alors :

$$\mathcal{L} f(\omega,\hat{\omega}) = a_i(\omega,\hat{\omega})\nabla_i^1 f(\omega,\hat{\omega}) + b_i(\omega,\hat{\omega})\nabla_i^2 f(\omega,\hat{\omega}) + c_i(\omega,\hat{\omega})\nabla_i^{12} f(\omega,\hat{\omega})$$

Envisageons les différents cas possibles pour $(\omega_i,\hat{\omega}_i)$.

. Si $(\omega_i,\hat{\omega}_i) = (-1,-1)$ alors $\mathcal{L} f(\omega,\hat{\omega}) = 0 = a_i(-1,-1)$ (13)

. Si $(\omega_i,\hat{\omega}_i) = (1,1)$ alors $\mathcal{L} f(\omega,\hat{\omega}) = 0 = b_i(1,1)$ (14)

. Si $(\omega_i,\hat{\omega}_i) = (-1,1)$ alors $\mathcal{L} f(\omega,\hat{\omega}) = c_i(-1,1)$

* Nous rajoutons maintenant les conditions nécessaires et suffisantes pour que les processus marginaux aient pour générateur $\mathcal{L}_1$ et $\mathcal{L}_2$, i.e. :

$$a_i(\omega,\hat{\omega}) + c_i(\omega,\hat{\omega}) = \alpha(i,\omega) \quad (10)$$

$$b_i(\omega,\hat{\omega}) + c_i(\omega,\hat{\omega}) = \beta(i,\hat{\omega}) \quad (11)$$

En écrivant ces deux équations pour tous les couples $(\omega_i,\hat{\omega}_i)$ nous obtenons :

$$\begin{cases} a_i(1,1) + c_i(1,1) = \alpha(i,1) & (15)\\ a_i(-1,1) + c_i(-1,1) = \alpha(i,-1) & (16)\\ a_i(-1,-1) + c_i(-1,-1) = \alpha(i,-1) & (17)\end{cases}$$

et

$$\begin{cases} b_i(1,1) + c_i(1,1) = \beta(i,1) & (18)\\ b_i(-1,1) + c_i(-1,1) = \beta(i,1) & (19)\\ b_i(-1,-1) + c_i(-1,-1) = \beta(i,-1) & (20)\end{cases}$$

En utilisant (13) (14) nous obtenons :

$a_i(-1,-1) = 0$ donc $c_i(-1,-1) = \alpha(i,-1)$ (21)

$b_i(1,1) = 0$ donc $c_i(1,1) = \beta(i,1)$ (22)

$c_i(-1,1) = 0$ donc $\begin{cases} a_i(-1,1) = \alpha(i,-1) & (23)\\ b_i(-1,1) = \beta(i,1) & (24)\end{cases}$

En portant (21) et (22) respectivement dans (20) et (15) nous obtenons :

$$b_i(-1,-1) = \beta(i,-1) - \alpha(i,-1) \quad (25)$$

$$a_i(1,1) = \alpha(i,1) - \beta(i,1) \quad (26)$$

Il nous reste à vérifier que ce processus est bien de Markov, pour cela il faut et il suffit que $a_i(.,.)$; $b_i(.,.)$ et $c_i(.,.)$ soient positifs, ce qui nous donne d'après (25) et (26) :

$$\begin{cases}\beta(i,-1) - \alpha(i,-1) \geq 0 \\ \alpha(i,1) - \beta(i,1) \geq 0\end{cases} \quad \text{i.e} \quad \begin{cases}\alpha(i,\omega) \leq \beta(i,\hat{\omega}) \text{ si } \omega \leq \hat{\omega} \text{ et } \omega_i = \hat{\omega}_i = -1 \\ \alpha(i,\omega) \geq \beta(i,\hat{\omega}) \text{ si } \omega \leq \hat{\omega} \text{ et } \omega_i = \hat{\omega}_i = 1.\end{cases}$$

3.2.3. Preuve de la proposition 5 ; sens réciproque.

On vérifie qu'un tel processus sur Σ_2 est bien un processus couplé.

Ceci achève la démonstration de la proposition (6).

3.3. Démonstration de la proposition 6 :

Nous allons montrer que 1) ⇔ 2) puis 2) ⇔ 3).

1) ⇒ 2) : Soit $\mathcal{L}$ le générateur d'un processus couplé.

soient $\mathcal{L}_j$, j=1,2 les générateurs des processus marginaux, ils sont de la forme $\mathcal{L}_j f(\omega) = \sum_{i\in\Lambda} c_j(i,\omega)\nabla_i f(\omega)$;

ils admettent comme mesure réversible μ_1, respectivement μ_2, ce qui d'après (1) équivaut à :

$$\frac{c_j(i,\tau_i\omega)}{c_j(i,\omega)} = e^{-\nabla_i H_j(\omega)} \qquad j=1,2.$$

De plus la condition nécessaire et suffisante pour qu'on puisse associer un processus couplé à $\mathcal{L}_1$ et $\mathcal{L}_2$ est que :

$$\begin{cases} c_1(i,\omega) \geq c_2(i,\hat{\omega}) \text{ sur } \{(\omega,\hat{\omega})\in\Omega\times\Omega \text{ ; } \omega\leq\hat{\omega} \text{ ; } \omega_i = \hat{\omega}_i = 1\} & (27) \\ c_1(i,\omega) \leq c_2(i,\hat{\omega}) \text{ sur } \{(\omega,\hat{\omega})\in\Omega\times\Omega \text{ ; } \omega\leq\hat{\omega} \text{ ; } \omega_i = \hat{\omega}_i = -1\} & (28) \end{cases}$$

En portant (1) dans cette dernière inégalité (28) nous obtenons que

$$\begin{cases} c_1(i,\omega) \geq c_2(i,\hat{\omega}) \quad \text{sur } \{(\omega,\hat{\omega})\in\Omega\times\Omega \text{ ; } \omega \leq \hat{\omega} \text{ ; } \omega_i = \hat{\omega}_i = 1\} \\ c_1(i,\omega)e^{-\nabla_i H_1(\omega)} \leq c_2(i,\hat{\omega})e^{-\nabla_i H_2(\hat{\omega})} \quad \text{sur } \{(\omega,\hat{\omega})\in\Omega\times\Omega \text{ ; } \omega\leq\hat{\omega} \text{ ; } \omega_i = \hat{\omega}_i = +1\} \end{cases} \tag{29}$$

c'est-à-dire que :

$$1 \leqslant \frac{c_1(i,\omega)}{c_2(i,\hat{\omega})} \leqslant \frac{e^{-\nabla_i H_2(\hat{\omega})}}{e^{-\nabla_i H_1(\omega)}} \quad \text{sur } \{(\omega,\hat{\omega})\in\Omega\times\Omega \ ; \ \omega \leqslant \hat{\omega} \text{ et } \omega_i = \hat{\omega}_i = 1\}.$$

On obtient donc que :

$$-\nabla_i H_1(\omega) \leqslant -\nabla_i H_2(\hat{\omega}) \quad \text{sur } \{(\omega,\hat{\omega})\in\Omega\times\Omega \ ; \ \omega \leqslant \hat{\omega} \text{ et } \omega_i = \hat{\omega}_i = 1\}$$

i.e $\quad D_i H_1(\omega) \leqslant D_i H_2(\hat{\omega}) \quad$ sur $\{(\omega,\hat{\omega})\in\Omega\times\Omega \ ; \ \omega \leqslant \hat{\omega} \text{ et } \omega_i = \hat{\omega}_i\}$ CQFD.

<u>2) ⇒ 1).</u> Il suffit de poser $c_1(i,\omega) = e^{\nabla_i \frac{H_1(\omega)}{2}}$ et $c_2(i,\omega) = e^{\nabla_i \frac{H_2(\omega)}{2}}$.

Comme $D_i H_1(\omega) \leqslant D_i H_2(\hat{\omega})$ sur $\{(\omega,\hat{\omega})\in\Omega\times\Omega \ ; \ \omega\leqslant\hat{\omega} \text{ et } \omega_i = \hat{\omega}_i\}$, on en déduit qu'on peut associer un processus couplé à $\mathcal{L}_1, \mathcal{L}_2$ car (27) et (28) sont vérifiées.
De plus on vérifie bien que $\mathcal{L}_1$ admet μ_1 pour mesure réversible d'après (1) et de même que $\mathcal{L}_2$ admet μ_2 pour mesure réversible.

<u>3) ⇒ 2).</u>

On suppose donc que $\forall\omega,\hat{\omega}\in\Omega$; $\mu_1(\omega\wedge\hat{\omega})\mu_2(\omega\vee\hat{\omega}) \geqslant \mu_1(\omega)\mu_2(\hat{\omega})$.
Nous allons appliquer cela à deux configurations σ,σ' définies de la façon suivante :

Considérons $\omega,\hat{\omega}$ deux éléments de Ω ; $\omega \leqslant \hat{\omega}$ et $\omega_i = \hat{\omega}_i = 1$.

Prenons $\begin{cases} \sigma = \omega \\ \hat{\sigma} = \tau_i \hat{\omega} \end{cases}$

alors

$$\mu_1(\sigma\wedge\hat{\sigma})\,\mu_2(\sigma\vee\hat{\sigma}) \geqslant \mu_1(\sigma)\mu_2(\hat{\sigma})$$

$$\Leftrightarrow \mu_1(\tau_i\sigma)\mu_2(\tau_i\hat{\sigma}) \geqslant \mu_1(\sigma)\mu_2(\hat{\sigma})$$

$$\Leftrightarrow e^{H_1(\tau_i\sigma)}\,e^{H_2(\tau_i\hat{\sigma})} \geqslant e^{H_1(\sigma)}\,e^{H_2(\hat{\sigma})}$$

$$\Leftrightarrow \nabla_i H_1(\sigma) + \nabla_i H_2(\hat{\sigma}) \geqslant 0$$

$$\Leftrightarrow \nabla_i H_1(\omega) + \nabla_i H_2(\tau_i\hat{\omega}) \geqslant 0$$

$\Leftrightarrow \nabla_i H_1(\omega) - \nabla_i H_2(\hat{\omega}) \geqslant 0.$

On a donc montré que

$\forall \omega, \hat{\omega} \in \Omega$; $\omega \leqslant \hat{\omega}$ et $\omega_i = \hat{\omega}_i = 1$; $\nabla_i H_1(\omega) \geqslant \nabla_i H_2(\hat{\omega})$

donc que

$\forall\ \omega, \hat{\omega} \in \Omega$; $\omega \leqslant \hat{\omega}$ et $\omega_i = \hat{\omega}_i$; $D_i H_1(\omega) \leqslant D_i H_2(\hat{\omega})$. CQFD.

<u>2) ⇒ 3).</u>

Nous supposons donc que

$$\nabla_i H_1(\omega) - \nabla_i H_2(\hat{\omega}) \geqslant 0 \quad \text{si } \omega \leqslant \hat{\omega} \text{ et } \omega_i = \hat{\omega}_i = 1 \tag{30}$$

Posons $H_1(\omega) = \sum_{A \subset \Lambda} J_A^1 \omega_A$; $H_2(\omega) = \sum_{A \subset \Lambda} J_A^2\, \omega_A$ où $\omega_A = \prod_{i \in A} \omega_i$

$$(30) \Leftrightarrow \sum_{A \ni i} J_A^1 \omega_A \leqslant \sum_{A \ni i} J_A^2\, \hat{\omega}_A \quad \text{si } \omega \leqslant \hat{\omega} \ \text{ et } \omega_i = \hat{\omega}_i = 1.$$

Nous allons montrer que : $\forall \omega, \hat{\omega} \in \Omega$; $\mu_1(\omega \wedge \hat{\omega}) \mu_2(\omega \vee \hat{\omega}) \geqslant \mu_1(\omega) \mu_2(\hat{\omega})$, (31) en raisonnant par récurrence sur le cardinal de l'ensemble des sites i tels que $\omega_i \neq \hat{\omega}_i$.

* Si $\omega = \hat{\omega}$ alors (31) est vraie.
* Supposons que (31) est vraie si ω et $\hat{\omega}$ sont distinctes en au plus (n-1) sites. Montrons que (31) est vraie pour σ et $\hat{\sigma}$ distinctes en n sites. Soient $\{1,\dots,n\}$ ces sites.

. Nous commençons par nous ramener au cas où il existe $i \in \{1,\dots,n\}$ tel que $\sigma_i = 1$ et $\hat{\sigma}_i = -1$.
En effet s'il n'existe pas de tel site $i \in \{1,\dots,n\}$ alors $\sigma \leqslant \hat{\sigma}$ et (31) est bien vérifiée.

. Supposons donc que $\sigma_n = +1$ et $\hat{\sigma}_n = -1$.
Les configurations σ et $\tau_n \hat{\sigma}$ sont distinctes en au plus (n-1) points. Nous pouvons donc appliquer notre hypothèse de récurrence.

$$H_1(\sigma \wedge \tau_n \hat{\sigma}) + H_2(\sigma \vee \tau_n \hat{\sigma}) \geqslant H_1(\sigma) + H_2(\tau_n \hat{\sigma}). \tag{32}$$

or $\quad \sigma \vee \tau_n \hat{\sigma} = \sigma \vee \hat{\sigma}$

$$\text{donc } (32) \Leftrightarrow H_1(\sigma \wedge \tau_n \hat{\sigma}) + H_2(\sigma \vee \hat{\sigma}) \geqslant H_1(\sigma) + H_2(\tau_n \hat{\sigma}) \tag{33}$$

$$\text{De plus} \quad H_1(\sigma \wedge \hat{\sigma}) + H_2(\tau_n \hat{\sigma}) \geqslant H_1(\sigma \wedge \tau_n \hat{\sigma}) + H_2(\hat{\sigma}) \tag{34}$$

car ceci est équivalent à :

$$\nabla_n H_1(\sigma\wedge\tau_n\hat{\sigma}) \geqslant \nabla_n H_2(\tau_n\hat{\sigma}) \text{ ; ce qui est vrai d'après (30),}$$

car $\tau_n\hat{\sigma} \geqslant \sigma\wedge\tau_n\hat{\sigma}$ et $(\tau_n\hat{\sigma})_n = (\sigma\wedge\tau_n\hat{\sigma})_n = 1.$

Finalement (33) et (34) permettent de conclure que :

$$H_1(\sigma\wedge\sigma') + H_2(\sigma\vee\sigma') \geqslant H_1(\sigma) + H_2(\sigma') \quad \text{CQFD.}$$

4. Générateur FKG et générateur couplé associés à un générateur de Markov sur Ω, attractif.

Soit L le générateur d'un processus de Markov sur Ω, $L = \sum_{i\in\Lambda} \alpha(i,.)\nabla_i$, et P_t le semi-groupe associé.

Nous avons énoncé le résultat suivant (théorème 2) :

> Si L est un générateur de Markov attractif alors le semi-groupe associé est attractif.

Nous connaissons deux démonstrations de ce résultat. L'une d'elles utilise le processus FKG, processus sur $\Omega\times\Lambda$; l'autre le processus couplé associé à L, processus sur $\Omega\times\Omega$.

Nous allons dans ce paragraphe montrer que le générateur FKG est la trace sur $\Omega\times\Lambda$ d'un générateur sur $\Omega\times P(\Lambda)$ naturellement associé au processus couplé. Enfin nous exprimerons le générateur du processus couplé à partir de générateurs FKG.

Auparavant, rappelons brièvement les expressions de ces deux générateurs.

- le générateur FKG.

Soit $f_1 : \Omega\times\Lambda \to \mathbb{R}$.

$$(L_1+V)f_1(\omega,i) = \sum_{j\in\Lambda\setminus\{i\}} [\omega_{ij}\nabla_i\alpha(j,\omega)(f_1(\omega,j)-f_1(\omega,i)) + \alpha(j,\tau_i\omega)\nabla_j f_1(\omega,i)]$$

$$+ \left(\sum_{j\in\Lambda|\{i\}} \omega_{ij} \nabla_i \alpha(j,\omega) - \alpha(i,\omega) - \alpha(i,\tau_i\omega) \right) f_1(\omega,i).$$

- Le générateur couplé associé à L.

Soit $f_2 : \Sigma_2 \to \mathbb{R}$.

$$L_2 f_2(\omega,\tau_A\omega) = \sum_{j\in\Lambda|A} (-\omega_j \nabla_A \alpha(j,\omega))(\mathbb{1}_{\omega_j=+1}\nabla_j^1 + \mathbb{1}_{\omega_j=-1}\nabla_j^2) f_2(\omega,\tau_A\omega)$$

$$+ \sum_{j\in\Lambda|A} (\alpha(j,\tau_A\omega)\mathbb{1}_{\omega_j=+1} + \alpha(j,\omega)\mathbb{1}_{\omega_j=-1})\nabla_j^{12} f_2(\omega,\tau_A\omega)$$

$$+ \sum_{j\in A} (\alpha(j,\omega)\nabla_j^1 + \alpha(j,\tau_A\omega)\nabla_j^2) f_2(\omega,\tau_A\omega).$$

4.1. Construction du générateur FKG à partir du générateur couplé.

Nous avons défini le générateur du processus couplé sur Σ_2. Nous allons établir une bijection φ entre Σ_2 et $\Sigma_1 = \{(\omega,A)\in\Omega\times P(\Lambda) ; \omega_i = -1\ \forall i\in A\}$. Ceci va nous permettre de définir $\tilde{L}_2$, le générateur de Markov sur Σ_1 image de L_2 par φ. Nous étendrons ensuite ce générateur à $\Omega\times P(\Lambda)$. Enfin nous restreindrons ce générateur à un domaine particulier et nous en donnerons une autre écriture. Sur ce domaine nous verrons alors que $\tilde{L}_2$ coïncide avec un générateur non Markovien $\tilde{L}_1$ dont la trace sur $\Omega\times\Lambda$ est le générateur FKG.

Le générateur couplé est défini sur Σ_2 où

$$\Sigma_2 = \{(\omega,\hat{\omega})\in\Omega\times\Omega / \omega\leq\hat{\omega}\}$$

$$= \{(\omega,\hat{\omega})\in\Omega\times\Omega / \exists A\in P(\Lambda) \text{ tel que } \omega_i = -1\ \forall i\in A \text{ et } \hat{\omega} = \tau_A\omega\}$$

$P(\Lambda)$ est l'ensemble des parties de Λ.
Σ_2 est en bijection avec Σ_1, où

$$\Sigma_1 = \{(\omega,A)\in\Omega\times P(\Lambda) : \omega_i = -1\ \forall i\in A\}.$$

Nous notons φ cette bijection $\varphi : \Sigma_2 \to \Sigma_1$, $(\omega,\tau_A\omega) \to (\omega,A)$. Cette bijection joue ici un rôle fondamental. Elle intervient aussi dans la démonstration des inégalités GHS.

L_2 étant le générateur du processus couplé sur Σ_2, nous considérons $\tilde{L}_2$ son image sur Σ_1 par φ.
Soit f_2 une fonction de Σ_2 dans $\mathbb{R}$. Notons f_1 la fonction de Σ_1 dans $\mathbb{R}$ définie par : $f_1(\omega,A) = f_2(\omega,\tau_A\omega)$,

alors $$L_2 f_2(\omega,\tau_A\omega) = \tilde{L}_2 f_1(\omega,A).$$

Nous étendons en conservant la même formule $\tilde{L}_2$ à $\Omega\times P(\Lambda)$ et nous continuons à noter $\tilde{L}_2$ ce générateur.

Nous allons maintenant restreindre les domaines des générateurs L_2 et $\tilde{L}_2$. En effet les générateurs couplé et FKG ont été construits pour établir la croissance de $P_t f$ dès que f est une fonction croissante ; pour cela on applique le générateur couplé à des éléments de $\mathcal{F}_2 = \{f_2 : \Sigma_2 \to \mathbb{R} \,/\, \exists f: \Omega \to \mathbb{R}$ croissante telle que $f_2(\omega,\tau_A\omega) = f(\tau_A\omega) - f(\omega)\}$. Le générateur FKG est appliqué aux éléments de $\tilde{\mathcal{F}}_1 = \{f_1 : \Omega\times\Lambda \to \mathbb{R} \,/\, \exists f:\Omega \to \mathbb{R}$ croissante telle que $f_1(\omega,i) = -\omega_i \nabla_i f(\omega)\}$.

Nous allons donc restreindre L_2 à $\mathcal{F}_2$ et $\tilde{L}_2$ au domaine $\mathcal{F}_1 = \{f_1 : \Omega\times P(\Lambda) \to \mathbb{R} \,/\, \exists f:\Omega \to \mathbb{R}$ croissante telle que : $f_1(\omega,A) = |f(\tau_A\omega)-f(\omega)|\}$.

En effet, le générateur $\tilde{L}_2$ étant défini sur $\Omega\times P(\Lambda)$ et pas seulement sur $\Omega\times\Lambda$, nous devons étendre le domaine de définition des éléments de $\tilde{\mathcal{F}}_1$.

Nous remarquons que les fonctions de $\tilde{\mathcal{F}}_1$ possèdent une propriété de symétrie : $f_1(\omega,i) = f_1(\tau_i\omega_i,i)$. Cette propriété s'étend aux éléments de $\mathcal{F}_1$ car $f_1(\omega,A) = f_1(\tau_A\omega,A)$ $\forall f_1\in\mathcal{F}_1$; de plus $f_1(\omega,i) = -\omega_i \nabla_i f(\omega)$.

Soient f_1 et f_2 deux fonctions appartenant respectivement à $\mathcal{F}_1,\mathcal{F}_2$, associées à la même fonction f.

On a : $\forall(\omega,\tau_A\omega)\in\Sigma_2$; $L_2 f_2(\omega,\tau_A\omega) = \tilde{L}_2 f_1(\omega,A)$
car $f_{2\,|\Sigma_2} = f_{1\,|\Sigma_1} \circ \varphi$.

Nous allons montrer que $\tilde{L}_2$ coïncide sur $\mathcal{F}_1$ en les points de Σ_1 avec un générateur $\tilde{L}_1$ sur $\Omega\times P(\Lambda)$ vérifiant les propriétés suivantes :

1. $\tilde{L}_1$ est la somme d'un générateur de Markov et d'un opérateur de multiplication sur $\Omega\times P(\Lambda)$.

2. Soit X_t le processus de Markov associé à la partie

Markovienne de $\tilde{L}_1$.

Si $X_0 \in \Sigma_0 = \{(\omega,A) \in \Omega \times P(\Lambda)\ ;\ |A| \leqslant 1\}$ alors $\forall t \geqslant 0 \quad X_t \in \Sigma_0$.

Pour cela dans l'expression de $L_2 f_2$ nous exprimons f_2 en fonction de f_1 et nous utilisons les propriétés des éléments de $\mathcal{F}_1$:

. Si $j \notin A$ et $\omega_j = 1$ alors $\nabla_j^1 f_2(\omega,\tau_A\omega) = f_1(\tau_j\omega,j) = f_1(\omega,j)$.

. Si $j \notin A$ et $\omega_j = -1$ alors $\nabla_j^2 f_2(\omega,\tau_A\omega) = f_1(\omega,A\cup\{j\}) - f_1(\omega,A)$

$$= f_1(\tau_j\omega,A) + f_1(\omega,j) - f_1(\omega,A).$$

. Si $j \notin A$ et ω_j quelconque

alors $\nabla_j^{1\,2} f_2(\omega,\tau_A\omega) = f_1(\tau_j\omega,A) - f_1(\omega,A)$.

. Si $j \in A$ alors $\omega_j = -1$ et $\begin{cases} \nabla_j^1 f_2(\omega,\tau_A\omega) = f_1(\tau_j\omega,A|\{j\}) - f_1(\omega,A) \\ \nabla_j^2 f_2(\omega,\tau_A\omega) = f_1(\omega,A|\{j\}) - f_1(\omega,A). \end{cases}$

En portant cela dans l'expression de $L_2 f_2(\omega,\tau_A\omega)$ nous obtenons finalement :

$$L_2 f_2(\omega,\tau_A\omega) = \sum_{j\in\Lambda|A} [(-\omega_j \nabla_A \alpha(j,\omega))(f_1(\omega,j) - f_1(\omega,A)) + \alpha(j,\tau_A\omega)\nabla_j f_1(\omega,A)]$$

$$+ \sum_{j\in A} [\alpha(j,\omega)(f_1(\tau_j\omega,A|\{j\}) - f_1(\omega,A)) + \alpha(j,\tau_A\omega)(f_1(\omega,A|\{j\}) - f_1(\omega,A))]$$

$$+ \sum_{j\in\Lambda|A} (-\omega_j \nabla_A \alpha(j,\omega)) f_1(\omega,A).$$

Notons $\tilde{L}_1 f_1(\omega,A)$ le membre de droite de cette égalité.

Grâce à l'hypothèse d'attractivité de L tous les coefficients $-\omega_j \nabla_A \alpha(j,\omega)$, $\alpha(j,\omega)$, $\alpha(j,\tau_A\omega)$ sont positifs.

Ainsi $\tilde{L}_1$ est la somme d'un générateur de Markov sur $\Omega \times P(\Lambda)$ et d'un opérateur de multiplication.

Il est clair que $\tilde{L}_1$ laisse stable Σ_0, ce qui nous permet d'établir la propriété suivante :

Pour toute fonction f_1 de $\mathcal{F}_1$, nous définissons $\bar{f}_1$ sa restriction à $\Omega\times\Lambda$. $\bar{f}_1 = f_1|_{\Omega\times\Lambda}$.

Alors il existe un générateur $\bar{L}_1$ sur $\Omega\times\Lambda$ tel que :

$$(\tilde{L}_1 f_1)_{|\Omega\times\Lambda} = \bar{L}_1 \bar{f}_1 \quad \text{sur } (\Omega\times\Lambda)\cap\Sigma_1$$

et si $(\omega,\{i\})\in \Sigma_1$

$$\bar{L}_1 \bar{f}_1(\omega,i) = \sum_{j\in\Lambda|\{i\}} [(-\omega_j \nabla_i \alpha(j,\omega))(\bar{f}_1(\omega,j)-\bar{f}_1(\omega,i)) + \alpha(j,\tau_i\omega)\nabla_j \bar{f}_1(\omega,i)]$$

$$+ \alpha(i,\omega)(\bar{f}_1(\tau_i\omega,\emptyset)-\bar{f}_1(\omega,i)) + \alpha(i,\tau_i\omega)(\bar{f}_1(\omega,\emptyset)-\bar{f}_1(\omega,i))$$

$$+ \sum_{j\in\Lambda|\{i\}} (-\omega_j \nabla_i \alpha(j,\omega)) f_1(\omega,i).$$

Remarquons enfin que pour toute fonction $\bar{f}_1$ ainsi définie, $\bar{f}_1(\omega,\emptyset)=0$. Ceci fait apparaître un terme diagonal supplémentaire : $[-\alpha(i,\omega)-\alpha(i,\tau_i\omega)]f_1(\omega,i)$ et

$$\bar{L}_1 \bar{f}_1(\omega,i) = \sum_{j\in\Lambda|\{i\}} [(-\omega_j \nabla_i \alpha(j,\omega))(\bar{f}_1(\omega,j)-\bar{f}_1(\omega,i)) + \alpha(j,\tau_i\omega)\nabla_j \bar{f}_1(\omega,i)]$$

$$+ \left(\sum_{j\in\Lambda|\{i\}} (-\omega_j \nabla_i \alpha(j,\omega)) - \alpha(i,\omega)-\alpha(i,\tau_i\omega) \right) \bar{f}_1(\omega,i)$$

$$= (L_1+V)\bar{f}_1(\omega,i)$$

où L_1+V est le générateur du processus FKG.

Ainsi : $\forall f_2\in\mathcal{F}_2$; $\forall f_1\in\mathcal{F}_1$; f_1 et f_2 étant associées à la fonction croissante f ; $\forall(\omega,\tau_i\omega)\in\Sigma_2$:

$$L_2 f_2(\omega,\tau_i\omega) = (L_1+V) f_{1\,|\Omega\times\Lambda}(\omega,i).$$

4.2. Construction du générateur du processus couplé issu de $(\omega,\tau_A\omega)$ à partir de générateurs FKG.

Cette construction provient de l'écriture des accroissements de $P_t f$ à l'aide du semi groupe FKG appliqué à des éléments de $\mathcal{F}_1$ d'une part et du semi-groupe du processus couplé appliqué à des éléments de $\mathcal{F}_2$ d'autre part.

. Accroissements de $P_t f$ et semi-groupe FKG.

* Soit $F : \Omega \times \Lambda \times \mathbb{R}^+ \to \mathbb{R}$; $(\omega,i,t) \to -\omega_i \nabla_i P_t f(\omega)$.

elle est solution du système :

$$\begin{cases} \dfrac{d}{dt} F(\omega,i,t) = (L_1+V)F(\omega,i,t). \\ F(\omega,i,0) = -\omega_i \nabla_i f(\omega) \end{cases}$$

On en déduit que :

$$F(\omega,i,t) = e^{t(L_1+V)} F(\omega,i,0).$$

En notant Q_t^1 le semi-groupe associé à L_1+V, et en utilisant le fait que $F(\omega,i,0) = f_1(\omega,i)$ si f_1 est la fonction de $\mathcal{F}_1$ associée à f, et $\bar{f}_1$ sa restriction à $\Omega\times\Lambda$, nous obtenons :

$$P_t f(\tau_i \omega) - P_t f(\omega) = Q_t^1 \bar{f}_1(\omega,i) \qquad \text{si } \omega_i = -1.$$

* Pour exprimer $P_t f(\tau_A \omega) - P_t f(\omega)$ à l'aide du semi-groupe FKG, nous allons définir un chemin reliant ω à $\tau_A\omega$, c'est-à-dire une suite de configurations $\omega^0,\ldots\omega^n$ telles que :

1) $\omega^0 = \omega$; $\omega^n = \tau_A\omega$
2) $\omega^0 \leqslant \omega^1 \leqslant \ldots \leqslant \omega^n$
3) deux configurations successives ω^k et ω^{k+1} ne diffèrent qu'en un site, ce site étant un élément quelconque de A. Notons i_k ce site.

Un tel chemin n'est pas unique, mais pour tout chemin ainsi défini, nous avons :

$$P_t f(\tau_A \omega) - P_t f(\omega) = \sum_{k=1}^{n} (P_t f(\omega^k) - P_t f(\omega^{k-1}))$$

et d'après le calcul précédent

$$P_t f(\tau_A \omega) - P_t f(\omega) = \sum_{k=1}^{n} Q_t^1 \bar{f}_1(\omega^{k-1}, i_k).$$

. Accroissements de $P_t f$ et semi-groupe couplé.

Soit $(\omega,\tau_A\omega)\in\Sigma_2$; alors

$$P_t f(\tau_A \omega) - P_t f(\omega) = E_{\omega,\tau_A\omega}(f(\hat{\omega}_t) - f(\omega_t))$$

Notons Q_t^2 le semi-groupe associé à L_2 et soit f_2 l'élément de $\mathcal{F}_2$

associé à la fonction f, alors :

$$P_t f(\tau_A\omega) - P_t f(\omega) = Q_t^2 f_2(\omega,\tau_A\omega).$$

Nous avons ainsi montré que :

$\forall f : \Omega \to \mathbb{R}$ croissante ; f_1 et f_2 étant les fonctions de $\mathcal{F}_1$ et $\mathcal{F}_2$ associées à f ; $\bar{f}_1 = f_1|_{\Omega\times\Lambda}$; $\forall(\omega,\tau_A\omega)\in\Sigma_2$:

$$Q_t^2 f_2(\omega,\tau_A\omega) = \sum_{k=1}^{n} Q_t^1 \bar{f}_1(\omega^{k-1},i_k).$$

En remarquant enfin que $f_2(\omega,\tau_A\omega) = \sum_{k=1}^{n} \bar{f}_1(\omega^{k-1},i_k)$, nous obtenons

$$(Q_t^2 - Id)\, f_2(\omega,\tau_A\omega) = \sum_{k=1}^{n} (Q_t^1 - Id)\bar{f}_1(\omega^{k-1},i_k).$$

En divisant cette expression par t et en faisant tendre t vers 0, nous obtenons finalement :

$$L_2 f_2(\omega,\tau_A\omega) = \sum_{k=1}^{n} (L_1+V)\, \bar{f}_1(\omega^{k-1},i_k).$$

Nous avons donc obtenu le générateur du processus couplé restreint à $\mathcal{F}_2$ à partir de générateurs FKG.

Je remercie tout particulièrement L. MICLO pour sa lecture attentive de ce texte et ses remarques qui m'ont permis d'améliorer la rédaction de cet article.

BIBLIOGRAPHIE

[1] BAKRY, D. et MICHEL,D. (1992), "Sur les inégalités FKG", Séminaire de probabilités XXVI, Lect. Notes Math.1526,170-188.

[2] DURRETT, R. (1981), "An introduction to infinite particle systems", Stoch. Proc. and Their appl.,11,103-150.

[3] DURRETT, R. (1993), 'Ten Lectures on Particle Systems", Ecole d'Eté de Probabilité de SAINT-FLOUR.

[4] EATON, M.L. (1986), "Lectures on topics in probability inequalities", CWI Tract.

[5] ELLIS, R. (1985), "Entropy, large deviations and Statistical Mechanics", Springer-Verlag.

[6] HOLLEY, R. (1974), "Remarks on the FKG inequalities", CMP,36,227-231.

[7] GEORGII, H.O. (1988), "Gibbs measures and phase transitions", Berlin ; New York : de Gruyter (De Gruyter studies in Mathematics,9).

[8] KARLIN, S. et RINOTT, Y. (1980), "Classes of ordering of measures and related correlation inequalities", Journal of Multivariate Analysis,10,467-498.

[9] KEMPERMAN (1977), "On the FKG inequalities for measures on partially ordered spaces", Indagationes Mathematicae,Vol.39, 4,313-331.

[10] LIGGETT, T. (1985), "Interacting particle systems", Springer-Verlag.

[11] YCART, B. (1986), "Gibbs states and the Stochastic Ising Model. An exposition", manuscrit.

[12] YCART, B. (

UNIVERSITE PAUL SABATIER
Laboratoire de Statistique et Probabilités
U.R.A. C.N.R.S. D0745
118, route de Narbonne
31062 TOULOUSE CEDEX

Sur l'équation de structure $d[X,X]_t = dt - X^+_{t-} dX_t$

Jacques Azéma et Catherine Rainer

Laboratoire de Probabilités - Université Paris VI - 4, place Jussieu - Tour 56 - 3ème Etage - 75252 PARIS CEDEX 05

1. Introduction et notations.

Emery a introduit en [8] un nouveau type d'équations stochastiques, appelées équations de structure, dont il a montré l'importance pour les problèmes de représentations prévisibles et chaotiques. On doit à Meyer [12] un théorème général d'existence de solutions, mais, hormis le cas linéaire complètement traité par Emery, on ne sait pas grand chose sur leur unicité. De plus, les solutions explicites se comptent sur les doigts. Nous donnons aux paragraphes 2 et 3 deux nouveaux exemples d'équations d'Emery pour lesquelles on peut prouver l'unicité en loi des solutions et en donner une construction simple. Au chapitre 4, on déduit de ces résultats l'application suivante : la filtration naturelle engendrée par la partie négative d'un mouvement brownien possède la propriété de représentation prévisible relativement à une martingale (donnée par la formule *(16)*) qui possède une composante continue et une composante purement discontinue non triviales. Nous n'avons pas abordé les problèmes de représentations chaotiques qui restent ouverts.

C'est grâce à une remarque distraite de Biane que nous nous sommes aperçus que nous étions en train de résoudre l'équation figurant dans le titre, et à une note de Yor [16], que nous avons pu donner la forme précise de sa solution. Les idées ayant conduit aux démonstrations d'unicité sont dues au second des deux auteurs, le rôle du premier s'étant le plus souvent limité à une assistance technique acrimonieuse.

Nous reprendrons les notations de [6] relatives aux ensembles aléatoires: Si H est un fermé optionnel, on notera

$$G_t = \sup\{s \le t \ ; \ s \in H\}, \qquad g_t = \sup\{s < t \ ; \ s \in H\},$$
$$D_t = \inf\{s > t \ ; \ s \in H\}, \qquad D_t = \inf\{s > t \ ; \ s \in H\}.$$

$\mathbb{G}$ (resp. $\mathbb{D}$) l'ensemble des extrémités gauches (resp. droites) des intervalles contigus à H.

L'ensemble H variera de paragraphe en paragraphe, entraînant avec lui les notations précédentes.

Dans l'expression "filtration naturelle engendrée par un processus", il sera entendu que la filtration a été régularisée à droite et complétée.

2. L'équation de structure

$$d[X,X]_t = dt - (X_{t-} - I_{t-})dX_t \tag{1}$$

Nous nous proposons de montrer que l'équation *(1)*, où (X_t) désigne la martingale inconnue et où $I_t = \inf_{s\leq t}(X_s)$, a une solution unique en loi sous la condition initiale $X_o = 0$.

2.1. Construction d'une solution.

Soit (β_t) un mouvement brownien unidimensionnel standard ; posons $H = \{t\ ;\ \beta_t = 0\}$. On sait ([1], [5], [8]) que

$$\mu_t = \mathrm{sgn}(\beta_t)\ \sqrt{2(t-G_t)} \tag{2}$$

est une martingale relativement à sa filtration naturelle satisfaisant à l'équation de structure $d[\mu,\mu]_t = dt - \mu_{t-}\ d\mu_t$.

Appelons (λ_t) le temps local en 0 de (μ_t) (c'est le temps local du brownien multiplié par $\frac{2}{\sqrt{\pi}}$). Posons

$$X_t = |\mu_t| - \lambda_t = \int_0^t \mathrm{sgn}(\mu_{s-})d\mu_s \tag{3}$$

On montre sans peine que (X_t) est solution de *(1)*. On a en effet

$$d[X,X]_t = d[\mu,\mu]_t = dt - \mu_{t-}\ \mathrm{sgn}(\mu_{t-})dX_t = dt - |\mu_{t-}|dX_t.$$

Mais, en vertu du Lemme de Skorokhod, (cf. appendice A.1.),

$$|\mu_{t-}| = X_{t-} + \lambda_{t-} = X_{t-} - I_{t-}\ ,$$ d'où le résultat.

2.2. *Unicité.*

Soit (X_t) une solution de *(1)* ; on pose

$$H = \{t \; ; \; X_t = I_t\} \; ; \quad H' = \{t \; ; \; X_{t-} = I_{t-}\} \; ; \; Y_t = X_t - I_t.$$

2.2.1. *Proposition : (I_t) est continu, $(-dI_t)$ est portée par H ; H est un fermé parfait égal à $\overline{H}'$.*

Démonstration : Soit t un temps de saut de (X_t) ; d'après ([8]) on a $\Delta X_t = -(X_{t-} - I_{t-})$ et, par conséquent, $X_t = I_{t-} = I_t$. On en tire plusieurs conséquences. Tout d'abord les inclusions

$$\{t \; ; \; I_t < I_{t-}\} \subset \{t \; ; \; \Delta X_t = 0\} \subset \{t \; ; \; I_t = I_{t-}\}$$

qui ne peuvent être satisfaites que si (I_t) est continu.

En second lieu, l'inclusion $H^c \subset \{t \; ; \; \Delta X_t = 0\} \cap \{t \; ; \; \Delta I_t = 0\}$, qui montre que H^c est ouvert et contenu dans H'^c ; H est donc un fermé contenant H'. Tout point de H^c, qui est un point de continuité de (X_t) et (I_t), est contenu dans un palier de (I_t), ce qui prouve la deuxième assertion. Intéressons-nous maintenant à Y_t qui s'écrit $X_t - I_t$, où (X_t) est une martingale continue à droite et $(-I_t)$ un processus croissant continu tel que $(-dI_t)$ est porté par l'ensemble des zéros de (Y_t). Dans une telle situation ([4], début de la proposition 2.5, p. 253), $\mathbb{G}$ évite les temps d'arrêt, de sorte que H est parfait ; comme $H-H' = \{t \; ; \; \Delta X_t \neq 0\}$ est mince, on a bien $H = \overline{H}'$.

Nous allons maintenant, grâce au procédé de balayage décrit en [6] p.153 dont nous conservons les notations (cf. A.2.), retourner "une fois sur deux" les excursions de (Y_t) de manière à obtenir une martingale connue. Prenons pour (ξ_n) une suite de variables de Bernoulli symétriques à valeurs dans $\{-1,+1\}$; on posera $U'_t = U_t + 1_{H-\mathbb{G}}(t)$ de sorte que $|U'_t| = 1$. Comme (U'_t) est progressif et vérifie

$$U'_t Y_t = U_t Y_t = Z_t \,, \tag{4}$$

on peut appliquer la formule du balayage de [14] et écrire

$$Z_t = U'_t Y_t = \int_0^t u_s dY_s + A_t$$

où (u_t) désigne la projection prévisible de (U'_{g_t}) et (A_t) un processus croissant continu tel que (dA_t) soit porté par H.

Posons $\dot{J} = \{t\ ;\ |u_t| \neq 1\}$; $\dot{J}$ est contenu dans $\{t\ ;\ u_t \neq U'_{g_t}\}$ et est donc de mesure de Lebesgue nulle. On a alors, puisque $\dot{J}$ est prévisible,

$$E\left[\int_{\dot{J}} d[Y,Y]_s\right] = E\left[\int_{\dot{J}} ds\right] = 0,$$

ce qui conduit aux égalités

$$[Z,Z]_t = \int_0^t u_s^2\, d[Y,Y]_s = [Y,Y]_t = [X,X]_t. \qquad (5)$$

2.2.2. <u>*Proposition*</u> *:* (Z_t) *a même loi que la martingale* (μ_t) *définie par (2).*

<u>Démonstration</u> : D'après les résultats d'unicité montrés par Emery dans [8], il suffit de montrer que (Z_t) est solution de l'équation de structure

$$d[Z,Z]_t = dt - Z_{t-}dZ_t.$$

On a les égalités

$$\begin{aligned} d[Z,Z]_t &= d[X,X]_t = dt - (X_{t-} - I_{t-})dX_t = dt - Y_{t-}\,dX_t \\ &= dt - (dY_t + dI_t)Y_{t-} = dt - Y_{t-}\,dY_t. \end{aligned}$$

Il reste à montrer que $Y_{t-}\,dY_t = Z_{t-}\,dZ_t$, ce qui résulte immédiatement de la formule d'Itô et des égalités $Y_t^2 = Z_t^2$, $[Y,Y]_t = [Z,Z]_t$.

Nous sommes maintenant en mesure de prouver l'unicité en loi des solutions de *(1)*.

2.2.3. <u>*Théorème*</u> *: Toute solution de l'équation (1) a pour loi celle du processus* $(|\mu_t| - \lambda_t)$.

<u>Démonstration</u> : La structure des discontinuités de (Z_t) permet d'écrire la formule de Meyer-Tanaka sous la forme simplifiée

$$|Z_t| = Y_t = \int_0^t \mathrm{sgn}(Z_{s-})dZ_s + V_t \qquad (6)$$

où (V_t) désigne le temps local en zéro de la $(\mathcal{H}_t)$-martingale (Z_t) (cf. Appendice A.2.). Rappelons d'autre part l'égalité

$$Y_t = X_t - I_t. \tag{7}$$

De *(6)* et *(7)*, nous allons tirer l'égalité $X_t = \int_0^t \operatorname{sgn}(Z_{s-})dZ_s$; s'il en est ainsi, la loi de (X_t) sera déterminée par celle de (Z_t), ce qui, compte tenu de la proposition précédente, montrera le résultat.

Cela est, bien sûr, une conséquence de l'unicité de la décomposition de Doob-Meyer de (Y_t) dans la filtration naturelle $(\mathcal{F}_t(X))$ engendrée par (X_t). Mais, pour pouvoir utiliser cet argument, il nous faut montrer que le processus $\left(\int_0^t \operatorname{sgn}(Z_{s-})dZ_s \ ;\ t \geq 0\right)$ est une $(\mathcal{F}_t(X))$-martingale, ce qui sera le cas s'il est adapté à cette filtration. Revenons à l'égalité *(6)* et à la filtration $(\mathcal{H}_t)$. Désignons par (W_t) le temps local de (Y_t) ; on a

$$\int_0^t 1_{\{Y_{s-}>0\}} dY_s + \frac{W_t}{2} = Y_t^+ = Y_t = \int_0^t 1_{\{Y_{s-}\geq 0\}} dY_s \ ; \quad \text{si bien que}$$

$$\frac{1}{2} W_t = \int_0^t 1_{\{Y_{s-}=0\}} dY_s = \int_0^t 1_{\{Y_{s-}=0\}} [\operatorname{sgn}(Z_{s-})dZ_s + dV_s]$$

$$= V_t + \int_0^t 1_{\{Y_{s-}=0\}} \operatorname{sgn}(Z_{s-})dZ_s = V_t.$$

(En effet, le crochet associé à la dernière intégrale stochastique est nul.)

(V_t) est donc adapté à la filtration $(\mathcal{F}_t(Y))$, a fortiori à $(\mathcal{F}_t(X))$. Il en est de même pour $\left(\int_0^t \operatorname{sgn}(Z_{s-})dZ_s \ ;\ t \geq 0\right)$.

2.2.4. *__Remarque__* : Emery [8], en utilisant les résultats d'extrémalité de Jacod-Yor [11], fait remarquer que l'unicité en loi des solutions d'une équation de structure a pour conséquence une propriété de représentation prévisible; dans notre cas, il en résulte que la martingale $(\sqrt{2(t-G_t)} - \lambda_t)$ possède la propriété de représentation prévisible relativement à sa filtration naturelle, résultat déjà connu ([2], [10]).

3. L'équation de structure

$$d[X,X]_t = dt - X^+_{t-}dX_t. \qquad (8)$$

3.1. *Construction d'une solution.*

Ce paragraphe est en principe inutile ; grâce à un résultat général de Meyer [12], on connaît l'existence de solutions à une telle équation. Il nous a néanmoins paru intéressant de construire explicitement une solution à l'aide d'un mouvement brownien. Reprenons notre brownien (β_t) et l'ensemble de ses zéros H. Notons $(\mathcal{B}_t)$ sa filtration naturelle. Nous aurons à nouveau recours à la technique du balayage décrite en A.2.: choisissons une suite (ξ_n) de variables centrées équidistribuées dont la loi μ ne charge pas {0}. La suite (D_n) de variables aléatoires épuisant $\mathbb{D}$ sera constituée de $(\mathcal{B}_{G_t})$-temps d'arrêt. On posera

$$Y_t = U_t|B_t|, \quad k_t = \sqrt{\frac{\pi}{2}}\,(t-G_t), \quad X_t = U^+_t k_t - U^-_t|B_t|.$$

La suite de ce paragraphe est consacrée à montrer que, si l'on choisit convenablement μ, (X_t) est une solution de *(8)*. Le lecteur allergique au balayage trouvera une construction assez voisine au chapitre 5.

On sait, (A.2.), que (Y_t) est une martingale ; rappelons d'autre part que (k_t) est la projection optionnelle de $(|B_t|)$ sur la filtration $(\mathcal{B}_{G_t})$ (cf.[5]). (X_t) est adapté à la filtration $(\mathcal{X}_t)$ définie par

$$\mathcal{X}_t = \sigma(U_s\ ;\ |B_s|\ 1_{\{U_s<0\}}\ ;\ s \le t).$$

Nous introduisons enfin la famille de σ-algèbres

$$\mathcal{J}_t = \mathcal{B}_{G_t} \vee \sigma(U_t) \vee \sigma(\xi_n\ 1_{\{D_n \le t\}}\ ;\ n \ge 0).$$

3.1.1. *Lemme* : $\forall t \ge 0,\ \mathcal{X}_t \cap \{U_t > 0\} \subset \mathcal{J}_t$.

Démonstration : Il s'agit de montrer que, quelque soient $s < t$, les variables aléatoires $U_s\ 1_{\{U_t>0\}}$ et $|B_s|\ 1_{\{U_s<0\}}\ 1_{\{U_t>0\}}$ sont $\mathcal{J}_t$-mesurables. Sur

$\{s \geq G_t\}$, tout est facile ; il suffit donc de se placer sur l'événement $\{s < G_t\}$ sur lequel on a

$$U_s \, 1_{\{U_t>0\}} = \sum_n \xi_n \, 1_{\{G_n \leq s < D_n\}} \, 1_{\{U_t>0\}} \, 1_{\{D_n \leq G_t\}} \, 1_{\{D_n \leq t\}}.$$

Comme $\{G_n \leq s < D_n\} \in \mathcal{B}_{D_n}$, $\{G_n \leq s < D_n\} \cap \{D_n \leq G_t\} \in \mathcal{B}_{G_t}$.

Cela montre le résultat pour la première variable aléatoire ; la seconde, qui peut s'écrire $|B_s| \, 1_{\{s<G_t\}} \, 1_{\{U_s<0\}} \, 1_{\{U_t>0\}}$, est également $\mathcal{J}_t$-mesurable.

3.1.2. Proposition : (X_t) *est une martingale relativement à la filtration* $(\mathcal{X}_t)$.

Démonstration : Nous allons montrer que $X_t = E[Y_t | \mathcal{X}_t]$, ce qui entraîne aisément le résultat. On a

$E[Y_t | \mathcal{X}_t] = X_t \, 1_{\{X_t<0\}} + E[|U_t| B_t \, 1_{\{U_t>0\}} | \mathcal{X}_t]$ si bien que l'on est ramené à montrer l'égalité $E[|B_t| \, 1_{\{U_t>0\}} | \mathcal{X}_t] = k_t \, 1_{\{U_t>0\}}$.

Le lemme précédent nous autorise à remplacer $\mathcal{X}_t$ par $\mathcal{J}_t$ dans l'espérance conditionnelle.

Appelons f_{G_t}, $\varphi(U_t)$, h_t, trois variables bornées mesurables respectivement par rapport aux tribus $\mathcal{B}_{G_t}$, $\sigma(U_t)$, $\sigma(\xi_n \, 1_{\{D_n \leq t\}}, n \geq 0)$.

On a, en utilisant *(20)*,

$$E[|B_t| \, 1_{\{U_t>0\}} \, \varphi(U_t) f_{G_t} h_t] = C \, E[|B_t| | f_{G_t} h_t], \qquad (9)$$

où C désigne la constante $\int_{\mathbb{R}_+} \varphi d\mu$.

Comme les variables D_n sont des temps d'arrêt de $(\mathcal{B}_{G_t})$,

$$\mathcal{B}_{G_t} \vee \sigma(\xi_n \, 1_{\{D_n \leq t\}} \, ; \, n \geq 0) \subset \mathcal{B}_{G_t} \vee \sigma(\xi_n \, ; \, n \geq 0).$$

Utilisant maintenant l'indépendance de $(\xi_n \, ; \, n \geq 0)$ et $\mathcal{B}_\infty$, on a

$$E[|B_t| | \mathcal{B}_{G_t} \vee \sigma(\xi_n \, 1_{\{D_n \leq t\}} \, ; \, n \geq 0)] = E[|B_t| | \mathcal{B}_{G_t}] = k_t.$$

Le second membre de *(9)* peut alors s'écrire

$$C \, E[k_t \, f_{G_t} \, h_t] = E[k_t \, 1_{\{U_t>0\}} \, \varphi(U_t) f_{G_t} h_t]$$

ce qui achève la démonstration.

Remarque : Régularisons à droite et complétons la filtration $(\mathcal{X}_t)$ sans changer de notations ; (X_t) est alors la projection optionnelle de (Y_t) sur cette filtration.

3.1.3. *Proposition : Les parties continue et purement discontinue de* (X_t) *sont respectivement égales à* $\int_0^t 1_{\{X_{s-}\le 0\}} dX_s$ *et* $\int_0^t 1_{\{X_{s-}>0\}} dX_s$.

Démonstration : Appelons (α_t) et (β_t) ces deux intégrales stochastiques. Comme $\{t ; \Delta X_t \ne 0\} = \mathbb{D} \cap \{t ; X_{t-} > 0\}$, $\Delta\alpha_t = 1_{\{X_{t-}\le 0\}}\Delta X_t = 0$ de sorte que (α_t) est continue. D'autre part, si l'on note $\dot{I}_n = \{t \le n ; X_{t-} \ge \frac{1}{n}\}$, on a $\{t ; X_{t-} > 0\} = \bigcup_n \dot{I}_n$. Chaque $\dot{I}_n$ est une réunion d'intervalles stochastiques sur lesquels (X_t) est à variation finie ; il en résulte que (β_t) est purement discontinue.

3.1.4. *Proposition : On a les égalités*

$$d\langle X,X\rangle_t = dt\ U_t^2\ [1_{\{X_t\le 0\}} + \frac{\pi}{4}\ [1_{\{X_t>0\}}] , \qquad (10)$$

$$d[X,X]_t = d\langle X,X\rangle_t - X^+_{t-}\ dX_t . \qquad (11)$$

Démonstration : Appelons (Z_t) la projection optionnelle de (Y_t^2) sur la filtration $(\mathcal{X}_t)$, qu'on peut, de la même façon qu'en 3.1.2, calculer explicitement. On a

$$\begin{aligned} Z_t &= U_t^2\ E[B_t^2 | \mathcal{B}_{G_t}] 1_{\{X_t>0\}} + U_t^2\ B_t^2\ 1_{\{X_t\le 0\}} \\ &= 2U_t^2(t-G_t)\ 1_{\{X_t>0\}} + U_t^2\ B_t^2\ 1_{\{X_t\le 0\}}, \end{aligned}$$

le calcul effectif de $E[B_t^2 | \mathcal{B}_{G_t}]$ provenant de [4].

Posons alors $V_t = \overline{\lim_{s\downarrow\downarrow t}}\ [\frac{\pi}{4}\ 1_{\{X_s>0\}} + 1_{\{X_s\le 0\}}]$; (V_t) est progressif, vérifie les égalités $V_t = V_{G_t}$ et $X_t^2 = V_t Z_t$; le théorème du balayage ([14]) permet alors d'écrire

$$d(X_t^2) = V_t dZ_t + dA_t \qquad (12)$$

où (A_t) est un processus à variation finie continu tel que (dA_t) soit portée par H. Posons maintenant $M_t = Z_t - \int_0^t U_s^2 ds$; (M_t), qui est la projection optionnelle de la martingale $(Y_t^2 - \langle Y,Y\rangle_t)$ sur la filtration $(\mathcal{X}_t)$, est une $(\mathcal{X}_t)$-martingale. On peut écrire *(12)* sous la forme

$$d(X_t^2) = V_t U_t^2\, dt + V_t dM_t + dA_t \text{ , si bien que}$$

$$d\langle X,X\rangle_t = V_t U_t^2 dt + dA_t.$$

Pour établir *(10)*, il nous faut montrer que (dA_t) est nulle ou, ce qui est équivalent, que $d\langle X,X\rangle_t$ ne charge pas H. Cela résulte aisément des deux observations suivantes

- D'après un résultat classique de calcul stochastique ([13]), $d\langle X^c,X^c\rangle_t$ ne charge pas $H = \{t ; X_t = 0\}$;
- $[X^d,X^d]_t = \sum_{s\le t} \Delta X_t^2$ définit une mesure aléatoire portée par l'ensemble prévisible $H^c \cup \mathbb{D}$; il en résulte que $d[X,X]_t$ a la même propriété, ainsi que sa projection duale prévisible $d\langle X,X\rangle_t$.

Passons à la démonstration de l'égalité *(11)*, qui est équivalente à

$$[X^d,X^d]_t - \langle X^d,X^d\rangle_t = -\int_0^t X_{s-}^+ \, dX_s.$$

Les deux membres sont des martingales purement discontinues qui ont mêmes sauts, ce qui achève la démonstration.

Pour obtenir une solution de l'équation *(8)*, il suffit maintenant de choisir la loi μ de façon à ce que $U_t^2[1_{\{X_t\le 0\}} + \frac{\pi}{4} 1_{\{X_t>0\}}] = 1$. Cela se fait en posant $\mu\{ \frac{2}{\sqrt{\pi}} \} = \frac{\sqrt{\pi}}{2+\sqrt{\pi}}$, $\mu\{-1\} = \frac{2}{2+\sqrt{\pi}}$.

3.1.5. Interprétation heuristique de la solution.

Partant du mouvement brownien réfléchi $(|\beta_t|)$, on décide de retourner chaque excursion "avec la probabilité $\frac{2}{2+\sqrt{\pi}}$ " ; sur le processus ainsi obtenu, on laisse en l'état les excursions négatives et l'on remplace les excursions positives par $\sqrt{2(t-G_t)}$.

3.2. Unicité en loi des solutions de (8).

Soient (X_t) une solution de l'équation $d[X,X]_t = dt - X^+_{t-} dX_t$, $(\mathcal{F}_t)$ sa filtration naturelle ; si t est un temps de saut de (X_t), on a (cf. [8]) $\Delta X_t = -X^+_{t-}$, ce qui entraîne $X_{t-} > 0$ et $X_t = 0$. Il est facile d'en déduire que l'ensemble $H = \{t \,;\, X_t = 0\}$ est fermé.

Introduisons maintenant les martingales

$$M_t = \int_0^t 1_{\{X_{s-} > 0\}} dX_s \,, \quad N_t = -\int_0^t 1_{\{X_{s-} \leq 0\}} dX_s \,.$$

Toujours d'après [8], $M_t = X^d_t$, $N_t = -X^c_t$.

Compte tenu de ce que nous venons de voir sur les discontinuités de (X_t), les formules de Meyer-Tanaka s'écrivent

$$X^+_t = M_t + L_t \,, \qquad X^-_t = N_t + L_t \,,$$

où nous avons noté (L_t) la moitié du temps local en 0 de (X_t).

Une application du lemme de Skorokhod (cf. A.1.), légitime puisque H est fermé, conduit aux égalités

$$L_t = -\inf_{s \leq t} M_s = -\inf_{s \leq t} N_s \,. \qquad (13)$$

3.2.1. Proposition : a) $\langle M,M \rangle_\infty = \infty$ *p.s.,*

b) $\sup_t |X_t| = \infty$ *p.s.,*

c) H *est le support de* dL_t.

Démonstration : a) Comme $\langle M,M \rangle_t + \langle N,N \rangle_t = t$, il suffit de se placer sur l'événement $\{\langle N,N \rangle_\infty = \infty\}$, sur lequel $\inf_t N_t = -\infty$; (rappelons que (N_t) est continue). D'après *(13)*, il en va de même pour $\inf_t M_t$, et l'inclusion $\{\inf_t M_t = -\infty\} \subset \{\langle M,M \rangle_\infty = \infty\}$, valable pour toute martingale continue à droite, conduit au résultat.

b) Posons $T_a = \inf\{t \,;\, X_t > a\}$; en tenant compte de la nature des discontinuités de (X_t), on voit immédiatement que $(X_{t \wedge T_a})$ est une martingale bornée. La suite est classique : $\langle X,X \rangle_{T_a}$ est intégrable et par conséquent finie ; $\langle X,X \rangle_\infty$ est donc finie sur $\bigcup_a \{T_a = \infty\}$. Cela s'écrit encore $\{\langle X,X \rangle_\infty = \infty\} \subset \{\sup_t |X_t| = \infty\}$, et le résultat provient de ce que $\langle X,X \rangle_t = t$.

c) Puisque $\langle X,X\rangle_t = t$, H est d'intérieur vide ; d'autre part T_a est fini (d'après b)) et $|X_{T_a}| = a$. D'après le théorème 3.3 de [3], il suffit de montrer que $H \cap [0,T_a]$ est égal à son ombre optionnelle suivant la terminologie de [3], ou saturé suivant celle de [4], ce qui résulte immédiatement de la proposition 2.5 de ce dernier travail.

Nous montrerons l'unicité en procédant de la façon suivante : après avoir, à l'aide de changements de temps, transformé les martingales (M_t) et (N_t) en des martingales de lois connues, nous montrerons que la loi de (X_t) est une fonction de ces deux dernières.

Occupons nous d'abord de (M_t) et posons $C_t = \inf\{s \geq 0 \ , \ \langle M,M\rangle_s > t\}$. D'après ce qui précède, (C_t) constitue une famille strictement croissante de temps d'arrêt presque sûrement finis.

Introduisons les notations suivantes:

$$m_t = M_{C_t} \ , \quad I_t = \inf_{s\leq t} M_s \ , \quad i_t = \inf_{s\leq t} m_s$$

$$\bar{M}_{C_t} = M_-(C_{t-}) \ , \quad \bar{I}_{C_t} = I(C_{t-}).$$

On notera (cf. *(13)*) que (I_t) est continu ; il en est de même pour

$$\langle M,M\rangle_t = \int_0^t 1_{\{X_{s-}>0\}} ds.$$

La proposition suivante, compte tenu du résultat d'unicité vu en 2.2., montre que la loi de (m_t) est bien déterminée.

3.2.2. <u>Proposition</u> : (m_t) *est une* $(\mathcal{F}_{C_t})$*-martingale vérifiant l'égalité*

$$d[m,m]_t = dt - (m_{t-} - i_{t-})dm_t.$$

<u>Démonstration</u> : Soit $a > 0$; arrêtons (M_t) à C_a ; $(M_t^{C_a})$ est bornée dans L^2 tandis que $(M^2 - \langle M,M\rangle)_t^{C_a}$ est dominée dans L^1 ; de plus, si $s \leq t \leq a$, $E[m_t|\mathcal{F}_{C_s}] = E[M_{C_t}^{C_a}|\mathcal{F}_{C_s}] = M_{C_s} = m_s$.

De la même façon, $E[m_t^2 - \langle M\rangle_{C_t} | \mathcal{F}_{C_s}] = m_s^2 - \langle M\rangle_{C_s}$; on a donc montré que (m_t) est une martingale de crochet oblique t.

De plus,

$$d[M,M]_t = 1_{\{X_{t-}>0\}}(dt - X^+_{t-}\, dX_t) = d\langle M,M\rangle_t - X^+_{t-}\, dM_t$$
$$= d\langle M,M\rangle_t - (M_{t-} - I_t)dM_t.$$

Effectuons le changement de temps défini par (C_t) ; en se référant à ([9], p. 311-318) on a les égalités

$$\langle M,M\rangle_{C_t} = t\ , \quad [M,M]_{C_t} = [m,m]_t\ ,$$

$$\int_0^{C_t}(M_{s-} - I_{s-})dM_s = \int_0^t(\bar{M}_{C_s} - \bar{I}_{C_s})dm_s = \int_0^t(m_{s-} - i_{s-})dm_s\ ,$$

(nous laissons au lecteur le soin de vérifier la deuxième égalité), qui conduisent immédiatement au résultat.

Avant de poursuivre, faisons la remarque suivante : (m_t) et la martingale $(|\mu_t| - \lambda_t)$ définie en *(3)* ont même loi ; passant aux bornes inférieures, on en déduit que $(-i_t)$ et (λ_t) qui, rappelons-le, est à une constante multiplicative près, le temps local d'un brownien, ont même loi; il en résulte que $i_\infty = -\infty = I_\infty$; N étant une martingale continue, cela entraîne $\langle N,N\rangle_\infty = \infty$. Posons alors $C'_t = \inf\{s\ ;\ \langle N,N\rangle_\infty > t\}$, $n_t = N_{C'_t}$; il n'y a aucune difficulté à montrer que (n_t) est une $(\mathcal{F}_{C'_t})$-martingale continue de crochet oblique t. La loi de (n_t) est donc, elle aussi, bien déterminée : c'est celle d'un mouvement brownien.

La proposition suivante nous montrera que les processus (m_t) et (n_t) sont indépendants. On désignera par $(\mathcal{M}_t)$ et $(\mathcal{N}_t)$ les filtrations naturelles respectivement engendrées par ces deux processus.

3.2.3. <u>Proposition</u> : $\mathcal{M}_\infty$ et $\mathcal{N}_\infty$ sont indépendantes.

<u>Démonstration</u> : Soient f et g deux variables aléatoires appartenant respectivement à $L^2(\mathcal{M}_\infty)$ et $L^2(\mathcal{N}_\infty)$. Comme (m_t) et (n_t) possèdent la propriété de représentation prévisible (cf. 2.2.4), il existe deux processus (y_t) et (z_t) respectivement $(\mathcal{M}_t)$- et $(\mathcal{N}_t)$-prévisibles vérifiant

$$E\left[\int_0^\infty y_s^2 \, d[m,m]_s\right] < \infty , \quad E\left[\int_0^\infty z_s^2 \, d[n,n]_s\right] < \infty$$

$$f = E[f] + \int_0^\infty y_s \, dm_s , \quad g = E[g] + \int_0^\infty z_s \, dn_s .$$

Il existe d'autre part (cf. [7]) deux processus $(\mathcal{F}_t)$-prévisibles (Y_t) et (Z_t) tels que $y_t = Y(C_{t-})$, $z_t = Z(C'_{t-})$, si bien que

$$f = E[f] + \int_0^\infty Y_s \, dM_s \qquad g = E[g] + \int_0^\infty Z_s \, dN_s .$$

Il est alors clair, (M_t) et (N_t) étant orthogonales, que $E[fg] = E[f]E[g]$.

Notons maintenant E l'espace des trajectoires càdlàg de $\mathbb{R}_+$ dans $\mathbb{R}$ et $X : \Omega \longrightarrow E$ l'application canonique associée à (X_t).
La proposition suivante va nous montrer que la loi de (X_t) est déterminée par celles de (m_t) et (n_t), ce qui achèvera notre démonstration de l'unicité.

3.2.4. <u>*Proposition*</u> *: X est $\mathcal{M}_\infty \vee \mathcal{N}_\infty$-mesurable.*

<u>Démonstration</u> : Dans ce qui suit, mesurable signifiera $(\mathcal{M}_\infty \vee \mathcal{N}_\infty)$-mesurable si l'on parle d'une variable aléatoire, $\mathcal{B}(\mathbb{R}_+) \times (\mathcal{M}_\infty \vee \mathcal{N}_\infty)$-mesurable s'il s'agit d'un processus. Il suffit de raisonner à t fixé.
Posons $\ell_t = -i_t = -\inf_{s\le t} m_s$, $\ell'_t = -\inf_{s\le t} n_s$, et rappelons que $\ell_t = L_{C_t}$, $\ell'_t = L_{C'_t}$.
Nous appellerons (T_t) , (τ_t) , (τ'_t) les changements de temps associés respectivement à (L_t) , (ℓ_t) , (ℓ'_t) ; on vérifie aisément que

$$\tau_t = \langle M,M\rangle_{T_t} , \quad \tau'_t = \langle N,N\rangle_{T_t} .$$

Nous avons vu que l'ensemble $H = \{t \, ; \, X_t = 0\}$ était égal au support de (dL_t) ; il en résulte que

$$T_{L_t} = D_t , \quad (T_-)_{L_t} = g_t , \tau_{L_t} = \langle M,M\rangle_{D_t} , \quad (\tau_-)_{L_t} = \langle M,M\rangle_{g_t} .$$

Montrons d'abord que H est mesurable ; de la relation $\langle M,M\rangle_t + \langle N,N\rangle_t = t$, on déduit l'égalité $T_t = \tau_t + \tau'_t$; (T_t) est donc mesurable, ainsi que son inverse (L_t) ; il en va de même pour H, qui est le support de (dL_t).

On peut alors écrire

$$\{X_t > 0\} = \left\{\int_0^{G_t} 1_{\{X_s>0\}} ds < \int_0^{d_t} 1_{\{X_s>0\}} ds\right\} = \left\{<M,M>_{G_t} < <M,M>_{d_t}\right\}.$$

L'événement $\{G_t \neq g_t, \ d_t \neq D_t\}$ est inclus dans $\{t \in H\}$, donc de probabilité nulle. On a donc

$$\left\{(<M,M>_{G_t} < <M,M>_{d_t}\right\} \overset{ps}{=} \left\{<M,M>_{g_t} < <M,M>_{D_t}\right\} = \left\{(\tau_-)_{L_t} < \tau_{L_t}\right\};$$

et ce dernier événement est dans $\mathcal{M}_\infty \vee \mathcal{N}_\infty$.

Montrons maintenant que $X_t \, 1_{\{X_t>0\}}$ est mesurable ; cette variable s'écrit $X_t^+ \, 1_{\{X_t>0\}} = (M_t+L_t) \, 1_{\{X_t>0\}}$ si bien qu'il suffit de montrer que $M_t \, 1_{\{X_t>0\}}$ est mesurable. On a

$$1_{\{X_t>0\}} \, M_t = 1_{\{X_t>0\}} \, m_{<M,M>_t}.$$

Mais, sur $\{X_t > 0\}$, $<M,M>_t = <M,M>_{g_t} + (t-g_t) = (\tau_-)_{L_t} + (t-g_t)$, et cette dernière variable aléatoire est mesurable.

On procède de la même façon pour $X_t \, 1_{\{X_t<0\}}$; X_t est donc mesurable, ce qui achève la démonstration.

On peut alors énoncer, en invoquant à nouveau le résultat d'Emery ([8])

3.2.6. Théorème : Toutes les solutions de (8) ont même loi et possèdent la propriété de représentation prévisible relativement à leur filtration naturelle.

4. La filtration naturelle engendrée par (B_t^-).

On se propose de montrer que la filtration naturelle $(\mathcal{F}_t)$ engendrée par la partie négative (B_t^-) d'un mouvement brownien (B_t) possède la propriété de représentation prévisible. Introduisons les notations suivantes :

$$H = \{t \; ; \; B_t = 0\} \quad , \; \mathring{I} = H^c \; , \quad \mathring{I}^+ = \{t \; ; \; B_t > 0\} \; , \; \mathring{I}^- = \{t \; ; \; B_t < 0\}.$$

$\mathbb{D}^+$ désignera l'ensemble des extrémités droites des composantes connexes de $\mathring{I}^+$, J l'ensemble $\mathring{I}^+ + \mathbb{D}^+$.

Il est clair que $\dot{I}^-$ est prévisible ; son extérieur $\dot{I}^+$ ainsi que sa frontière H sont optionnels ; $\dot{J}$ est prévisible.
Désignons par $(\mathcal{B}_t)$ la filtration naturelle engendrée par (B_t) et introduisons, en nous inspirant de [5], la filtration $\mathcal{G}_t = \mathcal{B}_{G_t} \vee \operatorname{sgn}(B_t)$. On complète et régularise à droite sans changer de notations.
Si $(\mathcal{A}_t)$ est une filtration on désignera respectivement par $p_{\mathcal{A}}$, $\dot{p}_{\mathcal{A}}$, $\overset{*}{p}_{\mathcal{A}}$ les opérateurs de projection optionnelle, prévisible, duale prévisible relatifs à cette filtration. On démontre aisément que

$$\forall t \geq 0 \qquad \mathcal{F}_t \cap \{B_t > 0\} \subset \mathcal{G}_t \cap \{B_t > 0\} \ ;$$

les raisonnements habituels de la théorie générale des processus conduisent alors aux égalités

$$p_{\mathcal{F}}(Z\, 1_{\dot{I}^+}) = p_{\mathcal{F}}\, p_{\mathcal{G}}(Z\, 1_{\dot{I}^+}) = p_{\mathcal{G}}\, p_{\mathcal{F}}\, (Z\, 1_{\dot{I}^+}) \tag{14}$$

$$\dot{p}_{\mathcal{F}}(Z\, 1_{\dot{J}}) = \dot{p}_{\mathcal{F}}\, \dot{p}_{\mathcal{G}}(Z\, 1_{\dot{J}}) = \dot{p}_{\mathcal{G}}\, \dot{p}_{\mathcal{F}}\, (Z\, 1_{\dot{J}})$$

quelque soit le processus Z mesurable borné. De la seconde ligne, on tire par dualité

$$\overset{*}{p}_{\mathcal{F}}\, (1_{\dot{J}}\, dA) = \overset{*}{p}_{\mathcal{F}}\, \overset{*}{p}_{\mathcal{G}}(1_{\dot{J}}\, dA) \tag{15}$$

quelque soit A processus croissant brut positif.

Notre martingale de base sera $b_t = p_{\mathcal{F}}(B_t)$; on sait que $p_{\mathcal{G}}(B_t) = \sqrt{\frac{\pi}{2}\,(t-G_t)}$; une application de *(14)* permet d'écrire de façon explicite :

$$b_t = \sqrt{\frac{\pi}{2}\,(t-G_t)}\ 1_{\{B_t>0\}} + B_t\, 1_{\{B_t<0\}}. \tag{16}$$

D'autre part, on sait (cf. [5]) que $\overset{*}{p}_{\mathcal{G}}(dG_t) = \frac{dt}{2}$; on a donc, en utilisant *(15)*,

$$\overset{*}{p}_{\mathcal{F}}(1_{\dot{J}}\; dG_t) = 1_{\{B_t>0\}}\, \frac{dt}{2}\ . \tag{17}$$

4.1. __*Proposition*__ *: On a les égalités*

$$\langle b,b\rangle_t = \int_0^t [1_{\{B_s<0\}} + \frac{\pi}{4}\, 1_{\{B_s>0\}}]ds\ , \tag{18}$$

$$d[b,b]_t = d\langle b,b\rangle_t - b^+_{t-}\, db_t\ . \tag{19}$$

Démonstration : Posons $B^{(+)}_t = B^+ - \frac{1}{2} L_t$, $B^{(-)}_t = B^- - \frac{1}{2} L_t$,

$$b^{(+)}_t = p_{\mathcal{F}}(B^{(+)}_t)\ ,\quad b^{(-)}_t = p_{\mathcal{F}}(B^{(-)}_t)\ ,$$

(L_t) désignant le temps local en zéro de (B_t).

$(B_t^{(-)})$ et $\left((B_t^{(-)})^2 - \int_0^t 1_{\{B_s<0\}}\, ds\right)$ sont des $(\mathcal{B}_t)$-martingales adaptées à $(\mathcal{F}_t)$; ce sont donc des $(\mathcal{F}_t)$-martingales, ce qui permet d'écrire :

$$b_t^{(-)} = B_t^{(-)}, \qquad \langle b^{(-)}, b^{(-)}\rangle_t = \int_0^t 1_{\{B_s<0\}} ds.$$

D'autre part une application immédiate de *(14)* conduit à l'égalité

$$b_t^{(+)} = 1_{\{B_t>0\}} \sqrt{\frac{\pi}{2}(t-G_t)} - \frac{1}{2} L_t \ ;$$

il s'ensuit que $b_t^{(+)}$ est purement discontinue. On a donc

$$[b^{(+)}, b^{(+)}]_t = \frac{\pi}{2} \sum_{\substack{s\in\mathbb{D}^+ \\ s\leq t}} (s-g_s) = \frac{\pi}{2} \int_0^t 1_J(s) dG_s.$$

Appliquant l'opérateur $p^*_{\mathcal{F}}$, on obtient, compte tenu de *(17)*

$$\langle b^{(+)}, b^{(+)}\rangle_t = \frac{\pi}{4} \int_0^t 1_{\{B_s>0\}} ds.$$

Comme $b^{(+)}$ et $b^{(-)}$ sont orthogonales,

$$\langle b,b\rangle_t = \langle b^{(-)}, b^{(-)}\rangle_t + \langle b^{(+)}, b^{(+-)}\rangle_t,$$

ce qui conduit à *(18)* ; *(19)* s'obtient en remarquant que les deux martingales purement discontinues $([b,b]_t - \langle b,b\rangle_t)$ et $\left(\int_0^t b^+_{s-}\, db_s\right)$ ont mêmes sauts.

4.2. <u>*Théorème*</u> *:* (b_t) *possède la propriété de représentation prévisible.*

<u>Démonstration</u> : $(\langle b,b\rangle_t)$ est un processus strictement croissant continu ainsi que le changement de temps $C_t = \langle b,b\rangle_t^{-1}$ qui lui est associé.

Posons $X_t = b_{C_t}$, on a

$$C_t = \int_0^t ds \left[1_{\{b_{C_s}<0\}} + \frac{4}{\pi} 1_{\{b_{C_s}>0\}}\right] = \int_0^t ds \left[1_{\{X_s<0\}} + \frac{4}{\pi} 1_{\{X_s>0\}}\right].$$

(C_t) est donc adapté à la filtration $(\mathcal{F}_t^X)$ engendrée par (X_t), ce qui permet d'affirmer (cf. [17]) que $\mathcal{F}_t^X = \mathcal{F}_{C_t}$.

Après changement de temps, l'égalité *(19)* s'écrit $d[X,X]_t = dt - X^+_{t-}\, dX_t$, si bien que (X_t) possède la propriété de représentation prévisible relativement à $(\mathcal{F}_{C_t})$. Le reste va de soi : si (M_t) est une $(\mathcal{F}_t)$-martingale bornée dans L^2, (M_{C_t}) est une $(\mathcal{F}_{C_t})$-martingale que l'on peut écrire comme une intégrale stochastique relativement à (X_t). Le résultat s'obtient en procédant au changement de temps inverse.

5. Relation avec le "skew brownian motion".

Le lecteur aura noté que le processus $X_t = b_{C_t}$ construit au chapitre 4. est une solution de l'équation de structure *(8)*, qui a été obtenue en faisant subir successivement à un mouvement brownien

a) une projection sur la tribu optionnelle relative à la filtration naturelle engendrée par (B_t^-),

b) un changement de temps .

Il n'est pas diffcile de voir que ces deux opérations commutent (on trouvera plus de détails dans la thèse à paraître du second auteur). Si l'on commence par l'opération b), on se trouve en présence d'un "skew-brownian motion mis à l'échelle naturelle" (cf. [15] exercice 2.24 p.390). Il en résulte de là que l'on peut construire une solution de *(8)* de la façon suivante :

5.1. Proposition : Soit (ξ_t) *un "skew brownian motion" d'indice* $\dfrac{\sqrt{\pi}}{2+\sqrt{\pi}}$;

on pose $s(x) = x\left(\dfrac{2}{\sqrt{\pi}}\, 1_{\mathbb{R}_+}(x) + 1_{\mathbb{R}_-}(x)\right)$, $H = \{t \; ; \; \xi_t = 0\}$.

$\eta_t = s(\xi_t)$ *est une martingale, la projection* (X_t) *de* (η_t) *sur la tribu optionnelle relative à la filtration naturelle engendrée par* (ξ_t^-) *est une solution de l'équation (8) ; son écriture explicite est*

$$X_t = \sqrt{2(t-G_t)}\, 1_{\{\xi_t > 0\}} + \xi_t\, 1_{\{\xi_t < 0\}} .$$

Appendice A.1. : Le Lemme de Skorokhod.

Le résultat qui suit est dû à Skorokhod qui l'a énoncé pour des fonctions continues ; nous aurons besoin de la légère extension suivante:

<u>*Proposition*</u> *: Soit* $m : \mathbb{R}_+ \longrightarrow \mathbb{R}$ *une fonction nulle à l'origine ; on pose* $i(t) = \inf_{s\le t} m(s)$. *S'il existe une fonction* ℓ *continue à droite, croissante, nulle à l'origine telle que*

(i) $m + \ell \geq 0$,

(ii) $m + \ell = 0$ *sur le support de* $d\ell$,

alors $\ell = -i$.

<u>Remarque</u> : Posons $H = \{t \; ; \; m(t) + \ell(t) = 0\}$. Si l'on sait que H est fermé, *(ii)* peut être remplacé par la condition équivalente : $d\ell$ est portée par H.

<u>Démonstration</u> :

a) Si $s \le t$, $m(s) \ge -\ell(s) \ge -\ell(t)$, d'où $i(t) \ge -\ell(t)$.

b) Posons $\gamma(t) = \sup\{s \le t \; ; \; s \in S(d\ell)\}$ où $S(d\ell)$ désigne le support de $d\ell$; on a, pour tout $s \le \gamma(t)$,

$$m(\gamma(t)) = -\ell(\gamma(t)) \le -\ell(s) \le m(s).$$

Il en résulte que $i(\gamma(t)) = m(\gamma(t))$; on écrit ensuite

$$i(t) \le i(\gamma(t)) = m(\gamma(t)) = -\ell(\gamma(t)) = -\ell(t),$$

d'où le résultat.

<u>Appendice A.2.</u> : <u>Sur le balayage.</u>

Soient H un fermé optionnel, (Y_t) un processus continu à droite limité à gauche. On pose $H' = \{t \; ; \; Y_{t-} = 0\}$; on suppose que (Y_t) est une martingale relative droite associée à H' ([6] § 31, p. 146) et que $H = \overline{H'}$. On peut transformer (Y_t) en une vraie martingale par l'opération de balayage décrite en ([6], § 45, p. 153) ou [3]. Nous rappelons ici de quoi il s'agit en rectifiant des erreurs de détail qui se sont glissées dans la démonstration. (ξ_n), μ, (G_n), (D_n), $(\mathcal{G}_t)$, $(\mathcal{H}_t)$, (U_t) , auront la même signification qu'en [6]. Le début de la démonstration conduit à l'égalité

$$1_{R_t} \; E[\varphi(U_t) | \mathcal{F}_\infty \vee \mathcal{G}_t] = 1_{R_t} \; \mu(\varphi), \qquad (20)$$

où R_t désigne l'événement $\{t \in H^c \cup \mathbb{G}\}$. Poursuivant le raisonnement, on arrive à la relation

$$1_{R_t} \; E[f | \mathcal{H}_t] = 1_{R_t} \; E[f | \mathcal{F}_t] \quad \forall f \; \mathcal{F}_\infty\text{-mesurable bornée.}$$

Il faut ensuite montrer que (Y_t) reste une martingale relative dans la filtration $(\mathcal{F}_t)$; on a si $s < t$

$$E[Y_t 1_{\{G_t \le s\}} | \mathcal{H}_s] = E[Y_t 1_{\{G_t \le s\}} 1_{R_s} | \mathcal{H}_s] = 1_{R_s} Y_s = Y_s ,$$

la première égalité venant de ce que $\{G_t \le s\} \subset R_s$, et la dernière de ce que $Y_s = 0$ sur R_s^c. Posant maintenant $Z_t = U_t Y_t$, on montre de la même façon que $P[Z_t 1_{\{G_t > s\}} | \mathcal{H}_s] = 0$, si bien que (Z_t) est une $(\mathcal{H}_t)$-martingale.

Bibliographie

[1] J. Azéma : Sur les fermés aléatoires. *Séminaire de Probabilités XIX, Lecture Notes in Maths. 1123, Springer (1985).*

[2] J. Azéma et K. Hamza : La propriété de représentation prévisible dans la filtration naturelle d'un ensemble régénératif. *Séminaire de Probabilités XXIII, Lecture Notes in Maths. 1372, Springer (1989).*

[3] J. Azéma, P.A. Meyer et M. Yor : Martingales relatives. *Séminaire de Probabilités XXVI, Lecture Notes in Maths. 1526, Springer (1992).*

[4] J. Azéma et M. Yor : Sur les zéros d'une martingale continue. *Séminaire de Probabilités XXVI, Lecture Notes in Maths. 1526, Springer (1992).*

[5] J. Azéma et M. Yor : Etude d'une martingale remarquable. *Séminaire de Probabilités XXIII, Lecture Notes in Maths. 1372, Springer (1989).*

[6] C. Dellacherie, B. Maisonneuve et P.A. Meyer : Probabilités et Potentiel. *Chapitres XVII à XXI. Hermann (1992).*

[7] N. El Karoui et P.A. Meyer : Les changements de temps en théorie générale des processus. *Séminaire de Probabilités XI, Lecture Notes in Maths. 581, Springer (1977).*

[8] M. Emery : On the Azéma martingales. *Séminaire de Probabilités XXIII, Lecture Notes in Maths. 1372, Springer (1989).*

[9] J. Jacod : Calcul stochastique et problèmes de martingales. *Lecture Notes in Maths. 714, Springer (1979).*

[10] J. Jacod et J. Mémin : Un théorème de représentation des martingales pour les ensembles régénératifs. *Séminaire de Probabilités X, Lecture Notes in Maths. 511, Springer (1979).*

[11] J. Jacod et M. Yor : Etude des solutions extrémales et représentation intégrale des solutions pour certains problèmes de martingales. *Z.W. 38, p. 83-125, (1977).*

[12] P.A. Meyer : Construction de solutions d'équations de structure. *Séminaire de Probabilités XXIII, Lecture Notes in Maths. 1372, Springer (1989).*

[13] P.A. Meyer : Un cours sur les intégrales stochastiques. *Séminaire de Probabilités X, Lecture Notes in Maths. 511, Springer (1976).*

[14] P.A. Meyer, C. Stricker et M. Yor : Sur une formule de la théorie du balayage. *Séminaire de Probabilités XIII, Lecture Notes in Maths. 721, Springer (1979).*

[15] D. Revuz and M. Yor : Continuous martingales and Brownian motion. *Springer (1991).*

[16] M. Yor : Une martingale d'Azéma asymétrique. *Note non publiée (1993).*

[17] J. Azéma, C. Rainer et M. Yor : Martingales continues et derniers zéros. En préparation (1994).

ÉQUATIONS DE STRUCTURE POUR DES MARTINGALES VECTORIELLES

S. Attal & M. Émery

Nous remercions G. Taviot pour ses remarques sur une version précédente.

Introduction

Le célèbre théorème de décomposition en chaos de Wiener fournit un isomorphisme entre l'espace de Fock de multiplicité d et $L^2(W)$, où W est l'espace de Wiener à d dimensions. Cette *interprétation brownienne* de l'espace de Fock est l'une des clés du calcul stochastique non commutatif. Il est bien connu que l'espace de Fock est aussi susceptible d'une *interprétation poissonnienne,* dans laquelle le mouvement brownien est remplacé par un système de d processus de Poisson compensés indépendants (voir Meyer [5] par exemple).

Dans [6], Meyer a remarqué que, plus généralement, toute martingale à d dimensions $X = (X^1, \ldots, X^d)$ *normale* (c'est-à-dire vérifiant $\langle X^i, X^j\rangle_t = \delta^{ij}t$) donne lieu à des intégrales itérées qui s'identifient aux éléments de l'espace de Fock, fournissant une injection isométrique canonique de l'espace de Fock dans $L^2(\Omega)$. Une question naturelle est celle de la propriété de représentation chaotique : pour quelles martingales normales cette injection est-elle surjective? Une condition nécessaire (et d'ailleurs déjà nécessaire pour avoir la propriété, plus faible, de représentation prévisible) est que les d^2 martingales $[X^i, X^j]_t - \delta^{ij}t$ soient des intégrales stochastiques par rapport à X. Lorsque $d = 1$, on est ainsi conduit à une *équation de structure* de la forme

$$[X, X]_t = t + \int_0^t \Phi_s \, dX_s$$

où Φ est un processus prévisible; en dimension quelconque, cette équation devient

$$[X^i, X^j]_t = \delta^{ij}t + \int_0^t \sum_k (\Phi_k^{ij})_s \, dX_s^k$$

où les Φ_k^{ij} sont d^3 processus prévisibles.

Sauf dans un cas très simple, nous n'allons pas ici résoudre de telles équations, encore moins rechercher quand les solutions ont la propriété de représentation chaotique; notre but est seulement de comprendre la nature algébrique du système de coefficients Φ_k^{ij} figurant dans ces équations. Il est en effet remarqué dans le chapitre 2, section I.5.6 de [1] qu'ils sont liés par des relations de symétrie; nous verrons que ces relations reviennent à dire qu'ils forment un tenseur diagonalisable dans une base orthonormée. Cette équivalence entre une condition de symétrie et la diagonalisabilité dans une base orthonormée (théorème 1 ci-dessous) est bien sûr l'analogue, pour ce type de tenseurs, du théorème classique selon lequel les matrices symétriques sont exactement celles qui se diagonalisent dans une base orthonormée. Il serait surprenant que ce théorème soit nouveau; nous ne sommes cependant pas parvenus à en trouver trace dans la littérature.

Passant ensuite aux martingales à temps discret, nous ferons une étude analogue : mise en évidence des conditions algébriques de symétrie satisfaites par les tenseurs figurant dans leurs équations de structure, interprétation géométrique de ces conditions. Comme dans le cas unidimensionnel, en temps discret les trois propriétés de représentation chaotique, de représentation prévisible et d'existence d'une équation de structure sont équivalentes.

Nous nous fixons dans toute la suite un espace vectoriel euclidien E (c'est-à-dire un espace de Hilbert réel de dimension finie); nous appellerons d sa dimension et nous noterons $<x,y>$ et $\|x\|$ le produit scalaire et la norme euclidiens sur E. La forme bilinéaire $(x,y) \mapsto <x,y>$ sera appelée g; c'est un élément du produit tensoriel $E^*\otimes E^*$ où E^* désigne le dual de E. À tout vecteur $x \in E$ on peut associer la forme linéaire $x^* \in E^*$ définie par $x^*(y) = <x,y>$; cet isomorphisme canonique de E sur E^* permet de munir E^* de la forme bilinéaire $g^* \in E\otimes E$ caractérisée par $g^*(x^*,y^*) = g(x,y)$. Lorsque nous emploierons des coordonnées sur E, elles seront notées $(x^i)_{1\leqslant i\leqslant d}$ et le repère utilisé sera toujours orthonormé. Nous suivrons la convention de sommation d'Einstein sur les indices croisés.

Préliminaires algébriques

Pour $n \geqslant 1$, si T est une forme n-linéaire sur E, c'est-à-dire si $T \in (E^*)^{n\otimes}$, on peut définir une forme $(2n-2)$-linéaire $T{\cdot}T$ sur E par

$$T{\cdot}T(x_1,\ldots,x_{n-1},y_1,\ldots y_{n-1}) = \sum_{b\in B} T(x_1,\ldots,x_{n-1},b)\,T(b,y_1,\ldots y_{n-1})$$

où B est une base orthonormée de E; dans cette formule, le second membre, égal au produit scalaire dans E^* des deux formes linéaires $z \mapsto T(x_1,\ldots,x_{n-1},z)$ et $z \mapsto T(z,y_1,\ldots y_{n-1})$, ne dépend pas du choix de B et $T{\cdot}T$ est simplement le produit tensoriel contracté de T par lui-même.

DÉFINITION. — *Une forme multilinéaire T sur un espace vectoriel euclidien sera dite* doublement symétrique *si les deux formes multilinéaires T et $T{\cdot}T$ sont symétriques.*

THÉORÈME 1. — *Une forme multilinéaire sur un espace vectoriel euclidien se diagonalise dans une base orthonormée si et seulement si elle est doublement symétrique.*

Dire qu'une forme multilinéaire se diagonalise dans une base orthonormée B de E signifie qu'il existe une famille de réels $(\lambda_b\,,\ b \in B)$ tels que

$$T = \sum_{b\in B} \lambda_b\, (b^*)^{n\otimes}\ ;$$

ceci veut simplement dire que $T(x_1, \ldots, x_n) = \sum_{b\in B} \lambda_b \prod_{i=1}^n <b, x_i>$ ou encore que toute composante non nulle de l'écriture de T dans la base B a tous ses n indices égaux.

Cette condition de diagonalisabilité dans une base orthonormée est toujours satisfaite pour $n = 1$; dans ce cas, la forme linéaire T et la forme 0-linéaire $T{\cdot}T$ (qui est un scalaire) sont trivialement symétriques. Pour $n = 2$, il est bien connu que la diagonalisabilité dans une base orthonormée équivaut à la symétrie de T seule. Mais ceci ne met pas le théorème en défaut, puisque la symétrie d'une forme bilinéaire T entraîne facilement celle de la forme bilinéaire $T{\cdot}T$.

En revanche, dès que $n \geqslant 3$ et que $d \geqslant 2$, la symétrie de T ne suffit plus à entraîner celle de $T{\cdot}T$: le théorème deviendrait faux si l'on en effaçait le mot "doublement". Par exemple, le tenseur à n indices

$$T_{ij\ldots k} = \begin{cases} 0 & \text{si } i = j = \ldots = k = 1 \\ 1 & \text{sinon} \end{cases}$$

est symétrique mais non doublement symétrique puisque

$$(T{\cdot}T)_{1\ldots12\ldots2} = \sum_{p=1}^{d} T_{1\ldots1p}\, T_{p2\ldots2} = d - 1$$

alors que

$$(T{\cdot}T)_{21\ldots12\ldots21} = \sum_{p=1}^{d} T_{21\ldots1p}\, T_{p2\ldots21} = d\,.$$

Toujours dans le cas $n \geqslant 3$ et $d \geqslant 2$, l'ensemble des tenseurs doublement symétriques n'est pas un espace vectoriel, car le tenseur T ci-dessus s'écrit comme la différence $T' - T''$ de deux tenseurs doublement symétriques, en prenant $T'_{ij\ldots k} = 1$ pour tous $i, j, \ldots, k$. Cet ensemble est caractérisé, dans l'espace vectoriel des tenseurs symétriques, par les équations du second degré non dégénérées qui expriment la symétrie de $T{\cdot}T$ (ce n'est pas une sous-variété de cet espace vectoriel; sa structure sera précisée plus loin).

DÉMONSTRATION DU THÉORÈME 1. — La condition nécessaire est facile. Si, en effet, $T = \sum_{b\in B} \lambda_b\, (b^*)^{n\otimes}$, T est symétrique (car chaque terme de cette somme l'est); en outre

$$T{\cdot}T = \sum_{b\in B} \sum_{\beta\in B} \lambda_b \lambda_\beta <b, \beta> (b^*)^{(n-1)\otimes} \otimes (\beta^*)^{(n-1)\otimes}$$

devient, puisque la base B est orthonormale, $T{\cdot}T = \sum_{b\in B} \lambda_b^2\, (b^*)^{(2n-2)\otimes}$ et montre que $T{\cdot}T$ est symétrique lui aussi.

Pour vérifier la réciproque, nous pouvons, grâce aux remarques qui précèdent la démonstration, nous restreindre au cas $n \geqslant 3$.

Supposons donc T doublement symétrique. Si $u, v_1, \ldots, v_\ell$ sont des vecteurs de E, nous écrirons $T(u^{n-\ell}, v_1, \ldots, v_\ell)$ au lieu de $T(u, \ldots, u, v_1, \ldots, v_\ell)$, où u figure $n - \ell$ fois (la notation $u^{(n-\ell)\otimes}$ serait plus rigoureuse que $u^{n-\ell}$, mais typographiquement plus lourde).

Pour établir le théorème, il suffit d'exhiber *un vecteur unitaire* $x \in E$ *possédant, pour tout entier* $\ell \in [1, n-1]$*, la propriété* (P_ℓ) *suivante : pour tous les vecteurs* $y_1, \ldots, y_\ell$ *orthogonaux à* x*, on a* $T(x^{n-\ell}, y_1, \ldots, y_\ell) = 0$.

Si en effet x est un tel vecteur, en écrivant tout vecteur z sous la forme $<z,x>x+y$ avec $y \perp x$, on aura

$$T(z_1, \ldots, z_n) = T(x^n) \prod_{k=1}^{n} <z_k, x> + T(y_1, \ldots, y_n)$$

car les propriétés (P_ℓ) annuleront tous les termes mixtes. Mais, en appelant U la restriction de T à l'hyperplan $x^\perp$, (P_{n-1}) entraînera que $U \cdot U$ sera la restriction de $T \cdot T$ à $x^\perp$ et U sera donc doublement symétrique lui aussi. La formule ci-dessus, réécrite

$$T(z_1, \ldots, z_n) = T(x^n)\,(x^*)^{n\otimes}(z_1, \ldots, z_n) + U(y_1, \ldots, y_n)$$

et jointe à la remarque que le cas $d = 1$ est trivial, permettra alors d'établir le théorème en toute généralité par récurrence sur la dimension de E.

La fonction $u \mapsto |T(u^n)|$ est continue sur la sphère unité; choisissons un vecteur unitaire x qui la maximise. Le reste de la démonstration va consister à vérifier que cet x possède les propriétés (P_ℓ) pour ℓ allant de 1 à $n-1$.

S'il se trouve que $T(x^n) = 0$, on a aussi $T(y^n) = 0$ pour tout vecteur y par définition de x. La formule de polarisation (valable pour tout tenseur symétrique)

$$(-1)^n n!\, T(z_1, \ldots, z_n) = \sum_{I \subset \{1, \ldots, n\}} (-1)^{|I|}\, T\big((\textstyle\sum_{i \in I} z_i)^n\big)$$

montre que dans ce cas $T = 0$ et x vérifie les (P_ℓ).

Pour montrer que x vérifie les (P_ℓ), nous pouvons donc supposer que $T(x^n) \neq 0$ et, quitte à remplacer T par $-T$, que $T(x^n) > 0$. Posons $a = T(x^n) > 0$. Si u est un vecteur unitaire orthogonal à x, en posant $v(\theta) = x \cos\theta + u \sin\theta$, la fonction $f(\theta) = T\big(v(\theta)^n\big)$ est maximale pour $\theta = 0$. Puisque $f'(\theta) = nT\big(v(\theta)^{n-1}, v'(\theta)\big)$ et que $f''(\theta) = nT\big(v(\theta)^{n-1}, v''(\theta)\big) + n(n-1)T\big(v(\theta)^{n-2}, v'(\theta)^2\big)$, on obtient, en écrivant $f'(0) = 0$ et $f''(0) \leqslant 0$,

$$T(x^{n-1}, u) = 0$$

(cette formule s'étend à tout vecteur u orthogonal à x et établit donc (P_1)) et

$$T(x^{n-2}, u, u) \leqslant \frac{1}{n-1} T(x^n) = \frac{a}{n-1}\,.$$

Soit B' une base orthonormée de l'hyperplan $x^\perp$; $B = B' \cup \{x\}$ est une base orthonormée de E. La symétrie de $T \cdot T$ permet d'écrire

$$\sum_{b \in B} T(x^{n-1}, b)\, T(b, x^{n-3}, y, z) = \sum_{b \in B} T(x^{n-2}, y, b)\, T(b, x^{n-2}, z)\,.$$

Le facteur $T(x^{n-1}, b)$ au premier membre est nul pour $b \in B'$ en raison de (P_1). Pour y orthogonal à x, le facteur $T(x^{n-2}, y, b)$ au second membre est nul si $b = x$ pour la même raison et il reste

$$T(x^n)\, T(x^{n-2}, y, z) = \sum_{b \in B'} T(x^{n-2}, y, b)\, T(b, x^{n-2}, z)\,.$$

En désignant par R la restriction à l'hyperplan $x^\perp$ de la forme bilinéaire symétrique $(y,z) \mapsto T(x^{n-2},y,z)$, cette formule devient

$$a\,R(y,z) = \sum_{b\in B'} R(y,b)R(z,b)$$

et l'opérateur linéaire symétrique L défini sur $x^\perp$ par $<L(y),z> = a^{-1}R(y,z)$ vérifie $<L(y),z> = \sum_{b\in B'} <L(y),b><L(z),b> = <L(y),L(z)> = <L^2(y),z>$. En conséquence, L est un projecteur et il existe donc une base orthogonale de $x^\perp$ dans laquelle R est représentée par une matrice diagonale

$$\mathrm{diag}\,(a,\ldots,a,0,\ldots,0)\,.$$

Mais aucun vecteur unitaire y de $x^\perp$ ne peut vérifier $R(y,y) = a$ puisque nous avons vu plus haut l'inégalité $R(y,y) \leqslant \dfrac{a}{n-1}$; il en résulte que $R = 0$, ce qui établit (P_2).

Si $n = 3$, la démonstration est terminée. Si $n \geqslant 4$, il reste à vérifier (P_ℓ) pour $3 \leqslant \ell \leqslant n-1$. Nous allons pour cela utiliser une seconde fois la symétrie de $T{\cdot}T$. Pour $y_1,\ldots,y_\ell$ orthogonaux à x, écrivons

$$\sum_{b\in B} T(x^{n-1},b)\,T(b,x^{n-1-\ell},y_1,\ldots,y_\ell) = \sum_{b\in B} T(x^{n-2},y_1,b)\,T(b,x^{n-\ell},y_2,\ldots,y_\ell)\,.$$

Le facteur $T(x^{n-1},b)$ au premier membre est nul pour $b \in B'$ en raison de (P_1) ; le facteur $T(x^{n-2},y_1,b)$ au second membre est nul si $b = x$ à cause de (P_1) et si $b \in B'$ à cause de (P_2). Il reste

$$a\,T(x^{n-\ell},y_1,\ldots,y_\ell) = 0$$

et (P_ℓ) est établie. ∎

DÉFINITION. — *Une partie d'un espace vectoriel euclidien est un* système droit *si ses éléments sont des vecteurs non nuls, deux-à-deux orthogonaux.*

PROPOSITION 1. — *Soit n un nombre impair supérieur à 2. Les formules*

$$\begin{cases} T = \sum_{s\in S} (s^*)^{n\otimes} \\ S = \{x \in E\backslash\{0\} \quad T(x,\ldots) = <x,x>\,(x^*)^{(n-1)\otimes}\} \end{cases}$$

établissent une bijection entre les formes n-linéaires T doublement symétriques sur E et les systèmes droits S de E. Il en va de même pour les formules

$$\begin{cases} T = \sum_{\sigma\in\Sigma} \|\sigma\|^{-2}\,(\sigma^*)^{n\otimes} \\ \Sigma = \{x \in E\backslash\{0\} \quad T(x,\ldots) = (x^*)^{(n-1)\otimes}\} \end{cases}$$

(le système droit étant maintenant noté Σ).

La notation $T(x,\ldots)$ utilisée dans cet énoncé représente bien sûr la forme $(n-1)$-linéaire obtenue en fixant la première variable à la valeur x.

Comme les équations de structure que nous verrons plus bas ne nécessitent que le cas $n = 3$, nous laissons au lecteur l'énoncé analogue pour n pair. Il n'est vrai que pour $n \geqslant 4$ (pour $n = 2$, la matrice identité par exemple se diagonalise dans n'importe quelle base orthonormée, et plusieurs S peuvent donc donner le même T) ; en outre, il fait intervenir des systèmes droits, non pas de vecteurs, mais d'éléments du produit cartésien de $\{-1,1\}$ par $(E-\{0\})/R$, où R est la relation d'équivalence

$$x\,R\,y \iff (x = y \text{ ou } x = -y) \iff x{\otimes}x = y{\otimes}y\,.$$

DÉMONSTRATION DE LA PROPOSITION 1. — La bijection de $E\backslash\{0\}$ dans lui-même définie par

$$\sigma = \|s\|^{\frac{2}{n-2}}\, s \quad ; \qquad s = \|\sigma\|^{-\frac{2}{n}}\, \sigma$$

transforme un système droit S en un nouveau système droit Σ (tel que σ est dans Σ si et seulement si s est dans S) et réciproquement; en outre, on a $T(s,\ldots) = <s,s> (s^*)^{(n-1)\otimes}$ si et seulement si $T(\sigma,\ldots) = (\sigma^*)^{(n-1)\otimes}$. Les deux parties de l'énoncé se correspondent par cette bijection; il suffit donc de démontrer la deuxième et la première s'ensuivra.

Si Σ est un système droit, $T = \sum_{\sigma\in\Sigma} \|\sigma\|^{-2} (\sigma^*)^{n\otimes}$ est doublement symétrique; réciproquement, pour T doublement symétrique, le théorème 1 donne une base orthonormée B et des coefficients λ_b tels que

$$T = \sum_{b\in B} \lambda_b\, (b^*)^{n\otimes}$$

et il suffit de poser $\Sigma = \left\{\sqrt[n-2]{\lambda_b}\, b\,,\ b \in B\right\} \setminus \{0\}$ pour obtenir un système droit tel que $T = \sum_{\sigma\in\Sigma} \|\sigma\|^{-2} (\sigma^*)^{n\otimes}$. L'application qui à Σ associe ce tenseur est donc surjective; pour vérifier qu'elle est injective et d'inverse donnée par la formule de l'énoncé, il ne nous reste qu'à vérifier que si T est donné à partir de Σ par $T = \sum_{\sigma\in\Sigma} \|\sigma\|^{-2} (\sigma^*)^{n\otimes}$, l'ensemble

$$\Sigma' = \left\{x \in E\backslash\{0\} \quad T(x,\ldots) = (x^*)^{(n-1)\otimes}\right\},$$

qui ne dépend que de T, est égal à Σ.

Il est clair que $\Sigma' \supset \Sigma$. En outre, Σ' est un système droit. En effet, pour x et y dans Σ', puisque

$$T(x,y,\ldots) = <x,y> (x^*)^{(n-2)\otimes};$$

$$T(y,x,\ldots) = <y,x> (y^*)^{(n-2)\otimes},$$

la symétrie de T donne

$$<x,y> \left[(x^*)^{(n-2)\otimes} - (y^*)^{(n-2)\otimes}\right] = 0\,,$$

d'où l'on déduit que x et y sont orthogonaux ou égaux. Ainsi, Σ' est un système droit contenant Σ. Cela entraîne que tout $x \in \Sigma' \setminus \Sigma$, étant orthogonal à Σ, vérifie $T(x,\ldots) = 0$, donc $(x^*)^{(n-1)\otimes} = 0$ par définition de Σ', donc $x = 0$, ce qui contredit la définition de Σ' et établit par l'absurde $\Sigma' = \Sigma$. ∎

L'isomorphisme canonique entre l'espace vectoriel euclidien E et son dual E^* s'étend à tous les tenseurs et permet en particulier d'identifier canoniquement avec les formes n-linéaires les applications linéaires de E dans $E^{(n-1)\otimes}$, c'est-à-dire les tenseurs une fois covariants et $n-1$ fois contravariants $T \in E^* \otimes E^{(n-1)\otimes}$. Nous dirons qu'un tel tenseur est doublement symétrique si la forme n-linéaire qui lui est canoniquement associée l'est. Cela permet d'allonger à peu de frais la liste des énoncés (dans cet ordre d'idées, on pourrait aussi jouer avec les tenseurs ℓ fois covariants et $n-\ell$ fois contravariants...); voici ce que devient dans ce cadre la seconde partie de la proposition 1.

COROLLAIRE 1. — *Soit m un entier pair non nul. Les formules*

$$\begin{cases} T = \sum_{\sigma\in\Sigma} \|\sigma\|^{-2}\, \sigma^* \otimes \sigma^{m\otimes} \\ \Sigma = \left\{x \in E\backslash\{0\} \quad T(x) = x^{m\otimes}\right\} \end{cases}$$

mettent en bijection les systèmes droits Σ de E avec les applications linéaires doublement symétriques T de E dans $E^{m\otimes}$.

La proposition qui suit, énoncée pour n impair, subsiste pour n pair plus grand que 3; comme pour la proposition 1, ce cas est laissé au lecteur.

PROPOSITION 2. — *Soit n un nombre impair plus grand que 2. Il existe une application borélienne B de l'ensemble des tenseurs $T \in (E^*)^{n\otimes}$ doublement symétriques dans l'ensemble des bases orthonormées de E telle que $B(T)$ soit, pour chaque T, une base dans laquelle T est diagonal.*

[Nous n'aurons pas besoin de plus de régularité que la mesurabilité affirmée cidessus; avec un peu de soin, la démonstration qui suit fournirait une application B de première classe de Baire (limite simple d'applications continues).]

DÉMONSTRATION. — Remarquons d'abord que, en utilisant les notations de la proposition 1, l'application $T \mapsto \operatorname{card} S$ est semi-continue inférieurement (donc borélienne). En effet, puisque $T(x,\ldots) = \sum_{s\in S} <s,x>(s^*)^{(n-1)\otimes}$, $S^\perp$ est exactement l'ensemble des $x \in E$ tels que $T(x,\ldots) = 0$, donc S engendre le même sous-espace de E que les d^{n-1} vecteurs $V_{j\ldots k} = (T_{ij\ldots k})_{1\leqslant i\leqslant d}$ et $\operatorname{card} S$ est égal au rang de ce système de d^{n-1} vecteurs.

Observons ensuite que l'application $T \mapsto S$ est elle aussi borélienne. Plus précisément, pour chaque $\ell \leqslant d$, cette application est un difféomorphisme C^∞ entre d'une part l'ensemble des tenseurs doublement symétriques tels que $\operatorname{card} S = \ell$, qui est une sous-variété de l'espace vectoriel $(E^*)^{n\otimes}$, et d'autre part l'ensemble des systèmes droits à ℓ éléments. Tout ceci résulte facilement du théorème des fonctions implicites : la bijection inverse $S \mapsto T = \sum_{s\in S}(s^*)^{n\otimes}$ est évidemment C^∞ et il suffit de voir qu'elle est immersive. Fixons pour cela un système droit S_0 possédant ℓ éléments; il suffit de voir que l'application $S \mapsto T = \sum_{s\in S}(s^*)^{n\otimes}$ de l'ensemble de tous les systèmes de ℓ vecteurs non nuls, orthogonaux ou non, dans $(E^*)^{n\otimes}$ est une immersion au point S_0. Choisissons un repère orthonormé $(e_1,\ldots,e_d)$ tel que $S_0 = \{\lambda_1 e_1,\ldots,\lambda_\ell e_\ell\}$. Dans ce repère, la formule

$$T_{pq\ldots r} = \sum_{i=1}^{\ell} s_i^p s_i^q \ldots s_i^r$$

donne au point S_0 (pour lequel $s_i^p = \lambda_i \delta_i^p$)

$$\frac{\partial T_{pp\ldots p}}{\partial s_i^j} = n\,\lambda_i^{n-1}\,\delta_{ip}\delta_{jp}$$

$$\frac{\partial T_{qp\ldots p}}{\partial s_i^j} = \lambda_i^{n-1}\,\delta_{ip}\delta_{jq} \qquad \text{pour } p \neq q$$

et la matrice de l'application linéaire tangente à $S \mapsto T$, qui contient une matrice carrée diagonale sans zéros sur la diagonale, est de rang maximal.

L'application $T \mapsto S$ étant mesurable, il ne reste plus qu'à normer les éléments de S et à les compléter par une base orthonormée de $S^\perp$ dépendant mesurablement de T pour obtenir une base orthonormée de E, qui dépend mesurablement de T et qui diagonalise T. ∎

REMARQUE. — Nous appelons bases les *parties* libres et génératrices de E. Le même résultat subsiste pour les repères, c'est-à-dire les *familles* $(e_i)_{i\in[1,d]}$ libres et génératrices d'éléments de E. Cela se voit immédiatement au moyen d'un relèvement borélien des parties finies de E dans les familles finies d'éléments de E, c'est-à-dire un choix mesurable d'une numérotation de chacune de ces parties (utiliser par exemple l'ordre lexicographique des coordonnées dans un repère fixé).

Ce distinguo entre bases et repères pourra paraître pédantesque; il apparaît naturellement dans les questions d'équations de structure. Nous rencontrerons plus bas, dans le cas des martingales à temps discret, un ensemble aléatoire $S(\omega)$, mesurable pour $\mathcal{F}_{n-1}$, qui est le support de la loi conditionnelle de X_n sachant $\mathcal{F}_{n-1}$, c'est-à-dire l'ensemble, connu à l'instant $n-1$, des valeurs (futures) possibles de X_n ; ce que l'on connaît est bien un ensemble, démocratiquement formé de points qui jouent tous le même rôle, et non une famille, dans laquelle chacun porte un dossard avec un numero différent. L'accroissement d'information entre les instants $n-1$ et n résultera précisément du choix d'un point, X_n, dans cet ensemble.

Équations de structure en temps continu

DÉFINITION. — *Une martingale* $X = (X^1, \ldots, X^d)$ *à valeurs dans* $\mathbb{R}^d$ *est dite* normale *si* $X_0 = 0$ *et si, pour tous* i *et* j, *le processus* $X^i_t X^j_t - \delta^{ij}t$ *est une martingale.*

Cela revient à dire que $[X^i, X^j]_t - \delta^{ij}t$ est une martingale, ou encore que $\langle X^i, X^j\rangle_t = \delta^{ij}t$. Il est clair que le groupe orthogonal $O(d)$ opère sur les martingales normales; plus généralement, si X est une martingale normale dans $\mathbb{R}^d$ et H un processus prévisible matriciel à valeurs dans $O(d)$, l'intégrale stochastique $\int H\,dX$ est encore une martingale normale. Ceci permet de définir intrinsèquement les martingales normales à valeurs dans un espace vectoriel euclidien (E, g) en demandant que le processus $[X, X]_t - g^*\,t$, à valeurs dans $E\otimes E$, soit une martingale.

Dans la suite, nous supposerons implicitement E muni d'un repère orthonormé; ceci nous permettra de travailler indifféremment dans E ou dans $\mathbb{R}^d$, en mélangeant sans précautions notations intrinsèques et notations en coordonnées.

DÉFINITION. — *Une martingale normale* $X = (X^1, \ldots, X^d)$ *vérifie une* équation de structure *si chacune des* d^2 *martingales* $[X^i, X^j]_t - \delta^{ij}t$ *est une intégrale stochastique par rapport à* X.

L'équation de structure est dans ce cas

$$[X^i, X^j]_t = \delta^{ij}t + \int_0^t (\Phi^{ij}_k)_s\,dX^k_s\,,$$

où les Φ^{ij}_k sont des processus prévisibles, bien définis presque partout pour la mesure $dt\otimes\mathbb{P}(d\omega)$ sur $\mathbb{R}_+\times\Omega$ (car si $I = \int H_k\,dX^k = 0$, on a aussi $\int \|H\|^2\,dt = \langle I, I\rangle = 0$). Pris ensemble, ces coefficients forment les composantes d'un tenseur $\Phi \in E^*\otimes E\otimes E$ (c'est-à-dire une application linéaire de E dans $E\otimes E$) qui dépend prévisiblement de (t, ω). Intrinsèquement, l'équation s'écrit

$$[X, X]_t = g^*\,t + \int_0^t \Phi_s\,dX_s\,.$$

PROPOSITION 3. — *Soit X une martingale normale à valeurs dans E, vérifiant une équation de structure*

$$[X,X]_t = g^* t + \int_0^t \Phi_s \, dX_s ,$$

où Φ est un processus prévisible à valeurs dans $E^*\otimes E\otimes E$.

Pour presque tout (t,ω), $\Phi_t(\omega)$ est doublement symétrique. Si $\Sigma_t(\omega)$ désigne le système droit qui lui est associé par le corollaire 1 et $\Pi_t(\omega)$ la projection orthogonale sur le sous-espace $\big(\Sigma_t(\omega)\big)^\perp$, la partie martingale continue de X est

$$X^c = \int_0^t \Pi_s(dX_s) ;$$

les sauts de X ne peuvent avoir lieu qu'à des instants totalement inaccessibles et, lorsqu'ils ont lieu, doivent vérifier

$$\Delta X_t(\omega) \in \Sigma_t(\omega) .$$

DÉMONSTRATION. — Puisque $d[X^i,X^j] = \delta^{ij}dt + \Phi^{ij}_\ell dX^\ell$, on doit avoir

$$\begin{aligned} d\big[[X^i,X^j],X^k\big] &= \delta^{ij}d[t,X^k] + \Phi^{ij}_\ell d[X^\ell,X^k] \\ &= \Phi^{ij}_\ell \left(\delta^{\ell k}dt + \Phi^{\ell k}_m \, dX^m\right) = \Phi^{ij}_k dt + \Phi^{ij}_\ell \Phi^{\ell k}_m \, dX^m . \end{aligned}$$

Comme $\big[[X^i,X^j],X^k\big]_t = \sum_{s\leqslant t} \Delta X^i_s \, \Delta X^j_s \, \Delta X^k_s$ est symétrique en i, j et k et son écriture en intégrales par rapport à dX et dt essentiellement unique, les quantités Φ^{ij}_k et $\Phi^{ij}_\ell \Phi^{\ell k}_m$ dépendent symétriquement de i, j et k. Il en résulte que la dernière dépend symétriquement de i, j, k et m; ceci montre que Φ est doublement symétrique.

En posant $C = \int \Pi \, dX$, on a

$$d[C,C] = (\Pi\otimes\Pi) \, d[X,X] = (\Pi\otimes\Pi) \, g^* dt + (\Pi\otimes\Pi) \, \Phi \, dX .$$

Mais le tenseur $(\Pi\otimes\Pi)\,\Phi \in E^*\otimes(E\otimes E)$ est identiquement nul, puisque les valeurs prises par Φ sont des combinaisons de $\sigma\otimes\sigma$ où σ décrit Σ. Donc $[C,C]$ est continu et la martingale C est continue. D'autre part, $\Phi \, dX = d[X,X] - g^* dt$ est à variation finie, donc $\Phi \, dX^c = 0$. Or, en définissant $\Gamma_t(\omega) : E\otimes E \to E$ par $\Gamma = \sum_{\sigma\in\Sigma} \|\sigma\|^{-4} \sigma^*\otimes\sigma^*\otimes\sigma$, on a $\mathrm{I}-\Pi = \Gamma\circ\Phi$; donc $(\mathrm{I}-\Pi)dX^c = \Gamma \, \Phi \, dX^c = 0$ et la martingale $X - C = \int(\mathrm{I}-\Pi) \, dX$ est purement discontinue. En conséquence, C est la partie martingale continue de X.

Si T est un temps d'arrêt,

$$\Delta X_T \otimes \Delta X_T = \Delta[X,X]_T = \Phi_T \, \Delta X_T ,$$

d'où $\Delta X_T \in \{0\} \cup \Sigma_T$ par définition de Σ; ainsi les sauts, lorsqu'ils ont lieu, sont dans Σ.

Enfin, si T est un temps d'arrêt prévisible borné,

$$\mathbb{E}[\Delta X_T \otimes \Delta X_T | \mathcal{F}_{T-}] = \mathbb{E}[\Phi_T \, \Delta X_T | \mathcal{F}_{T-}] = \Phi_T \, \mathbb{E}[\Delta X_T | \mathcal{F}_{T-}] = 0$$

donc $\Delta X_T = 0$ et X est quasi-continue à gauche. ∎

Dans l'énoncé ci-dessous, nous convenons que, dans un espace vectoriel euclidien de dimension 0 (donc réduit au seul vecteur nul), le processus nul est un mouvement brownien. (Remarquer que ceci est compatible avec la formule $\mathrm{Tr}\,[X,X]_t = td$, selon laquelle la variation quadratique euclidienne des mouvements browniens est proportionnelle à la dimension de l'espace!)

PROPOSITION 4. — *Soient $\Phi \in E^*\otimes E\otimes E$ un tenseur doublement symétrique et Σ le système droit que lui associe le corollaire 1.*

Soient B un mouvement brownien à valeurs dans l'espace vectoriel euclidien $\Sigma^\perp$ et, pour chaque $\sigma \in \Sigma$, N^σ un processus de Poisson d'intensité $\|\sigma\|^{-2}$; on suppose B et tous les N^σ indépendants. La martingale

$$X_t = B_t + \sum_{\sigma\in\Sigma} \left(N_t^\sigma - \|\sigma\|^{-2} t\right) \sigma$$

vérifie l'équation de structure à coefficients constants

$$[X,X]_t = g^*\, t + \Phi\, X_t \;;$$

réciproquement, toute martingale vérifiant cette équation a même loi que X.

L'unicité en loi signifie que, pour des processus de Poisson et des mouvements browniens, l'orthogonalité implique l'indépendance. C. Stricker et M. Yor nous ont fait observer que, plus généralement, cette implication a lieu pour toutes les martingales ayant, chacune dans sa propre filtration, la propriété de représentation prévisible.

DÉMONSTRATION DE LA PROPOSITION 4. — Dans un repère orthonormé de E formé d'un repère orthonormé de $\Sigma^\perp$ et des vecteurs unitaires $\|\sigma\|^{-1}\sigma$, où σ décrit Σ, la martingale $X = B + \sum_{\sigma\in\Sigma} \left(N^\sigma - \|\sigma\|^{-2} t\right) \sigma$ vérifie $[X^i, X^j] = 0$ pour $i \neq j$, $[X^i, X^i]_t = t$ pour les indices i correspondant à $\Sigma^\perp$ et $[X^i, X^i]_t = t + \|\sigma\|\, X_t^i$ pour l'indice i correspondant à un vecteur $\sigma \in \Sigma$. D'autre part, dans ce même repère, les composantes de Φ sont toutes nulles sauf les Φ_i^{ii} pour les indices i correspondant à des $\sigma \in \Sigma$, qui valent $\Phi_i^{ii} = \|\sigma\|^2/\|\sigma\| = \|\sigma\|$. On vérifie ainsi par inspection directe des coefficients que $[X,X] = g^*\, t + \Phi\, X$.

La réciproque (unicité en loi de la solution) est un cas particulier du résultat d'unicité dans la proposition 5 ci-dessous; plutôt que de répéter deux fois le même argument, nous remettons à plus tard la fin de la démonstration, en laissant le lecteur vérifier l'absence de cercle vicieux.

COROLLAIRE 2. — *Dans $E^*\otimes E\otimes E$, le sous-ensemble des tenseurs doublement symétriques est le seul sous-ensemble $\mathcal{D}$ tel que*

(i) *pour tout $\Phi \in \mathcal{D}$, l'équation de structure dans E à coefficients constants $d[X,X]_t = g^* dt + \Phi\, dX_t$ a une solution;*

(ii) *pour toute martingale X à valeurs dans E vérifiant une équation de structure $d[X,X]_t = g^* dt + \Phi_t\, dX_t$, le processus prévisible Φ (défini à ensemble négligeable près pour $dt\otimes\mathbb{P}(d\omega)$ et à valeurs dans $E^*\otimes E\otimes E$) prend ses valeurs dans $\mathcal{D}$.*

DÉMONSTRATION. — La proposition 3 (respectivement 4) dit que les tenseurs doublement symétriques vérifient la propriété (ii) (respectivement (i)); il ne reste qu'à vérifier l'unicité. Si $\mathcal{D}$ vérifie (i), la proposition 3 dit que le processus (constant) Φ est à valeurs dans les tenseurs doublement symétriques, donc $\mathcal{D}$ est inclus dans les tenseurs doublement symétriques; si $\mathcal{D}$ vérifie (ii) et si Φ est un tenseur doublement symétrique, la propriété (ii) appliquée à la martingale construite à partir de Φ par la proposition 4 établit que $\Phi \in \mathcal{D}$. ∎

Terminons par le cas à accroissements indépendants, pour lequel nous plagions la proposition 4 de [3].

PROPOSITION 5. — *Soit* $\Phi : \mathbb{R}_+ \to E^*\otimes E\otimes E$ *une fonction borélienne telle que, pour chaque* t, *le tenseur* $\Phi(t)$ *soit doublement symétrique. L'équation de structure dans* E

$$d[X,X]_t = g^* dt + \Phi(t)\, dX_t$$

admet une solution.

Cette solution est unique en loi et à accroissements indépendants. De façon plus précise, si une martingale X, *définie sur un espace filtré* $\left(\Omega, \mathcal{A}, \mathbb{P}, (\mathcal{F}_t)_{t\geqslant 0}\right)$ *est une solution et si* $s \in \mathbb{R}_+$, *le processus* $(X_{s+t} - X_s)_{t\geqslant 0}$ *est indépendant de* $\mathcal{F}_s$ *et sa loi ne dépend que de la fonction* $t \mapsto \Phi(s+t)$ *sur* $\mathbb{R}_+$.

En outre, la solution possède la propriété de représentation chaotique : en appelant C_p *le cône* $\left\{(t_1,\ldots,t_p) \in \mathbb{R}_+^p \ : \ 0 < t_1 < \ldots < t_p\right\}$ *et en désignant par* $\mathcal{B}$ *la sous-tribu de* $\mathcal{A}$ *engendrée par* X, *les intégrales multiples*

$$\int_{C_p} f(t_1,\ldots,t_p)\, dX_{t_1} \ldots dX_{t_p}$$

forment une partie totale de l'espace $\mathrm{L}^2(\Omega,\mathcal{B},\mathbb{P})$ *lorsque* p *décrit* $\mathbb{N}$ *et que* f *décrit* $\mathrm{L}^2\big(C_p;(E^*)^{p\otimes}\big)$.

DÉMONSTRATION. — Soient U une fonction borélienne de $\mathbb{R}_+$ dans les matrices orthogonales et, pour chaque $t \geqslant 0$, $V(t)$ la matrice inverse de $U(t)$. Le changement de variable

$$Y_t^p = \int_0^t U_i^p(s)\, dX_s^i\,, \quad X_t^i = \int_0^t V_p^i(s)\, dY_s^p$$

transforme l'équation de structure en $d[Y,Y]_t = g^* dt + \Psi(t)\, dY_t$, dans laquelle $\Psi_r^{pq} = U_i^p\, U_j^q\, \Phi_k^{ij}\, V_r^k$. Il suffit de démontrer la proposition pour cette nouvelle équation de structure, car les conclusions (existence, unicité, accroissements indépendants, représentation chaotique) se transfèreront immédiatement de Y à X. Mais la remarque qui suit la proposition 2 permet de choisir la matrice $U(t)$ telle que les composantes non diagonales de Ψ soient toutes nulles. Abandonnant dorénavant la convention de sommation et réécrivant X au lieu de Y pour l'inconnue, nous sommes ramenés au cas où l'équation de structure est du type

$$\begin{cases} d[X^j,X^j]_t = dt + \phi_j(t)\, dX_t^j \\ d[X^j,X^k]_t = 0 & \text{pour } j \neq k, \end{cases}$$

ce que nous supposons dans la suite.

L'assertion d'existence peut se déduire du résultat analogue à une dimension (proposition 4 de [3]). Il suffit pour cela de construire séparément pour chaque j une solution de $d[X^j,X^j]_t = dt + \phi_j(t)\, dX_t^j$ comme somme d'un terme brownien et d'un terme poissonnien; en prenant ces ingrédients indépendants, la nullité des crochets mixtes résultera de ce que $[M,N] = 0$ si M et N sont deux browniens indépendants, ou un brownien et une martingale purement discontinue, ou deux martingales purement discontinues sans temps de sauts communs.

Supposons maintenant que X est une solution. Si u est une fonction borélienne de $\mathbb{R}_+$ dans E^*, bornée et à support compact, de composantes u_j, introduisons, comme dans la démonstration de la proposition 4 de [3], les fonctions complexes, bornées et à support compact

$$h_j(t) = \begin{cases} \dfrac{e^{iu_j(t)\phi_j(t)} - 1}{\phi_j(t)} & \text{si } \phi_j(t) \neq 0 \\ iu_j(t) & \text{si } \phi_j(t) = 0, \end{cases}$$

$$\kappa_j(t) = \begin{cases} \dfrac{e^{iu_j(t)\phi_j(t)} - 1 - iu_j(t)\phi_j(t)}{\phi_j(t)^2} & \text{si } \phi_j(t) \neq 0 \\ -\frac{1}{2}u_j(t)^2 & \text{si } \phi_j(t) = 0 \end{cases}$$

et $\kappa(t) = \sum_{j=1}^d \kappa_j(t)$, ainsi que les semimartingales

$$Z_t^j = \exp\left[i \int_0^t u_j(s)\, dX_s^j - \int_0^t \kappa_j(s)\, ds\right] .$$

Il est établi en page 75 de [3] que Z^j vérifie l'équation

$$Z_t^j = 1 + \int_0^t Z_{s-}^j h_j(s)\, dX_s^j .$$

Il en résulte que $d[Z^j, Z^k]$ est absolument continu par rapport à $d[X^j, X^k]$ et en particulier nul pour $j \neq k$. Cette orthogonalité des Z^j entraîne, par récurrence sur d, que le produit $R = \prod_{j=1}^d Z^j$ vérifie

$$dR_t = \sum_{j=1}^d \left(\textstyle\prod_{k\neq j} Z_{t-}^k\right) dZ_t^j ;$$

remplaçant dZ_t^j par $Z_{t-}^j h_j(t)\, dX_t^j$ et appelant h la forme linéaire sur E ayant pour composantes les h_j, on voit que R est la martingale locale solution de l'équation exponentielle

$$R_t = 1 + \int_0^t R_{s-}\, h(s)\, dX_s .$$

Mais par ailleurs $R_t = \prod_j Z_t^j = \exp\left[i \int_0^t u(s)\, dX_s - \int_0^t \kappa(s)\, ds\right]$ est borné (c'est donc une martingale) et d'inverse borné. La démonstration s'achève comme dans [3], pp. 75–76 : D'abord, puisque $\mathbb{E}[R_\infty/R_s \,|\, \mathcal{F}_s] = 1$, on a

$$\mathbb{E}\left[\exp\left(i \int_s^\infty u(t)\, dX_t\right) \Big|\, \mathcal{F}_s\right] = \exp\left[\int_s^\infty \kappa(t)\, dt\right] .$$

Par un choix convenable de u, cette formule permet d'exprimer les fonctions caractéristiques conditionnelles du processus $(X_{s+t}-X_s)_{t\geqslant 0}$ étant donnée $\mathcal{F}_s$ comme des quantités du type $\exp\left[\int_s^\infty \kappa(t)\, dt\right]$, déterministes et ne dépendant que des fonctions $t \mapsto \phi_j(s+t)$; ceci entraîne l'unicité en loi et l'indépendance des accroissements. Ensuite, les variables aléatoires $\exp\left[i \int_0^\infty u(t)\, dX_t\right]$ sont proportionnelles aux variables aléatoires exponentielles $R_\infty = \exp\left[i \int_0^\infty u(t)\, dX_t - \int_0^\infty \kappa(t)\, dt\right]$ et admettent donc un développement en série d'intégrales multiples; comme elles sont totales dans $L^2(\mathcal{B})$ en raison de l'injectivité de la transformation de Fourier, X a la propriété de représentation chaotique. ∎

Équations de structure en temps discret

Comme lors de l'étude en temps continu, nous allons nous intéresser d'abord aux aspects algébrico-géométriques de la question, pour introduire seulement ensuite les probabilités et les équations de structure.

DÉFINITION. — *Nous dirons qu'une application linéaire T de l'espace vectoriel euclidien E dans $E\otimes E$ est un* tenseur sesqui-symétrique *si chacun des deux tenseurs $T \in E^*\otimes E\otimes E$ et $T\cdot T+\mathrm{Id}\otimes g^* \in E^*\otimes E\otimes E\otimes E$ est symétrique* (comme plus haut, $T\cdot T$ désigne le produit contracté obtenu en contractant le dernier argument du premier T avec le premier argument du second; les symétries s'entendent par rapport à tous les arguments, après identification de E et E^*; le tenseur $\mathrm{Id} \in E^*\otimes E$ est l'application identique de E dans lui-même).

DÉFINITION. — *Une partie S de E est un* système obtus *si elle a exactement $d+1$ éléments et si, pour tous r et s de S tels que $r \neq s$, on a $<r,s> = -1$.*

Cette définition est analogue à celle des systèmes droits qui interviennent en temps continu; l'analogie serait encore plus frappante si les systèmes droits avaient été définis comme composés d'exactement d vecteurs deux-à-deux orthogonaux, nuls ou non, le vecteur nul pouvant être répété plusieurs fois (cela reviendrait bien sûr au même, au prix d'une modification des énoncés).

Les systèmes obtus jouissent de propriétés géométriques; par exemple, tout vecteur d'un système obtus est orthogonal au sous-espace affine engendré par les autres points; plus généralement, le sous-espace vectoriel engendré par une partie d'un système obtus est orthogonal au sous-espace affine engendré par le reste du système. En particulier, les sous-espaces affines respectivement engendrés par deux parties disjointes d'un même système obtus sont orthogonaux.

THÉORÈME 2. — a) *Les systèmes obtus de E forment une variété de dimension $d(d+1)/2$; tout système obtus est un simplexe (ses points sont affinement indépendants).*

b) *Un sous-ensemble S de E tel que $\operatorname{card} S \leqslant d+1$ est un système obtus si et seulement si il porte une probabilité $\pi = \sum_{s\in S} p_s\,\delta_s$ de moyenne nulle ($\sum_{s\in S} p_s\, s = 0$) et de covariance identité ($\sum_{s\in S} p_s\, s\otimes s = g^*$). Lorsque tel est le cas, π est unique et donnée par $p_s = 1/(1+\|s\|^2)$. Inversement, étant donnée, sur un ensemble I à $d+1$ éléments, une probabilité $q = (q_i)_{i\in I}$ chargeant tous les éléments de I, il existe une famille $(x_i)_{i\in I}$ de points de E telle que l'ensemble $\{x_i, i \in I\}$ soit un système obtus dont la probabilité π soit donnée par $p_{x_i} = q_i$ pour chaque i.*

c) *Les formules*

$$\begin{cases} S = \{x \in E \,:\, x\otimes x = g^* + T(x)\} \\ T = \sum_{s\in S} p_s\, s^*\otimes s\otimes s \end{cases}$$

mettent en bijection les tenseurs sesqui-symétriques T et les systèmes obtus S de E. En outre, étant donné un système obtus S de E, il existe un unique tenseur $T \in E^*\otimes E\otimes E$ tel que $x\otimes x = g^* + T(x)$ pour tout x de S et ce tenseur est le tenseur sesqui-symétrique lié à S par les formules ci-dessus.

DÉMONSTRATION. — Nous allons agrandir l'espace et plonger isométriquement E dans un espace vectoriel euclidien $\tilde{E}$ de dimension $d+1$ dont E sera un hyperplan; nous appellerons u un vecteur unitaire de $\tilde{E}$ orthogonal à E; tout élément $\tilde{x}$ de $\tilde{E}$ s'écrit sous la forme (que nous dirons *canonique*) $\tilde{x} = x+\xi u$, où $x \in E$ et $\xi \in \mathbb{R}$. Le tenseur de $\tilde{E}\otimes\tilde{E}$ induisant la structure euclidienne de $\tilde{E}$ est $g^* + u\otimes u$. Le produit scalaire de deux vecteurs $\tilde{x} = x+\xi u$ et $\tilde{y} = y+\eta u$ de $\tilde{E}$ donnés sous forme canonique vaut $<\tilde{x},\tilde{y}> = <x,y>+\xi\eta$ (comme les deux produits scalaires coïncident sur E, utiliser la même notation ne créera pas de confusion). Nous appellerons H l'hyperplan affine $E + u$ de $\tilde{E}$; c'est l'ensemble des $\tilde{x} \in \tilde{E}$ tels que $<\tilde{x},u> = 1$. Nous désignerons par j l'injection (affine, mais non linéaire) de E dans $\tilde{E}$ définie par $j(x) = x+u$; $j(E)$ n'est autre que H.

a) Puisque $<j(x),j(y)> = <x,y> + 1$, une partie S de E est un système obtus si et seulement si $j(S)$ est un système droit de $d+1$ points de $\tilde{E}$, c'est-à-dire une base orthogonale de $\tilde{E}$. Il en résulte d'une part que les systèmes obtus de E se paramètrent par les systèmes de $d+1$ droites de $\tilde{E}$ non parallèles à H et deux-à-deux orthogonales, formant ainsi une variété de dimension $d(d+1)/2$, et d'autre part que les $d+1$ points d'un système obtus sont affinement indépendants (toute liaison affine entre ces points se traduirait par une liaison linéaire entre leurs images par j).

b) Si S est un système obtus, $j(S)$ est une base orthogonale de $\tilde{E}$ et les coefficients positifs $p_s = 1/(1+\|s\|^2) = \|j(s)\|^{-2}$ vérifient, pour tout $r \in S$,

$$<\textstyle\sum_{s\in S} p_s\, j(s), j(r)> = p_r \|j(r)\|^2 = 1 = <u, j(r)>\,;$$

cela entraîne $\sum_{s\in S} p_s\, j(s) = u$. Remplaçant $j(s)$ par $s+u$, on obtient $\sum_{s\in S} p_s = 1$ et $\sum_{s\in S} p_s\, s = 0$. Enfin, puisque les vecteurs $k(s) = j(s)/\|j(s)\| = \sqrt{p_s}\, j(s)$ forment, quand s décrit S, une base orthonormée de $\tilde{E}$, on doit avoir

$$\begin{aligned} g^* + u\otimes u &= \sum_{s\in S} k(s)\otimes k(s) = \sum_{s\in S} p_s\,(s+u)\otimes(s+u) \\ &= \sum_{s\in S} p_s\, s\otimes s + u\otimes\left[\textstyle\sum_{s\in S} p_s\, s\right] + \left[\textstyle\sum_{s\in S} p_s\, s\right]\otimes u + \left[\textstyle\sum_{s\in S} p_s\right] u\otimes u \\ &= \sum_{s\in S} p_s\, s\otimes s + u\otimes u\,, \end{aligned}$$

d'où $\sum_{s\in S} p_s\, s\otimes s = g^*$.

Réciproquement, étant donné un système $S \subset E$ tel que card $S \leqslant d+1$ et portant une probabilité π centrée et de covariance identité, les trois relations

$$\sum_{s\in S} p_s = 1 \quad , \qquad \sum_{s\in S} p_s\, s = 0 \quad \text{et} \qquad \sum_{s\in S} p_s\, s\otimes s = g^*$$

entraînent, par le même calcul, $\sum_{s\in S} p_s\, j(s)\otimes j(s) = g^* + u\otimes u$; il en résulte que les vecteurs $\sqrt{p_s}\, j(s)$ sont au nombre de $d+1$ exactement et forment une base orthonormée de $\tilde{E}$; l'orthogonalité de $j(S)$ signifie que S est un système obtus et la condition de norme donne $p_s = \|j(s)\|^{-2} = 1/(1+\|s\|^2)$, d'où l'unicité de π.

Si l'on se donne arbitrairement $d+1$ nombres q_i strictement positifs et de somme 1, on peut construire $d+1$ vecteurs deux-à-deux orthogonaux $v'_i \in \tilde{E}$ de normes $\|v'_i\| = 1/\sqrt{q_i}$ et le vecteur unitaire $u' = \sum_i q_i\, v'_i$; les v'_i sont dans l'hyperplan H' formé des x tels que $<x,u'> = 1$. Il existe une transformation orthogonale de $\tilde{E}$

qui envoie u' sur u, et donc H' sur H ; les images v_i des v'_i par cette transformation sont un système droit inclus dans H ; leurs images inverses par j forment un système obtus de E dont la probabilité π a pour coefficients les q_i.

c) À tout tenseur $T \in E^*\otimes E\otimes E$, on peut associer le tenseur $\tilde{T} \in \tilde{E}^*\otimes\tilde{E}\otimes\tilde{E}$ donné par

$$\tilde{T}(x) = T(x) + x\otimes u + u\otimes x \qquad \text{si } x \in E$$
$$\tilde{T}(u) = g^* + u\otimes u ,$$

de sorte que, si $\tilde{x} = x+\xi u$, $\tilde{y} = y+\eta u$ et $\tilde{z} = z+\zeta u$ sont trois vecteurs de $\tilde{E}$ mis sous forme canonique, on a

$$(*) \qquad \tilde{T}(\tilde{x},\tilde{y}^*,\tilde{z}^*) = T(x,y^*,z^*) + \zeta<x,y> + \eta<x,z> + \xi<y,z> + \xi\eta\zeta .$$

La clé de la démonstration réside dans les quatre propriétés suivantes de $\tilde{T}$.

α) *La restriction de $\tilde{T}$ à $E^*\otimes E\otimes E$ est T.*

Cela se voit immédiatement en prenant $\xi = \eta = \zeta = 0$ dans $(*)$.

β) *Un vecteur non nul $\tilde{x} = x+\xi u$ (forme canonique) vérifie $\tilde{T}(\tilde{x}) = \tilde{x}\otimes\tilde{x}$ si et seulement si $\tilde{x} \in H$ et $x\otimes x = g^* + T(x)$.*

En effet, l'équation $\tilde{T}(\tilde{x}) = \tilde{x}\otimes\tilde{x}$ équivaut à

$$T(x) + x\otimes u + u\otimes x + \xi(g^* + u\otimes u) = x\otimes x + \xi(x\otimes u + u\otimes x) + \xi^2 u\otimes u .$$

En identifiant la composante sur $E\otimes u$, on trouve $\xi = 1$ (ou $x = 0$, mais ceci impliquerait $\xi g^* = 0$ donc $\xi = 0$ et $\tilde{x} = 0$ et est exclu par hypothèse), ce qui entraîne $x\otimes x = g^* + T(x)$; la réciproque est immédiate.

γ) *Le noyau* $\operatorname{Ker}\tilde{T}$ *est nul.*

Si en effet un vecteur $\tilde{x} = x+\xi u$ annule $\tilde{T}$, on a

$$T(x) + x\otimes u + u\otimes x + \xi(g^* + u\otimes u) = 0 ;$$

la nullité du coefficient de $u\otimes u$ implique $\xi = 0$ et celle de la composante dans $E\otimes u$ donne $x\otimes u = 0$, donc $x = 0$.

δ) *Pour que T soit sesqui-symétrique, il faut et il suffit que $\tilde{T}$ soit doublement symétrique.*

La formule $(*)$ montre en effet que $\tilde{T}(\tilde{x},\tilde{y}^*,\tilde{z}^*) - T(x,y^*,z^*)$ dépend symétriquement des trois arguments $\tilde{x}$, $\tilde{y}$ et $\tilde{z}$; ceci entraîne que $\tilde{T}$ est symétrique si et seulement si T l'est. Introduisant un quatrième vecteur $\tilde{t} = t+\tau u \in \tilde{E}$, nous allons vérifier que, lorsque T et $\tilde{T}$ sont symétriques, le tenseur

$$R(\tilde{x},\tilde{y},\tilde{z},\tilde{t}) = \tilde{T}\cdot\tilde{T}(\tilde{x},\tilde{y}^*,\tilde{z}^*,\tilde{t}^*) - (T\cdot T + \mathrm{Id}\otimes g^*)(x,y^*,z^*,t^*)$$

est symétrique en les quatre arguments; l'assertion sera ainsi établie. En utilisant une base orthonormée B de E (de sorte que $\tilde{B} = B \cup \{u\}$ est une base orthonormée de $\tilde{E}$), on peut écrire

$$\begin{aligned}
\tilde{T}\cdot\tilde{T}(\tilde{x},\tilde{y}^*,\tilde{z}^*,\tilde{t}^*) &= \sum_{b\in\tilde{B}} T(\tilde{x},\tilde{y}^*,\tilde{b}^*)\,T(\tilde{b},\tilde{z}^*,\tilde{t}^*) \\
&= T(\tilde{x},\tilde{y}^*,\tilde{u}^*)\,T(\tilde{u},\tilde{z}^*,\tilde{t}^*) + \sum_{b\in B} T(\tilde{x},\tilde{y}^*,\tilde{b}^*)\,T(\tilde{b},\tilde{z}^*,\tilde{t}^*) \\
&= (<x,y> + \xi\eta)(<z,t> + \zeta\tau) \\
&\qquad + \sum_{b\in B} \big(T(x,y^*,b^*) + \eta<x,b> + \xi<y,b>\big) \\
&\qquad\qquad \big(T(b,z^*,t^*) + \zeta<b,t> + \tau<b,z>\big) .
\end{aligned}$$

Effectuant les produits, on obtient 4 termes et 9 sommes sur B. La première de ces 9 sommes est $T{\cdot}T(x, y^*, z^*, t^*)$; gardons-la en réserve. Les 8 autres se calculent en remplaçant $\sum_b <x,b>b$ par x et se partagent en deux groupes de 4 termes : On a d'abord

$$\eta T(x, z^*, t^*) + \xi T(y, z^*, t^*) + \zeta T(x, y^*, t^*) + \tau T(x, y^*, z^*)$$

compte tenu de la symétrie de T, ce groupe est symétrique en (x, y, z, t) et nous pouvons l'ignorer. On a ensuite les quatre termes

$$\eta\zeta <x,t> + \xi\zeta <y,t> + \eta\tau <x,z> + \xi\tau <y,z>$$

qui donnent un tenseur symétrique lorsqu'on les regroupe avec les deux termes $\xi\eta <z,t>$ et $\zeta\tau <x,y>$ provenant de la ligne du dessus. De cette ligne du haut, il nous reste encore $\xi\eta\zeta\tau$, que nous écartons aussi, et $<x,y><z,t> = (\mathrm{Id}\otimes g^*)(x, y^*, z^*, t^*)$, seul terme, avec $T{\cdot}T$, que nous ayons à garder.

Ainsi, modulo les tenseurs symétriques, il y a bien égalité entre $\tilde{T}{\cdot}\tilde{T}$ et $T{\cdot}T + \mathrm{Id}\otimes g^*$; l'équivalence δ) est établie.

Pour montrer que les formules

$$\begin{cases} \Phi(T) = \{x \in E : x\otimes x = g^* + T(x)\} \\ \Psi(S) = \sum_{s\in S} p_s\, s^*\otimes s\otimes s \end{cases}$$

mettent en correspondance biunivoque les systèmes obtus avec les tenseurs sesqui-symétriques, nous allons vérifier deux choses : premièrement, si l'on part de T sesqui-symétrique, l'ensemble $\Phi(T)$ est un système obtus, et $\Psi(\Phi(T)) = T$; deuxièmement, étant donné un système obtus S, $\Psi(S)$ est sesqui-symétrique et $\Phi(\Psi(S)) = S$.

Commençons par fixer un tenseur sesqui-symétrique T et l'ensemble $S = \Phi(T)$. L'équivalence δ) entraîne que le tenseur $\tilde{T}$ construit à l'aide de T est doublement symétrique. Le corollaire 1 lui associe un système droit Σ; puisque, par la propriété γ), $\mathrm{Ker}\,\tilde{T} = 0$, Σ est formé de $d{+}1$ vecteurs, deux-à-deux orthogonaux. La propriété β) dit que $\Sigma = j(S)$; ceci nous apprend que S est un système obtus. Le corollaire 1 donne aussi $\tilde{T} = \sum_{s\in S} \|j(s)\|^{-2} j(s)^*\otimes j(s)\otimes j(s)$; puisque $\|j(s)\|^{-2} = p_s$ et que la restriction de $\tilde{T}$ à $E^*\otimes E\otimes E$ est T, on obtient $T = \Psi(S)$.

Réciproquement, soient S un système obtus et $T = \Psi(S) = \sum_{s\in S} p_s\, s^*\otimes s\otimes s$. Puisque $p_s = \|j(s)\|^{-2}$, le corollaire 1 associe au système droit $j(S)$ le tenseur doublement symétrique $Q = \sum_{s\in S} p_s\, j(s)^*\otimes j(s)\otimes j(s) \in \tilde{E}^*\otimes\tilde{E}\otimes\tilde{E}$. Nous allons calculer ce tenseur; puisqu'il est symétrique, il suffit de calculer $Q(\tilde{x}, \tilde{x}^*, \tilde{x}^*)$ pour $\tilde{x} = x{+}\xi u \in \tilde{E}$.

$$\begin{aligned} Q(\tilde{x}, \tilde{x}^*, \tilde{x}^*) &= \sum_{s\in S} p_s <j(s),\tilde{x}>^3 = \sum_{s\in S} p_s (<s,x> + \xi)^3 \\ &= \sum_{s\in S} p_s \left[<s,x>^3 + 3\xi(s\otimes s)(x^*, x^*) + 3\xi^2 <s,x> + \xi^3\right] \\ &= T(x, x^*, x^*) + 3\xi <x,x> + \xi^3 \ . \end{aligned}$$

(La dernière ligne a utilisé $\sum_{s\in S} p_s\, s\otimes s = g^*$, $\sum_{s\in S} p_s\, s = 0$ et $\sum_{s\in S} p_s = 1$.) La comparaison de cette formule avec $(*)$ montre que Q n'est autre que $\tilde{T}$; $\tilde{T}$ est donc le tenseur doublement symétrique associé au système droit $j(S)$. Il en résulte par δ) que T est sesqui-symétrique. Le corollaire 1, toujours lui, indique que $j(S)$ est l'ensemble des vecteurs non nuls $\tilde{x} \in \tilde{E}$ qui vérifient $\tilde{T}(\tilde{x}) = \tilde{x}\otimes\tilde{x}$; la propriété β) traduit ceci en $S = \Phi(T)$.

Enfin, la dernière assertion de l'énoncé découle de ce qui précède et de ce que, un système obtus S étant donné, il existe au plus un tenseur T tel que $T(x) = x\otimes x - g^*$ pour tout x de S ; ceci est une conséquence immédiate de ce que S, qui n'est contenu dans aucun hyperplan, engendre linéairement E. ∎

Si $T \in E^*\otimes E\otimes E$ est sesqui-symétrique, le système obtus qui lui correspond par le théorème 2 sera appelé $S(T)$ et la loi de probabilité $\sum_{s\in S(T)} p_s\,\delta_s$ que le théorème lui associe sera notée $\pi(T)$.

En raccourci, on peut retenir du théorème 2 que les lois des vecteurs aléatoires centrés Y à valeurs dans E, prenant au maximum $d+1$ valeurs et vérifiant $\mathbb{E}[Y\otimes Y] = g^*$ peuvent être décrites comme les probabilités $\pi(T)$, où T décrit les tenseurs sesqui-symétriques.

REMARQUE (non utilisée dans la suite). — Portées par des simplexes, ces probabilités sont exactement celles des lois centrées et réduites qui sont extrémales parmi les lois centrées. Elles sont a fortiori extrémales dans l'ensemble $cr(E)$ des lois centrées et de covariance g^*, mais ce ne sont pas les seules. Le théorème de Douglas (théorème V.4.4 de [7]) montre en effet facilement que les points extrémaux de $cr(E)$ sont toutes les lois de $cr(E)$ dont le support est fini et vérifie les deux conditions suivantes : Il est constitué de ℓ points, où ℓ est tel que $d+1 \leqslant \ell \leqslant \frac{1}{2}(d+1)(d+2)$; et l'espace (projectif) de toutes les hyperquadriques passant par ces ℓ points a pour dimension au plus $\frac{1}{2}d(d+3) - \ell$ (cet espace doit être vide si $\ell = \frac{1}{2}(d+1)(d+2)$). Par exemple, si $d = 1$, ce sont les lois de $cr(E)$ portées par 2 ou 3 points. Si $d = 2$, ce sont les lois de $cr(E)$ portées par 3 points, ou 4 points, ou 5 points dont 4 ne sont jamais alignés, ou enfin 6 points non tous situés sur une même conique (propre ou dégénérée).

Pour les équations de structure à temps discret, les tenseurs sesqui-symétriques vont jouer un rôle analogue à celui des tenseurs doublement symétriques pour les équations de structure à temps continu.

DÉFINITION. — *Une martingale à temps discret* $X = (X_n)_{n\geqslant 0}$ *à valeurs dans l'espace vectoriel euclidien* E *est dite* normale *si* $X_0 = 0$ *et si, à tout instant* $n > 0$, *l'accroissement* $\Delta X_n = X_n - X_{n-1}$ *vérifie*

$$\mathbb{E}[\Delta X_n\otimes\Delta X_n|\mathcal{F}_{n-1}] = g^* .$$

Cette condition est l'analogue de la formule $d\langle X, X\rangle_t = g^* dt$ en temps continu ; elle signifie que les processus $\sum_{m=1}^n \Delta X_m\otimes\Delta X_m - n\,g^*$ et $X_n\otimes X_n - n\,g^*$ (tous deux à valeurs dans $E\otimes E$) sont des martingales. Dans un repère orthonormé, elle se traduit par les relations $\mathbb{E}[\Delta X_n^i \Delta X_n^j|\mathcal{F}_{n-1}] = \delta^{ij}$.

DÉFINITION. — *Une martingale normale* $X = (X_n)_{n\geqslant 0}$ *dans* E *vérifie une* équation de structure *s'il existe un processus prévisible* $(\Phi_n)_{n>0}$ *à valeurs dans* $E^*\otimes E\otimes E$ *tel que l'on ait pour tout* $n > 0$

$$\Delta X_n\otimes\Delta X_n = g^* + \Phi_n(\Delta X_n) .$$

Cette équation signifie que la martingale $\sum_{m=1}^{n} \Delta X_m \otimes \Delta X_m - n\,g^*$ est une intégrale stochastique par rapport à X ; elle est automatiquement satisfaite dès lors que X possède la propriété de représentation prévisible. Nous verrons plus bas la réciproque : en temps discret, l'équation de structure entraîne la propriété de représentation prévisible, et même la propriété de représentation chaotique.

PROPOSITION 6. — *Si une martingale normale X vérifie une équation de structure*

$$\Delta X_n \otimes \Delta X_n = g^* + \Phi_n(\Delta X_n) ,$$

le processus prévisible Φ est à valeurs dans l'ensemble des tenseurs sesqui-symétriques ; on a $\Delta X_n \in S(\Phi_n)$ et la loi conditionnelle de ΔX_n sachant $\mathcal{F}_{n-1}$ est $\pi(\Phi_n)$ en ce sens que, pour toute fonction borélienne f sur E,

$$\mathbb{E}[f(\Delta X_n)|\mathcal{F}_{n-1}] = \pi(\Phi_n)(f) \quad p.\ s.$$

DÉMONSTRATION. — L'ensemble $A(E)$ des fonctions affines sur E est un espace vectoriel à $d+1$ dimensions. Pour $n > 0$ fixé, l'ensemble des variables aléatoires de la forme $\alpha(\Delta X_n)$, où α est une variable aléatoire mesurable pour $\mathcal{F}_{n-1}$ et à valeurs dans $A(E)$, est stable par multiplication; en effet, vérifier que $\alpha'(\Delta X_n)\,\alpha''(\Delta X_n)$ est de la forme $\alpha(\Delta X_n)$ se ramène facilement au cas où α' et α'' sont des formes linéaires, et il suffit dans ce cas d'écrire

$$\alpha'(\Delta X_n)\,\alpha''(\Delta X_n) = (\alpha' \otimes \alpha'')(\Delta X_n \otimes \Delta X_n) = (\alpha' \otimes \alpha'')\big(g^* + \Phi_n(\Delta X_n)\big)$$

et de remarquer que les tenseurs α', α'' et Φ_n sont mesurables pour $\mathcal{F}_{n-1}$.

En conséquence, pour $\ell \in E^*$, il existe pour tout $k \geqslant 1$ une fonction affine A_k sur E, aléatoire mais mesurable pour $\mathcal{F}_{n-1}$, telle que l'on ait $\ell(\Delta X_n)^k = A_k(\Delta X_n)$; nous poserons $A_0 = 1$ (fonction constante sur E). Mais $d+2$ éléments quelconques de $A(E)$ sont toujours linéairement liés; plus précisément, il existe une application borélienne de $\big(A(E)\big)^{d+2}$ dans $\mathbb{R}^{d+2} \setminus \{0\}$ fournissant les coefficients de cette liaison linéaire. Nous avons donc des variables aléatoires non simultanément nulles $B_0, \ldots, B_{d+1}$, mesurables pour $\mathcal{F}_{n-1}$, telles que $\sum_{k=0}^{d+1} B_k\, A_k = 0$; ceci entraîne que la variable aléatoire $\ell(\Delta X_n)$ est solution d'une équation de degré au plus $d+1$, à coefficients B_k mesurables pour $\mathcal{F}_{n-1}$ et est donc presque sûrement à valeurs dans un ensemble aléatoire S_ℓ mesurable pour $\mathcal{F}_{n-1}$ et de cardinal au plus $d+1$. Gardant n fixé mais faisant varier ℓ dans une partie D dénombrable dense de E^*, on en tire que ΔX_n est presque sûrement dans l'ensemble aléatoire $S = \bigcap_{\ell \in D} \ell^{-1}(S_\ell)$, qui est mesurable pour $\mathcal{F}_{n-1}$ et a au plus $d+1$ points.

Puisque toute mesure simplement additive sur un ensemble fini est σ-additive, la quantité (définie, par exemple, pour toute f borélienne et bornée)

$$\mu(\omega)(f) = \mathbb{E}[f(\Delta X_n)|\mathcal{F}_{n-1}](\omega) ,$$

qui vérifie $\mu(f)(\omega) = \mu(f \mathbb{1}_{S(\omega)})(\omega)$, est, pour presque tout ω, une probabilité portée par $S(\omega)$; la définition des martingales entraîne que $\mu(\omega)$ est centrée et l'équation de structure que la covariance de $\mu(\omega)$ est g^*.

Le théorème 2 dit que $\Phi_n(\omega)$ est sesqui-symétrique, que $S(\omega)$ a exactement $d+1$ points et est le système obtus $S\big(\Phi_n(\omega)\big)$ et que la loi conditionnelle de ΔX_n sachant $\mathcal{F}_{n-1}$ est $\pi\big(\Phi_n(\omega)\big)$. ∎

COROLLAIRE 3. — *Soit* $\Phi \in E^*\otimes E\otimes E$. *Pour qu'il existe (un espace probabilisé et, défini sur celui-ci,) un vecteur aléatoire* Y *centré, à valeurs dans* E, *vérifiant presque sûrement*

$$Y\otimes Y = g^* + \Phi(Y)\ ,$$

il faut et il suffit que Φ *soit sesqui-symétrique. Dans ce cas,* Y *prend ses valeurs dans le système obtus* $S(\Phi)$ *et a pour loi* $\pi(\Phi)$ *; en outre, l'équation de structure à coefficients constants*

$$\Delta X_n\otimes\Delta X_n = g^* + \Phi(\Delta X_n)$$

a une solution, unique en loi : la martingale $X_n = \sum_{m=1}^n Y_m$, *où les* Y_m *sont des copies indépendantes de* Y.

DÉMONSTRATION. Si Φ est sesqui-symétrique, tout vecteur aléatoire Y ayant pour loi $\pi(\Phi)$ est centré et prend ses valeurs dans $S(\Phi)$; d'après le théorème 2, il vérifie donc presque sûrement $Y\otimes Y = g^* + \Phi(Y)$.

Si réciproquement un tel Y existe, en appelant Y_m des copies indépendantes de Y, le processus $X_n = \sum_{m=1}^n Y_m$ est une martingale normale vérifiant l'équation de structure à coefficients constants; par la proposition précédente, on en déduit que Φ est sesqui-symétrique (mais il serait un peu plus simple de redémontrer ceci directement, en ce qu'espérances et lois sont plus simples qu'espérances conditionnelles et lois conditionnelles).

Dans ce cas, toujours d'après la proposition 6, toute solution X de l'équation de structure est telle que la loi conditionnelle de ΔX_n sachant $\mathcal{F}_{n-1}$ est la loi $\pi(\Phi)$; comme cette loi est déterministe, ΔX_n est indépendant de $\mathcal{F}_{n-1}$, avec la même loi que Y. ∎

COROLLAIRE 4. — *Les tenseurs sesqui-symétriques forment le seul sous-ensemble* $\mathcal{S}$ *de* $E^*\otimes E\otimes E$ *tel que*

(i) *pour tout* $\Phi \in \mathcal{S}$, *l'équation de structure dans* E *à coefficients constants* $\Delta X_n\otimes\Delta X_n = g^* + \Phi(\Delta X_n)$ *a une solution;*

(ii) *pour toute martingale* X *à valeurs dans* E *vérifiant une équation de structure* $\Delta X_n\otimes\Delta X_n = g^* + \Phi_n(\Delta X_n)$, *le processus prévisible* $(\Phi_n)_{n>0}$ *(bien défini p. s. et à valeurs dans* $E^*\otimes E\otimes E$*) prend ses valeurs dans* $\mathcal{S}$.

DÉMONSTRATION. — Les tenseurs sesqui-symétriques vérifient (i) par le corollaire précédent et (ii) d'après la proposition 6. Inversement, soit $\mathcal{S}$ un ensemble vérifiant (i) et (ii). De (i), la proposition 6 permet de déduire que $\mathcal{S}$ est inclus dans les tenseurs sesqui-symétriques; si Φ est sesqui-symétrique, (ii) appliqué à la martingale X construite dans le corollaire 3 montre que Φ est dans $\mathcal{S}$. ∎

La proposition qui suit établit l'équivalence entre équation de structure et propriétés de représentation prévisible et chaotique; comme dans le cas unidimensionnel, c'est un résultat facile que l'on obtient par un petit calcul explicite de dimensions. (La longueur de la démonstration est trompeuse, parce que nous y avons inclus des rappels sur la construction de l'espace chaotique.)

PROPOSITION 7. — *Soit* $(X_n)_{n\in\mathbb{N}}$ *une martingale normale dans* E, *de filtration naturelle* $\mathcal{F} = (\mathcal{F}_n)_{n\in\mathbb{N}}$ *et engendrant la tribu* $\mathcal{A} = \bigvee_n \mathcal{F}_n$. *Les cinq conditions suivantes sont équivalentes.*

(i) *La multiplicité de la filtration est majorée par* $d+1$ *(aux ensembles négligeables près, chaque* $\mathcal{F}_n$ *est finie et chaque atome de* $\mathcal{F}_n$ *contient au maximum* $d+1$ *atomes de* $\mathcal{F}_{n+1}$*).*

(ii) *La multiplicité de la filtration est exactement* $d+1$ *(aux ensembles négligeables près,* $\mathcal{F}_n$ *est finie et chaque atome de* $\mathcal{F}_n$ *contient exactement* $d+1$ *atomes, non négligeables, de* $\mathcal{F}_{n+1}$*).*

(iii) *La martingale* X *vérifie une équation de structure*

$$\Delta X_n \otimes \Delta X_n = g^* + \Phi_n(\Delta X_n)$$

où Φ *est un processus prévisible à valeurs dans les tenseurs sesqui-symétriques.*

(iv) *La martingale* X *a la propriété de représentation prévisible : pour toute variable aléatoire* $U \in \mathrm{L}^2(\mathcal{A})$*, il existe un processus prévisible* $(H_n)_{n>0}$ *à valeurs dans* E^**, tel que* $\sum_{n>0} \mathbb{E}[\|H_n\|^2] < \infty$ *et*

$$U = \mathbb{E}[U] + \sum_{n>0} H_n(\Delta X_n)\,.$$

(v) *La martingale* X *a la propriété de représentation chaotique : si l'on se donne une variable aléatoire* $U \in \mathrm{L}^2(\mathcal{A})$*, il existe, pour tout* $k \geqslant 0$ *et tous* $n_1, \ldots, n_k$ *tels que* $0 < n_1 < \ldots < n_k$*, une forme* k*-linéaire (déterministe)* $f^k_{n_1,\ldots,n_k}$ *sur* E *telle que*

$$\sum_{k\geqslant 0} \sum_{0<n_1<\ldots<n_k} \left\|f^k_{n_1,\ldots,n_k}\right\|^2 < \infty$$

et

$$U = \sum_{k\geqslant 0} \sum_{0<n_1<\ldots<n_k} f^k_{n_1,\ldots,n_k}(\Delta X_{n_1}, \ldots, \Delta X_{n_k})\,.$$

DÉMONSTRATION. — Remarquons tout d'abord que, puisque $X_0 = 0$, la tribu $\mathcal{F}_0$ est dégénérée.

(i) $\Leftrightarrow$ (ii). Les tribus $\mathcal{F}_n$ étant finies, on peut parler de lois conditionnelles. La loi conditionnelle de ΔX_n sachant $\mathcal{F}_{n-1}$ est une probabilité (aléatoire) centrée, de covariance g^* ; selon le théorème 2 b), si elle est portée par au plus $d+1$ points, elle est portée par exactement $d+1$ points.

(ii) $\Rightarrow$ (v). Appelons $\mathcal{P}_k$ l'ensemble des parties à k éléments de $\mathbb{N}^*$. Pour $f \in \mathrm{L}^2(\mathcal{P}_k; (E^*)^{k\otimes})$ et $g \in \mathrm{L}^2(\mathcal{P}_\ell; (E^*)^{\ell\otimes})$,

$$\mathbb{E}\big[f(\Delta X_{m_1}, \ldots, \Delta X_{m_k})g(\Delta X_{n_1}, \ldots, \Delta X_{n_\ell})\big] = \begin{cases} \mathbb{E}\big[(f\bullet g)(\Delta X_{m_1}, \ldots, \Delta X_{m_{k-1}}, \Delta X_{n_1}, \ldots, \Delta X_{n_{\ell-1}})\big] & \text{si } m_k = n_\ell \\ 0 & \text{si } m_k \neq n_\ell \end{cases}$$

où $(f\bullet g)(x_1, \ldots, x_{k-1}, y_1, \ldots, y_{\ell-1}) = \sum_{b\in B} f(x_1, \ldots, x_{k-1}, b)g(y_1, \ldots, y_{\ell-1}, b)$ est la forme $(k+\ell-2)$-linéaire obtenue en contractant les derniers arguments de f et g. Cette formule s'obtient en conditionnant par $\mathcal{F}_{p-1}$, où $p = \sup(m_k, n_\ell)$ et en utilisant la définition des martingales si $m_k \neq n_\ell$ et celle des martingales normales si $m_k = n_\ell$. En itérant, on obtient

$$\mathbb{E}\big[f(\Delta X_{m_1}, \ldots, \Delta X_{m_k})g(\Delta X_{n_1}, \ldots, \Delta X_{n_\ell})\big] = \begin{cases} <f,g>_{\mathrm{L}^2(\mathcal{P}_k;(E^*)^{k\otimes})} & \text{si } (m_1, \ldots, m_k) = (n_1, \ldots, n_\ell) \\ 0 & \text{si } (m_1, \ldots, m_k) \neq (n_1, \ldots, n_\ell). \end{cases}$$

Il en résulte que l'application I qui à $f \in \bigoplus_{k\in\mathbb{N}} \mathrm{L}^2(\mathcal{P}_k; (E^*)^{k\otimes})$ associe l'élément $I(f) = \sum_{k\geqslant 0} \sum_{0<n_1<\ldots<n_k} f^k_{n_1,\ldots,n_k}(\Delta X_{n_1}, \ldots, \Delta X_{n_k})$ de $\mathrm{L}^2(\Omega)$ est une injection isométrique et a donc une image fermée. Pour montrer que cette isométrie est surjective, il suffit d'établir que son image est dense; nous allons vérifier que, pour chaque n, cette image contient $\mathrm{L}^2(\mathcal{F}_n)$.

Pour chaque $k \leqslant n$ et chaque k-uple $0 < n_1 < \ldots < n_k \leqslant n$, lorsque f décrit $(E^*)^{k\otimes}$, $f(\Delta X_{n_1}, \ldots, \Delta X_{n_k})$ décrit un sous-espace $H^k_{n_1,\ldots,n_k}$ de $\mathrm{L}^2(\mathcal{F}_n)$, de même dimension que $(E^*)^{k\otimes}$ en raison de l'injectivité, donc de dimension d^k. Quand k et $(n_1, \ldots, n_k)$ varient, les sous-espaces $H^k_{n_1,\ldots,n_k}$ sont orthogonaux et leur somme directe, qui est l'image de I dans $\mathrm{L}^2(\mathcal{F}_n)$, a donc pour dimension $\sum_{k=0}^n \sum_{0<n_1<\ldots<n_k\leqslant n} d^k = \sum_{k=0}^n \binom{n}{k} d^k = (d+1)^n$. Mais l'hypothèse (ii) entraîne que $\mathcal{F}_n$ est formée d'exactement $(d+1)^n$ atomes; $(d+1)^n$ est donc aussi la dimension de $\mathrm{L}^2(\mathcal{F}_n)$; par comparaison des dimensions on voit ainsi que l'image de I remplit tout $\mathrm{L}^2(\mathcal{F}_n)$.

(v) $\Rightarrow$ (iv). Dans le développement orthogonal de U donné par (v), les termes correspondant à $k \neq 0$ sont orthogonaux aux constantes ($k = 0$), donc d'espérance nulle. Le terme constant est donc $\mathbb{E}[U]$, et (iv) s'obtient aussitôt en posant

$$H_n(x) = \sum_{k=0}^{n-1} \sum_{0<n_1<\ldots<n_k<n} f^{k+1}_{n_1,\ldots,n_k,n}(\Delta X_{n_1}, \ldots, \Delta X_{n_k}, x) .$$

(iv) $\Rightarrow$ (iii). La formule (iv) implique $\mathbb{E}[U|\mathcal{F}_n] = \mathbb{E}[U] + \sum_{k=1}^n H_k \Delta X_k$; pour $n > 0$ il en résulte $\mathbb{E}[U|\mathcal{F}_n] = \mathbb{E}[U|\mathcal{F}_{n-1}] + H_n \Delta X_n$. Cette formule s'étend évidemment aux vecteurs aléatoires à valeurs dans $E\otimes E$; l'appliquant à $\Delta X_n \otimes \Delta X_n$, on obtient l'équation de structure annoncée; le tenseur y figurant est sesqui-symétrique d'après la proposition 6.

(iii) $\Rightarrow$ (ii). Par la proposition 6, la loi conditionnelle de X_n sachant $\mathcal{F}_{n-1}$ est portée par un ensemble (aléatoire) obtus, donc de cardinal $d+1$; ainsi la filtration a pour multiplicité exactement $d+1$. ∎

Remarque. — Par analogie avec le temps continu, où les propriétés de représentation prévisible et chaotique sont stables par produit, on pourrait croire que si deux martingales normales indépendantes X' et X'', à valeurs dans des espaces vectoriels euclidiens E' et E'', vérifient toutes deux les cinq propriétés de la proposition 7, il en va de même de la martingale normale $X = (X', X'')$ dans $E' \times E''$. Il n'en est rien : X'_1 (respectivement X''_1) prend exactement $d'+1$ (respectivement $d''+1$) valeurs, donc X_1 en prend $(d'+1)(d''+1)$ et ceci n'est égal à $d' + d'' + 1$ que si E' ou E'' est réduit à $\{0\}$.

Proposition 8. — *Sur $(\Omega, \mathcal{A}, \mathbb{P})$, toute filtration $\mathcal{F} = (\mathcal{F}_n)_{n\in\mathbb{N}}$ ayant exactement $d+1$ pour multiplicité et telle que $\mathcal{F}_0$ soit dégénérée est la filtration naturelle d'une martingale normale à valeurs dans E.*

Selon la proposition 7, cette martingale normale a nécessairement la propriété de représentation chaotique; lorsque $\mathcal{F}$ est la filtration naturelle d'une chaîne de Markov pour laquelle chaque point a exactement $d+1$ successeurs possibles, ce résultat est dû à Biane [2].

DÉMONSTRATION. — Soit $n > 0$. Si b est un atome de $\mathcal{F}_n$, appelons $A(b)$ l'atome de $\mathcal{F}_{n-1}$ qui contient b et posons $q(b) = \mathbb{P}[b|A(b)] = \mathbb{P}[b]/\mathbb{P}[A(b)]$; si l'on se fixe un atome a de $\mathcal{F}_{n-1}$, q définit une probabilité sur l'ensemble $B(a)$ des $d+1$ atomes de $\mathcal{F}_n$ inclus dans a. Le théorème 2 b) fournit un système obtus $S^a = \{s^a_b, b \in B(a)\}$ tel que, pour chaque $b \in B(a)$, $q(b)$ soit la masse affectée à s^a_b par $\pi(S^a)$. Il suffit de poser $\Delta X_n(\omega) = s_b^{A(b)}$ si $\omega \in b$ pour avoir un vecteur aléatoire dont la loi conditionnelle sachant $\mathcal{F}_{n-1}$ soit centrée et de covariance g^* et charge, quand ω varie, tous les atomes de $\mathcal{F}_n$. ■

Dans [4], en dimension 1, une martingale normale à temps continu vérifiant une équation de structure et ayant certaines propriétés est fabriquée à partir d'une martingale discrète par interpolation de ses valeurs : étant donnés deux instants t_0 et t_1 de différence $\Delta t = t_1 - t_0 > 0$ et des variables aléatoires X_{t_0} et X_{t_1} telles que la loi conditionnelle de l'accroissement $\Delta X = X_{t_1} - X_{t_0}$ soit portée par deux points et vérifie $\mathbb{E}[\Delta X|\mathcal{F}_{t_0}] = 0$ et $\mathbb{E}[\Delta X^2|\mathcal{F}_{t_0}] = \Delta t$, il existe (au prix d'un grossissement éventuel de Ω) une martingale $(M_t)_{t_0 \leqslant t \leqslant t_1}$ ayant une équation de structure et telle que $M_{t_0} = X_{t_0}$ et $M_{t_1} = X_{t_1}$. La construction de M est possible parce qu'il existe, pour toute loi centrée, de variance Δt et portée par deux points a et b, une martingale normale Z ayant une équation de structure (et même la propriété de représentation chaotique) telle que la variable aléatoire $Z_{\Delta t}$ ait cette loi (Z est la "martingale parabolique" telle que, à tout instant t, $Z_t(\omega)$ soit l'une ou l'autre des solutions de l'équation du second degré $z^2 = (a+b)z + t$; les sauts de Z, d'une branche à l'autre de la parabole ayant cette équation, ont lieu à des instants formant un processus ponctuel de Poisson d'intensité $dt/\big(4t + (a+b)^2\big)$; l'unicité en loi de la martingale vérifiant $Z_t^2 = (a+b)Z_t + t$ est établie dans [3]).

La proposition qui suit montre qu'une telle possibilité d'interpolation n'existe qu'en dimension 1.

PROPOSITION 9. — *Soit $(X_t)_{0 \leqslant t \leqslant 1}$ une martingale normale à temps continu, à valeurs dans un espace vectoriel euclidien E de dimension d. Si la loi de X_1 est portée par $d+1$ points, $d = 1$ et, en appelant a et b les deux points qui portent la loi de X_1, X est la martingale parabolique vérifiant $X_t^2 = (a+b)X_t + t$.*

DÉMONSTRATION. — Soit S le support de la loi de X_1, formé de $d+1$ points. Puisque cette loi est centrée et réduite, S doit, d'après le théorème 2 b), être un système obtus. Pour chaque $t \in]0,1[$, on peut écrire

$$\mathbb{E}[(X_1 - X_t)\otimes(X_1 - X_t)|\mathcal{F}_t] = \mathbb{E}[X_1 \otimes X_1 - X_t \otimes X_t|\mathcal{F}_t] = (1-t)\, g^* .$$

Ainsi, la loi conditionnelle sachant $\mathcal{F}_t$ de $(X_1 - X_t)/\sqrt{1-t}$, qui est définie pour presque tout ω, qui est portée par les $d+1$ points $\big(y - X_t(\omega)\big)/\sqrt{1-t}$ (où y décrit S) et qui est centrée, a pour covariance g^*. Par le b) du théorème 2, ces $d+1$ points forment donc un système obtus; le produit scalaire de deux d'entre eux est -1 et l'on a donc, pour y et y' distincts et dans S, $<y - X_t(\omega), y' - X_t(\omega)> = -(1-t)$, ou encore $<X_t(\omega), y+y'> = <X_t(\omega), X_t(\omega)> - t$ (car, S étant un système obtus, $<y, y'> = -1$).

Si l'on avait $d \geqslant 2$, S aurait au moins trois points; étant donnés deux points distincts y' et y'' de S, il existerait dans S un troisième point y distinct des deux précédents; on aurait $<X_t(\omega), y+y'> = <X_t(\omega), y+y''>$, et $y' - y''$ serait orthogonal à $X_t(\omega)$; en conséquence, X_t serait presque sûrement orthogonal au sous-espace affine engendré par les points de S. Mais ceci est impossible : puisque les covariances de X_t et de X_1 sont des multiples de g^*, ni X_1 ni X_t ne peut rester presque sûrement dans un sous-espace affine strict de E; il en résulte que $d=1$.

Appelons a et b les deux points de S; ils vérifient $ab=-1$. La relation vue plus haut $<X_t(\omega), y+y'> = <X_t(\omega), X_t(\omega)> - t$ dit exactement que $X_t^2 = (a+b)X_t + t$ et X est la martingale parabolique annoncée. ∎

Remarque. — En toutes dimensions, il existe des martingales normales X à temps continu telles que la loi de X_1 ait un support fini. L'exemple le plus simple est certainement la martingale dont les coordonnées X^i, dans un repère orthonormé, sont des martingales paraboliques unidimensionnelles indépendantes vérifiant chacune $(X_t^i)^2 = t$. Ce processus reste sur les 2^d demi-droites issues de l'origine vers les 2^d sommets du cube $[-1,1]^d$; sa distance à l'origine est déterministe et vaut $\|X_t\| = \sqrt{d}\sqrt{t}$; à des instants formant un processus ponctuel de Poisson d'intensité $(4d)^{-1}dt/t$, il saute de la demi-droite où il se trouve à l'une des d demi-droites voisines, changeant ainsi le signe de l'une de ses coordonnées.

RÉFÉRENCES

[1] S. Attal. Thèse de Doctorat, Université de Strasbourg I.

[2] Ph. Biane. Chaotic Representation for Finite Markov Chains. *Stochastics and Stochastics Reports 30*, 61–68, 1990.

[3] M. Émery. On the Azéma Martingales. *Séminaire de Probabilités XXIII*, Lecture Notes in Mathematics 1372, Springer 1989.

[4] M. Émery. On the Chaotic Representation Property for Martingales. Soumis aux *Proceedings of the 1993 Kolmogorov Semester on Stochastic Analysis*, Saint-Petersbourg.

[5] P.-A. Meyer. Quantum Probability for Probabilists. Lecture Notes in Mathematics 1538, Springer 1993.

[6] P.-A. Meyer. Éléments de probabilités quantiques. *Séminaire de Probabilités XX*, Lecture Notes in Mathematics 1204, Springer 1986.

[7] D. Revuz & M. Yor. Continuous Martingales and Brownian Motion. *Grundlehren der mathematischen Wissenschaften*, Springer 1991.

I.R.M.A., Université Louis Pasteur
Département de Mathématiques
7 rue René Descartes
67084 Strasbourg

VITESSE DE CONVERGENCE EN LOI POUR DES SOLUTIONS D'EQUATIONS DIFFERENTIELLES STOCHASTIQUES VERS UNE DIFFUSION

François Coquet et Jean Mémin

IRMAR, Université de Rennes 1, Campus de Beaulieu, 35042 RENNES Cedex.

Résumé. Etant donnée une suite (M^n) de martingales de carré intégrable convergeant vers un mouvement brownien, on étudie, en fonction de la vitesse de convergence des variations quadratiques de cette suite, la vitesse de convergence de solutions d'équations différentielles conduites par les M^n.

Abstract. Being given sequence of square-integrable martingales M^n converging to a Brownian motion, we study the rate of convergence for solutions of stochastic differential equations driven by the M^n's, in terms of the rate of convergence of the quadratic variations of the sequence.

I. Introduction- Enoncé du résultat principal

On considère :
-un nombre réel x_0 et un nombre réel positif T ;
-une martingale de carré intégrable M à valeurs réelles, définie sur un espace filtré $(\Omega, \mathcal{F}, (\mathcal{F}_t)_{0\leq t\leq T}, P)$;
-une application $\sigma : \mathbf{R} \to \mathbf{R}$, bornée par un nombre N et lipschitzienne de coefficient L ;
-l'unique solution X de l'équation différentielle stochastique

$$X_t = x_0 + \int_0^t \sigma(X_{s_-})dM_s; \tag{1}$$

-un mouvement brownien standard B défini sur un espace filtré $(\Omega', \mathcal{F}', (\mathcal{F}'_t)_{t\geq 0}, P')$, à valeurs réelles ;
-l'unique solution Y de l'équation différentielle stochastique

$$Y_t = x_0 + \int_0^t \sigma(Y_s)dB_s. \tag{2}$$

Soit $D([0,T],\mathbf{R})$ l'espace des fonctions de $[0,T]$ dans $\mathbf{R}$) continues à droite et admettant des limites à gauche, muni de la distance de Skorokhod d et de sa tribu des boréliens $\mathcal{D}$. Etant donnés deux processus X et Y à valeurs dans $D([0,T],\mathbf{R})$, la distance de Lévy-Prokhorov $\Pi(P_X, P_Y)$ (notée $\Pi(X,Y)$) entre leurs lois est définie par :

$$\Pi(X,Y) = \inf\{\epsilon > 0 : \forall A \in \mathcal{D}, P_X(A) \leq P_Y(A^\epsilon) + \epsilon\},$$

où $A^\epsilon = \{x : d(A,x) < \epsilon\}$, et $d(A,x) = \inf_{x'\in A} d(x,x')$.

Nous nous proposons dans cet article de majorer, sous nos définitions, $\Pi(X,Y)$. Dans l'article [1], écrit en commun avec L. Vostrikova, nous avons estimé $\Pi(M,B)$ notamment à partir de caractéristiques prévisibles. Nous chercherons ici à obtenir une estimation en fonction de l'écart des variations quadratiques de M et B. $[M]$ désigne la variation quadratique de M. Rappelons par ailleurs que la distance de Ky-Fan associée à la topologie de la convergence uniforme entre un processus càdlàg A et un processus continu B définis sur le même espace probabilisé s'écrit

$$\mathcal{K}(A,B) = \inf\{\epsilon : P(\|A-B\|_T \geq \epsilon) \leq \epsilon\},$$

avec la notation $\|A-B\|_T = \sup_{0\leq t\leq T} |A_t - B_t|$. .

La distance de Lévy-Prokhorov entre les lois de A et B est alors plus petite que $\mathcal{K}(A,B)$ ([1], lemme 1 p. 11).

A partir du théorème 2 de [1], il est facile de montrer qu'on a aussi

$$\Pi(M,B) \leq O(\mu^{1/9}|\ln \mu|^{1/2})$$

où $\mu = E\Big[\sup_{t\leq T} |[M]_t - t|\Big]$.

Le principal résultat de cet article est l'estimation de $\Pi(X,Y)$ en fonction de μ : plus précisément, nous obtenons le

Théorème 1. *Sous les hypothèses précédentes,*

$$\Pi(X,Y) \leq O(\mu^{1/16}). \tag{3}$$

Comme la distance de Lévy-Prokhorov métrise la topologie de la convergence en loi, nous retrouvons donc par un argument métrique un cas particulier des résultats de Słominski [11], et Mémin et Słominski [7] sur la stabilité des solutions d'équations différentielles stochastiques moyennant la condition dite "U.T.". Il est du reste facile de montrer que cette condition "U.T." est vérifiée pour une suite de martingales de carré intégrable (M^n) convergeant en loi vers un mouvement brownien, et vérifiant en outre $\mu^n \to 0$, avec $\mu^n = E\Big[\sup_{t\leq T} |[M^n]_t - t|\Big]$.

II. La preuve

La méthode utilisée est sensiblement la même que dans [1].

a. Tout d'abord, pour $\beta > 0$ (à déterminer ultérieurement), on introduit la martingale M^β obtenue par exclusion des sauts de M d'amplitude supérieure à β en valeur absolue, en d'autres termes

$$M_t^\beta = M_t - \int_0^t \int_{|x|>\beta} x d(\eta - \nu).$$

(η désigne la mesure des sauts de M, et ν son compensateur prévisible ; pour toutes ces notions, voir Jacod et Shiryaev [5]). En notant $X(\beta)$ la solution de l'équation

$$X_t(\beta) = x_0 + \int_0^t \sigma(X_{s-}(\beta) dM_s^\beta, \tag{4}$$

on majore alors, au moyen d'un lemme de type Gronwall, la distance de Ky-Fan $\mathcal{K}(X, X(\beta))$ à partir de μ.

b. Pour estimer $\Pi(M^\beta, B)$, on utilise le théorème de plongement d'une martingale de carré intégrable dans un mouvement brownien (Monroe [9], Kubilius [6]) dans la version du théorème 1 de [1]. On plonge ainsi M^β dans un mouvement brownien W défini sur un espace filtré $(\overline{\Omega}, \overline{\mathcal{F}}, (\overline{\mathcal{F}}_t)_{t\geq 0}, \overline{P})$, à partir d'un changement de temps (τ_t), et avec notamment la propriété $\mathcal{L}((M^\beta, [M^\beta])|P) = \mathcal{L}((W_\tau, [W_\tau])|\overline{P})$. On notera E l'espérance relativement à la probabilité P sur Ω, et $\overline{E}$ relativement à probabilité $\overline{P}$ sur $\overline{\Omega}$.
Si $\overline{Y}$ désigne la solution de (2) sur l'espace $(\overline{\Omega}, \overline{\mathcal{F}}, (\overline{\mathcal{F}}_t)_{t\geq 0}, \overline{P})$ relativement au mouvement brownien W, et $\overline{X}$ la solution de (4) sur ce même espace, on a alors à estimer les distances $\mathcal{K}(\overline{X}, \overline{Y}_\tau)$ et $\mathcal{K}(\overline{Y}_\tau, \overline{Y})$. La première estimation s'obtient en comparant les approximations discrètes de (2) et (4) ; la seconde s'appuie sur une inégalité exponentielle pour les martingales continues, et sur des estimations analogues à celles obtenues dans la démonstration du théorème 2 de [1].

Les sous-paragraphes 1., 2. et 3. ci-dessous donnent le détail de ces différentes étapes ; le sous-paragraphe 4. recolle les morceaux en déterminant le choix optimal de β.

1. Estimation de $\mathcal{K}(X, X(\beta))$.

Posons $U_t = \|X - X(\beta)\|_t$ et $A_t = [M^\beta]_t$.
Nous commençons par démontrer le lemme de type Gronwall suivant, en calquant la démonstration sur celles de Jacod et Mémin [4], ou Métivier et Pellaumail [8], paragraphe 29:

Lemme 1. *S'il existe des constantes K et γ telles que $A_T \leq K$ p.s. et $\|\Delta A\|_T \leq \frac{1}{8\gamma^2}$, et s'il existe de plus une constante positive α telle que, pour tout temps d'arrêt $\tau \leq T$,*

$$E(U_\tau) \leq \gamma E\Big(\Big(\int_0^\tau U_{s-}^2\, dA_s\Big)^{\frac{1}{2}}\Big) + \alpha,$$

alors

$$E(U_\tau) \leq 2\alpha \sum_{0\leq i\leq m} (2\gamma K^{1/2})^i, \tag{5}$$

où m est la partie entière de $8\gamma^2 K - 1$.

Preuve. On pose $S_0 = 0$ et, pour $0 \leq k \leq m$, $S_{k+1} = \inf\{t > S_k, A_t - A_{s_k} \geq 1/8\gamma^2\} \wedge T$; si $x_k = E(U_{S_k})$, on obtient, sous les hypothèses du lemme,

$$\begin{aligned} x_{k+1} &\leq \alpha + \gamma E\Big[\Big(\int_0^{S_k} U_{s-}^2\, dA_s + \int_{S_k}^{S_{k+1}} U_{s-}^2\, dA_s\Big)^{1/2}\Big] \\ &\leq \alpha + \gamma E\Big[\Big(\int_0^{S_k} U_{s-}^2\, dA_s\Big)^{1/2} + \Big(U_{S_{k+1}}^2 (A_{S_{k+1}} - A_{S_k})\Big)^{1/2}\Big] \\ &\leq \alpha + \gamma \mathcal{K}^{1/2} x_k + \frac{1}{2} x_{k+1} \end{aligned}$$

(le dernier terme provenant du fait que

$$A_{S_{k+1}} - A_{S_k} \leq \frac{1}{8\gamma^2} + \Delta A_{S_{k+1}} \leq \frac{1}{4\gamma^2}.)$$

On en déduit donc

$$x_{k+1} \leq 2\alpha + 2\gamma K^{1/2} x_k$$

puis, par itération,

$$x_{k+1} \leq 2\alpha \sum_{0 \leq i \leq k} (2\gamma K^{1/2})^i.$$

Il suffit alors de remarquer que $S_m = T$ pour achever la démonstration. ∎

Nous pouvons maintenant en venir à notre estimation :

Lemme 2. *Pour* $0 < \lambda < 1/2$, *dès que* $\mu^\lambda = \beta \leq \frac{1}{16\sqrt{2}L}$, *on a*

$$\mathcal{K}(X, X(\beta)) \leq O(\mu^{\frac{1-2\lambda}{4} \wedge 1/16}). \tag{6}$$

Preuve. Soient $\epsilon > 0$ et S un temps d'arrêt tel que $S \leq T$; on a

$$\begin{aligned}\epsilon P\Big[\|X - X(\beta)\|_S \geq \epsilon\Big] &\leq E\Big[\|X - X(\beta)\|_S\Big] \\ &\leq E\Big[\Big\|\int_0^\cdot (\sigma(X_{s-}) - \sigma(X_{s-}(\beta)))dM_s^\beta\Big\|_S\Big] + E\Big[\Big\|\int_0^\cdot (\sigma(X_{s-})d(M_s - M_s^\beta)\Big\|_S\Big] \\ &\leq 4LE\Big[\Big(\int_0^S |X_{s-} - X_{s-}(\beta)|^2 d[M^\beta]\Big)^{1/2}\Big] + NE\Big[[M - M^\beta]_T^{1/2}\Big],\end{aligned}$$

où l'on a appliqué l'inégalité de Burkholder-Gundy (voir Dellacherie et Meyer [2] p.303) pour la dernière inégalité.

Maintenant, on a uniformément en t $|\Delta M_t^\beta| \leq 2\beta$, d'où $\Delta[M^\beta]_t \leq 4\beta^2$, et les hypothèses du lemme 1 sont donc vérifiées si on prend $\beta^2 \leq \frac{1}{128L^2}$ et $\gamma = 4L$, et si on suppose que $[M^\beta]_T$ est plus petit qu'une certaine constante K.

Le lemme 1 donne alors

$$E\Big[\|X - X(\beta)\|_T\Big] \leq NRE\Big[[M - M^\beta]_T^{1/2}\Big] \tag{7}$$

où $R = 2 \sum_{0 \leq i \leq m} (8LK^{1/2})^i$.

Afin de se passer de l'hypothèse $[M^\beta] \leq K$, on se donne K (que l'on précisera plus tard), et on introduit le temps d'arrêt $\tau = \inf\{t, [M^\beta]_t \geq K - 1/128L^2\}$. Sur $\{\tau \geq T\}$, $(M^\beta)^\tau$ (processus arrêté en τ) satisfait les hypothèses du lemme 1. Par suite, en notant $X^{(\tau)}$ (resp. $X^{(\tau)}(\beta)$ la solution de (1) (resp. (4)) conduite par M^τ (resp. $(M^\beta)^\tau$), on a, en tenant compte de (7),

$$\begin{aligned}P\Big[\|X - X(\beta)\|_T \geq \epsilon\Big] &\leq P\Big[\|X^{(\tau)} - X^{(\tau)}(\beta)\|_T \geq \epsilon\Big] + P(\tau < T) \\ &\leq \frac{1}{\epsilon} NRE\Big[[M - M^\beta]_T^{1/2}\Big] + P\Big([M^\beta]_T > K\Big).\end{aligned} \tag{8}$$

Il reste donc à estimer les deux termes du membre de droite de (8).
D'une part, on a en reprenant la preuve du lemme 2 de [1],

$$E\Big[[M-M^\beta]_T^{1/2}\Big] \le E\big[[M-M^\beta]_T^{1/2}\mathbf{1}_{\|\Delta M\|_T\le\beta}\big] + E\big[[M-M^\beta]_T^{1/2}\mathbf{1}_{\|\Delta M\|_T>\beta}\big]$$
$$\le E\Big[\Big(\sum_{s\le T}\Big(\int x\mathbf{1}_{|x|>\beta}\nu(\{s\},dx)\Big)^2\Big)^{1/2}\Big] + \big[[M-M^\beta]_T\big]^{1/2}P[\|\Delta M\|_T>\beta]^{1/2}. \quad (9)$$

Estimons le premier terme du côté droit de (9). Pour alléger l'écriture, on note $A(\alpha)$ l'ensemble $\Big\{\int_0^T\int_{|x|>\beta}|x|\nu(ds,dx)\le\alpha\Big\}$.

$$E\Big[\Big(\sum_{s\le T}\Big(\int x\mathbf{1}_{|x|>\beta}\nu(\{s\},dx)\Big)^2\Big)^{1/2}\Big] \le E\Big[\Big(\sum_{s\le T}\Big(\int x\mathbf{1}_{|x|>\beta}\nu(\{s\},dx)\Big)^2\Big)^{1/2}\mathbf{1}_{A(\alpha)^c}\Big]$$
$$+ E\Big[\Big(\sum_{s\le T}\Big(\int x\mathbf{1}_{|x|>\beta}\nu(\{s\},dx)\Big)^2\Big)^{1/2}\mathbf{1}_{A(\alpha)}\Big]$$
$$\le E\Big[\Big(\sum_{s\le T}\Big(\int x\mathbf{1}_{|x|>\beta}\nu(\{s\},dx)\Big)^2\Big)\Big]^{1/2}P(A(\alpha)^c)^{1/2} + \beta^{1/2}\alpha^{1/2}$$
$$\le E([M]_T)^{1/2}P(A(\alpha)^c)^{1/2} + \beta^{1/2}\alpha^{1/2}. \quad (10)$$

En utilisant l'inégalité de Lenglart-Rebolledo ([5] p. 35), on obtient :

$$P(A(\alpha)^c) \le \frac{\eta}{\alpha} + \frac{1}{\alpha}E\Big(\|\Delta M\|_T\mathbf{1}_{\|\Delta M\|_T>\beta}\Big) + P\Big(\sum_{t\le T}|\Delta M_t|\mathbf{1}_{\|\Delta M\|_T>\beta} > \eta\Big)$$
$$\le \frac{1}{\alpha}E\Big(\|\Delta M\|_T\mathbf{1}_{\|\Delta M\|_T>\beta}\Big) + P[\|\Delta M\|_T>\beta]$$
$$\le \frac{1}{\alpha}E[\|\Delta M\|_T^2]^{1/2}P(\|\Delta M\|_T>\beta)^{1/2} + P(\|\Delta M\|_T>\beta). \quad (11)$$

Enfin, on a facilement :

$$E([M-M^\beta]_T)^{1/2} \le 2E([M]_T)^{1/2}. \quad (12)$$

En définitive, compte tenu de (10), (11) et (12) on obtient :

$$E([M-M^\beta]_T^{1/2}) \le E([M]_T)^{1/2}\Big(\frac{1}{\alpha}E[\|\Delta M\|_T^2]^{1/2}P[\|\Delta M\|_T>\beta]^{1/2} + P[\|\Delta M\|_T>\beta]\Big)^{1/2}$$
$$+ 2E([M]_T)^{1/2}P[\|\Delta M\|_T>\beta]^{1/2} + (\beta\alpha)^{1/2}$$
$$\le E([M]_T)^{1/2}\Big(\frac{E[\|\Delta M\|_T^2]^{1/4}}{\alpha^{1/2}}P[\|\Delta M\|_T>\beta]^{1/4} + P[\|\Delta M\|_T>\beta]^{1/2}\Big)$$
$$+ 2E([M]_T)^{1/2}P[\|\Delta M\|_T>\beta]^{1/2} + (\beta\alpha)^{1/2}. \quad (13)$$

Maintenant,

$$P\Big(\|\Delta M\|_T>\beta\Big) \le P\Big(\|[M]-Id\|_T>\beta^2/2\Big) \le 2\mu/\beta^2.$$

On a donc, en prenant β de la forme $\beta = \mu^\lambda$, avec $0 < \lambda < 1/2$,

$$P\Big(\|\Delta M\|_T > \beta\Big) \le 2\mu^{1-2\lambda}, \tag{14}$$

et (13) devient donc

$$E\Big([M - M^\beta]_T\Big) \le \mu^{\lambda/2}\alpha^{1/2} + E\big([M]_T\big)^{1/2}\big(E[\|\Delta M\|_T^2]^{1/4}\frac{\mu^{1/4-\lambda/2}}{\alpha^{1/2}} + \mu^{1/2-\lambda}\big) + 2E\big([M]_T\big)^{1/2}\mu^{1/2-\lambda}.$$

On pose alors $\alpha^{1/2} = \mu^{-a}$, en choisissant a pour minimiser la partie principale du membre de droite ci-dessus. On obtient $a = \lambda/2 - 1/8$, d'où :

$$E[[M - M^\beta]_T^{1/2}] \le \mathcal{O}(\mu^{1/8 \wedge (1/2-\lambda)}). \tag{15}$$

D'autre part,

$$P\Big([M^\beta]_T > K\Big) \le P\Big([M^\beta]_T - [M]_T > K/3\Big) + P\Big([M]_T - T > K/3\Big) + P(T > K/3).$$

En choisissant $K > 3T$, le dernier terme est nul ; par ailleurs,

$$P\Big([M]_T - T > K/3\Big) \le 3\mu/K.$$

Enfin, en utilisant successivement (11), (14) et (15), on a

$$\begin{aligned} P\Big(\|[M^\beta] - [M]\|_T > K/3\Big) \le & P\Big(\{\|[M^\beta] - [M]\|_T > K/3\} \cap \{\|\Delta M\|_T \le \beta\}\Big) \\ & + P\Big(\|\Delta M\|_T > \beta\Big) \\ & \le P[|x|\mathbf{1}_{|x|>\beta} * \nu > \frac{K}{9\beta}] + 2\mu^{1-2\lambda} \\ \le \frac{9\beta}{K} E[\|\Delta M\|_T^2]^{1/2} & P[\|\Delta M\|_T > \beta]^{1/2} + P[\|\Delta M\|_T > \beta] + 2\mu^{1-2\lambda} \\ & \le \mathcal{O}(\mu^{1/2}) + 2\mu^{1-2\lambda}. \end{aligned} \tag{16}$$

D'où, en définitive, dès que $\beta = \mu^\lambda$, (8), (15) et (16) donnent donc

$$P\Big[\|X - X(\beta)\|_T \ge \epsilon\Big] \le \frac{1}{\epsilon}\Big(\mathcal{O}(\mu^{1/8}) + \mathcal{O}(\mu^{1/2-\lambda})\Big)$$

dès que $0 < \lambda < 1/2$, $\mu^\lambda = \beta \le \dfrac{1}{16\sqrt{2}L}$.

Le lemme 2 s'en déduit immédiatement. ∎

2. Estimation de $\overline{P}\Big(\|\overline{X}-\overline{Y}_{\tau.}\|_T \geq \epsilon\Big)$.

Comme indiqué précédemment, on va plonger M^β dans un mouvement brownien. On se place sur l'espace filtré $(\overline{\Omega}, \overline{\mathcal{F}}, (\overline{\mathcal{F}}_t)_{t\geq 0}, \overline{P})$, avec le mouvement brownien standard W et le changement de temps (τ_t) qui vérifient les hypothèses du théorème de plongement (voir par exemple [1], [6] ou [9]). Notons $\overline{X}$ la solution de

$$\overline{X}_t = x_0 + \int_0^t \sigma(\overline{X}_{s_-})dW_{\tau_s}. \tag{17}$$

$\overline{X}$ a alors la même loi que $X(\beta)$. Soit enfin $\overline{Y}$ la solution de

$$\overline{Y}_t = x_0 + \int_0^t \sigma(\overline{Y}_s)dW_s. \tag{18}$$

M^β n'étant pas, en principe, une martingale continue, τ n'est pas continu et W n'est pas adapté à (τ_t) (au sens de Jacod [3], p. 315). On n'a donc pas égalité de $\overline{X}_t$ et $\overline{Y}_{\tau_t}$ pour $t \geq 0$, et nous allons donc estimer la distance de Ky-Fan entre $\overline{X}$ et $\overline{Y}_{\tau}$.

Lemme 3. *On a, pour tout* $0 < \alpha < 1$:

$$\overline{P}\Big(\|\overline{X}-\overline{Y}_{\tau.}\|_T > \epsilon\Big) \leq K/\epsilon^2\Big(\mu + \alpha + \overline{P}(\|\tau - Id\|_T > \alpha)\Big), \tag{19}$$

où K est une constante qui dépend de T.

Preuve. Nous commençons par écrire une approximation d'Euler de la solution de (17) : pour n entier fixé, on pose $\overline{X}^n_0 = x$ et, pour $0 \leq k \leq n$, on définit $\overline{X}^n_t$ sur $]kT/n, (k+1)T/n]$ par

$$\overline{X}^n_t = \overline{X}^n_{kT/n} + \sigma(\overline{X}^n_{kT/n})(W_{\tau_t} - W_{\tau_{kT/n}}).$$

Il est assez intuitif que $\overline{X}^n$ est aussi une "approximation" de $\overline{Y}_\tau$, d'autant meilleure que $\sup_{t\leq T}|\tau_t - t|$ est petit. Nous allons suivre cette idée.

Considérons tout d'abord la subdivision $\{\tau_{kT/n}\}_{0\leq k\leq n}$ de l'intervalle $[0, \tau_T]$. On pose $\overline{Y}^n_0 = x_0$ et, pour $\tau_{kT/n} < t \leq \tau_{(k+1)T/n}$,

$$\overline{Y}^n_t = \overline{Y}^n_{\tau_{kT/n}} + \sigma(\overline{Y}^n_{\tau_{kT/n}})(W_t - W_{\tau_{kT/n}}),$$

de sorte que $\overline{Y}^n_{\tau_t} = \overline{X}^n_t$ pour tout t.

Nous pouvons alors écrire, pour $\epsilon > 0$,

$$\overline{P}\Big(\|\overline{X}-\overline{Y}_{\tau.}\|_T > \epsilon\Big) \leq \overline{P}\Big(\left\|\overline{X}-\overline{X}^n\right\|_T > \epsilon/2\Big) + \overline{P}\Big(\left\|\overline{Y}^n_{\tau.}-\overline{Y}_{\tau.}\right\|_T > \epsilon/2\Big)$$

et, comme

$$\overline{P}\Big(\|\overline{Y}_{\tau_\cdot} - \overline{Y}^n_{\tau_\cdot}\|_T > \epsilon\Big) \le \overline{P}\Big(\|\overline{Y} - \overline{Y}^n\|_{\tau_T} > \epsilon\Big)$$
$$\le \overline{P}\Big(\|\overline{Y} - \overline{Y}^n\|_{\tau_T \wedge (T+\alpha)} > \epsilon\Big) + \overline{P}(\tau_T > T+\alpha), \quad (20)$$

on a

$$\overline{P}\Big(\|\overline{X} - \overline{Y}_{\tau_\cdot}\|_T > \epsilon\Big) \le 4/\epsilon^2\Big(\overline{E}\Big(\|\overline{X} - \overline{X}^n\|_T^2\Big) + \overline{E}\Big[\|\overline{Y} - \overline{Y}^n\|^2_{\tau_T \wedge (T+\alpha)}\Big]\Big)$$
$$+ \overline{P}(\tau_T > T+\alpha). \quad (21)$$

On va maintenant estimer successivement chacun des deux premiers termes du membre de droite de (21).

Tout d'abord, notons, pour un élément x de l'espace de Skorokhod, $\sigma^n(x_t) = \sigma(x_{kT/n})$ si $t \in [kT/n, (k+1)T/n[$.On a alors (en utilisant Burkholder pour la deuxième ligne ci-dessous),

$$\overline{E}\Big(\|\overline{X} - \overline{X}^n\|_T^2\Big) = \overline{E}\Big(\Big\|\int_0^{\cdot} (\sigma(\overline{X}_{s-}) - \sigma^n(\overline{X}^n_{s-}))dW_{\tau_s}\Big\|_T^2\Big)$$
$$\le 4\overline{E}\Big(\int_0^T (\sigma(\overline{X}_{s-}) - \sigma^n(\overline{X}^n_{s-}))^2 d[W_\tau]_s\Big)$$
$$\le 4\overline{E}\Big(\int_0^T (\sigma(\overline{X}_{s-}) - \sigma^n(\overline{X}^n_{s-}))^2 d(\sup_{u\le s}|[W_\tau]_u - u|)\Big) + 4\overline{E}\Big(\int_0^t (\sigma(\overline{X}_s) - \sigma^n(\overline{X}^n_s))^2 ds\Big)$$
$$\le 16N^2 E\Big(\|[M] - Id\|_T\Big) + 8\int_0^T \overline{E}\Big((\sigma(\overline{X}_s) - \sigma(\overline{X}^n_s))^2\Big)ds$$
$$+ 8\int_0^T \overline{E}\Big((\sigma(\overline{X}^n_s) - \sigma^n(\overline{X}^n_s))^2\Big)ds$$
$$\le 16N^2\mu + 8L^2\int_0^T \overline{E}\Big(\|\overline{X} - \overline{X}^n\|_s^2\Big)ds$$
$$+ 8\sum_{k=0}^{n-1}\int_{kT/n}^{(k+1)T/n} \overline{E}\Big((\sigma(\overline{X}^n_s) - \sigma(\overline{X}^n_{kT/n}))^2\Big)ds. \quad (22)$$

De plus,

$$8\sum_{k=0}^{n-1}\int_{kT/n}^{(k+1)T/n} \overline{E}\Big((\sigma(\overline{X}^n_s) - \sigma(\overline{X}^n_{kT/n}))^2\Big)ds$$
$$\le 8L^2\sum_{k=0}^{n-1}\int_{kT/n}^{(k+1)T/n} \overline{E}\Big((\overline{X}^n_s - \overline{X}^n_{kT/n})^2\Big)ds$$
$$= 8L^2\sum_{k=0}^{n-1}\int_{kT/n}^{(k+1)T/n} \overline{E}\Big(\sigma^2(\overline{X}^n_{kT/n})(W_{\tau_s} - W_{\tau_{kT/n}})^2\Big)ds,$$

si bien que

$$8\sum_{k=0}^{n-1}\int_{kT/n}^{(k+1)T/n}\overline{E}\Big((\sigma(\overline{X}^n_s)-\sigma(\overline{X}^n_{kT/n}))^2\Big)ds$$

$$\leq 8L^2N^2\sum_{k=0}^{n-1}\int_{kT/n}^{(k+1)T/n}\overline{E}\Big((W_{\tau_s}-W_{\tau_{kT/n}})^2\Big)ds$$

$$\leq 8L^2N^2\sum_{k=0}^{n-1}\int_{kT/n}^{(k+1)T/n}E\Big([M]_s-[M]_{kT/n}\Big)ds$$

$$\leq 8L^2N^2\sum_{k=0}^{n-1}\int_{kT/n}^{(k+1)T/n}E\Big(([M]_s-s)-([M]_{kT/n}-kT/n)\Big)ds$$

$$+8L^2N^2\sum_{k=0}^{n-1}\int_{kT/n}^{(k+1)T/n}(s-kT/n)ds$$

$$\leq 16L^2N^2T\mu+4L^2N^2T^2/n.$$

On a donc en définitive

$$\overline{E}\Big(\|\overline{X}-\overline{X}^n\|_T^2\Big)\leq 16N^2(L^2T+1)\mu+4L^2N^2T^2/n+8L^2\int_0^T\overline{E}\Big(\|\overline{X}-\overline{X}^n\|_s^2\Big)ds,$$

d'où, par l'inégalité de Gronwall,

$$\overline{E}\Big(\|\overline{X}-\overline{X}^n\|_T^2\Big)\leq O(\mu+1/n). \tag{23}$$

Nous nous proposons maintenant d'estimer $\overline{E}\Big[\|\overline{Y}-\overline{Y}^n\|^2_{\tau_T\wedge(T+\alpha)}\Big]$.

$$\overline{E}\Big[\|\overline{Y}-\overline{Y}^n\|^2_{\tau_T\wedge(T+\alpha)}\Big]$$

$$\leq\overline{E}\Big[\Big\|\int_0^\cdot\sigma(\overline{Y}_s)dW_s-\sum_{k=0}^{n-1}\sigma(\overline{Y}^n_{\tau_{kT/n}})(W_{\tau_{(k+1)T/n}\wedge\cdot}-W_{\tau_{kT/n}\wedge\cdot})\Big\|^2_{\tau_T\wedge(T+\alpha)}\Big]$$

$$\leq 2\overline{E}\Big[\Big\|\int_0^\cdot(\sigma(\overline{Y}_s)-\sigma(\overline{Y}^n_s))dW_s\Big\|^2_{\tau_T\wedge(T+\alpha)}\Big]$$

$$+2\overline{E}\Big[\Big\|\int_0^\cdot\sigma(\overline{Y}^n_s)dW_s-\sum_{k=0}^{n-1}\sigma(\overline{Y}^n_{\tau_{kT/n}})(W_{\tau_{(k+1)T/n}\wedge\cdot}-W_{\tau_{kT/n}\wedge\cdot})\Big\|^2_{\tau_T\wedge(T+\alpha)}\Big]. \tag{24}$$

Si on note $2A$ le dernier terme du membre de droite de (24), on a

$$\begin{aligned}
A =& \overline{E}\Big[\Big\|\sum_{k=0}^{n-1}\int_{\tau_{kT/n}\wedge\cdot}^{\tau_{(k+1)T/n}\wedge\cdot}(\sigma(\overline{Y}^n_s)-\sigma(\overline{Y}^n_{\tau_{kT/n}}))dW_s\Big\|^2_{\tau_T\wedge(T+\alpha)}\Big] \\
\leq& 4\overline{E}\Big[\sum_{k=0}^{n-1}\int_{\tau_{kT/n}\wedge(T+\alpha)}^{\tau_{(k+1)T/n}\wedge(T+\alpha)}(\sigma(\overline{Y}^n_s)-\sigma(\overline{Y}^n_{\tau_{kT/n}}))^2ds\Big] \\
\leq& 4\overline{E}\Big[\sum_{k=0}^{n-1}\int_{\tau_{kT/n}\wedge(T+\alpha)}^{\tau_{(k+1)T/n}\wedge(T+\alpha)}(\sigma(\overline{Y}^n_s)-\sigma(\overline{Y}^n_{\tau_{kT/n}}))^2ds\mathbf{1}(\|\tau-Id\|_T\leq\alpha)\Big] \\
&+16N^2\overline{E}\Big[\mathbf{1}(\|\tau-Id\|_T>\alpha)\tau_T\wedge(T+\alpha)\Big] \\
\leq& 4L^2\overline{E}\Big[\sum_{k=0}^{n-1}\int_{\tau_{kT/n}\wedge(T+\alpha)}^{\tau_{(k+1)T/n}\wedge(T+\alpha)}|\overline{Y}^n_s-\overline{Y}^n_{\tau_{kT/n}}|^2ds\mathbf{1}(\|\tau-Id\|_T\leq\alpha)\Big] \\
&+16(T+\alpha)N^2\overline{P}(\|\tau-Id\|_T>\alpha) \\
\leq& 4L^2\sum_{k=0}^{n-1}\overline{E}\Big[\int_{\tau_{kT/n}\wedge(T+\alpha)}^{\tau_{(k+1)T/n}\wedge(T+\alpha)}\sigma(\overline{Y}^n_{\tau_{kT/n}})^2(W_s-W_{\tau_{kT/n}})^2\mathbf{1}(\|\tau-Id\|_T\leq\alpha)\Big]ds \\
&+16(T+\alpha)N^2\overline{P}(\|\tau-Id\|_T>\alpha) \\
\leq& 16L^2N^2\sum_{k=0}^{n-1}\int_{kT/n-\alpha}^{(k+1)T/n+\alpha}\sup_{kT/n-\alpha\leq u\leq s}\overline{E}\Big[(W_u-W_{kT/n-\alpha})^2\Big]ds \\
&+16(T+\alpha)N^2\overline{P}(\|\tau-Id\|_T>\alpha) \\
\leq& 64L^2N^2\sum_{k=0}^{n-1}\int_{kT/n-\alpha}^{(k+1)T/n+\alpha}(s-kT/n+\alpha)ds+16(T+\alpha)N^2\overline{P}(\|\tau-Id\|_T>\alpha),
\end{aligned}$$

d'où

$$A\leq 32L^2N^2n(2\alpha+T/n)^2+16(T+\alpha)N^2\overline{P}(\|\tau-Id\|_T>\alpha). \tag{25}$$

Par ailleurs on a, pour le premier membre du terme de droite de (24),

$$\overline{E}\Big[\Big\|\int_0^\cdot(\sigma(\overline{Y}_s)-\sigma(\overline{Y}^n_s))dW_s\Big\|^2_{\tau_T\wedge(T+\alpha)}\Big]\leq 4L^2\overline{E}\Big[\int_0^{\tau_T\wedge(T+\alpha)}|\overline{Y}_s-\overline{Y}^n_s|^2ds\Big]. \tag{26}$$

(24) devient donc, compte tenu de (25) et (26),

$$\begin{aligned}
\overline{E}\Big[\|\overline{Y}-\overline{Y}^n\|^2_{\tau_T\wedge(T+\alpha)}\Big]\leq& 8L^2\overline{E}\Big[\int_0^{\tau_T\wedge(T+\alpha)}|\overline{Y}_s-\overline{Y}^n_s|^2ds\Big]+64L^2N^2n(2\alpha+T/n)^2 \\
&+32(T+\alpha)N^2\overline{P}(\|\tau-Id\|_T>\alpha),
\end{aligned}$$

ce qui s'écrit aussi

$$\begin{aligned}
\overline{E}\Big[\|\overline{Y}^{\tau_t}-\overline{Y}^{n,\tau_t}\|^2_{T+\alpha}\Big]\leq& 8L^2\overline{E}\Big[\int_0^{T+\alpha}|\overline{Y}^{\tau_t}_s-\overline{Y}^{n,\tau_t}_s|^2ds\Big]+64L^2N^2n(2\alpha+T/n)^2 \\
&+32(T+\alpha)N^2\overline{P}(\|\tau-Id\|_T>\alpha),
\end{aligned}$$

et donc, d'après le lemme de Gronwall,

$$\overline{E}\Big[\|\overline{Y}-\overline{Y}^n\|^2_{\tau_T\wedge(T+\alpha)}\Big] \leq K\Big(n(2\alpha+T/n)^2+(T+\alpha)\overline{P}(\|\tau-Id\|_T>\alpha)\Big) \qquad (27)$$

pour une constante K adéquate (qui pourra varier de place en place).

Compte tenu de (23) et (27), (21) devient

$$\overline{P}\Big(\|\overline{X}-\overline{Y}_{\tau_\cdot}\|_T>\epsilon\Big) \leq K/\epsilon^2\Big(\mu+1/n+n(2\alpha+T/n)^2+\overline{P}(\|\tau-Id\|_T>\alpha)\Big),$$

soit, en prenant $n=[1/\alpha]$, le résultat annoncé. ■

3. Majoration de $\overline{P}\Big(\|\overline{Y}_{\tau_\cdot}-\overline{Y}\|_T\geq\epsilon\Big)$.

Dans ce paragraphe, nous nous proposons de démontrer le

Lemme 4. *Pour* $0<\lambda<1/2$ *et* $\beta=\mu^\lambda$

$$\overline{P}\Big(\|\overline{Y}_{\tau_\cdot}-\overline{Y}\|_T>\epsilon\Big) \leq [1+2T/\alpha](2e^{-\frac{\epsilon^2}{12n^2\alpha}})+\frac{160\mu^{2\lambda}}{(T+\alpha/2)\alpha^2}$$
$$+\frac{640\mu^{4\lambda}}{\alpha^2}+\frac{1}{\alpha}\mathcal{O}(\mu^{1/2})+4\mu^{1-2\lambda}+8\mu/\alpha. \qquad (28)$$

Preuve. Nous effectuerons ce calcul en deux temps, en remarquant que

$$\overline{P}\Big(\|\overline{Y}_{\tau_\cdot}-\overline{Y}\|_T>\epsilon\Big) \leq \overline{P}\Big(\|\overline{Y}_{\tau_\cdot}-\overline{Y}\|_T\geq\epsilon,\|\tau-Id\|_T\leq\alpha\Big)+\overline{P}\Big(\|\tau-Id\|_T>\alpha\Big)$$
$$\leq \overline{P}\Big(\sup_{|t-s|\leq\alpha}|\overline{Y}_t-\overline{Y}_s|>\epsilon\Big)+\overline{P}\Big(\|\tau-Id\|_T>\alpha\Big) \qquad (29)$$

et en majorant chacun des termes du membre de droite de (29).
Premièrement, il est facile de voir que

$$\Big\{\sup_{|t-s|\leq\alpha}|\overline{Y}_t-\overline{Y}_s|>\epsilon\Big\}\subset\bigcup_{i\leq[1+2T/\alpha]}\Big\{\sup_{i\alpha/2\leq t<(i+3)\alpha/2}|\overline{Y}_t-\overline{Y}_{i\alpha/2}|>\epsilon/2\Big\}. \qquad (30)$$

On utilise maintenant l'inégalité exponentielle pour les martingales locales continues (voir [10], p. 145, ex. 3.16) pour obtenir pour tout $\eta>0$,

$$\overline{P}\Big(\sup_{i\alpha/2\leq t<(i+3)\alpha/2}|\overline{Y}_t-\overline{Y}_{i\alpha/2}|>\epsilon/2\Big)\leq 2e^{-\epsilon^2/8\eta}+\overline{P}\Big(\int_{i\alpha/2}^{(i+3)\alpha/2}\sigma^2(\overline{Y}_s)ds>\eta\Big).$$

Mais

$$\int_{i\alpha/2}^{(i+3)\alpha/2}\sigma^2(\overline{Y}_s)ds\leq 3N^2\alpha/2,$$

et (30) donne donc, si on prend $\eta = 3N^2\alpha/2$,

$$\overline{P}\Big(\sup_{|t-s|\leq\alpha} |\overline{Y}_t - \overline{Y}_s| > \epsilon\Big) \leq [1 + 2T/\alpha](2e^{-\frac{\epsilon^2}{12N^2\alpha}}). \tag{31}$$

Il reste donc à estimer $\overline{P}\Big(\|\tau - Id\|_T > \alpha\Big)$.
Compte tenu des propriétés de notre plongement dans le mouvement brownien, on écrit :

$$\begin{aligned}\overline{P}\Big(\|\tau - Id\|_T > \alpha\Big) \leq & \overline{P}\Big(\|\tau - [W_\tau]\|_T > \alpha/2\Big) + \overline{P}\Big(\|[W_\tau] - Id\|_T > \alpha/2\Big) \\ \leq & \overline{P}\Big(\|\tau - [W_\tau]\|_T > \alpha/2) + P\Big(\|[M^\beta] - [M]\|_T > \alpha/4\Big) \\ & + P\Big(\|[M] - Id\|_T > \alpha/4\Big).\end{aligned} \tag{32}$$

Mais, en réutilisant la majoration (15),

$$P\Big(\|[M^\beta] - [M]\|_T > \alpha/4\Big) \leq (1/\alpha)\mathcal{O}(\mu^{1/2}) + 2\mu^{1-2\lambda}. \tag{33}$$

Par ailleurs, il résulte du théorème 1 de [1] que $(\tau_t - [W_\tau]_t)_{t\geq 0})$ est une $\overline{P}$-martingale, dont le carré est dominé au sens de Lenglart par sa variation quadratique

$$\big[\tau - [W_\tau]\big]_. = \sum_{0<t\leq .} (\Delta\tau_t - (\Delta W_{\tau_t})^2)^2 \leq 2 \sum_{0<t\leq .} ((\Delta\tau_t)^2 + (\Delta W_{\tau_t})^4).$$

Mais ce dernier processus est à son tour dominé au sens de Lenglart par le processus $10 \sum_{0<t\leq .} (\Delta W_{\tau_t})^4 \leq 40\beta^2[W_\tau]_.$, puisque W_τ et M^β ont la même loi. De plus, on a l'inégalité $E\big[\sup_{t\leq T} \Delta[W_\tau]_t\big] \leq 4\beta^2$. D'après l'inégalité de Lenglart-Rebolledo, pour tout $\eta > 0$,

$$\begin{aligned}\overline{P}(\|\tau - [W]_\tau\|_T > \alpha/2) &\leq 4\eta/\alpha^2 + 640\beta^4/\alpha^2 + \overline{P}(40\beta^2[W_\tau]_T \geq \eta) \\ &= 4\eta/\alpha^2 + 640\beta^4/\alpha^2 + P(40\beta^2[M^\beta]_T \geq \eta).\end{aligned} \tag{34}$$

En prenant $\eta = 40\beta^2/(T + \alpha/2)$, on trouve

$$\begin{aligned}P(40\beta^2[M^\beta]_T \geq \eta) \leq & P\Big(\big|[M^\beta]_T - T\big| \geq \alpha/2\Big) \\ \leq & P\Big(\big|[M^\beta]_T - [M]_T\big| \geq \alpha/4\Big) + P\Big(\|[M] - Id\| \geq \alpha/4\Big).\end{aligned} \tag{35}$$

Comme $P\Big(\|[M] - Id\| \geq \alpha/4\Big) \leq 4\mu/\alpha$, les inégalités (32) à (35) donnent

$$\overline{P}\Big(\|\tau - Id\|_T > \alpha\Big) \leq \frac{160\beta^2}{(T + \alpha/2)\alpha^2} + \frac{640\beta^4}{\alpha^2} + \frac{1}{\alpha}\mathcal{O}(\mu^{1/2}) + 4\mu^{1-2\lambda} + 8\mu/\alpha. \tag{36}$$

Finalement, (29), (31) et (36) donnent le lemme 4. ■

4. Conclusion.

Si l'on reprend les lemmes 2, 3 et 4, en remarquant que, dans (19),

$$\overline{P}(\tau_T > T + \alpha)\Big) \leq \overline{P}\Big(\|\tau - Id\|_T > \alpha\Big),$$

et en réutilisant alors (36), on arrive au système constitué de (6) et de l'inéquation suivante (K désigne cette fois encore une constante adéquate) :

$$\overline{P}\Big(\|\overline{X} - \overline{Y}\|_T \geq \epsilon\Big) \leq (1 + K/\epsilon^2)\Big(\frac{\beta^2}{(T+\alpha/2)\alpha^2} + \beta^4/\alpha^2 + \mu^{1-2\lambda} + \mu/\alpha + \mu^{1/2}/\alpha\Big)$$
$$+ (K/\epsilon^2)(\mu + \alpha) + (1 + 2T/\alpha)e^{\frac{-\epsilon^2}{48N^2\alpha}}. \tag{37}$$

Choisissons α, λ et ϵ de telle sorte que

$$\overline{P}\Big(\|\overline{X} - \overline{Y}\|_T \geq \epsilon\Big) \leq \epsilon.$$

On remplace β par μ^λ ; en posant $\alpha = K\mu^\delta$ et $\epsilon = K\mu^{(\delta-\gamma)/2}$ pour un γ plus petit que δ, et avec K adéquat, on voit que le membre de droite de (37) est de l'ordre de

$$\mu^{2\lambda-2\delta} + \mu^{4\lambda-2\delta} + \mu^{1-2\lambda} + \mu^{1-\delta} + \mu^{1/2-\delta} + \mu^{2\lambda-\delta+\gamma-2\delta} + \mu^{4\lambda-\delta+\gamma-2\delta}$$
$$+ \mu^{1-2\lambda-\delta+\gamma} + \mu^{1-\delta+\gamma-\delta} + \mu^{1/2-\delta+\gamma-\delta} + \mu^{1-\delta+\gamma} + \mu^\gamma + \mu^{-\delta}e^{-K(\mu^{-\gamma})} \tag{38}$$

Chaque exposant dans (38) doit donc être supérieur à $(\delta - \gamma)/2$, et, si possible, le plus petit de ces exposants doit être égal à $(\delta - \gamma)/2$. Par ailleurs, le résultat obtenu sera d'autant meilleur que l'exposant de μ sera plus grand, assurant ainsi une plus grande vitesse de convergence. Pour cela, il faut un compromis entre les vitesses obtenues en (6) et en (37), ce qui conduit à imposer la contrainte supplémentaire $(1-2\lambda)/4 \wedge 1/16 = (\delta - \gamma)/2$. Cela se traduit par un système d'inéquations maintenant élémentaire, et dont nous faisons grâce au lecteur. Sa résolution montre que le choix optimal est $\delta = 3\gamma$, en essayant ensuite de maximiser γ. Tous calculs effectués, il vient $\lambda = 3/8$, d'où $\gamma = 1/12$, $\delta = 1/4$ et $\epsilon = \mu^{1/12}$, d'où, compte tenu du lemme 2, le résultat final pour le théorème. ∎

Remarque. Si M est une martingale continue, les calculs ci-dessus se simplifient considérablement : la partie 1. (exclusion des grands sauts) disparait ; de plus, le changement de temps τ est maintenant continu, et W est donc adapté à (τ_t) ; par suite, on a égalité de $\overline{X}$ et $\overline{Y}_\tau$, et la probabilité estimée au 2. est donc égale à 0 ; enfin, pour la même raison, $\tau = [W_\tau]$, et il ne reste plus de (33) que le terme $8\mu/\alpha$ obtenu par l'inégalité de Markov. Toute notre majoration se résume donc à ce dernier terme et à l'inégalité exponentielle (31). Il est alors facile de vérifier que le facteur limitant est celui de l'inégalité de Markov, ce qui donne , dans ce cas $\Pi(X,Y) = O(\mu^{1/3}|\ln \mu|)$.

Références.

[1] F. Coquet, J. Mémin, L. Vostrikova : *Rate of convergence in the functional limit theorem for likelihood processes*, preprint de l'IRMAR, 1992.

[2] C. Dellacherie, P.A. Meyer : **Probabilités et potentiel 2**, Hermann, Paris, 1980.

[3] J. Jacod : **Calcul stochastique et problèmes de martingales.** Lect. Notes in Math. 714, Springer-Verlag, Berlin-Heidelberg-New-York, 1979.

[4] J. Jacod, J. Mémin : *Weak and strong solutions of stochastic differential equations : existence and stability*, Comptes rendus du congrès de Durham, Lec. Notes in Maths 851, Springer-Verlag, Berlin-Heidelberg-New-York, 1981.

[5] J. Jacod, A. N. Shiryaev : **Limit theorems for stochastic processes.** Springer-Verlag, Berlin-Heidelberg-New-York, 1987.

[6] K. Kubilius : *Rate of convergence in the functionnal central limit theorem for semimartingales*, Liet. Mat. Rink. XXV, 84-96, 1985.

[7] J. Mémin, L. Słominski : *Condition UT et stabilité en loi des solutions d'équations différentielles stochastiques*, Lec. Notes in Maths 1485, Springer-Verlag, Berlin-Heidelberg-New-York, 1991.

[8] M. Métivier, J. Pellaumail : **Stochastic Integration**, Acad. press, New York, 1980.

[9] I. Monroe : *On embedding right-continuous martingales in Brownian motion*, Ann. Math. Stat. 43, 1293-1311, 1972.

[10] D. Revuz, M. Yor : **Continuous martingales and Brownian motion**, Springer-Verlag, Berlin-Heidelberg-New-York, 1991.

[11] L. Słominski : *Stabillity of strong solutions of stochastic differential equations*, Stoch. Processes Appl. 31, 173-202, 1989.

GRANDES DÉVIATIONS DE FREIDLIN-WENTZELL EN NORME HÖLDERIENNE

G. Ben Arous et M. Ledoux

RÉSUMÉ. — *Nous démontrons que le principe de grandes déviations de M. Freidlin et A. Wentzell sur les petites perturbations de systèmes dynamiques peut être étendu à la topologie hölderienne d'indice* α *pour tout* $0 < \alpha < \frac{1}{2}$.

Freidlin-Wentzell large deviations in Hölder norm

ABSTRACT. — *We prove that the Freidlin-Wentzell large deviation principle for small perturbations of dynamical systems can be extended to the Hölder topology of index* α *for all* $0 < \alpha < \frac{1}{2}$.

Soient, sur $\mathbb{R}^d$, un champ σ de matrices $d \times p$ et un champ b de vecteurs uniformément lipschitziens et uniformément bornés; soient en outre des champs de vecteurs b_ε, $\varepsilon > 0$, convergeant uniformément vers b. On désigne par X_ε^x, $\varepsilon > 0$, $x \in \mathbb{R}^d$, la solution de l'équation différentielle stochastique d'Itô

$$X_\varepsilon^x(t) = x + \varepsilon \int_0^t \sigma(X_\varepsilon^x(s))\, dW(s) + \int_0^t b_\varepsilon(X_\varepsilon^x(s))\, ds, \quad 0 \le t \le 1,$$

où W est un mouvement brownien à valeurs dans $\mathbb{R}^p$. Dans leur article fondamental, M. Freidlin et A. Wentzell [F-W1] (*voir* aussi [F-W2]) établissent des estimations asymptotiques des probabilités $\mathbb{P}\{X_\varepsilon^x \in A\}$ lorsque ε tend vers 0. Ils démontrent le principe de grandes déviations suivant: soit $C_x([0,1];\mathbb{R}^d)$ l'espace des fonctions continues sur $[0,1]$ à valeurs dans $\mathbb{R}^d$ et issues de x muni de la topologie de la norme uniforme $\|\cdot\|$; alors, pour tout x de $\mathbb{R}^d$ et tout partie borélienne A de $C_x([0,1];\mathbb{R}^d)$,

$$-\Lambda(\mathring{A}) \le \liminf_{\varepsilon \to 0} \varepsilon^2 \log \mathbb{P}\{X_\varepsilon^x \in A\} \le \limsup_{\varepsilon \to 0} \varepsilon^2 \log \mathbb{P}\{X_\varepsilon^x \in A\} \le -\Lambda(\bar{A})$$

où $\mathring{A}$ et $\bar{A}$ désignent respectivement l'intérieur et l'adhérence de A (pour la topologie uniforme) et où Λ est la fonctionnelle de grandes déviations définie par : si $A \subset C_x([0,1];\mathbb{R}^d)$,

$$\Lambda(A) = \inf\{\tfrac{1}{2}|h|^2; h \in H, \Phi^x(h) \in A\}$$

où H est l'espace de Cameron-Martin de W et, pour $h \in H$, $\Phi^x(h)$ est la solution de l'équation différentielle ordinaire

$$\Phi^x(h)(t) = x + \int_0^t \sigma(\Phi^x(h)(s))\dot{h}(s)\, ds + \int_0^t b(\Phi^x(h)(s))\, ds, \quad 0 \le t \le 1.$$

Divers travaux récents ont étudié le rôle de la topologie sur l'espace de Wiener, notamment pour les grandes déviations du mouvement brownien [B-BA-K], [BA-L] et le théorème du support pour les diffusions [A-K-S], [BA-G-L], [M-S]. En particulier, ces propriétés ont été étendues à la topologie hölderienne d'indice α, $0 < \alpha < \frac{1}{2}$, plus forte que la topologie uniforme habituelle. Dans cette note, nous nous proposons d'effectuer le même travail pour les grandes déviations de Freidlin et Wentzell. La clef en sera une version simplifiée du lemme crucial de l'article [BA-G-L] sur la probabilité que le mouvement brownien ait une grande norme hölderienne sachant, ou plus simplement étant donné, que sa norme uniforme est petite.

Pour toute fonction $w : [0,1] \to \mathbb{R}^d$, on définit la norme hölderienne d'indice $0 < \alpha < 1$ par

$$\|w\|_\alpha = \sup_{0 \le s < t \le 1} \frac{|w(t) - w(s)|}{|t-s|^\alpha}$$

(où nous considérons $\mathbb{R}^d$ muni par exemple de sa norme euclidienne $|\cdot|$). Nous ferons usage de l'équivalent de Z. Ciesielski [C] : pour toute fonction continue $w : [0,1] \to \mathbb{R}^d$ telle que $w(0) = 0$, soient, pour $m = 2^n + k - 1$, $n \geq 0$, $k = 1, \ldots, 2^n$,

$$\xi_m(w) = \xi_{2^n+k}(w) = 2^{n/2}\Big[2w\Big(\frac{2k-1}{2^{n+1}}\Big) - w\Big(\frac{k}{2^n}\Big) - w\Big(\frac{k-1}{2^n}\Big)\Big]$$

et $\xi_0(w) = w(1)$ les évaluations de w dans la base de Schauder sur $C_0([0,1];\mathbb{R}^d)$; alors, pour tout $0 < \alpha < 1$, $\|w\|_\alpha$ est équivalent à

$$\|w\|'_\alpha = \sup_{m \geq 0} m^{\alpha - \frac{1}{2}} |\xi_m(w)|.$$

THÉORÈME. — *Soit $0 < \alpha < \frac{1}{2}$; pour tout x de $\mathbb{R}^d$ et tout borélien A de $C_x([0,1];\mathbb{R}^d)$,*

$$-\Lambda(\mathring{A}) \leq \liminf_{\varepsilon \to 0} \varepsilon^2 \log \mathbb{P}\{X_\varepsilon^x \in A\} \leq \limsup_{\varepsilon \to 0} \varepsilon^2 \log \mathbb{P}\{X_\varepsilon^x \in A\} \leq -\Lambda(\bar{A})$$

où $\mathring{A}$ et $\bar{A}$ désignent respectivement l'intérieur et l'adhérence de A pour la topologie hölderienne d'indice α.

Il est bien connu que les solutions X_ε^x sont effectivement hölderiennes sous les hypothèses considérées. Le schéma de preuve initié par R. Azencott [A] montre qu'il suffit, afin d'établir le théorème, de démontrer la condition de continuité exponentielle suivante. Nous suivons la présentation (et les améliorations) de P. Priouret [P], mais toute autre approche "classique" permettrait sans doute d'établir de même le résultat. Dans ce qui suit, α est fixé dans l'intervalle $]0, \frac{1}{2}[$.

PROPOSITION. — *Soit $h \in H$; pour tout $R > 0$ et tout $\rho > 0$, il existe $\delta > 0$ tel que pour tout ε suffisamment petit,*

$$\mathbb{P}\{\|X_\varepsilon^x - \Phi^x(h)\|_\alpha \geq \rho, \|\varepsilon W - h\| \leq \delta\} \leq \exp(-R/\varepsilon^2).$$

Rappelons en quelques mots comment le théorème de grandes déviations se déduit de la proposition. Le raisonnement est identique au raisonnement habituel en norme uniforme. Soit A fermé pour la topologie hölderienne et soit $0 < r < \Lambda(A)$. Si $h \in H$ est tel que $\frac{1}{2}|h|^2 \leq r$, alors $\Phi^x(h) \notin A$ par définition de $\Lambda(A)$. Comme le complémentaire A^c de A est ouvert, il existe $\rho_h > 0$ tel que la boule hölderienne ouverte $B_\alpha(\Phi^x(h), \rho_h)$ soit contenue dans A^c. D'après la proposition, il existe $\delta_h > 0$ et $\varepsilon_h > 0$ tels que pour tout $0 < \varepsilon \leq \varepsilon_h$,

$$\mathbb{P}\{\|X_\varepsilon^x - \Phi^x(h)\|_\alpha \geq \rho_h, \|\varepsilon W - h\| \leq \delta_h\} \leq \exp(-r/\varepsilon^2).$$

Par compacité, il existe enfin une famille finie $h_1, \ldots, h_N$ dans H avec $\frac{1}{2}|h_i|^2 \leq r$ pour tout $i = 1, \ldots, N$ telle que

$$\{h; \tfrac{1}{2}|h|^2 \leq r\} \subset \bigcup_{i=1}^{N} B(h_i, \delta_{h_i})$$

où les boules $B(h_i, \delta_{h_i})$ sont ouvertes en topologie uniforme. Soit alors U l'ouvert $\bigcup_{i=1}^N B(h_i, \delta_{h_i})$; comme, pour tout $i = 1, \ldots, N$, $A \subset B_\alpha(\Phi^x(h_i), \rho_{h_i})^c$, on peut écrire

$$\begin{aligned}
\mathbb{P}\{X_\varepsilon^x \in A\} &\leq \mathbb{P}\{\varepsilon W \notin U\} + \mathbb{P}\{X_\varepsilon^x \in A, \varepsilon W \in U\} \\
&\leq \mathbb{P}\{\varepsilon W \notin U\} + \sum_{i=1}^{N} \mathbb{P}\{\|X_\varepsilon^x - \Phi^x(h_i)\|_\alpha \geq \rho_{h_i}, \|\varepsilon W - h_i\| \leq \delta_{h_i}\} \\
&\leq \mathbb{P}\{\varepsilon W \notin U\} + N \exp(-r/\varepsilon^2)
\end{aligned}$$

dès que $\varepsilon \leq \min(\varepsilon_{h_i}, i = 1, \ldots, N)$. D'après les grandes déviations browniennes (en topologie usuelle), il s'ensuit que

$$\limsup_{\varepsilon \to 0} \varepsilon^2 \log \mathbb{P}\{X_\varepsilon^x \in A\} \leq \max\left(-r, -\inf_{h \notin U} \tfrac{1}{2}|h|^2\right) \leq -r$$

et donc la conclusion puisque r est arbitraire plus petit que $\Lambda(A)$.

Pour la minoration, si A est ouvert, soit h tel que $\Phi^x(h) \in A$. Il existe donc $\rho > 0$ tel que la boule hölderienne ouverte $B_\alpha(\Phi^x(h), \rho)$ soit contenue dans A. Ainsi,

$$\begin{aligned}
\mathbb{P}\{X_\varepsilon^x \in A\} &\geq \mathbb{P}\{\|X_\varepsilon^x - \Phi^x(h)\| < \rho\} \\
&\geq \mathbb{P}\{\|\varepsilon W - h\| \leq \delta\} - \mathbb{P}\{\|X_\varepsilon^x - \Phi^x(h)\|_\alpha \geq \rho, \|\varepsilon W - h\| \leq \delta\}.
\end{aligned}$$

En vertu des grandes déviations du mouvement brownien,

$$\liminf_{\varepsilon \to 0} \varepsilon^2 \log \mathbb{P}\{\|\varepsilon W - h\| \leq \delta\} \geq -\tfrac{1}{2}|h|^2.$$

Les inégalités précédentes jointes à la proposition fournissent alors immédiatement le résultat puisque h est arbitraire.

Nous démontrons à présent la proposition.

Démonstration de la proposition. Nous traitons d'abord le cas $h = 0$. Le pas important de la démonstration réside alors dans la propriété suivante : pour tout $R > 0$ et tout $\rho > 0$, il existe $\delta > 0$ tel que pour tout ε suffisamment petit,

$$\text{(1)} \qquad \mathbb{P}\Big\{\Big\|\varepsilon \int_0^{\cdot} \sigma\big(X_\varepsilon^x(s)\big)\, dW(s)\Big\|_\alpha \geq \rho, \|\varepsilon W\| \leq \delta\Big\} \leq \exp(-R/\varepsilon^2).$$

À cet effet, nous faisons usage des deux lemmes suivants sur les normes hölderiennes. Le premier est donc une version simplifiée du lemme crucial de [BA-G-L] dans l'étude du support en norme hölderienne des diffusions. Le résultat de [BA-G-L] évalue en effet des probabilités conditionnelles alors que nous nous contentons ici d'une estimation de la probabilité que le mouvement brownien ait de grandes oscillations quand celui-ci est contrôlé en norme uniforme. À noter également que ce lemme est utilisé pour des grandes valeurs des paramètres (alors qu'il l'était pour des petites dans le cadre du théorème du support).

LEMME 1. — *Il existe une constante $C > 0$ ne dépendant que de p et α telle que pour tout $u > 0$ et tout $v > 0$,*

$$\mathbb{P}\{\|W\|_\alpha \geq u, \|W\| \leq v\} \leq C \max\Big(1, \Big(\frac{u}{v}\Big)^{1/\alpha}\Big) \exp\Big(-\frac{1}{C} \cdot \frac{u^{1/\alpha}}{v^{(1/\alpha)-2}}\Big).$$

LEMME 2. — *Il existe une constante $C > 0$ ne dépendant que de p et α telle que pour tout $u > 0$ et tout processus continu K sur $[0,1]$,*

$$\mathbb{P}\Big\{\Big\|\int_0^{\cdot} K(s)\, dW(s)\Big\|_\alpha \geq u, \|K\| \leq 1\Big\} \leq C \exp(-u^2/C).$$

Pour le premier lemme, on utilise la norme équivalente $\|\cdot\|'_\alpha$ pour écrire que, si $u, v > 0$,

$$\begin{aligned}\mathbb{P}\{\|W\|'_\alpha \geq u, \|W\| \leq v\} &\leq \sum_{m \geq 0} \mathbb{P}\{|\xi_m(W)| \geq u m^{\frac{1}{2}-\alpha}, \|W\| \leq v\} \\ &\leq \sum_{m \geq m_0} \mathbb{P}\{|\xi_m(W)| \geq u m^{\frac{1}{2}-\alpha}\}\end{aligned}$$

où $m_0 = \max(1, (u/4v)^{1/\alpha})$ puisque, sur $\{\|W\| \leq v\}$, $|\xi_m(W)| \leq 4v\sqrt{m}$. Comme les $\xi_m(W)$ forment une suite de variables aléatoires suivant la loi gaussienne canonique sur $\mathbb{R}^p$, le lemme 1 se déduit d'un calcul élémentaire. Pour le second, on note de la même façon que

$$\begin{aligned}&\mathbb{P}\Big\{\Big\|\int_0^{\cdot} K(s)\, dW(s)\Big\|'_\alpha \geq u, \|K\| \leq 1\Big\} \\ &\qquad \leq 2 \sum_{n=0}^{\infty} \sum_{k=1}^{2^n} \mathbb{P}\Big\{\Big|\int_{(k-1)/2^n}^{k/2^n} K(s)\, dW(s)\Big| \geq u 2^{-\alpha n - 1}, \|K\| \leq 1\Big\},\end{aligned}$$

et, par l'inégalité exponentielle des martingales, cette probabilité est majorée par

$$4\sum_{n=0}^{\infty} 2^{n+1} \exp\bigl(-u^2 2^{n(1-2\alpha)-3}\bigr).$$

Le lemme 2 s'ensuit.

Démontrons alors (1) en suivant [P]. Pour tout entier $\ell \geq 1$, soit la discrétisation

$$X_\varepsilon^{x,\ell}(t) = X_\varepsilon^x(j/\ell) \quad \text{si } j/\ell \leq t < (j+1)/\ell, \quad j = 0, \ldots, \ell - 1.$$

Il est aisé de constater (*cf.* [P]) que, sous les hypothèses considérées, pour tout $R > 0$ et tout $\gamma > 0$, il existe $\varepsilon_0 > 0$ et ℓ tels que si $0 < \varepsilon \leq \varepsilon_0$,

$$\mathbb{P}\bigl\{\|X_\varepsilon^x - X_\varepsilon^{x,\ell}\| \geq \gamma\bigr\} \leq \exp(-R/\varepsilon^2). \tag{2}$$

Il va suffire alors d'estimer les probabilités

$$P_1 = \mathbb{P}\Bigl\{\Bigl\|\varepsilon\int_0^{\cdot} \bigl[\sigma(X_\varepsilon^x(s)) - \sigma(X_\varepsilon^{x,\ell}(s))\bigr]\, dW(s)\Bigr\|_\alpha \geq \rho, \|X_\varepsilon^x - X_\varepsilon^{x,\ell}\| \leq \gamma\Bigr\}$$

et

$$P_2 = \mathbb{P}\Bigl\{\Bigl\|\varepsilon\int_0^{\cdot} \sigma(X_\varepsilon^{x,\ell}(s))\, dW(s)\Bigr\|_\alpha \geq \rho, \|\varepsilon W\| \leq \delta\Bigr\}.$$

En vertu de la propriété de Lipschitz du champ σ et du lemme 2, la probabilité P_1 est de l'ordre de $\exp(-\rho^2/C\gamma^2\varepsilon^2)$ où $C > 0$ ne dépend que de p, α et σ. Par ailleurs, si σ est borné par M,

$$\begin{aligned}
\Bigl\|\int_0^{\cdot} \sigma(X_\varepsilon^{x,\ell}(s))\, dW(s)\Bigr\|_\alpha
&= \Bigl\|\sum_{j=0}^{\ell-1} \sigma(X_\varepsilon^{x,\ell}(j/\ell))\bigl[W(((j+1)/\ell)\wedge(\cdot)) - W((j/\ell)\wedge(\cdot))\bigr]\Bigr\|_\alpha \\
&\leq 2\ell M\|W\|_\alpha
\end{aligned}$$

de sorte que par le lemme 1,

$$P_2 \leq C' \max\Bigl(1, \Bigl(\frac{\rho}{\delta}\Bigr)^{1/\alpha}\Bigr) \exp\Bigl(-\frac{1}{C'\ell^{1/\alpha}\varepsilon^2}\cdot\frac{\rho^{1/\alpha}}{\delta^{(1/\alpha)-2}}\Bigr) \tag{3}$$

où $C' > 0$ dépend de p, α, M.

Étant donnés $R > 0$ et $\rho > 0$, on choisit alors $\gamma > 0$ suffisamment petit pour que $\rho^2/C\gamma^2 \geq R$, puis ℓ tel que (2) soit satisfait et enfin $\delta > 0$ tel que, dans (3), $\rho^{1/\alpha}/\delta^{(1/\alpha)-2} \geq C'\ell^{1/\alpha}R$. La démonstration de (1) se complète alors aisément.

Pour conclure à la proposition quand $h = 0$, il suffit de faire appel au lemme de Gronwall en norme hölderienne (*voir* [BA-G-L], Lemme 2). Dans le cas général, on effectue une translation sur l'espace de Wiener par la formule de Cameron-Martin pour se ramener à $h = 0$. Dans cette opération, les champs b_ε, $\varepsilon > 0$, prennent la forme $b_\varepsilon(s,x) = b_\varepsilon(x) + \sigma(x)\dot{h}(s)$ et sont donc amenés à dépendre du temps. Comme $\int_0^1 |\dot{h}(s)|^2\, ds < \infty$, il est aisé de constater que ce lemme de Gronwall hölderien s'étend à cette situation. Vérifions brièvement ce point pour terminer. Soit L un majorant des constantes de Lipschitz de b et σ. Posons $|h|^2 = \int_0^1 |\dot{h}(s)|^2 ds$ pour simplifier les notations. Soient alors X_ε et Y tels que

$$X_\varepsilon(t) = x + I(t) + \int_0^t b_\varepsilon\big(s, X_\varepsilon(s)\big)\, ds, \quad 0 \le t \le 1,$$

et

$$Y(t) = x + \int_0^t b\big(s, Y(s)\big)\, ds, \quad 0 \le t \le 1,$$

où $x \in \mathbb{R}^d$, $I(0) = 0$, et $\|I\|_\alpha \le \delta$, $\sup_{x\in\mathbb{R}^d} |b_\varepsilon(x) - b(x)| \le \delta$, $\delta > 0$. D'après le lemme de Gronwall usuel, et comme $\|I\| \le \|I\|_\alpha \le \delta$,

$$\begin{aligned}\|X_\varepsilon - Y\| &\le \Big(\|I\| + \sup_{x\in\mathbb{R}^d} \big|b_\varepsilon(x) - b(x)\big|\Big) \exp\bigg(L\int_0^1 \big(1 + |\dot{h}(s)|\big)\, ds\bigg)\\ &\le 2\delta\, \mathrm{e}^{L(1+|h|)}.\end{aligned}$$

Pour tout $0 \le t \le 1$ et toute fonction $w : [0,1] \to \mathbb{R}^d$, posons

$$\|w\|_{\alpha,t} = \sup_{0\le u<v\le t} \frac{|w(v) - w(u)|}{|v-u|^\alpha}.$$

Nous pouvons alors écrire

$$\begin{aligned}\|X_\varepsilon - Y\|_{\alpha,t} &\le \|I\|_\alpha + \bigg\|\int_0^\cdot \big[b_\varepsilon\big(s, X_\varepsilon(s)\big) - b\big(s, Y(s)\big)\big]\, ds\bigg\|_{\alpha,t}\\ &\le \|I\|_\alpha + \sup_{x\in\mathbb{R}^d} \big|b_\varepsilon(x) - b(x)\big|\\ &\qquad + \sup_{0\le u<v\le t} \frac{L}{|v-u|^\alpha} \int_u^v \big(1 + |\dot{h}(s)|\big)\big|X_\varepsilon(s) - Y(s)\big|\, ds.\end{aligned}$$

En utilisant que

$$\big|X_\varepsilon(s) - Y(s)\big| \le \big|X_\varepsilon(u) - Y(u)\big| + \big|(X_\varepsilon - Y)(s) - (X_\varepsilon - Y)(u)\big|,$$

il vient

$$\begin{aligned}\|X_\varepsilon - Y\|_{\alpha,t} \le \|I\|_\alpha + \sup_{x\in\mathbb{R}^d} \big|b_\varepsilon(x) - b(x)\big| + L\big(1 + |h|\big)\|X_\varepsilon - Y\|\\ + L\int_0^t \big(1 + |\dot{h}(s)|\big)\|X_\varepsilon - Y\|_{\alpha,s} ds.\end{aligned}$$

Par une nouvelle application du lemme de Gronwall, nous obtenons finalement

$$\|X_\varepsilon - Y\|_\alpha \le 2\delta\big(1 + L(1+|h|)\mathrm{e}^{L(1+|h|)}\big)\mathrm{e}^{L(1+|h|)},$$

justifiant ainsi la fin de la démonstration de la proposition, et donc aussi du théorème.

Bibliographie

[A-K-S] S. Aida, S. Kusuoka, D. Stroock. On the support of Wiener functionals. In : Asymptotic problems in probability theory: Wiener functionals and asymptotics. K. D. Elworthy, N. Ikeda, Editors. Pitman Research Notes in Math. Series 284, 1–34 (1993). Longman.

[A] R. Azencott. Grandes déviations et applications. École d'Été de Probabilités de St-Flour 1978. Lecture Notes in Math. 774, 1–176 (1980). Springer-Verlag.

[B-BA-K] P. Baldi, G. Ben Arous, G. Kerkyacharian. Large deviations and the Strassen theorem in Hölder norm. Stochastic Processes and Appl. 42, 171–180 (1992).

[BA-L] G. Ben Arous, M. Ledoux. Schilder's large deviation principle without topology. In : Asymptotic problems in probability theory: Wiener functionals and asymptotics. K. D. Elworthy, N. Ikeda, Editors. Pitman Research Notes in Math. Series 284, 107–121 (1993). Longman.

[BA-G-L] G. Ben Arous, M. Gradinaru, M. Ledoux. Hölder norms and the support theorem for diffusions (1993). À paraître in Ann. Inst. H. Poincaré.

[C] Z. Ciesielski. On the isomorphisms of the spaces H_α and m. Bull. Acad. Pol. Sc. 8, 217–222 (1960).

[F-W1] M. Freidlin, A. Wentzell. On small random perturbations of dynamical systems. Russian Math. Surveys 25, 1–55 (1970).

[F-W2] M. Freidlin, A. Wentzell. Random perturbations of dynamical systems. Springer-Verlag (1984).

[M-S] A. Millet, M. Sanz-Solé. A simple proof of the support theorem for diffusion processes. Dans ce volume.

[P] P. Priouret. Remarques sur les petites perturbations de systèmes dynamiques. Séminaire de Probabilités XVI. Lecture Notes in Math. 920, 184–200 (1982). Springer-Verlag.

G. Ben Arous, Département de Mathématiques, Bâtiment 425, Université de Paris-Sud, 91405 Orsay cedex, France

M. Ledoux, Département de Mathématiques, Laboratoire de Statistique et Probabilités, Université Paul-Sabatier, 31062 Toulouse, France

Espérances conditionnelles et $\mathcal{C}$-martingales dans les variétés

Marc Arnaudon

Institut de Recherche Mathématique Avancée
Université Louis Pasteur et CNRS
7, rue René Descartes
67084 Strasbourg Cedex
France.

Résumé

On donne des critères de convexité sur un compact V d'une variété avec connexion, pour que les espérances conditionnelles des variables aléatoires à valeurs dans V existent.

On définit les $\mathcal{C}$-martingales comme étant les semi-martingales X non nécessairement continues telles que pour toute fonction f convexe sur un voisinage de V, $f(X)$ soit une sous-martingale réelle. Avec des conditions de convexité sur V, on montre que si les martingales réelles de la filtration sont continues, alors les $\mathcal{C}$-martingales de la variété sont continues, et que les $\mathcal{C}$-martingales continues sont des martingales au sens usuel.

On montre que dans une variété riemannienne, ces conditions de convexité sont vérifiées par une boule géodésique fermée de centre p, de rayon inférieur à $\frac{\pi}{2\sqrt{\kappa}}$, ne rencontrant pas le cutlocus de p, κ étant un majorant strictement positif des courbures sectionnelles.

1. Introduction

Étant donnés un compact V d'une variété avec connexion, un espace probabilisé filtré et une variable aléatoire L à valeurs dans V, on se propose de trouver des barycentres conditionnels convexes de L. Ce problème a été résolu par Kendall et Picard ([K1] et [P1]) dans des variétés riemanniennes. Ils ont démontré l'existence des espérances conditionnelles exponentielles, apppelées aussi barycentres géodésiques ([P2]). Plus généralement, Picard a défini dans [P2] des barycentres conditionnels dans des variétés avec connexion, qui sont aussi des variables aléatoires. Dans les trois articles cités, les auteurs ont construit des martingales discrètes à partir des espérances conditionnelles, et ont donné des conditions sur la convexité de la variété et sur la filtration, pour que les martingales discrètes convergent vers des vraies martingales lorsque le pas de la subdivision tend vers zéro. Notre but est plus modeste ici, puisqu'on cherche dans la partie 2 des conditions de convexité sur le compact V pour que les espérances conditionnelles convexes au sens de [E,M] existent. Ces espérances conditionnelles sont des ensembles de variables aléatoires définis à partir des fonctions convexes de la variété. Elles sont reliées aux $\mathcal{C}$-martingales de la façon suivante. Une semi-martingale X est une $\mathcal{C}$-martingale si et seulement si pour tout $s \leq t$, X_s est dans l'espérance conditionnelle $\mathbb{E}[X_t|\mathcal{F}_s]$.

Une version précédente de cet article contenait des résultats sur l'existence de $\mathcal{C}$-martingales de valeur terminale L donnée, obtenus en étudiant des suites de martingales discrètes et en utilisant la topologie de Meyer-Zheng. Je tiens à remercier Jean Picard qui m'a signalé une erreur dans une démonstration. Le résultat obtenu se réduit à l'existence de martingales floues $Q_t(\omega)$, qui sont des processus à valeurs dans l'ensemble des probabilités sur le compact V, de valeur terminale la masse de Dirac δ_L, et tels que $Q(f)$ soit une sous-martingale pour toute fonction convexe f. J'espère que cette partie sera l'objet d'un prochain article.

Dans la partie 3, On détermine des conditions de convexité sur le compact V pour que les $\mathcal{C}$-martingales soient continues si les martingales réelles de la filtration sont continues, et pour que les $\mathcal{C}$-martingales continues soient des martingales au sens usuel. Dans les deux cas, il s'agit de construire suffisamment de fonctions convexes sur la variété pour que l'ensemble des $\mathcal{C}$-martingales ne soit pas trop gros. Dans la partie 4, on montre qu'une boule géodésique régulière vérifie ces conditions de convexité. On construit des fonctions convexes sur cet ensemble en utilisant la géométrie convexe, plus précisément la fonction convexe construite par Kendall dans [K2] sur le produit de la boule par elle-même.

2. Définitions et existence des espérances conditionnelles

Prenons la définition de Kendall ([K1] Définition 1.6) des boules géodésiques régulières.

DÉFINITION 2.1. — *Soit $\mathcal{B}$ une boule géodésique fermée de centre p et de rayon r dans une variété riemannienne. On dira que $\mathcal{B}$ est une boule géodésique régulière si $r\sqrt{\kappa} < \dfrac{\pi}{2}$ et si elle ne rencontre pas le cutlocus de p, κ étant un majorant strictement positif des courbures sectionnelles sur $\mathcal{B}$.*

Soient V un compact d'une variété W munie d'une connexion ∇ et $(\Omega, \mathcal{F}, (\mathcal{F}_t)_{0\leq t\leq 1}, P)$ un espace probabilisé filtré vérifiant les conditions habituelles. Si $(x, y) \in W \times W$, on notera $\overrightarrow{xy}$ le vecteur $\exp_x^{-1}(y)$ de T_xW s'il existe et est unique.

DÉFINITION 2.2. — *On dira qu'une semi-martingale X à valeurs dans V est une $\mathcal{C}$-martingale si pour toute fonction f convexe sur un voisinage de V, le processus $f(X)$ est une sous-martingale réelle.*

Les processus continus à valeurs dans W qui sont des martingales au sens usuel seront quelquefois appelés des ∇-martingales.

Si μ est une probabilité sur V, on dira que $x \in V$ est un barycentre convexe de μ si pour toute fonction f convexe sur un voisinage de V, on a $f(x) \leq \mu(f)$. Si X est une variable aléatoire à valeurs dans V et si $\mathcal{G}$ est une sous-tribu de $\mathcal{F}$, on notera $\mathbb{E}[X|\mathcal{G}]$ l'espérance conditionnelle de X sachant $\mathcal{G}$ au sens de [E,M], c'est à dire l'ensemble des variables aléatoires $\mathcal{G}$-mesurables Y à valeurs dans V telles que $f \circ Y \leq \mathbb{E}[f \circ X|\mathcal{G}]$ pour toute fonction f convexe sur un voisinage de V.

On dira que les espérances conditionnelles existent dans V si quelle que soit X variable aléatoire $\mathcal{F}$-mesurable à valeurs dans V, quelle que soit $\mathcal{G}$ sous-tribu de $\mathcal{F}$, l'ensemble $\mathbb{E}[X|\mathcal{G}]$ est non vide. On notera (E.c.) cette condition d'existence des espérances conditionnelles. Notons que Kendall a démontré dans [K1] que (E.c.) était vérifiée pour une boule géodésique régulière, en montrant l'existence des barycentres exponentiels conditionnels, qui sont un cas particulier d'espérances conditionnelles telles que nous les avons définies ici.

Nous allons donner un critère géométrique sur V ressemblant au critère d'existence de barycentres exponentiels de [E,M] proposition 4, pour que (E.c.) soit vérifiée.

PROPOSITION 2.3. — *Si le sous-ensemble compact V de W est de la forme $\{\phi \leq 0\}$, avec ϕ convexe de classe C^2 au voisinage de V et si l'application $(x, y) \mapsto \overrightarrow{xy}$ est définie et est de classe C^1 sur un voisinage de $V \times V$, alors la condition (E.c.) est vérifiée.*

Démonstration. — On se donne une métrique riemannienne sur W, dont nous n'utiliserons pas la connexion de Levi-Civita. Les applications exp et la convexité seront relatives à ∇. Il existe un voisinage ouvert V' de V tel que l'application $(x, y) \mapsto \overrightarrow{xy}$ soit lipschitzienne sur $V' \times V'$ pour cette métrique. Soient X une variable aléatoire $\mathcal{F}$-mesurable à valeurs dans V, et $\mathcal{G}$ une sous-tribu de $\mathcal{F}$. Pour x dans un sous-ensemble dénombrable dense de V', on définit $v_x = \mathbb{E}\left[\overrightarrow{xX}|\mathcal{G}\right]$. On obtient une application p.s. lipschitzienne en x de constante de Lipschitz C indépendante de ω, on prolonge par continuité et on a ainsi pour presque tout ω un champ de vecteurs $v_{.}(\omega)$ lipschitzien de rapport C sur V'. On peut alors définir pour presque tout ω le groupe à un paramètre $U_t(x)$ qui vérifie pour tout $x \in V'$, $\frac{d}{dt}U_t(x) = v_{U_t(x)}$ et $U_0(x) = x$.

Soient W' un voisinage de V et f une fonction convexe bornée sur W'. Si $y \in W'$, $v \in T_yW'$, on note $\langle df(y), v\rangle$ la dérivée à droite en 0 de la fonction convexe $t \mapsto f(\exp_y(tv))$. La fonction $df(y)$ est convexe sur T_yW' ([E,Z] proposition 1).

Montrons que la fonction $t \mapsto f(U_t(x))$ est dérivable à droite et de dérivée localement bornée, ce qui nous permettra d'affirmer qu'elle est égale à l'intégrale de sa dérivée à droite. Il suffit de démontrer la propriété en 0. Dans une carte locale ψ au voisinage de x, la fonction $f \circ \psi^{-1}$ est la somme d'une fonction convexe g et d'une fonction de classe C^∞ ([E,Z] proposition 1). Notons $h(t) = \psi \circ U_t(x)$, et $y = \psi(x)$. Il suffit de démontrer que $g \circ h$ est dérivable à droite en 0. Comme g est convexe, on a

$$\left\langle dg(y), \frac{h(t) - y}{t}\right\rangle \leq \frac{(g \circ h)(t) - g(y)}{t} \leq \left\langle dg(h(t)), \frac{h(t) - y}{t}\right\rangle.$$

Lorsque $t > 0$ et t tend vers 0, le membre de gauche converge vers $\langle dg(y), h'(0)\rangle$ car $dg(y)$ est continue, tandis que la limite supérieure du membre de droite est inférieure à la même valeur, car la fonction $\langle dg(\cdot), \cdot\rangle$ est semi-continue supérieurement ([R] corollaire 24.5.1). Ceci prouve que $g \circ h$ est dérivable à droite en 0, et on en déduit que $f(U_{.}(x))$ est dérivable à droite, de dérivée $\langle df(U_{.}(x)), v_{U_{.}(x)}\rangle$ localement bornée.

On note $\frac{d}{dt^+}$ la dérivée à droite en t. Si $U_t(x) \in V$, on a

$$\frac{d}{dt^+} f(U_t(x)) = \left\langle df(U_t(x)), \mathbb{E}\left[\overrightarrow{U_t(x)X}|\mathcal{G}\right]\right\rangle \leq \mathbb{E}\left[\langle df(U_t(x)), \overrightarrow{U_t(x)X}\rangle|\mathcal{G}\right].$$

L'inégalité est due à la convexité de $df(U_t(x))$. Comme f composée avec la géodésique joignant $U_t(x)$ à X est convexe, on obtient

$$\frac{d}{dt^+} f(U_t(x)) \leq \mathbb{E}[f(X)|\mathcal{G}] - f(U_t(x)).$$

Une première conséquence est que si on applique cette inégalité à ϕ et à un instant t_0 tel que $U_{t_0}(x) \in \{\phi = 0\}$, alors on obtient $\frac{d}{dt}|_{t=t_0}\phi(U_t(x)) \leq 0$. Cela permet de dire que si $x \in V$, alors $U_t(x)$ est défini et reste dans V pour tout t.

Soit $x \in V$. On aimerait que $U_t(x)$ converge vers un élément de $\mathbb{E}[X|\mathcal{G}]$ lorsque t tend vers $+\infty$. On aura seulement une propriété plus faible qui nous suffira. L'ensemble V est un espace polonais compact, donc l'ensemble des variables aléatoires floues sur V est compact (pour la topologie qui sera décrite plus loin), et on peut extraire de toute suite de tels objets une sous-suite convergente, ([J,M] corollaire (3.9) et proposition (3.18)). Soit donc $(U_{t_n}(x))$ une suite convergeant vers la variable aléatoire floue $P(d\omega)Q(\omega,\cdot)$. Soit F son support (pour presque tout ω, la coupe F_ω est le support de $Q(\omega,\cdot)$, [J,M] proposition 3.13). D'après [J,M] proposition 3.15, quitte à extraire une sous-suite, on peut supposer que ω p.s., la coupe F_ω est l'ensemble des points limites de la suite $(U_{t_n}(x)(\omega))$.

Soit $\omega \mapsto Y(\omega)$ une section $\mathcal{G}$-mesurable de F. Montrons que $Y \in \mathbb{E}[X|\mathcal{G}]$. Soit f une fonction convexe sur un voisinage de V. Il faut montrer que $f(Y) \leq \mathbb{E}[f(X)|\mathcal{G}]$. Comme Y est un point limite de $(U_{t_n}(x))$, on a

$$f(Y) \leq \limsup_{t\to\infty} f(U_t(x)).$$

De plus, l'inégalité sur la dérivée à droite de $f(U_t(x))$ permet d'écrire d'après le lemme de Gronwall

$$f(U_t(x)) \leq \mathbb{E}[f(X)|\mathcal{G}] + \left(\sup_V f - \mathbb{E}[f(X)|\mathcal{G}]\right) e^{-t}$$

ce qui donne $\limsup_{t\to\infty} f(U_t(x)) \leq \mathbb{E}[f(X)|\mathcal{G}]$. On obtient $f(Y) \leq \mathbb{E}[f(X)|\mathcal{G}]$, ce qui achève la démonstration. □

On obtient aussi la condition (E.c.) avec des hypothèses géométriques plus faibles, mais en imposant des conditions sur $(\Omega, \mathcal{F}, P)$:

PROPOSITION 2.4. — *On suppose que pour toute probabilité μ sur V, l'ensemble des barycentres convexes de μ n'est pas vide, et qu'il existe des lois conditionnelles sur Ω relativement à n'importe quelle sous-tribu de $\mathcal{F}$.*

Alors la condition (E.c.) d'existence des espérances conditionnelles est vérifiée.

REMARQUE. — D'après [D,M] III 72, la condition sur $(\Omega, \mathcal{F}, P)$ est réalisée lorsque Ω est un espace lusinien, et $\mathcal{F}$ est la complétée de sa tribu borélienne pour la probabilité P. Ces hypothèses sont vérifiées pour la plupart des espaces canoniques.

Commençons par démontrer un lemme d'approximation des fonctions convexes définies sur un voisinage de V.

LEMME 2.5. — *Il existe une suite $(f_n)_{n\in\mathbb{N}}$ de fonctions convexes définies sur des voisinages de V, telles que pour tout $\varepsilon > 0$ et toute fonction f convexe sur un voisinage de V, il existe $n \in \mathbb{N}$ tel que $\sup_V |f - f_n| < \varepsilon$.*

Démonstration du lemme. — On choisit sur W une distance riemannienne d quelconque, et on considère un ouvert relativement compact W_0 contenant V. Pour chaque $p \in \mathbb{N}$ différent de 0, on définit

$$W_p = \left\{ x \in W,\ d(x,V) < \frac{1}{p} \right\} \cap W_0.$$

Alors tout voisinage de V contient un $\overline{W}_p$. On choisit dans chaque compact $\overline{W}_p$ une suite dense pour la norme uniforme $(g_{p,n})_{n\in\mathbb{N}}$ de fonctions continues, et on considère la suite $(h_{p,n})_{n\in\mathbb{N}}$ des plus grandes minorantes convexes de leurs restrictions à W_p ([E,M] lemme 1). Par un procédé de diagonalisation, on obtient une suite $(f_n)_{n\in\mathbb{N}}$ de fonctions convexes.

Soient f une fonction convexe définie sur un voisinage W' de V, et $\varepsilon > 0$. Il existe un p tel que $\overline{W}_p$ soit inclus dans W', et n' tel que $\sup_{\overline{W}_p} |f - g_{p,n'}| < \varepsilon$. Cela implique que $\sup_{W_p} |f - h_{p,n'}| < \varepsilon$, puisque $g_{p,n'}$ est supérieure à $f - \varepsilon$ qui est elle-même convexe. La fonction $f_n = h_{p,n'}$ répond à la question. □

Démonstration de la proposition. — On reprend les notations du lemme.

Si X est une variable aléatoire à valeurs dans V et $\mathcal{G}$ est une sous-tribu de $\mathcal{F}$, on définit l'ensemble $b_n(\mathcal{L}(X|\mathcal{G}))$ inclus dans $\Omega \times V$ comme étant l'ensemble des (ω, x) tels que $f_n(x) \leq \mathbb{E}[f_n(X)|\mathcal{G}]$, et on définit $b(\mathcal{L}(X|\mathcal{G})) = \cap_n b_n(\mathcal{L}(X|\mathcal{G}))$. En raison de l'existence des lois conditionnelles, ces ensembles ne sont pas vides et contiennent les barycentres convexes des lois conditionnelles. Ils sont mesurables pour le produit de $\mathcal{G}$ et la tribu borélienne de V. Montrons que l'on obtient une espérance conditionnelle avec une section $\mathcal{G}$-mesurable $\omega \mapsto Y(\omega)$ de $b(\mathcal{L}(X|\mathcal{G}))$. Soit f une fonction convexe sur un voisinage de V. Il faut montrer que $f(Y) \leq \mathbb{E}[f(X)|\mathcal{G}]$. Or f est limite uniforme sur V d'une suite de fonctions f_{n_k} pour lesquelles l'inégalité est vraie. On en déduit que f la vérifie aussi. □

REMARQUES. — Si μ est une probabilité sur le compact V, on note $b(\mu)$ l'ensemble des barycentres convexes de μ. Si on avait défini $b(\mathcal{L}(X|\mathcal{G}))$ comme étant l'union des coupes $b(\mathcal{L}(X|\mathcal{G})(\omega))$, on n'aurait pas obtenu la mesurabilité du premier ensemble, et on n'aurait pas pu choisir une section mesurable.

3. Convexité de la variété et régularité des $\mathcal{C}$-martingales

3.1. Une condition pour que les $\mathcal{C}$-martingales soient continues

On suppose que pour tout $(x,y) \in V \times V$ tel que $x \neq y$, il existe une fonction convexe f sur un voisinage de V telle que $f(x) < f(y)$.

Nous noterons (Cr) cette condition d'existence de fonctions convexes. Il sera démontré dans la partie 4 que la boule géodésique régulière vérifie (Cr).

LEMME 3.1. — *La condition (Cr) est équivalente à l'existence d'une suite $(U_n)_{n\in \mathbb{N}}$ d'ouverts de V tels que pour tout $(x,y) \in V \times V$ vérifiant $x \neq y$, il existe $n, n' \in \mathbb{N}$ et une fonction convexe f sur un voisinage de V tels que*

$$x \in U_n,\ y \in U_{n'},\ et\ \sup_{U_n} f < \inf_{U_{n'}} f.$$

En particulier, si (Cr) est vraie, on peut choisir les fonctions f de la condition (Cr) à l'intérieur d'un ensemble dénombrable.

Démonstration du lemme. — Notons (Cr') la condition énoncée dans le lemme. Il est immédiat que (Cr') implique (Cr). Montrons que (Cr) implique (Cr'). On choisit une base $(U_n)_{n\in \mathbb{N}}$ d'ouverts de la topologie de V. Soit $(x,y) \in V \times V$ tel que $x \neq y$. D'après (Cr), il existe f convexe sur un voisinage de V telle que $f(x) < f(y)$. On choisit des réels a et b tels que $f(x) < a < b < f(y)$, un ouvert U_n contenant x tel que $U_n \subset \{z, f(z) < a\}$, et un ouvert $U_{n'}$ contenant y tel que $U_{n'} \subset \{z, f(z) > b\}$. On obtient bien la condition recherchée. □

PROPOSITION 3.2. — *Si toutes les martingales réelles de la filtration $(\mathcal{F}_t)$ sont continues et si le compact V vérifie la condition (Cr), alors les $\mathcal{C}$-martingales de V sont continues.*

Démonstration. — Raisonnons par l'absurde en utilisant la condition du lemme, équivalente à (Cr). Soit X une $\mathcal{C}$-martingale. Si $P(\exists t,\ X_{t-} \neq X_t) > 0$, alors il existe n, n' et une fonction f avec les propriétés écrites plus haut, tels que $P(\exists t,\ X_{t-} \in U_{n'}$ et $X_t \in U_n) > 0$. Or $f(X)$ est une sous-martingale réelle qui se décompose en une somme d'une martingale réelle continue d'après l'hypothèse sur la filtration, et d'un processus croissant dont les sauts s'écrivent $\sum_t (f(X_t) - f(X_{t-}))$, ce qui implique que presque sûrement, pour tout t, $f(X_t) - f(X_{t-})$ soit positif ou nul. L'hypothèse $\sup_{U_n} f < \inf_{U_{n'}} f$ implique donc que $P(\exists t,\ X_{t-} \in U_{n'}$ et $X_t \in U_n) = 0$, ce qui donne la contradiction recherchée. □

3.2. Conditions pour que les $\mathcal{C}$-martingales continues soient des ∇-martingales.

On notera (Aff) la condition d'existence pour tous $a \in V$ et $\lambda \in T_a^* W$ d'une fonction f convexe de classe C^2 sur un voisinage de V telle que $df(a) = \lambda$ et $\operatorname{Hess} f(a) = 0$.

Nous montrerons dans la partie 4 qu'elle est vérifiée par la boule géodésique régulière. Nous allons énoncer une condition (Aff'), démontrer ensuite qu'elle est plus faible que (Aff), puis montrer que lorsqu'elle est réalisée, les $\mathcal{C}$-martingales continues sont des ∇-martingales.

La condition (Aff') demande qu'il existe une métrique riemannienne g sur la variété W (nous n'utiliserons jamais la connexion de Levi-Civita de g; la convexité et les hessiennes seront toujours relatives à ∇), telle que pour tout $\varepsilon > 0$, il existe un recouvrement $(U_n^\varepsilon)_{n\in\mathbb{N}}$ de V et pour chaque n une famille finie $(f_i^\varepsilon)_{i\in I_n^\varepsilon}$ de fonctions convexes de classe C^2 sur un voisinage de V, telles que pour tout n, pour tout $x \in U_n^\varepsilon$, on ait d'une part pour tout $i \in I_n^\varepsilon$,

$$\operatorname{Hess} f_i^\varepsilon(x) \le \varepsilon g(x),$$

et d'autre part pour tout $\lambda \in T_x^* W$ de norme 1, il existe $i \in I_n^\varepsilon$ tel que

$$\|df_i^\varepsilon(x) - \lambda\| \le \varepsilon$$

(si f est de classe C^2, l'application $\operatorname{Hess} f$ désigne ∇df).

La première condition demande que pour $i \in I_n^\varepsilon$, les f_i^ε soient presque affines sur U_n^ε, et la deuxième demande que les df_i^ε approchent uniformément les formes linéaires de norme 1 sur U_n^ε lorsque i parcourt l'ensemble fini I_n^ε.

LEMME 3.3. — *La condition (Aff) implique (Aff').*

Démonstration. — On suppose que (Aff) est réalisée. Soit g une métrique riemannienne quelconque sur la variété (dont nous n'utiliserons pas la connexion de Levi-Civita) et soit $\varepsilon > 0$. Pour tout $a \in V$, on choisit une famille $(\lambda_a^1, \ldots, \lambda_a^n)$ d'éléments de $T_a^* W$ de norme 1 tels que pour tout $\lambda_a \in T_a^* W$ de norme 1, il existe j tel que $\|\lambda_a^j - \lambda_a\| < \frac{\varepsilon}{2}$. Pour tout j, on peut choisir d'après (Aff) une fonction convexe $f_{j,a}^\varepsilon$ sur un voisinage de V telle que $df_{j,a}^\varepsilon(a) = \lambda_a^j$ et $\operatorname{Hess} f_{j,a}(a) = 0$. Il existe un ouvert $U^\varepsilon(a)$ contenant a tel que pour tout x appartenant à cet ouvert, on ait d'une part pour tout j, $\operatorname{Hess} f_{j,a}(x) < \varepsilon g(x)$ et d'autre part pour tout $\lambda \in T_x^* W$ de norme 1, il existe j tel que $\|df_{j,a}^\varepsilon(x) - \lambda\| < \varepsilon$. On recouvre V par une famille finie d'ouverts de la forme $U^\varepsilon(a)$, et pour chaque élément de cette famille, on prend les $f_{j,a}^\varepsilon$ correspondantes. La condition (Aff') est alors réalisée. □

PROPOSITION 3.4. — *Si le compact V vérifie la condition (Aff'), alors les $\mathcal{C}$-martingales continues sont des ∇-martingales.*

Démonstration. — Soit X une $\mathcal{C}$-martingale continue. On note $d\widetilde{X}$ le drift de X (en coordonnées locales, si X^l se décompose en $M^l + A^l$ avec M^l martingale et A^l processus à variation finie, et si les Γ_{lj}^k désignent les symboles de Christoffel, alors $d\widetilde{X}$ s'écrit $(dA^k + \frac{1}{2}\Gamma_{lj}^k(X)d\langle X^l, X^j\rangle)D_k$). Il suffit de démontrer que

$$\int_0^1 \|d\widetilde{X}\| \le \alpha \int_0^1 g(dX, dX)$$

pour tout $\alpha > 0$. Soit $\varepsilon > 0$. D'après [E (3.5)], on peut se contenter de démontrer que

$$\int_S^T \|d\widetilde{X}\| \le \alpha \int_S^T g(dX, dX)$$

pour S et T temps d'arrêts tels que le processus X soit dans l'un des U_n^ε entre les instants S et T.

Puisque pour tout $i \in I_n^\varepsilon$, le processus $f_i^\varepsilon(X)$ est une sous-martingale, et que la différentielle de sa partie à variation finie est

$$\langle df_i^\varepsilon(X), d\widetilde{X}\rangle + \frac{1}{2}\,\mathrm{Hess}\, f_i^\varepsilon(dX, dX),$$

on a pour tout processus K positif mesurable borné,

$$\int_S^T K_t \langle df_i^\varepsilon(X), d\widetilde{X}\rangle_t \geq -\frac{\varepsilon}{2}\int_S^T K_t g(dX, dX).$$

Or il existe un processus prévisible L à valeurs dans TV, au dessus de X, de norme 1, tel que $d\widetilde{X} = L\|d\widetilde{X}\|$. Posons $\lambda = g(L,\cdot)$. Soit $j(t,\omega)$ un processus prévisible à valeurs dans I_n^ε, tel que $\|df_j^\varepsilon(X) - (-\lambda)\| < \varepsilon$. En choisissant $K_t^i = 1_{\{i=j(t,\omega)\}}$, on obtient $\sum_{i\in I_n^\varepsilon} K_t^i = 1$, ce qui donne

$$\int_S^T \sum_{i\in I_n^\varepsilon} K_t^i \langle df_i^\varepsilon(X), d\widetilde{X}\rangle_t \geq -\frac{\varepsilon}{2}\int_S^T g(dX, dX).$$

Or $\|\sum_{i\in I_n^\varepsilon} K_t^i df_i^\varepsilon(X) + \lambda\| < \varepsilon$, donc

$$\int_S^T \sum_{i\in I_n^\varepsilon} K_t^i \langle df_i^\varepsilon(X), d\widetilde{X}\rangle_t \leq (1-\varepsilon)\int_S^T -\|d\widetilde{X}\|,$$

et en définitive

$$\int_S^T \|d\widetilde{X}\| \leq \frac{\varepsilon}{2(1-\varepsilon)}\int_S^T g(dX, dX).$$

Cela donne le résultat escompté. □

4. Une boule géodésique régulière vérifie toutes les propriétés souhaitées

Nous allons démontrer que la variété $\mathcal{B}$, qui est la boule géodésique régulière de la définition 2.1, vérifie (Cr) et (Aff). Nous utiliserons le fait que $\mathcal{B}$ est incluse dans l'intérieur $\mathcal{B}'$ d'une boule géodésique régulière $\mathcal{B}''$ de rayon ρ. On pourra supposer que les courbures sectionnelles de $\mathcal{B}''$ sont aussi majorées par le réel κ de la définition 2.1. Nous noterons g la métrique riemannienne, et δ la distance induite par cette métrique.

Dans [K2], Kendall a démontré l'existence de fonctions convexes positives de classe C^∞ sur $\mathcal{B}'' \times \mathcal{B}''$, strictement convexes en dehors de la diagonale. Nous allons utiliser l'une d'entre elles pour définir la famille de fonctions qui suit. Soit $h = \cos(\sqrt{\kappa}\rho)$, et *soit ν un réel strictement supérieur à* $\frac{4}{h^4}$. Posons pour $a, x \in \mathcal{B}''$,

$$\phi_a(x) = \left(\frac{1-\cos(\sqrt{\kappa}\delta(a,x))}{\cos(\sqrt{\kappa}\delta(p,a))\cos(\sqrt{\kappa}\delta(p,x)) - \frac{h^2}{2}}\right)^{\nu+1}.$$

LEMME 4.1. — *Soit $\varepsilon > 0$. Alors pour tous $a, x \in \mathcal{B}''$ vérifiant $\delta(a,x) \geq \varepsilon$, on a*

$$\operatorname{Hess}\phi_a(x) \geq (1 - \cos\sqrt{\kappa}\varepsilon)^{\nu}\kappa g(x).$$

La preuve de ce lemme est empruntée à Kendall [K2], qui fait une démonstration plus générale, puisqu'il démontre la convexité stricte en dehors de la diagonale de la fonction des deux variables a et x. Nous faisons tout de même ici la démonstration, car nous ne pouvons pas utiliser tel quel le théorème 3 de [K2].

Démonstration du lemme. — Soit γ une géodésique de $\mathcal{B}''$ vérifiant $\gamma(0) = x$ et $\dot\gamma(0) = u$. Posons

$$p(t) = 1 - \cos\sqrt{\kappa}\delta(a, \gamma(t)), \qquad q(t) = \cos(\sqrt{\kappa}\delta(p,a))\cos(\sqrt{\kappa}\delta(p,\gamma(t))) - k^2$$

avec $k = \dfrac{h}{\sqrt{2}}$, et

$$\psi(t) = \frac{p(t)}{q(t)}, \qquad \phi(t) = \psi(t)^{\nu+1} = (\phi_a \circ \gamma)(t).$$

Dans cette démonstration, pour simplifier les écritures, on notera p, q, ψ, ϕ, p',..., ϕ'' pour désigner respectivement $p(0)$, $q(0)$, $\psi(0)$, $\phi(0)$, $p'(0), \ldots, \phi''(0)$.

Puisque γ est une géodésique, on a

$$\operatorname{Hess}\phi_a(u,u) = \phi''.$$

Nous allons donc calculer cette quantité. L'égalité

$$\psi'(t) = \frac{p'(t) - \psi(t)q'(t)}{q(t)}$$

donne

$$\psi'' = \frac{p'' - \psi q''}{q} - 2\frac{\psi' q'}{q}.$$

Si pour $z, y \in \mathcal{B}''$, $f_z(y) = \cos\sqrt{\kappa}\delta(z,y)$, alors $\operatorname{Hess} f_z + \kappa f_z g \leq 0$ (voir par exemple [P1] lemme 1.2.1). On en déduit que

$$p'' \geq (1-p)\kappa\|u\|^2$$

car $\operatorname{Hess}(1 - \cos\sqrt{\kappa}\delta(a,x)) = p''$, et que

$$-\psi q'' \geq \psi(q + k^2)\kappa\|u\|^2$$

car $\operatorname{Hess}\cos(\sqrt{\kappa}\delta(p,a))\cos(\sqrt{\kappa}\delta(p,x)) = q''$. Cela donne

$$\psi'' \geq \frac{1 + \psi k^2}{q}\kappa\|u\|^2 - 2\frac{\psi' q'}{q}.$$

On peut maintenant minorer ϕ''. De l'égalité

$$\phi'' = (\nu+1)\psi^{\nu}\Big(\nu\frac{\psi'^2}{\psi} + \psi''\Big),$$

on tire

$$\phi'' \geq (\nu+1)\psi^{\nu}\Big(\nu\frac{\psi'^2}{\psi} - 2\frac{q'}{q}\psi' + \frac{1+\psi k^2}{q}\kappa\|u\|^2\Big).$$

Le terme à l'intérieur de la parenthèse que nous appellerons A, considéré comme fonction polynômiale du second degré en ψ', atteint son minimum en $\dfrac{\psi q'}{\nu q}$. Il est alors égal à

$$-\frac{\psi q'^2}{\nu q^2} + \frac{1+\psi k^2}{q}\kappa\|u\|^2.$$

Or l'égalité $q' = -\sqrt{\kappa}\cos\sqrt{\kappa}\delta(p,a)\sin\sqrt{\kappa}\delta(p,x)\langle d\delta(p,x),u\rangle$ donne la majoration $q'^2 \leq \kappa\|u\|^2$, et on obtient

$$A \geq \Big(\frac{1+\psi k^2}{q} - \frac{\psi}{\nu q^2}\Big)\kappa\|u\|^2.$$

Cela s'écrit encore

$$A \geq \Big(\frac{1}{q} + \frac{\psi}{q}\Big(k^2 - \frac{1}{\nu q}\Big)\Big)\kappa\|u\|^2.$$

Comme $1 \geq q \geq h^2 - k^2 = \dfrac{h^2}{2}$ et $\nu h^4 > 4$, on a

$$A \geq \frac{\kappa}{q}\|u\|^2 \geq \kappa\|u\|^2.$$

On peut minorer ψ par $1 - \cos\sqrt{\kappa}\varepsilon$, donc on obtient

$$\phi'' \geq (\nu+1)(1-\cos\sqrt{\kappa}\varepsilon)^{\nu}\kappa\|u\|^2 \geq (1-\cos\sqrt{\kappa}\varepsilon)^{\nu}\kappa\|u\|^2$$

et en définitive

$$\operatorname{Hess}\phi_a(x) \geq (1-\cos\sqrt{\kappa}\varepsilon)^{\nu}\kappa g(x).$$

□

LEMME 4.2. — *Il existe un réel positif A tel que les fonctions $h_a(x) = (1-\cos\sqrt{\kappa}\delta(a,x))^{\frac{3}{2}} + A\phi_a(x)$ soient convexes sur B'', et tel qu'il existe des constantes $c > 0$ et $C > 0$ vérifiant pour tous $a, x \in B''$,*

$$c\delta(a,x)g(x) \leq \operatorname{Hess} h_a(x) \leq C\delta(a,x)g(x).$$

Démonstration. — Remarquons tout d'abord que les h_a sont de classe C^2, avec des dérivées jusqu'à l'ordre 2 qui s'annulent en a. Nous allons démontrer d'abord l'existence de A tel que la première inégalité soit vérifiée. Pour cela, nous allons faire la démonstration lorsque $0 < \delta(a,x) \leq \dfrac{\pi}{3\sqrt{\kappa}}$, et ensuite pour $\delta(a,x) \geq \dfrac{\pi}{3\sqrt{\kappa}}$. Puisque ϕ_a est convexe, il suffit dans le premier cas de démontrer qu'il existe $c > 0$ tel que $c\delta(a,\cdot)g(\cdot) \leq \mathrm{Hess}\left(1 - \cos\sqrt{\kappa}\delta(a,\cdot)\right)^{\frac{3}{2}}$. D'après [P1] lemme 1.2.1, les fonctions $f_a(x) = \cos\sqrt{\kappa}\delta(a,x)$ vérifient $\mathrm{Hess}\, f_a + \kappa f_a g \leq 0$. Pour $x \neq a$,

$$\mathrm{Hess}\left(1 - \cos\sqrt{\kappa}\delta(a,x)\right)^{\frac{3}{2}}$$
$$= \frac{3}{2}\sqrt{1 - f_a(x)}\,\mathrm{Hess}(1 - f_a)(x) + \frac{3}{4\sqrt{1 - f_a(x)}} d(1 - f_a)(x) \otimes d(1 - f_a)(x).$$

Il existe $c'' > 0$ tel que pour tous a, x vérifiant $0 < \delta(a,x) \leq \dfrac{\pi}{3\sqrt{\kappa}}$, on ait $\sqrt{1 - f_a}(x) \geq c''\delta(a,x)$. De l'inégalité vérifiée par $\mathrm{Hess}\, f_a$, on déduit que $\mathrm{Hess}(1 - f_a)(x) \geq \kappa(\cos\frac{\pi}{3})g(x)$, donc il existe une constante $c > 0$ que l'on peut choisir indépendante de a, telle que si $\delta(a,x) \leq \dfrac{\pi}{3\sqrt{\kappa}}$, on ait

$$c\delta(a,x)g(x) \leq \mathrm{Hess}\, h_a(x).$$

Démontrons ensuite l'existence de A tel que la première inégalité soit vérifiée lorsque $\delta(a,x) \geq \dfrac{\pi}{3\sqrt{\kappa}}$. En raison de la minoration uniforme de $1 - f_a$ et de $\mathrm{Hess}(1 - f_a)$, il existe un réel positif M tel que pour tous a, x, on ait $\mathrm{Hess}\left(1 - \cos\sqrt{\kappa}\delta(a,x)\right)^{\frac{3}{2}} \geq -Mg(x)$. Or d'après le lemme (4.1), si $\delta(a,x) \geq \dfrac{\pi}{3\sqrt{\kappa}}$, alors on a la minoration $\mathrm{Hess}\,\phi_a(x) \geq \dfrac{\kappa}{2^\nu}g(x)$. Notons $m = \dfrac{\kappa}{2^\nu}$. Si on choisit A tel que $Am - M > 0$ et $c > 0$ tel que $c < \dfrac{(Am - M)\sqrt{\kappa}}{\pi}$, alors on a l'inégalité

$$c\delta(a,x)g(x) \leq \mathrm{Hess}\, h_a(x).$$

Il reste à démontrer la deuxième inégalité. Le premier terme de la décomposition de $\mathrm{Hess}\left(1 - \cos\sqrt{\kappa}\delta(a,x)\right)^{\frac{3}{2}}$ se majore aisément, car il existe une constante C'' telle que $\sqrt{(1 - f_a)}(x) < C''\delta(a,x)$ pour tout a, x, et les $\mathrm{Hess}(1 - f_a)$ sont uniformément bornés. Pour majorer le deuxième terme, il suffit de constater que les $\|d(1 - f_a)(x)\|$ sont majorés par $C'\delta(a,x)$ avec une constante C' uniforme. Il reste à majorer $\mathrm{Hess}\,\phi_a(x)$. Ecrivons $\phi_a(x) = \left(\psi_a(x)\right)^{\nu+1}$. On a

$$\mathrm{Hess}\,\phi_a(x) = (\nu+1)\psi_a(x)^\nu\,\mathrm{Hess}\,\psi_a(x) + (\nu+1)\nu\psi_a(x)^{\nu-1} d\psi_a(x) \otimes d\psi_a(x).$$

Les applications $\mathrm{Hess}\,\psi_a$ et $d\psi_a$ sont uniformément bornées, la constante ν est supérieure à 4 et il existe une constante M telle que pour tous a, x, on ait $\psi_a(x) \leq M\delta^2(a,x)$. On déduit de ces majorations et de l'égalité plus haut qu'il existe une constante M' telle que pour tous a, x, on ait $\mathrm{Hess}\,\phi_a(x) \leq M'\delta^2(a,x) \leq M'\dfrac{\pi}{\sqrt{\kappa}}\delta(a,x)$. Ceci achève la démonstration de la deuxième inégalité. $\square$

PROPOSITION 4.3. — *La boule géodésique régulière $\mathcal{B}$ vérifie la condition* (Cr) *de la partie 3.1.*

Démonstration. — Soit $(x, y) \in \mathcal{B} \times \mathcal{B}$ tel que $x \neq y$. La fonction convexe h_x définie sur $\mathcal{B}'$, vérifie $h_x(x) = 0$ et $h_x(y) > 0$, donc répond à la question. □

LEMME 4.4. — *Il existe une constante* $K > 0$, *telle que pour tout* $a \in V$ *et toute forme* $\lambda_a \in T_a^*W$ *de norme* 1, *les fonctions* $x \mapsto l^{\lambda_a}(x) = \lambda_a\left(\exp_a{}^{-1}(x)\right) + Kh_a(x)$ *soient convexes sur* $\mathcal{B}''$.

Démonstration. — Il suffit de constater qu'il existe une constante K' positive, telle que pour tout λ_a, x, on ait $\operatorname{Hess} \lambda_a \left(\exp_a{}^{-1}(x)\right) \geq -K'\delta(a, x)g(x)$. On pose alors $K = \dfrac{K'}{c}$, c étant la constante du lemme (4.2). □

PROPOSITION 4.5. — *La boule géodésique régulière $\mathcal{B}$ vérifie la condition* (Aff) *de la partie 3.2.*

Démonstration. — Soient $a \in V$ et $\lambda_a \in T_a^*W$ différente de 0. La fonction $f = \|\lambda_a\| l^{\frac{\lambda_a}{\|\lambda_a\|}}$, définie sur $\mathcal{B}'$ vérifie bien $df(a) = \lambda_a$ et $\operatorname{Hess} f(a) = 0$. □

RÉFÉRENCES.

[D,M] Dellacherie (C.), Meyer (P.A.). — *Probabilités et Potentiel, volumes A et B.* — Hermann.

[E] Emery (M.). — *Stochastic calculus in manifolds.* — Springer, 1989.

[E,M] Emery (M.), Mokobodzki (G.). — *Sur le barycentre d'une probabilité dans une variété*, Séminaire de Probabilités XXV, Lecture Notes in Mathematics, Vol 1485, Springer, 1991.

[E,Z] Emery (M.), Zheng (W.). — *Fonctions convexes et semi-martingales dans une variété*, Séminaire de Probabilités XVIII, Lecture Notes in Mathematics, Vol 1059, Springer, 1984.

[J,M] Jacod (J.), Mémin (J.). — *Sur un type de convergence intermédiaire entre la convergence en loi et la convergence en probabilité*, Séminaire de Probabilités XV, Lecture Notes in Mathematics, Vol 850, Springer, 1979–80.

[K1] Kendall (W.S.). — *Probability, convexity and harmonic maps with small image I : uniqueness and fine existence*, Proc. London Math. Soc. (3), t. **61**, 1990, p. 371–406.

[K2] Kendall (W.S.). — *Convexity and the hemisphere*, J. London Math. Soc. (2), t. **43**, 1991, p. 567–576.

[P1] Picard (J.). — *Martingales on Riemannian manifolds with prescribed limit*, J. Functional Anal. 99, t. **2**, 1991, p. 223–261.

[P2] Picard (J). — *Barycentres et martingales sur une variété*, Preprint, 1993.

[R] Rockafellar (R.T.). — *Convex analysis.* — Princeton University Press, 1970.

A REMARK ON STOCHASTIC INTEGRATION

by

Hyungsok Ahn
Department of Statistics
Purdue University
West Lafayette, Indiana 47907

and

Philip Protter[1]
Mathematics and Statistics
Departments
Purdue University
West Lafayette, Indiana 47907

Abstract

We give an example of an adapted, càdlàg process H and a martingale M such that a "stochastic integral" process $\int_0^t H_s dM_s$ makes sense but is not a semimartingale. This answers a question of Ruth Williams.

In constructing an elementary theory of stochastic integration for semimartingales, one approach is to begin with simple predictable processes and to define the integral by the obvious formula. One then easily extends the class of integrands to processes in $\mathbb{L}$ (adapted processes which are left continuous with right limits *a.s.* or "càglàd"). See for example [1], [2], [4], or [5]. A natural question is: why can one not use $\mathbb{D}$ instead of $\mathbb{L}$? ($\mathbb{D}$ = adapted processes which are right continuous with left limits *a.s.*, or "càdlàg".). A standard answer is that one cannot use $\mathbb{D}$ if one wants the stochastic integral with respect to a local martingale to be again a local martingale, and a simple example is to take N a Poisson process of parameter $\lambda = 1$, $X_t = N_t - t$, and $C_t = 1_{\{t<T\}}$ where T is the first jump time of N. Then C is in $\mathbb{D}$ and $\int_0^t C_s dX_s = -(t \wedge T)$, which is always decreasing and thus cannot be a local martingale. Note however that it is a semimartingale.

Ruth Williams [6, p.178] has posed the following question: why can one not use $\mathbb{D}$ instead of $\mathbb{L}$ for the semimartingale integral? In other words, is there a *semimartingale* justification for using predictable processes, rather than just a martingale justification as described in the previous paragraph. Maurizio Pratelli [3] has given an elegant partial answer to this question by showing that one can have a theory of stochastic integration for optional integrands with the usual dominated convergence theorem holding if and only if the semimartingale integrators satisfy $\sum_{0<s\leq t} |\Delta X_s| < \infty$ a.s., each $t > 0$. (See [5] for all undefined terms and notation.)

In this note we address a different but related question: can one find a semimartingale M and a process in H in $\mathbb{D}$ such that $\int_0^t H_s dM_s$ makes sense as a stochastic process, but is not a semimartingale? If H is simple enough, the definition of $\int_0^t H_s dM_s$ should be obvious, and thus we will see that one in fact leaves the space of semimartingales quite readily even if one integrates processes in $\mathbb{D}$ (and not the more general optional processes). We construct such a process where M is a martingale, $H \in \mathbb{D}$, and $\int_0^t H_s dM_s$ is not a semimartingale.

Let M be a semimartingale and let $H \in \mathbb{D}$. If we could construct a coherent theory of stochastic integration with $H \in \mathbb{D}$, we would want the jump at time t of

1 Supported in part by NSF Grant #DMS-9103454

$\int H_s dM_s$ to be equal to $H_t \Delta M_t$. Therefore we would have the relation

$$(*) \qquad \int_0^t H_s dM_s = \int_0^t H_{s-} dM_s + \sum_{0<s\leq t} \Delta H_s \Delta M_s.$$

If M has no continuous martingale part, we can write this relationship as

$$\int_0^t H_s dM_s = \int_0^t H_{s-} dM_s + [H, M]_t.$$

We will construct a martingale M and an (adapted) process $H \in \mathbb{D}$ such that (*) holds, but such that the process $\int_0^t H_s dM_s$ is not a semimartingale. To construct M, let N^i be an *i.i.d.* sequence of Poisson processes with arrival rate $\lambda = 1$, so that $N_t^i - t$ is a martingale for each i. Let

$$M_t^n = \sum_{i=}^{n} \frac{1}{(i)^{3/4}} (N_t^i - t)$$

$$M_t = \sum_{i=1}^{\infty} \frac{1}{(i)^{3/4}} (N_t^i - t)$$

Note that the series converges in L^2 and that M is an L^2 martingale (M is also a Lévy process).

We now construct $H \in \mathbb{D}$, which is more complicated. Let α_n be an increasing sequence of integers, increasing at the rate $n^{5/4}$. Define increasing stopping times $(T_j)j \geq 1$ by

$$T_1 = inf\ \{t > 0 : \Delta M_t^1 > 0\}$$
$$T_j = inf\ \{t > T_{j-1} : \Delta M_t^{\alpha_j} > 0\}$$

Note that $T_j - T_{j-1}$ is exponential of parameter $\frac{1}{\alpha_j}$, and also $T_{j+1} - T_j$ is independent of $T_j - T_{j-1}$. Set $T = \lim_{j\to\infty} T_j$, and we thus have that $P(T < \infty) = 1$.

Define

$$H_t^n = \sum_{k=1}^{n} (2k-1)^{-1/16}\ 1_{[T_{2k-1}, T_{2k})}(t).$$

then H^n is in $\mathbb{D}$, and H^n converges in ucp (uniform convergence on compacts in probability) to

$$H_t = \sum_{k=1}^{\infty} (2k-1)^{-1/16}\ 1_{[T_{2k-1}, T_{2k})}(t).$$

Thus H is also in $\mathbb{D}$. Next observe that

$$\sum_{s\leq T} \Delta H_s^n \Delta M_s = \sum_{k=1}^{2n} X_k,$$

where

$$X_{2k-1} = (2k-1)^{-1/16}\,\Delta M_{T_{2k-1}},$$
$$X_{2k} = -(2k-1)^{-1/16}\,\Delta M_{T_{2k}}.$$

PROPOSITION 1

$A_t^n = \sum_{s\le t} \Delta H_s^n \Delta M_s$ *converges in ucp*

Proof

Note that $H_{t\wedge T_{2n}} = H^n_{t\wedge T_{2n}}$, each n, which implies

$$\sum_{s\le T_{2n}} \Delta H_s \Delta M_s = \sum_{s\le T_{2n}} \Delta H_s^n \Delta M_s, \text{ each n.}$$

Then it suffices to show that

$$\sum_{s\le T} \Delta H_s^n \Delta M_s = \sum_{k=1}^{2n} X_k$$

converges. Since ΔM_{T_n} is uniform on $\{1, 2^{-3/4}, \dots, \alpha_n^{-3/4}\}$, and $\alpha_n \sim n^{5/4}$, we have

$$E\{\Delta M_{T_n}\} \sim n^{-5/4}\int_1^{n^{5/4}} x^{-3/4}dx = 4(n^{-15/16} - n^{-5/4})$$

and

$$E\{(\Delta M_{T_n})^2\} \sim n^{-5/4}\int_1^{n^{5/4}} x^{-3/2}dx = 2(n^{-5/4} - n^{-15/8}).$$

Thus both $\sum_{k=1}^{2n} E\{X_k\}$ and $\sum_{k=1}^{2n}$ var (X_k) are convergent series. Since the X_k's are independent and bounded by 1, $\sum_{k=1}^{\infty} X_k$ converges a.s. and in L^2. □

One can easily check that

$$\sum_{k=1}^{\infty} |EX_k| = \infty.$$

This implies $\sum_{k=1}^{\infty} |X_k| = \infty$ a.s. and hence

$$A_t = \sum_{s\le t} \Delta H_s \Delta M_s$$

is not a process with paths of finite variation on compacts.

PROPOSITION 2

A_t is not a semimartingale.

Proof

Define

$$J_t^n = \sum_{k=1}^{2n} \frac{(-1)^{k+1}}{log\ (k+1)} 1_{(T_{k-1},T_k]}(t)$$

Then J^n is in L, and J^n converges in ucp to

$$J_t = \sum_{k=1}^{\infty} \frac{(-1)^{k+1}}{\log\,(k+1)} 1_{(T_{k-1},T_k]}(t)$$

(which is therefore also in L).
If A were a semimartingale, then $(J^n \cdot A)$ would converge in ucp too by, for example, the Bichteler-Dellacherie theorem.
But

$$\begin{aligned}(J^n \cdot A)_T &= \sum_{k=1}^{2n} J^n_{T_{k-1}} \left(A_{T_k} - A_{T_{k-1}}\right) \\ &= \sum_{k=2}^{2n} \frac{1}{\log\,k} |X_k| \to \infty \ a.s.,\end{aligned}$$

since the X_k's are independent and

$$\sum_{k=2}^{\infty} \frac{1}{\log\,k} E\{|X_k|\} = \infty.$$

Thus A is not a semimartingale □

A final remark: The predictable σ-algebra $\mathcal{P}$ is generated by L; that is, $\mathcal{P} = \sigma(\mathsf{L})$, while the optional σ-algebra $\mathcal{O}$ is generated by D : $\mathcal{O} = \sigma(\mathsf{D})$. Since we have seen that even in the semimartingale theory (and not just the local martingale theory) one cannot go beyond L to D, clearly one cannot go beyond $\mathcal{P}$ to $\mathcal{O}$ as well. Thus this example helps to clarify the standard restriction that integrands must be predictably measurable, in the general case (that is, when semimartingales can have jumps).

REFERENCES

1. C. Dellacherie, Un survol de la théorie de l'intégrale stochastique. Stochastic Processes and Their Appl. *10* (1980), 115–144.
2. G. Letta, *Martingales et Intégration Stochastique.* Scuola Normale Superiore, Pisa, 1984.
3. M. Pratelli, La classe des semimartingales qui permettent d'intégrer les processus optionnels, Séminaire de Proba. XVII, Springer Lect. Notes in Math. 986 (1983), 311–320.
4. P. Protter, Stochastic integration without tears. Stochastics *16* (1986), 295–325.
5. P. Protter, *Stochastic Integration and Differential Equations.* Springer-Verlag, Heidelberg, 1990.
6. R. J. Williams, Book Review of [5] above, Bulletin of the American Math. Soc. *25* (1991), 170–180.

SOME OPERATOR INEQUALITIES

by Yaozhong HU

Introduction. According to a suggestion of Prof. P.A. Meyer, I have collected in this paper a number of interesting inequalities concerning operators. I have tried to include useful results, choosing in the literature the simplest proofs.

The author thanks Prof. P.A. Meyer for his careful reading of preliminary versions of the paper, pointing out several mistakes and simplifying some proofs.

§1. Operator-monotone and operator-convex functions

We denote by $\mathcal{H}$ a complex Hilbert space with scalar product $<.,.>$. In this section we assume $\mathcal{H}$ is finite dimensional, leaving to the reader the extension to (bounded) operators on an infinite dimensional space. We assume the reader is familiar with elementary definitions as positivity, spectrum, trace, etc.

The definition of a continuous function which is monotone non-decreasing (abbreviated below to monotone) or convex on self-adjoint operators is clear, and recalled below. Such a function is of course monotone (convex) in the ordinary sense, but this is far from sufficient. The most important result is Löwner's theorem ([30], 1934) which gives an explicit form for the operator monotone (convex) functions.

We denote by T some interval of $\mathbb{R}$ and by $\mathrm{Sp}^{-1}(T)$ the set of all operators A whose spectrum $\mathrm{Sp}(A)$ is contained in T. These operators are self-adjoint, and the description of the set $\mathrm{Sp}^{-1}(T)$

$$(\mathrm{Sp}(A) \subset [a,b]) \Longleftrightarrow (\forall x : \|x\| = 1 \quad a \leq <Ax, x> \leq b)$$

shows that it is convex.

DEFINITION. *A real (Borel) function f defined on T is called* operator-monotone *if for (any finite-dimensional Hilbert space $\mathcal{H}$ and) any two operators $A \leq B \in \mathrm{Sp}^{-1}(T)$ on $\mathcal{H}$, we have $f(A) \leq f(B)$. It is called* operator-convex, *if for any two operators $A, B \in \mathrm{Sp}^{-1}(T)$, we have*

$$f(\lambda A + (1-\lambda)B) \leq \lambda f(A) + (1-\lambda) f(B) \quad , \quad (0 \leq \lambda \leq 1)\,. \tag{1.1}$$

If f is monotone or convex in T it is so in a smaller interval. On the other hand it is monotone or convex in the ordinary sense, hence locally bounded. Therefore it can be regularized by convolution in the usual way, remaining monotone (convex) on a slightly smaller interval. It will be convenient at some places to deal with $\mathcal{C}^1$ or $\mathcal{C}^2$ functions, but the results extend to full generality.

Here is the main theorem in this section. We break it into three statements for convenience.

THEOREM 1.1 (Löwner [30]). *For every operator-monotone function* f *on* $(-1,1)$, *there exists a (unique) probability measure* μ *on* $[-1,1]$ *such that*

$$f(t) = f(0) + f'(0)\int_{-1}^{1} \frac{t}{1-xt}\, d\mu(x)\,. \tag{1.2}$$

THEOREM 1.2. *If* f *is operator-convex on* $T =]-1,1[$ *and* $f(0)=0$, *then* $g(t) = f(t)/t$ *is operator-monotone on* T *(and conversely).*

It follows that :

THEOREM 1.3. *For each operator-convex function* f *on* $T = (-1,1)$, *there exists a (unique) probability measure* μ *on* $[-1,1]$ *such that*

$$f(t) = f(0) + f'(0)\,t + \int_{-1}^{1} \frac{tx}{1-xt}\, d\mu(x)\,. \tag{1.3}$$

It follows in particular that operator-monotone or convex functions are real analytic, and can be extended analytically outside T. But we will not discuss this important topic (see Donoghue [15]).

There are several proofs of this celebrated theorem, see [1], [7], [13], [15], [22], [26], [30], [37] etc. Three remarkable proofs due to Löwner [30], Bendat and Sherman [7] and Korányi [26]) are included in the book [15]. The proof we give here is adapted from the last remark in [22], where it is given as a simplification of Korányi's proof.

Example. We begin by an example of operator-monotone function which will show the sufficiency of (1.2). First take two operators $0 \le a \le b$, and $\lambda > 0$. Then we have $0 \le \lambda + a \le \lambda + b$, implying $I \le (\lambda+a)^{-1/2}(\lambda+b)(\lambda+a)^{-1/2}$. Taking inverses we get $I \ge (\lambda+a)^{1/2}(\lambda+b)^{-1}(\lambda+a)^{1/2}$ and finally the function $f(t) = 1/(\lambda+t)$ is operator-decreasing. Then $1 - \lambda f(t) = t/(\lambda+t)$ is operator-monotone on $T = [0,\infty[$ and the same follows for any homographic function which is increasing on T, and maps T into itself.

It follows that the mapping $(t-1)/(t+1)$ is a monotone increasing 1-1 mapping from $\mathrm{Sp}^{-1}(0,\infty)$ onto $\mathrm{Sp}^{-1}]-1,1[$. Carrying the result to the new interval we find that homographic increasing maps of $]-1,1[$ into itself are operator-monotone. This is the case for $t/(1-xt)$ with $x \in]-1,1[$, and it follows that (1.2) is indeed operator-monotone.

First characterization of monotone functions. Recall that the *Hadamard product* of two matrices (not operators!) $A = (a_{ij})$, $B = (b_{ij})$ is the matrix $A \circ B = (a_{ij}b_{ij})$. Shur's well known theorem asserts that the Hadamard product of a given matrix A with an arbitrary positive matrix B is positive if and only if A is positive.

We use in the whole paper the notation

$$D_t^k f(A,H) = \frac{d^k}{dt^k} f(A+tH)\,, \tag{1.4}$$

whenever the right hand side exists. When t is omitted it is meant that $t = 0$.

The operator $f(A+tH)$ is well defined for A, H self-adjoint and f continuous. Which regularity of f implies that $f(A+tH)$ is, say, differentiable? Here is a simple result in that direction. We will need a similar result for second order derivatives, but the proof is given in a paper in the same volume.

LEMMA 1.4. *Let f be a function of class C^1 on some open interval T. Then for $A \in \mathrm{Sp}^{-1}(T)$ and arbitrary self-adjoint H the derivative $Df(A,H)$ exists. In a basis where A is a diagonal matrix with eigenvalues $(\lambda_1, \dots \lambda_n)$, this derivative is the Hadamard product $f^{[1]}(A) \circ H$ where $f^{[1]}(A)$ is the matrix with coefficients*

$$f^{[1]}(A)_{ij} = \begin{cases} (f(\lambda_i) - f(\lambda_j))/(\lambda_i - \lambda_j) & \text{if } \lambda_i \neq \lambda_j \\ f'(\lambda_i) & \text{if } \lambda_i = \lambda_j \end{cases} . \tag{1.5}$$

The function f is operator-monotone on T if and only if we have $Df(A,H) \geq 0$ for $A \in \mathrm{Sp}^{-1}(T)$ and $H \geq 0$.

PROOF. The crucial point in the proof is that, if $f(t) = t^k$, we may write the matrix (1.5) as

$$f^{[1]}(A)_{ij} = \sum\nolimits_{p=0}^{k-1} \lambda_i^p \lambda_j^{k-1-p} .$$

It is clear that $f(A+tH)$ is well defined for $A \in \mathrm{Sp}^{-1}(T)$ and t small enough. When $f(t) = t^k$ all derivatives exist

$$\frac{d}{dt}(A+tH)^k = \sum_{p=0}^{k-1} (A+tH)^p H (A+tH)^{k-1-p} .$$

We take $t = 0$ and represent operators by matrices in a basis where A is diagonal as stated. The elements of the last matrix are equal to $h_{ij} \sum_p \lambda_i^p \lambda_j^{k-1-p}$, and we get the corresponding Hadamard product. Thus the formula is proved for a polynomial. Then it is extended to $f \in C^1$ by approximation, because the Hadamard product is continuous on a finite dimensional Hilbert space. Note the Hadamard product is basis dependent, and no explicit formula is given in an arbitrary basis.

From the Hadamard product formula it follows that

$$\| Df(A,H) \| \leq C \| f' \|_A \| H \|$$

where C depends on the dimension of $\mathcal{H}$, $\| f' \|_A$ is the uniform norm of f' on the spectral interval of A. Then it also follows that (assuming f is defined on $\mathbb{R}$ for simplicity)

$$\| D_t f(A+tH) \| \leq C \| f' \| \| H \|$$

where $\| f' \|$ is computed on some large compact set. But then approximating f in C^1 norm by polynomials we see that $f(A+tH)$ is continuously differentiable. The last statement is nearly obvious.

COROLLARY. *A function f of class C^1 on T is operator monotone if and only if the kernel*

$$\widehat{f}(x,y) = \frac{f(y) - f(x)}{y - x} \qquad (f'(x) \text{ if } y = x)$$

is of positive type on T.

This follows at once from the Hadamard product formula, and Shur's theorem.

Proof of Theorem 1.1. The representation (1.2) will be proved for operator-monotone functions of class C^1. The extension of the representation to arbitrary functions will be left to the reader.

We may assume that $f(0)=0$, so that $g(t)=f(t)/t$ is continuous. We will need the following property, to be proved later :

(1.6) the functions $f \pm g$ are operator-monotone.

Then let us sketch the proof. We consider the reproducing kernel Hilbert space E associated with the kernel $\widehat{f}(x,y)$ on $T=]-1,1[$. That is, we consider the linear space of measures with finite support in $]-1,1[$ with the scalar product $<\varepsilon_x,\varepsilon_y>=\widehat{f}(x,y)$, and we complete it. We now define a symmetric bilinear form on the space of finite measures by the formula $<\varepsilon_x,\varepsilon_y>'=\widehat{g}(x,y)$, and the fact that $f\pm g$ is monotone means that on this subspace we have $-<u,u>\le<u,u>'\le<u,u>$. Therefore there is an operator G of norm ≤ 1 such that $<u,v>'=<u,Gv>$. For $t\in]-1,1[$ define $u=(I-tG)\,\varepsilon_t$. Then we have

$$<u,\varepsilon_y>=<(I-tG)\varepsilon_t,\varepsilon_y>=\widehat{f}(x,y)-t\widehat{g}(t,y)$$

$$=\frac{f(t)-f(y)}{t-y}-t\frac{\frac{f(t)}{t}-\frac{f(y)}{y}}{t-y}=\frac{f(y)}{y}=g(y)$$

Therefore $u=g$ doesn't depend on t. Consider now the spectral decomposition $G=\int_{-1}^{1}s\,dE_s$ (there may be masses at ±1) and introduce the positive measure $\mu(ds)=<u,dE_s u>$. For $|t|<1$ $I-tG$ is invertible and we have $\varepsilon_t=(I-tG)^{-1}u$, therefore

$$\int_{-1}^{1}(1-ts)^{-1}\mu(ds)=<u,(I-tG)^{-1}u>=<u,\varepsilon_t>=g(t)=f(t)/t\,.$$

Multiplying by t we get Löwner's representation (1.2).

Operator convex functions.

The following result is theorem 2.1 from [22].

Lemma 1.5. *Let f be continuous on T, any interval containing 0. The following properties are equivalent :*

1) f is operator-convex and $f(0)\le 0$.

2) $f(a^*xa)\le a^*f(x)\,a$ for $\|\,a\,\|\le 1$, $x\in S(T)$.

3) $f(a^*xa+b^*yb)\le a^*f(x)\,a+b^*yb$ for $a^*a+b^*b\le I$, $x,y\in S(T)$.

4) Like 2), but a is a projection.

Proof. We consider the operateurs on $\mathcal{H}\oplus\mathcal{H}$ given by

$$X=\begin{pmatrix} x & 0\\ 0 & 0\end{pmatrix}\,,\quad U=\begin{pmatrix} a & b\\ c & -a^*\end{pmatrix}\,,\quad V=\begin{pmatrix} a & -b\\ c & a^*\end{pmatrix}.$$

with $b = (1 - aa^*)^{1/2}$, $c = (1 - a^*a)^{1/2}$. Then U and V are unitary (this amounts to saying $ac - ba = 0 = ca^* - a^*b$, and the first equality suffices. We have $ah(a^*a) = h(aa^*)a$ for $h(x) = x^n$, then for a polynomial, and finally for $h(x) = (1-x)^{1/2}$.) Then we have

$$U^*XU = \begin{pmatrix} a^*xa & a^*xb \\ bxa & bxb \end{pmatrix} \quad , \quad V^*XV = \begin{pmatrix} a^*xa & -a^*xb \\ -bxa & bxb \end{pmatrix} .$$

If $\mathrm{Sp}(x) \subset T$, the same is true for X, U^*XU, V^*XV (we need here to know that $0 \in T$). If f is operator-convex, we have

$$\begin{aligned}
\begin{pmatrix} f(a^*xa) & 0 \\ 0 & f(bxb) \end{pmatrix} &= f\begin{pmatrix} a^*xa & 0 \\ 0 & bxb \end{pmatrix} = f(\tfrac{1}{2}(U^*XU + V^*XV)) \\
&\le \tfrac{1}{2}(f(U^*XU) + f(V^*XV)) = \tfrac{1}{2}(U^*f(X)U + V^*f(X)V) \\
&= \tfrac{1}{2}U^*\begin{pmatrix} f(x) & 0 \\ 0 & f(0) \end{pmatrix}U + \tfrac{1}{2}V^*\begin{pmatrix} f(x) & 0 \\ 0 & f(0) \end{pmatrix}V \\
&\le \tfrac{1}{2}U^*\begin{pmatrix} f(x) & 0 \\ 0 & 0 \end{pmatrix}U + \tfrac{1}{2}V^*\begin{pmatrix} f(x) & 0 \\ 0 & 0 \end{pmatrix}V \\
&= \begin{pmatrix} a^*f(x)\,a & 0 \\ 0 & bf(x)\,b \end{pmatrix} .
\end{aligned}$$

In particular, we get $f(a^*xa) \le a^*f(x)\,a$.

It is clear that 2) $\Longrightarrow$ 4). To show 2) $\Longrightarrow$ 3), apply 2) in $\mathcal{H} \oplus \mathcal{H}$ with

$$A = \begin{pmatrix} a & 0 \\ b & 0 \end{pmatrix} \quad , \quad X = \begin{pmatrix} x & 0 \\ 0 & y \end{pmatrix} .$$

It remains to show that 4) $\Longrightarrow$ 1). Given $x, y \in S(T)$ and $t \in [0,1]$ we put

$$X = \begin{pmatrix} x & 0 \\ 0 & y \end{pmatrix} \quad , \quad U = \begin{pmatrix} \sqrt{t} & -\sqrt{1-t} \\ \sqrt{1-t} & \sqrt{t} \end{pmatrix} \quad , \quad P = \begin{pmatrix} 1 & 0 \\ 0 & 0 \end{pmatrix}$$

Then $X \in S(T)$, U is unitary, thus $U^*XU \in S(T)$, P is a projection. We write $f(PU^*XUP) \le Pf(U^*XU)\,P = PU^*f(X)\,UP$, whence

$$\begin{pmatrix} f(tx + (1-t)y) & 0 \\ 0 & f(0) \end{pmatrix} \le \begin{pmatrix} tf(x) + (1-t)\,f(y) & 0 \\ 0 & 0 \end{pmatrix}$$

and 1) follows.

LEMMA 1.6. *1) A function f is operator-monotone in $T =]0, \alpha[$ if and only if $h(t) = tf(t)$ is operator-convex in T.*

2) Let $T =]-1, 1[$ and f be operator-monotone. Then $(t+\lambda)\,f(t)$ is operator-convex in T for $\lambda \in T$.

3) Let $T =]-1, 1[$, assume f is operator-monotone and $f(0) = 0$, and put $g(t) = f(t)/t$. Then $f + \lambda g$ is operator-monotone for $t \in T$.

PROOF. 1) Assume f is operator-monotone. Let P be a projection. For $X \in \mathrm{Sp}^{-1}(T)$ we have $X^{1/2}PX^{1/2} \leq X$, therefore

$$f(X^{1/2}PX^{1/2}) \leq f(X)$$
$$PX^{1/2}f(X^{1/2}PX^{1/2})X^{1/2}P \leq PX^{1/2}f(X)X^{1/2}P = PXf(X)P = Ph(X)P$$
$$PX^{1/2}X^{1/2}P\, f(PXP) \leq Ph(X)P$$

Here we have used the identity $f(X^{1/2}PX^{1/2})X^{1/2}P = X^{1/2}P\, f(PXP)$, which is proved first for $f(t) = t^k$ and extended to continuous f. The left hand side is $h(PXP)$ and it follows that h is operator-convex.

Conversely, assume h is operator-convex. Take $X, Y \in \mathrm{Sp}^{-1}(T)$ with $X \leq Y$. They are invertible, and the operator $A = Y^{-1/2}X^{1/2}$ has a norm ≤ 1. Writing that $h(A^*YA) \leq h(Y)$ proves that $f(X) \leq f(Y)$.

Let us prove 2). According to 1) $t \to tf(t-1)$ is operator-convex on $]0,2[$, hence $t \to (1+t)f(t)$ is operator convex on T. Applying this result to the operator-monotone function $t \to -f(-t)$ we have that $t \to -(t+1)f(-t)$ is operator-convex. But the mapping $t \to -t$ preserves convexity, thus $t \to (t-1)f(t)$ is operator-convex. Taking a convex combination we get that $(t+\lambda)f$ is operator convex for $\lambda \in [-1,1]$.

To prove 3) — which plays an essential role in the proof of Löwner's theorem — we will assume the operator-convex function f on $T =]-1,1[$ such that $f(0) = 0$ belongs to $\mathcal{C}^2$. Then $g \in \mathcal{C}^1$ and it is sufficient to prove that $Dg(A,H) \geq 0$ for $A \in \mathrm{Sp}^{-1}(T)$ and $H \geq 0$ small enough. Consider the following operators on $\mathcal{H} \oplus \mathcal{H}$

$$X = \begin{pmatrix} A & 0 \\ 0 & 0 \end{pmatrix} \quad , \quad B = \begin{pmatrix} 0 & \sqrt{H} \\ \sqrt{H} & 0 \end{pmatrix} \quad , \quad P = \begin{pmatrix} I & 0 \\ 0 & 0 \end{pmatrix}.$$

Then we will prove that

$$PD^2f(X,B)P = \begin{pmatrix} Dg(A,H) & 0 \\ 0 & 0 \end{pmatrix}$$

Since f is operator-convex, the left hand side is positive, and therefore the result will follow. To prove this formula, it is sufficient to deal with polynomials, and then with $f(t) = t^k$, $k > 0$. Then we have

$$D^2f(X,B) = \sum_{p+q+r=k-2} X^pBX^qBX^r .$$

On the other hand, if $q \neq 0$ we have $X^pBX^q = 0$. Therefore this sum reduces to $\sum_{p+r=k-2} X^pB^2X^r = Dg(X,B^2)$. Applying P on both sides we get the desired formula.

From 2) and 3), the mapping $f(t) \leftrightarrow g(t) = f(t)/t$ sets a 1–1 correspondence between operator-convex functions on $]-1,1[$ such that $f(0) = 0$ and operator-monotone functions. Thus the two remaining parts of the main theorem are proved.

ADDITION. One of the consequences of Löwner's theorem is that if $A \geq B \geq 0$ we have $A^r \geq B^r$ for $0 \leq r \leq 1$. Under special hypotheses on the exponents it is possible to prove that $(B^r A^s B^r)^t \geq B^{(2r+s)t}$ (Furota's inequality, see additional references at the end).

§2. Concavity related to the trace

The topics in this section are loosely related to those of the preceding one, by the use of Pick functions. A *Pick function* (Donoghue [15]) is a holomorphic function $f = u + iv$ in the upper half-plane which has a positive (i.e. ≥ 0) imaginary part v. A *Herglotz function* is defined in the same way, but in the unit disc (Epstein [16] uses this name also in the upper half-plane). Since v is a positive harmonic function it has a Poisson representation,

$$v(x,y) = \alpha + by + \int \frac{y\,d\theta(t)}{(t-x)^2 + y^2}$$

with $b \geq 0$, $\alpha \geq 0$, and θ is a positive measure on $\mathbb{R}$ such that $1/(1+t^2)$ is integrable. Let us write θ as $(1+t^2)\,\rho$, a bounded measure. We have

$$(1+t^2)\,\frac{y}{(t-x)^2+y^2} = \Im m\,\frac{1+tz}{t-z}$$

and therefore

$$f(z) = a + bz + \int_{-\infty}^{\infty} \frac{1+tz}{t-z}\,d\rho(t)$$

where ρ is a positive bounded measure, $\Im m(a) \geq 0$ and $b \geq 0$.

Suppose now ρ does not charge $T = (-1,1)$. Then $f(z)$ is meaningful for $z \in T$ real, and in fact can be continued analytically across T. Putting $t = 1/s$ we get from ρ a bounded measure τ on $[-1,1]$ which doesn't charge 0, and then we have

$$f(z) = a + bz + \int_{-1}^{1} \frac{(s+z)\,d\tau(s)}{1-sz} = a' + bz + \int_{-1}^{1} \frac{z\,(1+s^2)\,d\tau(s)}{1-sz}$$

where a' is a new constant with positive imaginary part (the $'$ will be omitted from now on). The unit masses at ± 1 yield the two functions $(1+z)/(1-z) = 1 - 2z/(1-z)$, $(z-1)/(z+1) = -1 + 2z/(1+z)$, which are operator-monotone functions. Note also that allowing τ to have a mass at 0 we may take the function bz into the integral, and then we have the Löwner representation — except that the constant a must be real in the operator-monotone case.

Now let us quote Epstein's theorem. Let $\mathcal{A}$ be a (complex) C^*-algebra; the mappings $\Re e(a)$ and $\Im m(a)$ are defined as for scalars. Let D be the open set of all elements $a \in \mathcal{A}$ such that

$$\text{for some } \theta \in [-\tfrac{\pi}{2}, \tfrac{\pi}{2}] \text{ and some } \varepsilon > 0,\ \Re e(e^{-i\theta} a) \geq \varepsilon\,.$$

Let D_s be the set of self-adjoint elements of D — they are positive and invertible.

Let f be a complex valued holomorphic function in D, positively homogeneous of degree s, $0 < s \leq 1$, which has the same property as Löwner's functions :

$$\text{If } a \in D \text{ and } \Im m(a) > 0 \ (< 0), \text{ then } \Im m(f(a)) \geq 0 \ (\leq 0).$$

By continuity, f is real on D_s.

THEOREM 2.1. *Under these hypotheses, the restriction of f to D_s is concave.*

EXAMPLES 2.2. Take for $\mathcal{A}$ the algebra of matrices. For B fixed, the following functions satisfy these hypotheses. In this way, Epstein unifies a number of results of Lieb.

1) $f(A) = \operatorname{Tr}\exp(B + \log A)$ (B self-adjoint).
2) $f(A) = \operatorname{Tr}(BA^{1/n}B)^n$ (n integer, $B \geq 0$).
3) $f(A) = \operatorname{Tr}(A^pBA^qB^*)^{1/(p+q)}$ (B arbitrary, $0 \leq p, q$, $p + q \leq 1$).
4) $f(A) = \operatorname{Tr}(A^pBA^qB^*)$

§3. Some trace inequalities

We will now prove some inequalities related to the trace of the operators. First we have

THEOREM 3.1. *If If A and B are two positive operators on some Hilbert space $\mathcal{H}$ (of finite dimension n). Let $0 \leq a_1 \leq \ldots \leq a_n$, $0 \leq b_1 \leq \ldots \leq b_n$ be their eigenvalues. Then for m positive integer*

$$\sum_{i=1}^{n} a_i^m b_{n-i}^m \leq \operatorname{Tr}(AB)^m \leq \operatorname{Tr}(A^m B^m) \leq \sum_{i=1}^{n} a_i^m b_i^m \tag{3.1}$$

REMARK 3.1. The inequality $\operatorname{Tr}(AB)^m \leq \operatorname{Tr}(A^mB^m)$ was proved by Lieb and Thirring [29]. The other parts were proved by Couteur [12] and by Bushell and Trustrum [10].

PROOF. We only prove that $\operatorname{Tr}(AB)^m \leq \operatorname{Tr}(A^mB^m)$ (from [29]). By a unitary transformation we may suppose that A is diagonal. Put $C = B^m \geq 0$ and $f(C) = \operatorname{Tr}(AC^{1/m})^m - \operatorname{Tr}(A^mC)$. Let $C = D + C'$ where D is the diagonal of C, and $C_\lambda = D + \lambda C' = \lambda C + (1 - \lambda)D$ for $\lambda \in [0,1]$. Put $f(C_\lambda) = R(\lambda)$. We want to show that $R(1) \leq 0$. Now it is elementary to see that $R(0) \leq 0$ and by the preceding section, second example in 2.2 we know that $R(\lambda)$ is a concave function. Thus it lies below its tangent at 0 and it is sufficient to prove that

$$\frac{d}{d\lambda}\Big|_{\lambda=0} R(\lambda) = 0\,. \tag{3.2}$$

Recall that A and D are diagonal and C' has vanishing diagonal elements. So

$$\frac{d}{d\lambda}\Big|_{\lambda=0} \operatorname{Tr}(A^m(D + \lambda C')) = \operatorname{Tr}(A^mC') = 0$$

For the other term we have

$$\frac{d}{d\lambda}\Big|_{\lambda=0} \operatorname{Tr}[A(D+\lambda C')^{1/m}]^m = m \operatorname{Tr}[A D^{1/m}]^{m-1} \operatorname{Tr}[A \frac{d}{d\lambda}\Big|_{\lambda=0} (D+\lambda C')^{1/m}] .$$

We may compute this derivative (since D is diagonal) by the result of section 1 using Hadamard products, and see its diagonal elements vanish. Thus the trace of the product with A (diagonal) is 0.

By the same techniques as Lieb and Thirring's, one can prove

THEOREM 3.2. *If A and B are two selfadjoint operators, then*

$$\operatorname{Tr} e^{A+B} \leq \operatorname{Tr}(e^A e^B). \tag{3.3}$$

This inequality was discovered by Golden [18] and Thompson [38] and further studied by Deift [14], Lenard [27], Thompson [39] etc.

ADDITION. The trace is used in the L^p norm of operators, $\| A \|_p = (\operatorname{Tr}[(A^*A)p/2])^{1/p}$. An excellent exposition of the results on these norms, including deep new inequalities (non-trivial even in the commutative case) can be found in a preprint by Ball, Carlen and Lieb (see the additional references).

§4. Inequalities concerning absolute value

The absolute value of a non-necessarily selfadjoint operator A is defined by $|A| = (A^*A)^{1/2}$. Any operator A has a polar decomposition $A = U|A|$ with U a partial isometry. Generally it is not true that $|A+B| \leq |A|+|B|$. An example (from B. Simon) is

$$A = \begin{pmatrix} 1 & 1 \\ 1 & 1 \end{pmatrix} \quad B = \begin{pmatrix} 0 & 0 \\ 0 & -2 \end{pmatrix}$$

$$|A+B| = \begin{pmatrix} \sqrt{2} & 0 \\ 0 & \sqrt{2} \end{pmatrix}, \qquad |A|+|B| = \begin{pmatrix} 1 & 1 \\ 1 & 3 \end{pmatrix}$$

However, we have ($\|.\|_2$ is the Hilbert-Schmidt norm, i.e. $\|A\|_2^2 = \operatorname{Tr}(A^*A)$).

THEOREM 4.1. *For any two (non-necessarily self-adjoint) operators A and B we have*

$$\||A|-|B|\|_2 \leq \sqrt{2}\|A-B\|_2 \tag{4.1}$$

and when A and B are selfadjoint we have furthermore

$$\||A|-|B|\|_2 \leq \|A-B\|_2 . \tag{4.2}$$

PROOF (from [5] and [6]). First we have the Schwarz inequality :

$$2|\operatorname{Tr}(SR)| \leq 2\operatorname{Tr}(S^*S)^{1/2}\operatorname{Tr}(R^*R)^{1/2} \leq \|S\|_2^2 + \|R\|_2^2$$

Thus for any $X \geq 0$, $Y \geq 0$ and Q such that $\|Q\| \leq 1$ we have

$$\begin{aligned}
4|\operatorname{Tr}(QXY)| &\leq 4\operatorname{Tr}((Y^{1/2}QX^{1/2})(X^{1/2}Y^{1/2})) \\
&\leq 2(\operatorname{Tr}(X^{1/2}Q^*YQX^{1/2}) + \operatorname{Tr}(Y^{1/2}XY^{1/2})) \\
&\leq 2\operatorname{Tr}(XQ^*YQ) + 2\operatorname{Tr}(XY) \\
&\leq \operatorname{Tr}(Q^*Y^2Q) + \operatorname{Tr}(QX^2Q^*) + 2\operatorname{Tr}(XY) \\
&\leq \operatorname{Tr}(X^2+Y^2+XY+YX) = \operatorname{Tr}((X+Y)^2)
\end{aligned}$$

Now let $A = U|A|$ and $B = V|B|$ be the polar decompositions of A and B. Applying the above inequality for $X = |A|$, $Y = |B|$ and $Q = V^*U$ we have

$$\begin{aligned}
2\|A-B\|_2^2 &= 2\operatorname{Tr}(|A|^2+|B|^2) - 2\Re e\operatorname{Tr}(|B|V^*QU|A|) \\
&\geq 2\operatorname{Tr}(|A|^2+|B|^2) - \operatorname{Tr}(|A|+|B|)^2 \\
&= \operatorname{Tr}(|A|-|B|)^2 = \||A|-|B|\|_2^2.
\end{aligned}$$

To prove (4.2) it suffices to prove

$$\operatorname{Tr}(|A||B|) \geq \operatorname{Tr}(AB)$$

First we may suppose that A is diagonal $A = \operatorname{diag}(\lambda_1, \ldots, \lambda_n)$. Note by b_{ii} the diagonal elements of B and c_{ii} those of $|B|$. Since B is self-adjoint we have $|B| \geq B \geq -|B|$, hence $c_{ii} \geq |b_{ii}|$. Consequently,

$$\begin{aligned}
\operatorname{Tr}(AB) &= \sum \lambda_i b_{ii} \leq \sum |\lambda_i||b_{ii}| \\
&\leq \sum |\lambda_i| c_{ii} = \operatorname{Tr}|A||B|.
\end{aligned}$$

THEOREM 4.2. *If $f(t)$ is a non-negative operator-monotone function on $[0,\infty)$, then for $A, B \geq 0$ we have*

$$\operatorname{Tr}[f(A) - f(B)] \leq \operatorname{Tr}[f(|A-B|)]\,. \tag{4.3}$$

PROOF (due to Ando [2]). Let $C = A - B$. Since C is self-adjoint we have $C \leq |C|$ hence $0 \leq A = B + C \leq B + |C|$. So $f(A) \leq f(B + |C|)$ and

$$f(A) - f(B) \leq f(B + |C|) - f(B)$$

and we are reduced to the case where C is positive. By Löwner's theorem (for the interval $[0,\infty[$) we have

$$f(t) = \alpha + \beta t + \int_{-1}^{1} \frac{xt}{1+xt} d\mu(x) \tag{4.4}$$

for some $\alpha, \beta \geq 0$ and a positive measure μ on $[0,\infty)$ such that $\int_0^\infty \frac{x}{1+x}\mu(dx) \leq \infty$. So it is sufficient to consider the function $f(t) = t/(x+t)$, and we may take $x = 1$. Since $f(t) = 1 - (1+t)^- 1$ we are reduced to proving that for $B, C \geq 0$

$$\operatorname{Tr}[(B+1)^{-1} - (B+C+1)^{-1}] \leq \operatorname{Tr}[1 - (C+1)^{-1}]\,. \tag{4.5}$$

Put $1/\sqrt{I+B)} = H \leq 1$. Then $HDH \leq D$ for $D \geq 0$ and the operator on the left is

$$H(1 - \frac{1}{1+HCH})H \leq 1 - \frac{1}{1+HCH} \leq 1 - \frac{1}{1+C} .$$

Then applying Tr we get the result.

5. Grothendieck's Inequality

Grothendieck's inequality [19] has been the starting point of the modern theory of Banach spaces (see the paper by Lindenstrauss and Pelczynsky in the additional references. For the history see [32]). It has been the subject of many publications ([9], [20], [21], [25], [31], [32], [33]...). Here we present Krivine's proof which uses a probability language and gives the best (known) estimate for the real case Grothendieck constant. Then we point out an equivalent form which can be extended to the non-commutative case.

The elementary form of Grothendieck's inequality is the following : let T be a finite set, and let $\mathcal{C} = \mathcal{C}(T)$ be the finite dimensional space of real valued functions on T with the *sup* norm.

THEOREM 5.1. *Let u be a bilinear form on $\mathcal{C} \times \mathcal{C}$ of norm ≤ 1*

$$u(a,b) = \sum_{s,t \in T} u(s,t)\, a(s) b(t) \quad \textit{with} \quad |u(a,b)| \leq \sup_s |a(s)| \sup_t |b(t)| . \tag{5.1}$$

There exists an absolute constant K (called the real Grothendieck constant) such that, if A, B now take values in a real Hilbert space $\mathcal{H}$

$$| \sum_{s,t \in T} u(s,t) < A(s), B(t) > | \leq K \sup_s \| A(s) \| \sup_t \| B(t) \| . \tag{5.2}$$

Replacing real functions and Hilbert spaces by complex ones defines the complex Grothendieck constant (which is smaller). The exact value of these constants is not known, though the estimates are rather precise.

The general case is as follows :

THEOREM 5.1$'$. *Let S and T be two compact spaces, u a bilinear form of norm ≤ 1 on $\mathcal{C}(S) \times \mathcal{C}(T)$. Let $\mathcal{H}$ be a real Hilbert space and u be extended to a bilinear form on $(\mathcal{C}(S) \otimes \mathcal{H}) \times (\mathcal{C}(T) \otimes \mathcal{H})$ as*

$$u(a \otimes h, b \otimes k) = u(a,b) < h,k > .$$

Then u can be extended to $\mathcal{C}(S,\mathcal{H}) \times \mathcal{C}(T,\mathcal{H})$ in such a way that

$$|u(A,B)| \leq K \sup_s \| A(s) \| \sup_t \| B(t) \| . \tag{5.2$'$}$$

The fact that S may be different from T is not important. Taking a basis for $\mathcal{H}$, another way of stating (5.2′) is : given finite families $a_i \in \mathcal{C}(S), b_i \in \mathcal{C}(T)$, we have

$$(5.2'') \qquad |\sum_i u(a_i, b_i)| \leq K \sup_s (\sum\nolimits_i a_i(s)^2)^{1/2} \sup_t (\sum\nolimits_i b_i(t)^2)^{1/2} .$$

We will prove the elementary form of the theorem. Working on a finite set instead of compact spaces will preserve the essential idea of the proof, but spare some technical details. To help the reader imagine the general proof, we put between braces a few words which are useless in the finite case. One can also deduce the general case from the elementary case.

We will need some preliminary explanations.

1) Since T is finite, $\mathcal{C}\otimes\mathcal{C}$, the set of all functions $F(s,t) = \sum_i a_i(s)\, b_i(t), (a_i, b_i \in \mathcal{C})$ is the set of all functions of two variables. If T were compact, it would merely be dense in $\mathcal{C}(T \times T)$.

2) There is a norm on the space $\mathcal{C} \otimes \mathcal{C}$, called the *projective norm,* such that the conjugate space is that of (bounded) bilinear functionals on $\mathcal{C} \times \mathcal{C}$ with its usual norm. It can be computed as

$$(5.3) \qquad \| F \|_\pi = \inf \sum\nolimits_i \| a_i \| \, \| b_i \|$$

over all decompositions $F(s,t) = \sum_i a_i(s)\, b_i(t)$.

3) Let us define another norm on functions of two variables. We denote by $\mathcal{E}$ the set of all functions $F(s,t)$ that can be represented as

$$F(s,t) = < X(s), Y(t) >$$

for a pair of (continuous) functions X, Y taking values in some Hilbert space $\mathcal{H}$, and such that for all s, t

$$(5.4) \qquad \| X(s) \| = \| Y(t) \| = \rho \quad \text{(some constant)} \quad .$$

The smallest possible value of ρ^2 is denoted $\| F \|_*$. Of course it is larger than the uniform norm of F. We prove a few elementary facts.

— Given $F \in \mathcal{E}$, then $-F \in \mathcal{E}$ (change $X \to -X$) and $t^2 F \in \mathcal{E}$ (change $X \to tX$ and $Y \to tY$).

— Given $F, F' \in \mathcal{E}$, then $F + F' \in \mathcal{E}$ (use $X \oplus X', Y \oplus Y'$ taking values in $\mathcal{H} \oplus \mathcal{H}'$).

— Given $F, F' \in \mathcal{E}$, then $FF' \in \mathcal{E}$ (use $X \otimes X', Y \otimes Y'$ taking values in $\mathcal{H} \otimes \mathcal{H}'$).

It is not difficult to see that $\| . \|_*$ is a norm on $\mathcal{E}$. To cover the general case it is necessary also to prove that $\mathcal{E}$ is complete (hence a Banach algebra). This is one of the points we may skip.

— Let $F(s,t) = < X(s), Y(t) >$ with $\| X(s) \| \leq \sigma$ and $\| Y(t) \| \leq \tau$. Then $F \in \mathcal{E}$ and $\| F \|_* \leq \sigma\tau$.

To see this, first add to $\mathcal{H}$ two vectors ξ, η orthogonal to each other and to $\mathcal{H}$, and replace X, Y by $X(s) + u(s)\xi$, $Y(t) + v(t)\eta$ so that the norms are increased to a, b without changing $< X, Y >$. Then replace X, Y by $X\sqrt{b/a}, Y\sqrt{a/b}$ so that the norms are equal.

— As a consequence, taking $\mathcal{H} = \mathbb{R}$, $F(s,t) = a(s)\, b(t)$ belongs to $\mathcal{E}$ with $\| F \|_* \le \sup_s |a(s)| \sup_t |b(t)|$.

Then it follows that $\mathcal{C} \otimes \mathcal{C} \subset \mathcal{E}$ and the $\| . \|_\pi$ norm is larger than $\| . \|_*$.

More generally, we get the following result, which will be useful later on :

$$\| \sum_i a_i \otimes b_i \|_* \le \| (\sum_i a_i^2)^{1/2} \|_\infty \| (\sum_i b_i^2)^{1/2} \|_\infty . \tag{5.5}$$

If we remember now that $\| . \|_\pi$ is the conjugate norm of the usual norm of bilinear functionals, the Grothendieck inequality can be read as :

THEOREM 5.2. *We have on* $\mathcal{C} \otimes \mathcal{C}$

$$\| F \|_\pi \le K \| F \|_* . \tag{5.6}$$

with $K \le \pi/(2\log(1+\sqrt{2})) = 1,782\ldots$

PROOF. Krivine's argument relies on the following probabilistic result : *let* X, Y *be two normalized real jointly Gaussian random variables. Then we have*

$$\mathbb{E}[\operatorname{sign} X \operatorname{sign} Y] = \frac{2}{\pi} \arcsin \mathbb{E}[XY] . \tag{5.7}$$

It is proved as follows (from [32]). Put $\theta_0 = \mathbb{E}[XY] \in [\pi/2, \pi/2]$. Then we may write, denoting by Z a normalized Gaussian r.v. independent from X

$$\mathbb{E}[\operatorname{sign} X \operatorname{sign} Y] = \int \operatorname{sign} X \operatorname{sign}(X \sin\theta_0 + Z\cos\theta_0)\, e^{-(x^2+y^2)/2} \frac{dx\,dy}{2\pi}$$

Computing this in polar coordinates we get

$$\int\!\!\int \operatorname{sign}(\cos\theta) \operatorname{sign}(\sin(\theta+\theta_0))\, e^{-r^2/2} r\,dr\, \frac{d\theta}{2\pi}$$
$$= \frac{1}{2\pi}\int_0^{2\pi} \operatorname{sign}(\cos\theta)\operatorname{sign}((\theta+\theta_0))\, d\theta = \frac{2\theta_0}{\pi} .$$

Next, we remark that any Hilbert space $\mathcal{H}$ is isomorphic to a Hilbert space of Gaussian random variables on some probability space $(\Omega, \mathcal{F}, \mathbb{P})$. Let $F(s,t)$ belong to $\mathcal{C}\otimes\mathcal{C}$ with a norm $\| F \|_* \le 1$ (in particular, the uniform norm of F is at most 1). Then since $\mathcal{E}$ is a Banach algebra, for $b > 0$ $\sin(aF(s,t))$ belongs to $\mathcal{E}$ with a norm

$$\| \sin(aF) \|_* \le \sinh a .$$

Take $a < \log(1+\sqrt{2}) < 1$, so that $\sinh a < 1$. Then $\sin(aF)$ has a representation using normalized Gaussian r.v.'s

$$\sin(aF(s,t)) = \mathbb{E}[X_s Y_t]$$

Since $a < 1$, $a|F| \le \pi/2$ and we can invert, computing $F(s,t)$ as

$$\frac{1}{a}\arcsin\sin(aF(s,t)) = \frac{\pi}{2a}\mathbb{E}[\operatorname{sign} X_s \operatorname{sign} Y_t] = \frac{\pi}{2a}\int \operatorname{sign} X_s(\omega) \operatorname{sign} Y_t(\omega)\, d\mathbb{P}(\omega) .$$

On the right hand side we have an average of functions of (s,t) depending on ω, whose norm $\|\,.\,\|_\pi$ is smaller than 1. Thus the norm of F is at most $\pi/2a$ and the theorem is proved.

Remarks and extensions

We first indicate a consequence of theorem 5.1′. Let f_i, g_i be elements of $\mathcal{C}(S), \mathcal{C}(T)$ (finitely many) with $\| g_i \|_\infty \leq 1$ and apply (5.2″) to the functions $a_i = f_i$, $b_i = \alpha_i g_i$ where $\sum_i \alpha_i^2 = 1$, and take a supremum over (α_i). Then we get

$$(\sum\nolimits_i u(f_i, g_i)^2)^{1/2} \leq K \sup_s (\sum\nolimits_i f_i(s)^2)^{1/2} .$$

Take now a *sup* over (g_i). Calling U the operator from $\mathcal{C}(S)$ to $\mathcal{C}(T)^*$ associated with u, this can be written

$$(\sum_i \| U f_i \|^2)^{1/2} \leq K \sup_\mu (\sum_i \mu(f_i)^2)^{1/2}$$

where μ ranges over the unit ball of $\mathcal{C}(S)^*$. In the technical language of Banach spaces, one says that U is a *2-summing operator*.

There are other versions of Grothendieck's theorem. The following one (Theorem 5.5 of [32]) is rather striking. The constant K is the Grothendieck constant.

THEOREM 5.3. *Let S and T be two compact spaces, u a bounded bilinear functional on $\mathcal{C}(S) \times \mathcal{C}(T)$, of norm ≤ 1. There exist two probability measures λ on S and μ on T such that*

$$|\, u(f,g) \,| \leq K \lambda(f^2)^{1/2} \mu(g^2)^{1/2} . \tag{5.8}$$

Let us show how this implies Theorem (5.1′). Let $(f_i), (g_i)$ be finite sequences of elements of $\mathcal{C}(S)\mathcal{C}(T)$. Then applying the Schwarz inequality to (5.8), we have

$$\frac{1}{K} |\, \sum_i u(f_i, g_i) \,| \leq \sum_i \lambda(f_i^2)^{1/2} \mu(g_i^2)^{1/2} \leq \big(\sum_i \lambda(f_i^2)\big)^{1/2} \big(\sum_i \mu(g_i^2)\big)^{1/2}$$

We may replace each integral by a *sup* since λ, μ are probability laws, and we get (5.2″).

The proof that Theorem (5.2) implies Theorem (5.3) is due to Amemiya and Shiga (*Kodai Math. Sem. Reports,* **9**, 1957) and very interesting. We just sketch it. We begin with the case of $S = T$. We do not use Grothendieck's theorem, but only the assumption (which follows from $\| u \|_* \leq 1$, see (5.5)) that for $g_i \in \mathcal{C}(S)$

$$|\, \sum\nolimits_i u(g_i, g_i) \,| \leq \| \sum\nolimits_i g_i^2 \|_\infty . \tag{5.9}$$

Then Theorem 5.2 links this property to the hypothesis of Theorem 5.3. We will deduce from (5.9) and the Hahn-Banach theorem the existence of a probability law μ such that

$$|u(f,f)| \leq \int f^2 \, d\mu . \tag{5.10}$$

For $f \in \mathcal{C}(S)$, we put

$$p(f) = \inf \left(\| f + \sum_i g_i^2 \| - | \sum_i u(g_i, g_i) | \right) .$$

the *inf* ranging over finite families $(g_i) \in \mathcal{C}(S)$. Then the assumption (5.9) implies that $-\| f \| \leq p(f) \leq \| f \|$. Next p is shown to be a sublinear function ($p(tf) = tp(f)$ for $t > 0$, $p(f+g) \leq p(f) + p(g)$) and by the Hahn-Banach theorem there exists a linear functional μ dominated by p. The obvious relation $p(-f^2) \leq -|u(f,f)|$ then shows μ is a positive measure, which then is shown to have a mass ≤ 1 and to satisfy (5.10).

It remains to dominate $u(f,g)$ instead of $u(f,f)$. To this end we put $R = S + T$ and define a bilinear form

$$v(f+g, f'+g') = \frac{1}{2}(u(f,g') + u(f',g)) \qquad (f, f' \in \mathcal{C}(S),\, g, g' \in \mathcal{C}(T)) .$$

which from (5.5) is easily shown to satisfy (5.9). Therefore there is a probability measure on R (i.e. a pair of probability measures λ on S and μ on T, and a number $t \in [0,1]$) such that

$$| \sum_i v(f_i + g_i, f_i + g_i) \leq t\lambda(\sum_i f_i^2) + (1-t)\mu(\sum_i g_i^2) .$$

Replace f_i by cf_i, g_i by g_i/c, the left hand side does not change. Then minimize over c to get

$$2\sqrt{t(1-t)}\, \lambda(\sum_i f_i^2))^{1/2}\, \mu(\sum_i g_i^2))^{1/2} ,$$

and conclude since $2\sqrt{t(1-t)} \leq 1$.

On the other hand, Theorem 5.3 can be generalized to the non-commutative analogue of spaces $\mathcal{C}(T)$, *i.e.* C^*-algebras. This answered a conjecture of Grothendieck. The first result in this direction was Pisier [31], under a special assumption on u, which was lifted by Haagerup [20]. The result is sharp, and thus the "non-commutative complex Grothendieck constant" is known, while the commutative one is not.

THEOREM 5.4. *Let $\mathcal{A}$ and $\mathcal{B}$ be two C^*-algebras, u a bounded bilinear form on $\mathcal{A} \times \mathcal{B}$, of norm 1. There exist four states λ_1, λ_2 on $\mathcal{A}$, μ_1, μ_2 on $\mathcal{B}$, such that $|u(a,b)|$ is dominated by*

$$(\lambda_1(a^*a) + \lambda_2(aa^*))^{1/2} + (\mu_1(b^*b) + \mu_2(bb^*))^{1/2} .$$

ADDITION. In his proof [31] of the non-commutative extension of Gr.'s theorem, Pisier has a very interesting lemma, concerning a bounded linear operator u from $\mathcal{A}$ to $\mathcal{B}$:

THEOREM. Given elements a_i of $\mathcal{A}$, we have (C being a universal constant)

$$\| (\sum_i u(a_i)^* u(a_i))^{1/2} \| \leq C\, |u| \sup(\| (\sum_i a_i^* a_i)^{1/2} \| \, \| (\sum_i a_i a_i^*)^{1/2} \|) .$$

The proof has been simplifed by Haagerup (additional references), and the result has been extended in a preprint by Haagerup and Pisier.

REFERENCES

[1] T. ANDO. *Topics on Operator Inequalities*, mimeographed lecture notes, Hokkaido Univ., Sapporo, 1978.

[2] T. ANDO. Comparison of the norms $\| f(A) - f(B) \|$ and $\| f(|A - B|) \|$, *Math. Z.*, **197**, 1988, 403–409.

[3] T. ANDO. On some operator inequalities, *Math. Ann.*, **279**, 1987, 157–159.

[4] T. ANDO. Concavity of certain maps on positive definite matrices and applications to Hadamard products, *Linear Alg. Appl.*, **26**, 1979, 203–241.

[5] H.ARAKI. On quasi-free states of CAR and Bogoliubov automorphisms, *Publ. RIMS Kyoto Univ.*, **6**, 1971, 385–442.

[6] H. ARAKI and S. YAMAGAMI. An inequality for Hilbert–Schmidt norm, *Comm. Math. Phys.*, **81**, 1981, 89–96.

[7] J. BENDAT and S. SHERMAN. Monotone and convex operator functions, *Trans. Amer. Math. Soc.*, **79**, 1955, 58–71.

[8] F.A. BEREZIN. Convex operator functions, *Math. Sbornik*, **17**, 1972, 269–277.

[9] R.C. BLEI. An elementary proof of the Grothendieck inequality, *Proc. Amer. Math. Soc.*, **100**, 1987, 58–60.

[10] P.J. BUSHELL and G.B. TRUSTRUM. Trace inequalities for positive definitive power products, *Linear Alg. Appl.*, **132**, 1990, 173–178.

[11] M. BREITENECKER and H.R. GRÜMM. Note on trace inequalities, *Comm. Math. Phys.*, **26**, 1972, 276–279.

[12] K.J. COUTEUR. Representation of the function $\mathrm{Tr}(\exp(A - \lambda B))$ as a Laplace transformation with positive weight and some matrix inequalities, *J. Phys. A.*, **13**, 1980, 3147–3149.

[13] G. DAVIS. Notions generalizing convexity for functions defined on space of matrices, *Proc. Symposia in Pure Math. : "Convexity"*, **1963**, 159–170.

[14] P. DEIFT. Applications of a commutation formula, *Duke Math. J.*, **45**, 1978, 267–310.

[15] W. DONOGHUE. *Monotone Matrix Functions and Analytic Continuation*, Springer, 1974.

[16] H. EPSTEIN. Remarks on two theorems of E. Lieb, *Comm. Math. Phys.*, **31**, 1973, 317–325.

[17] S. FRIEDLAND and M. KATZ. On a matrix inequality, *Linear Alg. Appl.*, **85**, 1987, 185–190.

[18] S. GOLDEN. Lower bounds for the Herglotz functions, *Phys. Rev.*, **137 B**, 1965, 1127–1128.

[19] A. GROTHENDIECK. Résumé de la théorie métrique des produits tensoriels topologiques, *Bol. Mat. Sao Paulo*, **8**, 1956, 1–79.

[20] U. HAAGERUP. The Grothendieck inequality for the bilinear forms on C^*-algebras, *Adv. in Math.*, **56**, 1985, 93–116.

[21] U. HAAGERUP. A new upper bound for the complex Grothendieck constant, *Israel J. Math.*, **60**, 1987, 199–224.

[22] F. HANSEN and G.K.PEDERSEN. Jensen's inequality for operators and Löwner's theorem. *Math. Ann.*, **258**, 1982, 229–241.

[23] R.A. HORN. The Hadamard product, *Proc. Symp. in Applied Math.*, AMS, **40**, 1990, 87–169.

[24] Y.Z. HU. Calculs formels sur les E.D.S. de Stratonovitch, *Sém. Prob. ' XXIV*,s LNM **1426**, Springer, 1990, 453–460.

[25] J.L. KRIVINE. Constante de Grothendieck et fonctions de type positif sur les sphères, *Adv. Math.*, **31**, 1979, 16–30.

[26] A. KORÁNYI. On a theorem of Löwner and its connection with resolvents of selfadjoint transformations, *Acta Sci. Math. (Szeged)*, **17**, 1956, 63–70.

[27] A. LENARD. Generalization of the Golden-Thompson inequality $\mathrm{Tr}(e^A e^B) \geq \mathrm{Tr}(e^{A+B})$, *Indiana Univ. Math. J.*, **21**, 1971, 457–467.

[28] E.H. LIEB. Convex trace functions and the Wigner-Yanase-Dyson conjecture, *Adv. in Math.*, **11**, 1973, 267–288.

[29] E.H. LIEB and W.E. THIRRING. Inequalities for the moments of the eigenvalues of the Schrödinger Hamiltonian and their relation to Sobolev inequalities, *Essays in honour of V. Bargman,* Princeton, N.J., 1976.

[30] K. LÖWNER. Über monotone Matrixfunctionen, *Math. Z.*, **38**, 1934, 117–216.

[31] G. PISIER. Grothendieck's theorem for noncommutative C^*–algebras, with an appendix on Grothendieck's constants, *J. Funct. Anal.*, **29**, 1978, 397–415.

[32] G. PISIER. *Factorization of Linear Operators and Geometry of Banach Spaces,* CBMS Regional Conf. Series in Math., **60**, AMS, 1986.

[33] R. REITZ. A proof of the Grothendieck inequality, *Israel J. Math.*, **19**, 1974, 271–276.

[34] M. ROSENBLUM and J. ROVNYAK. *Hardy Classes and Operator Theory*, Oxford Univ. Press, 1985.

[35] B. SIMON. *Trace Ideals and Their Applications*, London Math. Soc. Lect. Notes Series 35, Cambridge Univ. Press, 1979.

[36] G. SPARR. A new proof of Löwner's theorem on monotone matrix functions, *Math. Scand.*, **47**, 1980, 266–274.

[37] B. Sz. NAGY. Remarks on the preceding paper of A. Korányi, *Acta Sci. Math. (Szeged)* **17**, 1956, 71–75.

[38] C. THOMPSON. Inequalities with applications in statistical mechanics, *J. Math. Phys.*, **6**, 1965, 1812–1813.

[39] C. THOMPSON. Inequalities and partial orders on matrix spaces, *Indiana Univ. Math. J.*, **21**, 1971, 469–480.

ADDITIONAL REFERENCES

The following papers have been known to us after the paper was written.

J. LINDENSTRAUSS and A. PELCZYNSKI. Absolutely summing operators in $\mathcal{L}_p$ spaces and their applications, *Studia Math.*, **19**, 1968, 275–326.

K. BALL, E.A. CARLEN and E.H. LIEB. Sharp uniform convexity and smoothness inequalities for trace norms, *preprint,* 1993.

T. FURUTA. A proof by operator means of an order preserving inequality. *Linear Alg. Appl.*, 113 :129–130 (1989).

M. FUJII, T. FURUTA, K. KAMEI. Operator functions associated with Furuta's inequality, *Linear Alg. Appl.*, 149 :91–96 (1991).

U. HAAGERUP. Solution of the similarity problem for cyclic representations of C^*–algebras, *Ann. of M.*, **118**, 1983, 215–240.

U. HAAGERUP and G. PISIER. Bounded linear operators between C^*–algebras, *preprint* (1993).

Institute of Math. Science, Academia Sinica,
Wuhan 430071, China
and
University of Oslo, POB 1053 Blindern N-0316 Oslo

Correction au volume XXV

G. Taviot a attiré mon attention sur une imprécision dans la démonstration du corollaire 2 de "Quelques cas de représentation chaotique" (volume XXV, page 15). Il est affirmé que la propriété (b) pour Z résulte facilement de l'indépendance de X et Y. Cela peut effectivement être établi à la main, mais pas si facilement! Il est plus rapide d'employer les grands moyens, en déduisant $\mathcal{N}_T^Z \subset \mathcal{N}_T^X$ de la propriété de représentation prévisible dont jouit Z d'après le théorème 1 de l'article de Ch. Stricker "Représentation prévisible et changement de temps" (*Ann. Prob. 14* p. 1071).

M. Émery

Erratum to "Some Remarks on Mutual Windings" (volume XXVII).

In corollary 3, delete the word "independent".

In the Proof, delete the line : "Then, clearly the family $W^{i,j}_{\tau_m}$ has the same joint distribution as $c^{i,j}(S^i_m - S^j_m)$, $1 \leq m$, $1 \leq i,j \leq n$". The asymptotic independence remains open.

F. Knight

Lecture Notes in Mathematics

For information about Vols. 1–1394
please contact your bookseller or Springer-Verlag

Vol. 1400: U. Jannsen. Mixed Motives and Algebraic K-Theory. XIII, 246 pages. 1990.

Vol. 1401: J. Steprans, S. Watson (Eds.), Set Theory and its Applications. Proceedings, 1987. V, 227 pages. 1989.

Vol. 1402: C. Carasso, P. Charrier, B. Hanouzet, J.-L. Joly (Eds.), Nonlinear Hyperbolic Problems. Proceedings, 1988. V, 249 pages. 1989.

Vol. 1403: B. Simeone (Ed.), Combinatorial Optimization. Seminar, 1986. V, 314 pages. 1989.

Vol. 1404: M.-P. Malliavin (Ed.), Séminaire d'Algèbre Paul Dubreil et Marie-Paul Malliavin. Proceedings, 1987–1988. IV, 410 pages. 1989.

Vol. 1405: S. Dolecki (Ed.), Optimization. Proceedings, 1988. V, 223 pages. 1989. Vol. 1406: L. Jacobsen (Ed.), Analytic Theory of Continued Fractions III. Proceedings, 1988. VI, 142 pages. 1989.

Vol. 1407: W. Pohlers, Proof Theory. VI, 213 pages. 1989.

Vol. 1408: W. Lück, Transformation Groups and Algebraic K-Theory. XII, 443 pages. 1989.

Vol. 1409: E. Hairer, Ch. Lubich, M. Roche. The Numerical Solution of Differential-Algebraic Systems by Runge-Kutta Methods. VII, 139 pages. 1989.

Vol. 1410: F.J. Carreras, O. Gil-Medrano, A.M. Naveira (Eds.), Differential Geometry. Proceedings, 1988. V, 308 pages. 1989.

Vol. 1411: B. Jiang (Ed.), Topological Fixed Point Theory and Applications. Proceedings. 1988. VI, 203 pages. 1989.

Vol. 1412: V.V. Kalashnikov, V.M. Zolotarev (Eds.), Stability Problems for Stochastic Models. Proceedings, 1987. X, 380 pages. 1989.

Vol. 1413: S. Wright, Uniqueness of the Injective III_1 Factor. III, 108 pages. 1989.

Vol. 1414: E. Ramirez de Arellano (Ed.), Algebraic Geometry and Complex Analysis. Proceedings, 1987. VI, 180 pages. 1989.

Vol. 1415: M. Langevin, M. Waldschmidt (Eds.), Cinquante Ans de Polynômes. Fifty Years of Polynomials. Proceedings, 1988. IX, 235 pages.1990.

Vol. 1416: C. Albert (Ed.), Géométrie Symplectique et Mécanique. Proceedings, 1988. V, 289 pages. 1990.

Vol. 1417: A.J. Sommese, A. Biancofiore, E.L. Livorni (Eds.), Algebraic Geometry. Proceedings, 1988. V, 320 pages. 1990.

Vol. 1418: M. Mimura (Ed.), Homotopy Theory and Related Topics. Proceedings, 1988. V, 241 pages. 1990.

Vol. 1419: P.S. Bullen, P.Y. Lee, J.L. Mawhin, P. Muldowney, W.F. Pfeffer (Eds.), New Integrals. Proceedings, 1988. V, 202 pages. 1990.

Vol. 1420: M. Galbiati, A. Tognoli (Eds.), Real Analytic Geometry. Proceedings, 1988. IV, 366 pages. 1990.

Vol. 1421: H.A. Biagioni, A Nonlinear Theory of Generalized Functions, XII, 214 pages. 1990.

Vol. 1422: V. Villani (Ed.), Complex Geometry and Analysis. Proceedings, 1988. V, 109 pages. 1990.

Vol. 1423: S.O. Kochman, Stable Homotopy Groups of Spheres: A Computer-Assisted Approach. VIII, 330 pages. 1990.

Vol. 1424: F.E. Burstall, J.H. Rawnsley, Twistor Theory for Riemannian Symmetric Spaces. III, 112 pages. 1990.

Vol. 1425: R.A. Piccinini (Ed.), Groups of Self-Equivalences and Related Topics. Proceedings, 1988. V, 214 pages. 1990.

Vol. 1426: J. Azéma, P.A. Meyer, M. Yor (Eds.), Séminaire de Probabilités XXIV, 1988/89. V, 490 pages. 1990.

Vol. 1427: A. Ancona, D. Geman, N. Ikeda, École d'Eté de Probabilités de Saint Flour XVIII, 1988. Ed.: P.L. Hennequin. VII, 330 pages. 1990.

Vol. 1428: K. Erdmann, Blocks of Tame Representation Type and Related Algebras. XV. 312 pages. 1990.

Vol. 1429: S. Homer, A. Nerode, R.A. Platek, G.E. Sacks, A. Scedrov, Logic and Computer Science. Seminar, 1988. Editor: P. Odifreddi. V, 162 pages. 1990.

Vol. 1430: W. Bruns, A. Simis (Eds.), Commutative Algebra. Proceedings. 1988. V, 160 pages. 1990.

Vol. 1431: J.G. Heywood, K. Masuda, R. Rautmann, V.A. Solonnikov (Eds.), The Navier-Stokes Equations – Theory and Numerical Methods. Proceedings, 1988. VII, 238 pages. 1990.

Vol. 1432: K. Ambos-Spies, G.H. Müller, G.E. Sacks (Eds.), Recursion Theory Week. Proceedings, 1989. VI, 393 pages. 1990.

Vol. 1433: S. Lang, W. Cherry, Topics in Nevanlinna Theory. II, 174 pages.1990.

Vol. 1434: K. Nagasaka, E. Fouvry (Eds.), Analytic Number Theory. Proceedings, 1988. VI, 218 pages. 1990.

Vol. 1435: St. Ruscheweyh, E.B. Saff, L.C. Salinas, R.S. Varga (Eds.), Computational Methods and Function Theory. Proceedings, 1989. VI, 211 pages. 1990.

Vol. 1436: S. Xambó-Descamps (Ed.), Enumerative Geometry. Proceedings, 1987. V, 303 pages. 1990.

Vol. 1437: H. Inassaridze (Ed.), K-theory and Homological Algebra. Seminar, 1987–88. V, 313 pages. 1990.

Vol. 1438: P.G. Lemarié (Ed.) Les Ondelettes en 1989. Seminar. IV, 212 pages. 1990.

Vol. 1439: E. Bujalance, J.J. Etayo, J.M. Gamboa, G. Gromadzki. Automorphism Groups of Compact Bordered Klein Surfaces: A Combinatorial Approach. XIII, 201 pages. 1990.

Vol. 1440: P. Latiolais (Ed.), Topology and Combinatorial Groups Theory. Seminar, 1985–1988. VI, 207 pages. 1990.

Vol. 1441: M. Coornaert, T. Delzant, A. Papadopoulos. Géométrie et théorie des groupes. X, 165 pages. 1990.

Vol. 1442: L. Accardi, M. von Waldenfels (Eds.), Quantum Probability and Applications V. Proceedings, 1988. VI, 413 pages. 1990.

Vol. 1443: K.H. Dovermann, R. Schultz, Equivariant Surgery Theories and Their Periodicity Properties. VI, 227 pages. 1990.

Vol. 1444: H. Korezlioglu, A.S. Ustunel (Eds.), Stochastic Analysis and Related Topics Vl. Proceedings, 1988. V, 268 pages. 1990.

Vol. 1445: F. Schulz, Regularity Theory for Quasilinear Elliptic Systems and – Monge Ampère Equations in Two Dimensions. XV, 123 pages. 1990.

Vol. 1446: Methods of Nonconvex Analysis. Seminar, 1989. Editor: A. Cellina. V, 206 pages. 1990.

Vol. 1447: J.-G. Labesse, J. Schwermer (Eds), Cohomology of Arithmetic Groups and Automorphic Forms. Proceedings, 1989. V, 358 pages. 1990.

Vol. 1448: S.K. Jain, S.R. López-Permouth (Eds.), Non-Commutative Ring Theory. Proceedings, 1989. V, 166 pages. 1990.

Vol. 1449: W. Odyniec, G. Lewicki, Minimal Projections in Banach Spaces. VIII, 168 pages. 1990.

Vol. 1450: H. Fujita, T. Ikebe, S.T. Kuroda (Eds.), Functional-Analytic Methods for Partial Differential Equations. Proceedings, 1989. VII, 252 pages. 1990.

Vol. 1451: L. Alvarez-Gaumé, E. Arbarello, C. De Concini, N.J. Hitchin, Global Geometry and Mathematical Physics. Montecatini Terme 1988. Seminar. Editors: M. Francaviglia, F. Gherardelli. IX, 197 pages. 1990.

Vol. 1452: E. Hlawka, R.F. Tichy (Eds.), Number-Theoretic Analysis. Seminar, 1988–89. V, 220 pages. 1990.

Vol. 1453: Yu.G. Borisovich, Yu.E. Gliklikh (Eds.), Global Analysis – Studies and Applications IV. V, 320 pages. 1990.

Vol. 1454: F. Baldassari, S. Bosch, B. Dwork (Eds.), p-adic Analysis. Proceedings, 1989. V, 382 pages. 1990.

Vol. 1455: J.-P. Françoise, R. Roussarie (Eds.), Bifurcations of Planar Vector Fields. Proceedings, 1989. VI, 396 pages. 1990.

Vol. 1456: L.G. Kovács (Ed.), Groups – Canberra 1989. Proceedings. XII, 198 pages. 1990.

Vol. 1457: O. Axelsson, L.Yu. Kolotilina (Eds.), Preconditioned Conjugate Gradient Methods. Proceedings, 1989. V, 196 pages. 1990.

Vol. 1458: R. Schaaf, Global Solution Branches of Two Point Boundary Value Problems. XIX, 141 pages. 1990.

Vol. 1459: D. Tiba, Optimal Control of Nonsmooth Distributed Parameter Systems. VII, 159 pages. 1990.

Vol. 1460: G. Toscani, V. Boffi, S. Rionero (Eds.), Mathematical Aspects of Fluid Plasma Dynamics. Proceedings, 1988. V, 221 pages. 1991.

Vol. 1461: R. Gorenflo, S. Vessella, Abel Integral Equations. VII, 215 pages. 1991.

Vol. 1462: D. Mond, J. Montaldi (Eds.), Singularity Theory and its Applications. Warwick 1989, Part I. VIII, 405 pages. 1991.

Vol. 1463: R. Roberts, I. Stewart (Eds.), Singularity Theory and its Applications. Warwick 1989, Part II. VIII, 322 pages. 1991.

Vol. 1464: D. L. Burkholder, E. Pardoux, A. Sznitman, Ecole d'Eté de Probabilités de Saint- Flour XIX-1989. Editor: P. L. Hennequin. VI, 256 pages. 1991.

Vol. 1465: G. David, Wavelets and Singular Integrals on Curves and Surfaces. X, 107 pages. 1991.

Vol. 1466: W. Banaszczyk, Additive Subgroups of Topological Vector Spaces. VII, 178 pages. 1991.

Vol. 1467: W. M. Schmidt, Diophantine Approximations and Diophantine Equations. VIII, 217 pages. 1991.

Vol. 1468: J. Noguchi, T. Ohsawa (Eds.), Prospects in Complex Geometry. Proceedings, 1989. VII, 421 pages. 1991.

Vol. 1469: J. Lindenstrauss, V. D. Milman (Eds.), Geometric Aspects of Functional Analysis. Seminar 1989-90. XI, 191 pages. 1991.

Vol. 1470: E. Odell, H. Rosenthal (Eds.), Functional Analysis. Proceedings, 1987-89. VII, 199 pages. 1991.

Vol. 1471: A. A. Panchishkin, Non-Archimedean L-Functions of Siegel and Hilbert Modular Forms. VII, 157 pages. 1991.

Vol. 1472: T. T. Nielsen, Bose Algebras: The Complex and Real Wave Representations. V, 132 pages. 1991.

Vol. 1473: Y. Hino, S. Murakami, T. Naito, Functional Differential Equations with Infinite Delay. X, 317 pages. 1991.

Vol. 1474: S. Jackowski, B. Oliver, K. Pawałowski (Eds.), Algebraic Topology, Poznań 1989. Proceedings. VIII, 397 pages. 1991.

Vol. 1475: S. Busenberg, M. Martelli (Eds.), Delay Differential Equations and Dynamical Systems. Proceedings, 1990. VIII, 249 pages. 1991.

Vol. 1476: M. Bekkali, Topics in Set Theory. VII, 120 pages. 1991.

Vol. 1477: R. Jajte, Strong Limit Theorems in Noncommutative L_2-Spaces. X, 113 pages. 1991.

Vol. 1478: M.-P. Malliavin (Ed.), Topics in Invariant Theory. Seminar 1989-1990. VI, 272 pages. 1991.

Vol. 1479: S. Bloch, I. Dolgachev, W. Fulton (Eds.), Algebraic Geometry. Proceedings, 1989. VII, 300 pages. 1991.

Vol. 1480: F. Dumortier, R. Roussarie, J. Sotomayor, H. Żoładek, Bifurcations of Planar Vector Fields: Nilpotent Singularities and Abelian Integrals. VIII, 226 pages. 1991.

Vol. 1481: D. Ferus, U. Pinkall, U. Simon, B. Wegner (Eds.), Global Differential Geometry and Global Analysis. Proceedings, 1991. VIII, 283 pages. 1991.

Vol. 1482: J. Chabrowski, The Dirichlet Problem with L^2-Boundary Data for Elliptic Linear Equations. VI, 173 pages. 1991.

Vol. 1483: E. Reithmeier, Periodic Solutions of Nonlinear Dynamical Systems. VI, 171 pages. 1991.

Vol. 1484: H. Delfs, Homology of Locally Semialgebraic Spaces. IX, 136 pages. 1991.

Vol. 1485: J. Azéma, P. A. Meyer, M. Yor (Eds.), Séminaire de Probabilités XXV. VIII, 440 pages. 1991.

Vol. 1486: L. Arnold, H. Crauel, J.-P. Eckmann (Eds.), Lyapunov Exponents. Proceedings, 1990. VIII, 365 pages. 1991.

Vol. 1487: E. Freitag, Singular Modular Forms and Theta Relations. VI, 172 pages. 1991.

Vol. 1488: A. Carboni, M. C. Pedicchio, G. Rosolini (Eds.), Category Theory. Proceedings, 1990. VII, 494 pages. 1991.

Vol. 1489: A. Mielke, Hamiltonian and Lagrangian Flows on Center Manifolds. X, 140 pages. 1991.

Vol. 1490: K. Metsch, Linear Spaces with Few Lines. XIII, 196 pages. 1991.

Vol. 1491: E. Lluis-Puebla, J.-L. Loday, H. Gillet, C. Soulé, V. Snaith, Higher Algebraic K-Theory: an overview. IX, 164 pages. 1992.

Vol. 1492: K. R. Wicks, Fractals and Hyperspaces. VIII, 168 pages. 1991.

Vol. 1493: E. Benoît (Ed.), Dynamic Bifurcations. Proceedings, Luminy 1990. VII, 219 pages. 1991.

Vol. 1494: M.-T. Cheng, X.-W. Zhou, D.-G. Deng (Eds.), Harmonic Analysis. Proceedings, 1988. IX, 226 pages. 1991.

Vol. 1495: J. M. Bony, G. Grubb, L. Hörmander, H. Komatsu, J. Sjöstrand, Microlocal Analysis and Applications. Montecatini Terme, 1989. Editors: L. Cattabriga, L. Rodino. VII, 349 pages. 1991.

Vol. 1496: C. Foias, B. Francis, J. W. Helton, H. Kwakernaak, J. B. Pearson, H_∞-Control Theory. Como, 1990. Editors: E. Mosca, L. Pandolfi. VII, 336 pages. 1991.

Vol. 1497: G. T. Herman, A. K. Louis, F. Natterer (Eds.), Mathematical Methods in Tomography. Proceedings 1990. X, 268 pages. 1991.

Vol. 1498: R. Lang, Spectral Theory of Random Schrödinger Operators. X, 125 pages. 1991.

Vol. 1499: K. Taira, Boundary Value Problems and Markov Processes. IX, 132 pages. 1991.

Vol. 1500: J.-P. Serre, Lie Algebras and Lie Groups. VII, 168 pages. 1992.

Vol. 1501: A. De Masi, E. Presutti, Mathematical Methods for Hydrodynamic Limits. IX, 196 pages. 1991.

Vol. 1502: C. Simpson, Asymptotic Behavior of Monodromy. V, 139 pages. 1991.

Vol. 1503: S. Shokranian, The Selberg-Arthur Trace Formula (Lectures by J. Arthur). VII, 97 pages. 1991.

Vol. 1504: J. Cheeger, M. Gromov, C. Okonek, P. Pansu, Geometric Topology: Recent Developments. Editors: P. de Bartolomeis, F. Tricerri. VII, 197 pages. 1991.

Vol. 1505: K. Kajitani, T. Nishitani, The Hyperbolic Cauchy Problem. VII, 168 pages. 1991.

Vol. 1506: A. Buium, Differential Algebraic Groups of Finite Dimension. XV, 145 pages. 1992.

Vol. 1507: K. Hulek, T. Peternell, M. Schneider, F.-O. Schreyer (Eds.), Complex Algebraic Varieties. Proceedings, 1990. VII, 179 pages. 1992.

Vol. 1508: M. Vuorinen (Ed.), Quasiconformal Space Mappings. A Collection of Surveys 1960-1990. IX, 148 pages. 1992.

Vol. 1509: J. Aguadé, M. Castellet, F. R. Cohen (Eds.), Algebraic Topology - Homotopy and Group Cohomology. Proceedings, 1990. X, 330 pages. 1992.

Vol. 1510: P. P. Kulish (Ed.), Quantum Groups. Proceedings, 1990. XII, 398 pages. 1992.

Vol. 1511: B. S. Yadav, D. Singh (Eds.), Functional Analysis and Operator Theory. Proceedings, 1990. VIII, 223 pages. 1992.

Vol. 1512: L. M. Adleman, M.-D. A. Huang, Primality Testing and Abelian Varieties Over Finite Fields. VII, 142 pages. 1992.

Vol. 1513: L. S. Block, W. A. Coppel, Dynamics in One Dimension. VIII, 249 pages. 1992.

Vol. 1514: U. Krengel, K. Richter, V. Warstat (Eds.), Ergodic Theory and Related Topics III, Proceedings, 1990. VIII, 236 pages. 1992.

Vol. 1515: E. Ballico, F. Catanese, C. Ciliberto (Eds.), Classification of Irregular Varieties. Proceedings, 1990. VII, 149 pages. 1992.

Vol. 1516: R. A. Lorentz, Multivariate Birkhoff Interpolation. IX, 192 pages. 1992.

Vol. 1517: K. Keimel, W. Roth, Ordered Cones and Approximation. VI, 134 pages. 1992.

Vol. 1518: H. Stichtenoth, M. A. Tsfasman (Eds.), Coding Theory and Algebraic Geometry. Proceedings, 1991. VIII, 223 pages. 1992.

Vol. 1519: M. W. Short, The Primitive Soluble Permutation Groups of Degree less than 256. IX, 145 pages. 1992.

Vol. 1520: Yu. G. Borisovich, Yu. E. Gliklikh (Eds.), Global Analysis – Studies and Applications V. VII, 284 pages. 1992.

Vol. 1521: S. Busenberg, B. Forte, H. K. Kuiken, Mathematical Modelling of Industrial Process. Bari, 1990. Editors: V. Capasso, A. Fasano. VII, 162 pages. 1992.

Vol. 1522: J.-M. Delort, F. B. I. Transformation. VII, 101 pages. 1992.

Vol. 1523: W. Xue, Rings with Morita Duality. X, 168 pages. 1992.

Vol. 1524: M. Coste, L. Mahé, M.-F. Roy (Eds.), Real Algebraic Geometry. Proceedings, 1991. VIII, 418 pages. 1992.

Vol. 1525: C. Casacuberta, M. Castellet (Eds.), Mathematical Research Today and Tomorrow. VII, 112 pages. 1992.

Vol. 1526: J. Azéma, P. A. Meyer, M. Yor (Eds.), Séminaire de Probabilités XXVI. X, 633 pages. 1992.

Vol. 1527: M. I. Freidlin, J.-F. Le Gall, Ecole d'Eté de Probabilités de Saint-Flour XX – 1990. Editor: P. L. Hennequin. VIII, 244 pages. 1992.

Vol. 1528: G. Isac, Complementarity Problems. VI, 297 pages. 1992.

Vol. 1529: J. van Neerven, The Adjoint of a Semigroup of Linear Operators. X, 195 pages. 1992.

Vol. 1530: J. G. Heywood, K. Masuda, R. Rautmann, S. A. Solonnikov (Eds.), The Navier-Stokes Equations II – Theory and Numerical Methods. IX, 322 pages. 1992.

Vol. 1531: M. Stoer, Design of Survivable Networks. IV, 206 pages. 1992.

Vol. 1532: J. F. Colombeau, Multiplication of Distributions. X, 184 pages. 1992.

Vol. 1533: P. Jipsen, H. Rose, Varieties of Lattices. X, 162 pages. 1992.

Vol. 1534: C. Greither, Cyclic Galois Extensions of Commutative Rings. X, 145 pages. 1992.

Vol. 1535: A. B. Evans, Orthomorphism Graphs of Groups. VIII, 114 pages. 1992.

Vol. 1536: M. K. Kwong, A. Zettl, Norm Inequalities for Derivatives and Differences. VII, 150 pages. 1992.

Vol. 1537: P. Fitzpatrick, M. Martelli, J. Mawhin, R. Nussbaum, Topological Methods for Ordinary Differential Equations. Montecatini Terme, 1991. Editors: M. Furi, P. Zecca. VII, 218 pages. 1993.

Vol. 1538: P.-A. Meyer, Quantum Probability for Probabilists. X, 287 pages. 1993.

Vol. 1539: M. Coornaert, A. Papadopoulos, Symbolic Dynamics and Hyperbolic Groups. VIII, 138 pages. 1993.

Vol. 1540: H. Komatsu (Ed.), Functional Analysis and Related Topics, 1991. Proceedings. XXI, 413 pages. 1993.

Vol. 1541: D. A. Dawson, B. Maisonneuve, J. Spencer, Ecole d´ Eté de Probabilités de Saint-Flour XXI - 1991. Editor: P. L. Hennequin. VIII, 356 pages. 1993.

Vol. 1542: J.Fröhlich, Th.Kerler, Quantum Groups, Quantum Categories and Quantum Field Theory. VII, 431 pages. 1993.

Vol. 1543: A. L. Dontchev, T. Zolezzi, Well-Posed Optimization Problems. XII, 421 pages. 1993.

Vol. 1544: M.Schürmann, White Noise on Bialgebras. VII, 146 pages. 1993.

Vol. 1545: J. Morgan, K. O'Grady, Differential Topology of Complex Surfaces. VIII, 224 pages. 1993.

Vol. 1546: V. V. Kalashnikov, V. M. Zolotarev (Eds.), Stability Problems for Stochastic Models. Proceedings, 1991. VIII, 229 pages. 1993.

Vol. 1547: P. Harmand, D. Werner, W. Werner, M-ideals in Banach Spaces and Banach Algebras. VIII, 387 pages. 1993.

Vol. 1548: T. Urabe, Dynkin Graphs and Quadrilateral Singularities. VI, 233 pages. 1993.

Vol. 1549: G. Vainikko, Multidimensional Weakly Singular Integral Equations. XI, 159 pages. 1993.

Vol. 1550: A. A. Gonchar, E. B. Saff (Eds.), Methods of Approximation Theory in Complex Analysis and Mathematical Physics IV, 222 pages, 1993.

Vol. 1551: L. Arkeryd, P. L. Lions, P.A. Markowich, S.R. S. Varadhan. Nonequilibrium Problems in Many-Particle Systems. Montecatini, 1992. Editors: C. Cercignani, M. Pulvirenti. VII, 158 pages 1993.

Vol. 1552: J. Hilgert, K.-H. Neeb, Lie Semigroups and their Applications. XII, 315 pages. 1993.

Vol. 1553: J.-L- Colliot-Thélène, J. Kato, P. Vojta. Arithmetic Algebraic Geometry. Trento, 1991. Editor: E. Ballico. VII, 223 pages. 1993.

Vol. 1554: A. K. Lenstra, H. W. Lenstra, Jr. (Eds.), The Development of the Number Field Sieve. VIII, 131 pages. 1993.

Vol. 1555: O. Liess, Conical Refraction and Higher Microlocalization. X, 389 pages. 1993.

Vol. 1556: S. B. Kuksin, Nearly Integrable Infinite-Dimensional Hamiltonian Systems. XXVII, 101 pages. 1993.

Vol. 1557: J. Azéma, P. A. Meyer, M. Yor (Eds.), Séminaire de Probabilités XXVII. VI, 327 pages. 1993.

Vol. 1558: T. J. Bridges, J. E. Furter, Singularity Theory and Equivariant Symplectic Maps. VI, 226 pages. 1993.

Vol. 1559: V. G. Sprindžuk, Classical Diophantine Equations. XII, 228 pages. 1993.

Vol. 1560: T. Bartsch, Topological Methods for Variational Problems with Symmetries. X, 152 pages. 1993.

Vol. 1561: I. S. Molchanov, Limit Theorems for Unions of Random Closed Sets. X, 157 pages. 1993.

Vol. 1562: G. Harder, Eisensteinkohomologie und die Konstruktion gemischter Motive. XX, 184 pages. 1993.

Vol. 1563: E. Fabes, M. Fukushima, L. Gross, C. Kenig, M. Röckner, D. W. Stroock, Dirichlet Forms. Varenna, 1992. Editors: G. Dell'Antonio, U. Mosco. VII, 245 pages. 1993.

Vol. 1564: J. Jorgenson, S. Lang, Basic Analysis of Regularized Series and Products. IX, 122 pages. 1993.

Vol. 1565: L. Boutet de Monvel, C. De Concini, C. Procesi, P. Schapira, M. Vergne. D-modules, Representation Theory, and Quantum Groups. Venezia, 1992. Editors: G. Zampieri, A. D'Agnolo. VII, 217 pages. 1993.

Vol. 1566: B. Edixhoven, J.-H. Evertse (Eds.), Diophantine Approximation and Abelian Varieties. XIII, 127 pages. 1993.

Vol. 1567: R. L. Dobrushin, S. Kusuoka, Statistical Mechanics and Fractals. VII, 98 pages. 1993.

Vol. 1568: F. Weisz, Martingale Hardy Spaces and their Application in Fourier Analysis. VIII, 217 pages. 1994.

Vol. 1569: V. Totik, Weighted Approximation with Varying Weight. VI, 117 pages. 1994.

Vol. 1570: R. deLaubenfels, Existence Families, Functional Calculi and Evolution Equations. XV, 234 pages. 1994.

Vol. 1571: S. Yu. Pilyugin, The Space of Dynamical Systems with the C^0-Topology. X, 188 pages. 1994.

Vol. 1572: L. Göttsche, Hilbert Schemes of Zero-Dimensional Subschemes of Smooth Varieties. IX, 196 pages. 1994.

Vol. 1573: V. P. Havin, N. K. Nikolski (Eds.), Linear and Complex Analysis – Problem Book 3 – Part I. XXII, 489 pages. 1994.

Vol. 1574: V. P. Havin, N. K. Nikolski (Eds.), Linear and Complex Analysis – Problem Book 3 – Part II. XXII, 507 pages. 1994.

Vol. 1575: M. Mitrea, Clifford Wavelets, Singular Integrals, and Hardy Spaces. XI, 116 pages. 1994.

Vol. 1576: K. Kitahara, Spaces of Approximating Functions with Haar-Like Conditions. X, 110 pages. 1994.

Vol. 1577: N. Obata, White Noise Calculus and Fock Space. X, 183 pages. 1994.

Vol. 1358: D. Mumford, The Red Book of Varieties and Schemes. 2nd Printing. VII, 310 pages. 1994.

Vol. 1578: J. Bernstein, V. Lunts, Equivariant Sheaves and Functors. V, 139 pages. 1994.

Vol. 1579: N. Kazamaki, Continuous Exponential Martingales and *BMO*. VII, 91 pages. 1994.

Vol. 1580: M. Milman, Extrapolation and Optimal Decompositions with Applications to Analysis. XI, 161 pages. 1994.

Vol. 1581: D. Bakry, R. D. Gill, S. A. Molchanov, Lectures on Probability Theory. Editor: P. Bernard. VIII, 420 pages. 1994.

Vol. 1582: W. Balser, From Divergent Power Series to Analytic Functions. X, 108 pages. 1994.

Vol. 1583: J. Azéma, P. A. Meyer, M. Yor (Eds.), Séminaire de Probabilités XXVIII. VI, 334 pages. 1994.